中国城镇水务行业年度发展报告
（2022）

Annual Report of Chinese Urban Water Utilities (2022)

中国城镇供水排水协会　主编

China Urban Water Association

U0249883

中国建筑工业出版社

图书在版编目（CIP）数据

中国城镇水务行业年度发展报告. 2022 ＝ Annual Report of Chinese Urban Water Utilities（2022）/ 中国城镇供水排水协会主编. — 北京：中国建筑工业出版社，2023.3
ISBN 978-7-112-28482-5

Ⅰ. ①中… Ⅱ. ①中… Ⅲ. ①城市用水－水资源管理－研究报告－中国－2022 Ⅳ. ①TU991.31

中国国家版本馆 CIP 数据核字(2023)第 041443 号

本书汇集了中国城镇水务行业的年度发展情况，主要内容分为 4 篇：第 1 篇，水务行业发展概况；第 2 篇，水务行业发展大事记；第 3 篇，地方水协工作经验交流；第 4 篇，水务行业调查与研究。

本报告有助于读者全方位了解中国城镇水务行业的年度发展态势及重点工作，对行业管理、企业决策及相关研究都具有一定的参考价值和借鉴意义，可供主管城镇水务工作的各级政府部门和相关规划、设计、科研人员与管理者学习参考。

责任编辑：王美玲　于　莉
文字编辑：勾淑婷
责任校对：李辰馨

中国城镇水务行业年度发展报告（2022）
Annual Report of Chinese Urban Water Utilities（2022）
中国城镇供水排水协会　主编
China Urban Water Association

*

中国建筑工业出版社出版、发行(北京海淀三里河路 9 号)
各地新华书店、建筑书店经销
北京红光制版公司制版
北京建筑工业印刷厂印刷

*

开本：787 毫米×1092 毫米　1/16　印张：24¼　字数：416 千字
2023 年 3 月第一版　　2023 年 3 月第一次印刷
定价：**198.00** 元
ISBN 978-7-112-28482-5
（40852）

《中国城镇水务行业年度发展报告（2022）》
编审委员会

主　　任： 章林伟

副 主 任（按拼音排序）：

蔡新立	李　力	林雪梅	刘锁祥	刘　毅
刘永政	朴庸健	申一尘	石卫平	宋兰合
吴学伟	熊易华	郑家荣	郑如彬	周　强

委　　员（按拼音排序）：

常　江	陈　明	陈　永	崔福义	崔君乐
邓新兵	董　鹏	高　伟	龚道孝	郭春萍
何　全	黄　昆	李　洁	李文运	梁　恒
梁伟刚	梁有国	林桂全	刘　忠	刘伟岩
孟　军	彭永忠	濮立安	漆贯学	钱　静
宋正光	唐建新	田　红	王　雨	王宝海
王慧媛	王梦江	王鸣义	王晓东	魏忠庆
吴凡松	谢映霞	熊红松	徐　踊	徐维浩
姚学花	张　辰	张建新	张金松	张俊林
张可欣	张　全	张艳玲	张永德	赵　锂
赵玉玲	郑　华	郑伟萍	周红霞	朱曙光
朱奚冰				

执行编委： 高　伟　顾　芳　沈　珺　王　哲　张　彬

3

顾　　问：李振东　李秉仁

（按拼音排序）

蔡林峥　崔庆民　郭风春　郝耀平　沈仲韬

孙松青　王　翔　昝龙亮　张　海

审　稿　专　家

（按拼音排序）

陈国光　陈　卫　崔福义　甘一萍　顾军农

韩宏大　杭世珺　贾瑞宝　郗燕秋　孙永利

唐建国　唐玉霖　谢小青　殷荣强　曾　卓

张金松

各章节主要编撰人员

章节	撰稿人	编者单位
第1篇　水务行业发展概况		
第1章　城镇供水发展概况	张胖同[1,2]、张彬[1,2]、侯培强[1,2]、王哲[3]、顾芳[3]、高伟[3]*	1. 中国水协编辑出版委员会； 2.《给水排水》杂志社； 3. 中国水协秘书处
第2章　城镇排水发展概况	李金龙[1,2]、张彬[1,2]、夏韵[1,2]、沈珺[3]、顾芳[3]、高伟[3]*	1. 中国水协编辑出版委员会； 2.《给水排水》杂志社； 3. 中国水协秘书处
第2篇　水务行业发展大事记		
第3章　行业发展大事记		
3.1　2022年国家发布的主要相关政策	沈珺、顾芳、高伟*	中国水协秘书处
3.2　2022年中国水协大事记	沈珺、顾芳、高伟*	中国水协秘书处
3.3　中国水协团体标准	许晨、顾芳、高伟*	中国水协秘书处
3.4　2022年度中国水协科学技术奖获奖项目	刘亮、顾芳、高伟*	中国水协秘书处
3.5　中国水协科学技术成果鉴定	刘亮、顾芳、高伟*	中国水协秘书处
3.6　中国水协典型工程项目案例	张辰[1,2]*、杨雪[1,2]、魏桂芹[3]、高伟[3]	1. 中国水协规划设计专业委员会； 2. 上海市政工程设计研究总院（集团）有限公司； 3. 中国水协秘书处
第3篇　地方水协工作经验交流		
第4章　上海市供水行业协会——党建领航开启上海百年供水行业文化建设新航程	钱松宇*、陆国强、徐梅	上海市供水行业协会
第5章　陕西省城镇供水排水协会——推动"绿色水司"建设工作经验	孟军*、何清堂	陕西省城镇供水排水协会

＊表示责任作者。

章节	撰稿人	编者单位
第6章 重庆市城镇供水排水行业协会——依托优势企业面向实际应用开展行业职业培训工作经验	徐踊*、凌玲	重庆市城镇供水排水行业协会
第4篇 水务行业调查与研究		
第7章 《生活饮用水卫生标准》GB 5749—2022解读	张岚	中国疾控中心环境所水质量与健康监测室
第8章 贯彻落实新国标 依法依规推动城市供水行业高质量发展	高伟[1*]、韩梅[2]、刘锁祥[2]、马军[3,4]、李圭白[3,4]	1. 中国水协秘书处； 2. 北京市自来水集团有限公司； 3. 中国水协战略咨询委员会； 4. 哈尔滨工业大学
第9章 我国饮用水消毒技术应用与发展	张金松[1,2*]、汪义强[1,2]、刘丽君[1,2]、周娅琳[1,2]、卢小艳[2]、王圣[3]、朱斌[3]、陈宇敏[4]、张欣璐[4]、吴艳芬[4]、熊红松[5]、万春[5]、袁曲[5]、张杰[5]、徐斌[6]、张天阳[6]、刘宏远[7]、樊丞越[7]	1. 中国水协科学技术委员会； 2. 深圳市环境水务集团有限公司； 3. 上海城投（集团）有限公司； 4. 成都自来水有限责任公司； 5. 武汉市水务集团有限公司； 6. 同济大学； 7. 浙江工业大学
第10章 我国城镇供水行业应急能力建设的进展与展望	陈超[1*]、张晓健[1]、林朋飞[2]、张肖锦[2]	1. 清华大学； 2. 清华苏州环境创新研究院
第11章 西北地区村镇污水治理及其低碳运行	刘俊新[1*]、郑天龙[1]、李鹏宇[1]、李文凯[2]、曹英楠[3]、王紫轩[1]、周子玉[1]、严滢[1]	1. 中国科学院生态环境研究中心； 2. 陕西建工第十二建设集团有限公司； 3. 内蒙古工业大学
第12章 面向城乡统筹区域协调发展的村镇供水模式及其适宜性	宋兰合[1*]、胡小凤[1]、贾钧淇[1]、孙军益[2]	1. 中国城市规划设计研究院； 2. 江苏省城镇供水安全保障中心

前　言

本书总结 2022 年我国城镇水务行业发展现状及成果，分析行业发展特点、需求，包括 4 篇，共 12 章。

第 1 篇为水务行业发展概况，包括第 1 章、第 2 章。本部分依据住房和城乡建设部《中国城乡建设统计年鉴》（2021）、中国城镇供水排水协会《2021 年城镇水务统计年鉴（供水）》，对全国及部分区域、流域城镇水务设施投资建设、设施状况水平、服务能力、水务企业技术运行等进行了总结分析。

第 2 篇为水务行业发展大事记，包括第 3 章。本部分梳理选录了 2022 年度中共中央、国务院及有关部委印发的城镇水务行业发展相关政策文件，汇总展示了中国城镇供水排水协会年度重要活动和主要工作成就。

第 3 篇为地方水协工作经验交流，包括第 4 章～第 6 章。本部分选录了上海市供水行业协会、陕西省城镇供水排水协会和重庆市城镇供水排水行业协会分别在党建引领行业文化建设、推动"绿色水司"创建和强化行业职业培训方面的工作经验及成效。

第 4 篇为水务行业调查与研究，包括第 7 章～第 12 章。本部分聚焦 2022 年度行业发展热点、难点和痛点。一是城镇供水高质量发展，收录了"《生活饮用水卫生标准》GB 5749—2022 解读""贯彻落实新国标 依法依规推动城市供水行业高质量发展""我国饮用水消毒技术应用与发展""我国城镇供水行业应急能力建设的进展与展望"4 篇研究报告；二是村镇供水排水发展模式，收录了"西北地区村镇污水治理及其低碳运行""面向城乡统筹区域协调发展的村镇供水模式及其适宜性"2 篇研究报告。

附录选录了政府及中国城镇供水排水协会印发的部分重要文件，包括《住房城乡建设部办公厅 国家发展改革委办公厅关于加强公共供水管网漏损控制的通知》（建办城〔2022〕2 号）、《住房和城乡建设部 国家发展改革委 水利部关于印发"十四五"城市排水防涝体系建设行动计划的通知》（建城〔2022〕36 号）、《住房和城乡建设部 国家发展改革委关于印发城乡建设领域碳达峰实施方案的通知》（建标〔2022〕53 号）、《住房和城乡建设部办公厅 国家发展改革委办公厅 国家疾病预防控制局综合司关于加强城市供水安全保障工作的通知》（建办城〔2022〕41号）、《国家发展改革委 住房城乡建设部 生态环境部关于印发〈污泥无害化处理和资源化利用实施方案〉的通知》（发改环资〔2022〕1453号）、《中国城镇供水排水协会关于增强城镇供水行业公共服务意识 强化行业自律的指导意见》（中水协〔2022〕41号）、《城镇水务系统碳核算与减排路径技术指南》。

本书的编撰出版得到有关主管部门的指导和有关企事业单位及专家的大力支持，在此表示衷心的感谢。由于本书内容涉及面广，难免有疏漏之处，敬请读者批评指正，不吝赐教。

《中国城镇水务行业年度发展报告（2022）》编审委员会

2023年1月6日

目　录

第1篇　水务行业发展概况

第1章　城镇供水发展概况 ·································· 2

　1.1　全国城镇供水概况 ································· 2

　　1.1.1　设施状况 ······························· 2

　　1.1.2　服务水平 ······························· 5

　1.2　区域供水设施与服务 ····························· 8

　　1.2.1　按东中西部及31个省（自治区、直辖市）统计 ········· 8

　　1.2.2　按流域统计 ···························· 13

　　1.2.3　按国家级城市群统计 ······················ 15

　　1.2.4　按36个重点城市统计 ····················· 20

　1.3　城镇供水与社会经济发展水平 ······················ 23

　　1.3.1　综合生产能力与水资源 ····················· 23

　　1.3.2　供水市政公用设施建设固定资产投资与国内生产总值 ····· 25

　　1.3.3　人均日生活用水量与城镇化 ·················· 27

　1.4　技术分析 ·································· 28

　　1.4.1　水源与净水工艺 ························· 28

　　1.4.2　水厂水质管控 ·························· 32

　　1.4.3　抄表到户情况 ·························· 34

　　1.4.4　供水管道漏损 ·························· 34

第2章　城镇排水发展概况 ·································· 36

　2.1　全国排水与污水处理概况 ························· 36

　　2.1.1　设施状况 ···························· 36

　　2.1.2　服务水平 ···························· 40

　2.2　区域排水与污水处理 ···························· 43

　　2.2.1　按东中西部及31个省（自治区、直辖市）统计 ········· 43

2.2.2 按流域统计 ·· 50

2.2.3 按国家级城市群统计 ···························· 53

2.2.4 按36个重点城市统计 ···························· 57

2.3 城镇排水与社会经济发展水平 ···················· 61

2.3.1 排水市政公用设施建设固定资产投资与国内生产总值 ······ 61

2.3.2 人均日污水处理量与城镇化 ···················· 63

第2篇 水务行业发展大事记

第3章 行业发展大事记 ···································· 66

3.1 2022年国家发布的主要相关政策 ···················· 66

3.2 2022年中国水协大事记 ···························· 70

3.3 中国水协团体标准 ································ 72

3.4 2022年度中国水协科学技术奖获奖项目 ·············· 76

3.4.1 南水北调入京水源安全高效利用技术集成与应用 ······ 78

3.4.2 海绵城市源头设施效能提升与布局优化关键技术研究与实践 ······ 80

3.4.3 封闭半封闭水体城镇污水处理厂主要污染物总量减排关键技术 ······ 82

3.4.4 城市黑臭水体治理技术与政策研究 ·············· 84

3.4.5 多层覆盖半地下式污水处理厂设计关键技术集成研究与应用 ······ 86

3.4.6 城市主干排水暗涵评估清淤修复系列关键技术研究与应用 ······ 88

3.5 中国水协科学技术成果鉴定 ······················ 89

3.5.1 一体化智能水质检测装备 ······················ 91

3.5.2 城镇污水处理厂污泥好氧发酵系统清洁生产关键技术研究及工程化应用 ······ 93

3.5.3 面向管网水质稳定性的厂网系统调控关键技术及示范 ······ 94

3.5.4 具有清污分流识别功能的截污调蓄系统 ············ 96

3.5.5 柔性截流装置 ································ 97

3.5.6 应用于合流制系统改造的错时雨污分流系统 ········ 98

3.5.7 城市排水系统一体化智能运维平台 ·············· 100

3.5.8 多水源水厂多种组合工艺的适应性研究及工程应用 ······ 101

3.5.9 微污染水氨氮高效移动床生物膜处理技术研究及应用 ······ 103

3.5.10 城镇排水系统通沟污泥资源化处理成套装备 ········ 104

  3.5.11 海绵城市源头设施效能提升与布局优化关键技术研究与实践 ·········· 106

  3.5.12 城市黑臭水体治理技术与政策研究 ································ 106

  3.5.13 南水北调入京水源安全高效利用技术集成与应用 ············ 106

  3.5.14 城市防汛系列化新产品 ·· 106

  3.5.15 封闭半封闭水体城镇污水处理厂主要污染物总量减排关键技术 ··· 108

 3.6 中国水协典型工程项目案例 ··· 108

  3.6.1 大东湖核心区污水传输系统工程 ································ 109

  3.6.2 石洞口污水处理厂污泥处理二期工程 ························ 113

  3.6.3 广州市北部水厂一期（含厂区原水管河涌改造）工程 ······· 117

  3.6.4 宁波桃源水厂及出厂管线工程 ································· 121

  3.6.5 张家港第四水厂扩建工程 ····································· 124

  3.6.6 故宫（紫禁城）古代排水系统修复与维护 ··············· 127

第3篇 地方水协工作经验交流

第4章 上海市供水行业协会

  ——党建领航开启上海百年供水行业文化建设新航程 ············· 132

 引言 ··· 132

 4.1 确定党建引领文化建设的工作思路 ································· 132

 4.2 党建引领文化建设下开展的具体工作 ······························ 134

  4.2.1 组织体系建设 ·· 134

  4.2.2 企业文化建设 ·· 136

  4.2.3 开展党建庆祝活动 ·· 138

  4.2.4 践行社会责任 ·· 140

 4.3 互助共建，互利共赢 ·· 142

  4.3.1 与云南边陲供水企业结亲家 ···································· 142

  4.3.2 开展跨行业党组织共建活动 ···································· 143

  4.3.3 融入"长三角一体化发展战略" ································ 144

 4.4 党建引领全面推进供水行业发展 ································· 145

  4.4.1 充分发挥党建在重大活动和重要保障工作中的作用 ········· 145

  4.4.2 深化党建品牌建设驱动服务品牌效应 ····················· 146

4.4.3 党建引领进一步推动供水行业高质量发展 ·········· 146

附：上海市供水行业协会介绍 ·········· 146

第5章 陕西省城镇供水排水协会
——推动"绿色水司"建设工作经验 ·········· 148

引言 ·········· 148

5.1 创建活动思路 ·········· 148

5.2 组织制定评估标准与办法 ·········· 149

5.2.1 绿色水司申报与评估办法 ·········· 149

5.2.2 绿色水司评估标准（暂行） ·········· 150

5.3 加强组织领导 ·········· 154

5.3.1 建立组织机构 ·········· 154

5.3.2 健全工作机制 ·········· 154

5.4 开展绿色水司创建活动步骤 ·········· 154

5.4.1 专家初审材料 ·········· 154

5.4.2 通知候选单位迎评 ·········· 155

5.4.3 现场评估：采取"听、查、看、评、议"五步法方式 ·········· 155

5.4.4 综合评定 ·········· 156

5.4.5 公示及通报表彰 ·········· 156

5.5 开展"绿色水司"创建活动成效 ·········· 156

5.5.1 激发供水单位参与热情 ·········· 156

5.5.2 发挥供水行业节能降耗示范作用 ·········· 157

5.5.3 提升陕西水协服务水平 ·········· 158

5.5.4 强化供水单位绿色发展理念 ·········· 159

附：陕西省城镇供水排水协会介绍 ·········· 159

第6章 重庆市城镇供水排水行业协会
——依托优势企业面向实际应用开展行业职业培训工作经验 ·········· 160

引言 ·········· 160

6.1 职业教育"融合发展"机制 ·········· 160

6.1.1 "体制融合"筑牢人才根基 ·········· 160

6.1.2 "运营融合"支撑创新发展 ·········· 161

6.1.3 "多元融合"塑造品牌形象 ·· 162

6.2 基地建设引领培训中心发展步入快车道 ························· 163

6.2.1 战略构想，绘制发展路线图 ································· 163

6.2.2 实施"二五"策略，激发培训活力 ······················· 164

6.2.3 突出行业特色，形成"点线面网"立体式培训体系 ······· 166

6.2.4 夯实培训基础，人才"亮化"工程显成效 ················ 167

6.3 职业评价正当时 技能竞赛育匠心 ······························· 169

6.3.1 优化技能评价体系，实施职业技能提升行动 ············· 169

6.3.2 打造高技能人才与专业技术人才职业发展贯通评价体系 ··· 170

附：重庆市城镇供水排水行业协会简介 ································· 171

第4篇 水务行业调查与研究

第7章 《生活饮用水卫生标准》GB 5749—2022 解读 ················· 174

7.1 《生活饮用水卫生标准》GB 5749—2022 是国家发布的具有法律效力的
强制性标准 ··· 174

7.2 GB 5749—2022 是我国饮用水标准的第 5 次修订 ················· 175

7.3 GB 5749—2022 主要修订内容及指标修订依据 ··················· 179

7.3.1 主要修订内容 ·· 179

7.3.2 指标修订依据 ·· 181

7.4 GB 5749—2022 主要特点 ······································· 186

7.4.1 延续了从源头到龙头的管理思路 ························· 186

7.4.2 延续了对饮用水安全的基本认知 ························· 186

7.4.3 延续了将指标进行分类的方式 ··························· 186

7.4.4 延续了全文强制的管理性要求 ··························· 187

7.4.5 统一了城乡供水的水质要求 ····························· 187

7.4.6 强化了对消毒副产物的控制要求 ························· 187

7.5 建议 ·· 188

7.5.1 对城镇供水行业实施新标准的建议 ······················ 188

7.5.2 对进一步完善标准体系的建议 ··························· 189

第8章　贯彻落实新国标 依法依规推动城市供水行业高质量发展 ⋯⋯⋯⋯⋯⋯ 192

8.1　背景 ⋯⋯⋯⋯⋯⋯⋯⋯⋯⋯⋯⋯⋯⋯⋯⋯⋯⋯⋯⋯⋯⋯⋯⋯⋯⋯⋯⋯ 192

8.2　正确认识 GB 5749—2022 新国标的法定地位 ⋯⋯⋯⋯⋯⋯⋯⋯⋯ 193

8.3　主动作为，做好对标贯标工作 ⋯⋯⋯⋯⋯⋯⋯⋯⋯⋯⋯⋯⋯⋯⋯ 196

　　8.3.1　正确看待、科学应对水源问题 ⋯⋯⋯⋯⋯⋯⋯⋯⋯⋯⋯⋯ 196

　　8.3.2　加强水质安全管理 ⋯⋯⋯⋯⋯⋯⋯⋯⋯⋯⋯⋯⋯⋯⋯⋯⋯ 204

　　8.3.3　落实信息公开责任 ⋯⋯⋯⋯⋯⋯⋯⋯⋯⋯⋯⋯⋯⋯⋯⋯⋯ 206

　　8.3.4　确保设施安全运行 ⋯⋯⋯⋯⋯⋯⋯⋯⋯⋯⋯⋯⋯⋯⋯⋯⋯ 207

　　8.3.5　明确企业权责界限 ⋯⋯⋯⋯⋯⋯⋯⋯⋯⋯⋯⋯⋯⋯⋯⋯⋯ 211

8.4　把握机遇，用好国家各项政策 ⋯⋯⋯⋯⋯⋯⋯⋯⋯⋯⋯⋯⋯⋯⋯ 212

　　8.4.1　城镇供水价格政策 ⋯⋯⋯⋯⋯⋯⋯⋯⋯⋯⋯⋯⋯⋯⋯⋯⋯ 212

　　8.4.2　全国统一大市场政策 ⋯⋯⋯⋯⋯⋯⋯⋯⋯⋯⋯⋯⋯⋯⋯⋯ 215

8.5　结语 ⋯⋯⋯⋯⋯⋯⋯⋯⋯⋯⋯⋯⋯⋯⋯⋯⋯⋯⋯⋯⋯⋯⋯⋯⋯⋯⋯⋯ 217

第9章　我国饮用水消毒技术应用与发展 ⋯⋯⋯⋯⋯⋯⋯⋯⋯⋯⋯⋯⋯⋯ 218

9.1　背景与现状 ⋯⋯⋯⋯⋯⋯⋯⋯⋯⋯⋯⋯⋯⋯⋯⋯⋯⋯⋯⋯⋯⋯⋯⋯ 218

　　9.1.1　饮用水消毒技术应用特点 ⋯⋯⋯⋯⋯⋯⋯⋯⋯⋯⋯⋯⋯⋯ 218

　　9.1.2　饮用水微生物安全保障目标基本实现 ⋯⋯⋯⋯⋯⋯⋯⋯ 219

　　9.1.3　新国标提出消毒新要求 ⋯⋯⋯⋯⋯⋯⋯⋯⋯⋯⋯⋯⋯⋯⋯ 220

　　9.1.4　消毒副产物风险受到广泛关注 ⋯⋯⋯⋯⋯⋯⋯⋯⋯⋯⋯⋯ 221

9.2　问题与挑战 ⋯⋯⋯⋯⋯⋯⋯⋯⋯⋯⋯⋯⋯⋯⋯⋯⋯⋯⋯⋯⋯⋯⋯⋯ 223

　　9.2.1　不同消毒方式均有局限性 ⋯⋯⋯⋯⋯⋯⋯⋯⋯⋯⋯⋯⋯⋯ 223

　　9.2.2　消毒设备设施质量有待提升 ⋯⋯⋯⋯⋯⋯⋯⋯⋯⋯⋯⋯⋯ 225

　　9.2.3　运行管理有待规范 ⋯⋯⋯⋯⋯⋯⋯⋯⋯⋯⋯⋯⋯⋯⋯⋯⋯ 229

　　9.2.4　中小水厂消毒仍然存在水质安全风险 ⋯⋯⋯⋯⋯⋯⋯⋯ 233

　　9.2.5　公共卫生事件下的微生物安全风险 ⋯⋯⋯⋯⋯⋯⋯⋯⋯⋯ 235

9.3　措施与对策 ⋯⋯⋯⋯⋯⋯⋯⋯⋯⋯⋯⋯⋯⋯⋯⋯⋯⋯⋯⋯⋯⋯⋯⋯ 236

　　9.3.1　因地制宜选择水厂消毒工艺，升级改造老旧消毒设施 ⋯⋯ 236

　　9.3.2　提升消毒设备设施质量 ⋯⋯⋯⋯⋯⋯⋯⋯⋯⋯⋯⋯⋯⋯⋯ 238

　　9.3.3　强化过程监控，提高水厂消毒工艺运行管理水平 ⋯⋯⋯ 241

　　9.3.4　规范二次加压调蓄供水消毒设计与水质监管 ⋯⋯⋯⋯⋯ 243

    9.3.5　公共卫生事件下饮用水消毒的安全保障 ·········· 244

    9.3.6　加快推进消毒新技术新产品的研究与应用 ·········· 247

  主要参考文献 ·········· 250

第 10 章　我国城镇供水行业应急能力建设的进展与展望 ·········· 252

  10.1　概述 ·········· 252

  10.2　我国城镇供水突发事件统计分析 ·········· 253

    10.2.1　我国城镇供水突发事件时间分布及污染物特征分析 ·········· 253

    10.2.2　我国城镇供水突发事件空间分布特征分析 ·········· 255

    10.2.3　我国城镇供水突发事件起因分析 ·········· 257

    10.2.4　城镇供水突发事件类型及应对情况 ·········· 258

  10.3　供水行业应急能力建设 ·········· 262

    10.3.1　应急水源建设 ·········· 262

    10.3.2　突发事件水质监测预警 ·········· 263

    10.3.3　应急技术研发和应用 ·········· 264

    10.3.4　应急处理工程的规范化建设 ·········· 268

    10.3.5　国家供水应急救援能力建设 ·········· 270

  10.4　供水企业应急组织管理 ·········· 270

    10.4.1　应急预案体系 ·········· 271

    10.4.2　应急预案编制 ·········· 272

  10.5　供水突发事件应急处置 ·········· 273

    10.5.1　与应急供水相关的法律法规要求 ·········· 273

    10.5.2　应急停水的决策 ·········· 275

  10.6　供水应急能力建设展望 ·········· 277

  附录 10.1　《生活饮用水卫生标准》GB 5749—2022 中毒理指标的
        短期暴露水质安全浓度 ·········· 278

  附录 10.2　《生活饮用水卫生标准》GB 5749—2022 中感官性状与一般
        化学指标在突发事件中停止作为饮水的建议限值 ·········· 281

  主要参考文献 ·········· 284

第 11 章　西北地区村镇污水治理及其低碳运行 ·········· 286

  11.1　背景和意义 ·········· 286

11.2　西北地区村镇污水治理现状 ·················· 287

    11.2.1　西北地区村镇概况 ·················· 287

    11.2.2　西北地区村镇污水治理现状 ·················· 287

    11.2.3　存在问题 ·················· 289

11.3　适合西北地区村镇污水治理的低碳策略与路径 ·················· 293

    11.3.1　村镇生态系统特征与污水资源化途径分析 ·················· 293

    11.3.2　适合村镇污水治理与资源化的技术模式 ·················· 298

    11.3.3　村镇污水治理低碳运行策略 ·················· 300

    11.3.4　实现西北地区村镇污水治理低碳运行的路径 ·················· 303

11.4　建议 ·················· 304

    11.4.1　政策保障 ·················· 305

    11.4.2　技术模式 ·················· 305

    11.4.3　资金保障 ·················· 308

    11.4.4　监督管理 ·················· 309

11.5　应用案例 ·················· 310

    主要参考文献 ·················· 315

第12章　面向城乡统筹区域协调发展的村镇供水模式及其适宜性 ·················· 316

12.1　背景和意义 ·················· 316

    12.1.1　背景 ·················· 316

    12.1.2　意义 ·················· 317

12.2　国内外经验与启示 ·················· 318

    12.2.1　概述 ·················· 318

    12.2.2　国内典型地区城乡统筹区域供水情况 ·················· 320

    12.2.3　发达国家农村饮用水供水方式 ·················· 325

    12.2.4　经验与启示 ·················· 331

12.3　主要模式总结及适宜性分析 ·················· 333

    12.3.1　主要模式及类型 ·················· 333

    12.3.2　影响因素及适宜性分析 ·················· 335

12.4　结束语 ·················· 336

附　　录

附录 1　住房和城乡建设部办公厅 国家发展改革委办公厅

关于加强公共供水管网漏损控制的通知 ……………………… 340

附录 2　住房和城乡建设部 国家发展改革委 水利部关于印发"十四五"

城市排水防涝体系建设行动计划的通知 ………………… 344

附录 3　住房和城乡建设部 国家发展改革委关于印发城乡建设领域

碳达峰实施方案的通知 …………………………………… 349

附录 4　住房和城乡建设部办公厅 国家发展改革委办公厅

国家疾病预防控制局综合司关于加强城市供水安全保障工作的通知 ……… 356

附录 5　国家发展改革委 住房城乡建设部 生态环境部

关于印发〈污泥无害化处理和资源化利用实施方案〉的通知 ……………… 360

附录 6　中国城镇供水排水协会关于增强城镇供水行业公共服务意识

强化行业自律的指导意见 …………………………………… 365

附录 7　《城镇水务系统碳核算与减排路径技术指南》 ………………… 369

第1篇 水务行业发展概况

　　本部分依据住房和城乡建设部《中国城乡建设统计年鉴》（2021），从城镇水务设施投资建设、设施状况水平、服务能力等方面展示城镇供水排水概况；依据中国城镇供水排水协会《2021年城镇水务统计年鉴（供水）》，对"水源与净水工艺""抄表到户情况""供水管道漏损"等方面进行技术分析。

第1章 城镇供水发展概况

根据住房和城乡建设部《中国城乡建设统计年鉴》（2021），截至2021年底，我国城市和县城供水市政公用设施建设固定资产投资、综合生产能力、管道长度、年供水总量、用水人口、人均日生活用水量和供水普及率分别为1025.79亿元、38682.67万 m^3/d、133.84万 km、795.34亿 m^3、70833.09万人、173.58 L/(人·d)和98.95%，较2020年分别增长4.49%、0.41%、4.57%、6.25%、3.35%、3.30%、0.59%[①]；我国建制镇和乡供水市政公用设施建设固定资产投资、综合生产能力、供水管道长度、年供水总量、用水人口、人均日生活用水量和供水普及率分别为168.26亿元、14819.83万 m^3/d、79.40万 km、160.30亿 m^3、18457.13万人、106.01 L/(人·d)和89.66%，较2020年分别减少12.19%、增长8.38%、增长2.93%、增长1.01%、增长0.61%、增长0.05%、增长1.29%。

1.1 全国城镇供水概况

1.1.1 设施状况

根据住房和城乡建设部《中国城乡建设统计年鉴》（2021），截至2021年底，我国城市供水市政公用设施建设固定资产投资、综合生产能力和供水管道长度分别为770.56亿元、31737.67万 m^3/d 和105.99万 km，较2020年分别增长2.82%、减少1.04%、增长5.26%；县城供水市政公用设施建设固定资产投资、综合生产能力和供水管道长度分别为255.23亿元、6945万 m^3/d 和27.85万 km，较2020年分别增长9.89%、7.66%和2.03%。2011年～2021年我国城市和县城供水市政公用设施建

[①] 供水普及率增长率＝（当年供水普及率－上一年供水普及率）/上一年供水普及率，下同。

设固定资产投资、综合生产能力和供水管道长度如图 1-1~图 1-3 所示。

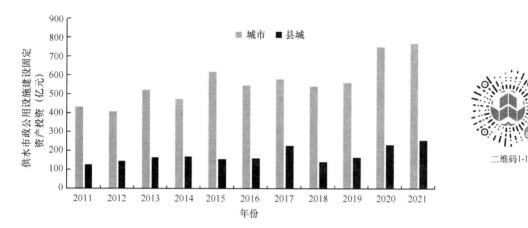

图 1-1　2011 年~2021 年我国城市和县城供水市政公用设施建设固定资产投资变化情况
数据来源：住房和城乡建设部《中国城乡建设统计年鉴》（2011~2021）。

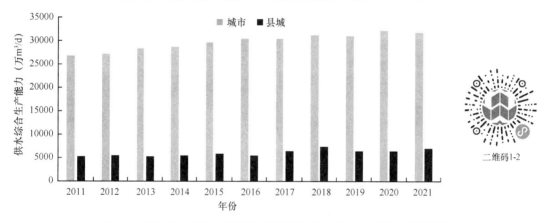

图 1-2　2011 年~2021 年我国城市和县城供水综合生产能力变化情况
数据来源：住房和城乡建设部《中国城乡建设统计年鉴》（2011~2021）。

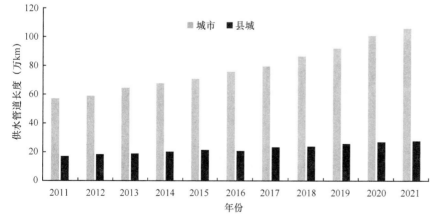

图 1-3　2011 年~2021 年我国城市和县城供水管道长度变化情况
数据来源：住房和城乡建设部《中国城乡建设统计年鉴》（2011~2021）。

截至 2021 年底，我国建制镇供水市政公用设施建设投入、综合生产能力和供水管道长度分别为 148.18 亿元、13110.24 万 m^3/d 和 64.88 万 km，较 2020 年分别减少 13.08％、增长 8.55％、增长 3.89％；乡供水市政公用设施建设投入、综合生产能力和供水管道长度分别为 20.08 亿元、1709.59 万 m^3/d 和 14.52 万 km，较 2020 年分别减少 5.01％、增长 7.14％和减少 1.16％。2011 年～2021 年我国建制镇和乡供水市政公用设施建设投入、综合生产能力和供水管道长度如图 1-4～图 1-6 所示。

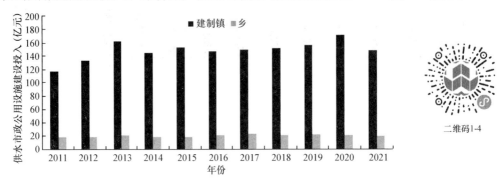

图 1-4　2011 年～2021 年我国建制镇和乡供水市政公用设施建设投入变化情况

数据来源：住房和城乡建设部《中国城乡建设统计年鉴》(2011～2021)。

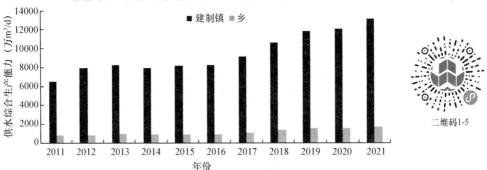

图 1-5　2011 年～2021 年我国建制镇和乡供水综合生产能力变化情况

数据来源：住房和城乡建设部《中国城乡建设统计年鉴》(2011～2021)。

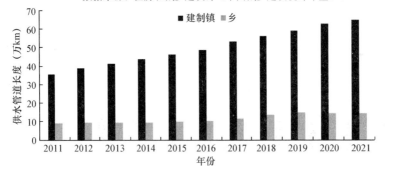

图 1-6　2011 年～2021 年我国建制镇和乡供水管道长度变化情况

数据来源：住房和城乡建设部《中国城乡建设统计年鉴》(2011～2021)。

1.1.2　服务水平

根据住房和城乡建设部《中国城乡建设统计年鉴》（2021），截至 2021 年底，我国城市年供水总量、用水人口、人均日生活用水量和供水普及率分别为 673.34 亿 m^3、55580.86 万人、185.0L/（人·d）和 99.38%，较 2020 年分别增长 6.96%、4.44%、3.12% 和 0.40%；县城年供水总量、用水人口、人均日生活用水量和供水普及率分别为 121.99 亿 m^3、15252.23 万人、131.95 L/（人·d）和 97.42%，较 2020 年分别增长 2.50%、减少 0.42%、增长 2.67%、增长 0.79%。2011 年～2021 年我国城市和县城年供水总量、用水人口、人均日生活用水量和供水普及率情况如图 1-7～图 1-10 所示。

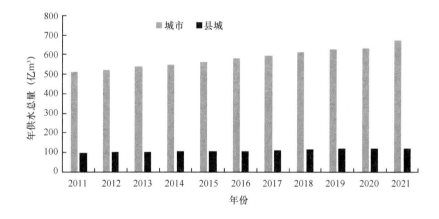

二维码1-7

图 1-7　2011 年～2021 年我国城市和县城年供水总量变化情况

数据来源：住房和城乡建设部《中国城乡建设统计年鉴》（2011～2021）。

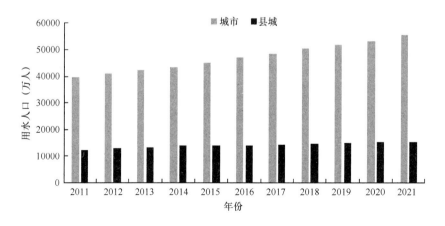

二维码1-8

图 1-8　2011 年～2021 年我国城市和县城用水人口变化情况

数据来源：住房和城乡建设部《中国城乡建设统计年鉴》（2011～2021）。

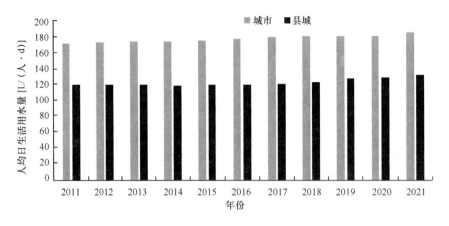

二维码1-9

图 1-9　2011 年～2021 年我国城市和县城人均日生活用水量变化情况

数据来源：住房和城乡建设部《中国城乡建设统计年鉴》（2011～2021）。

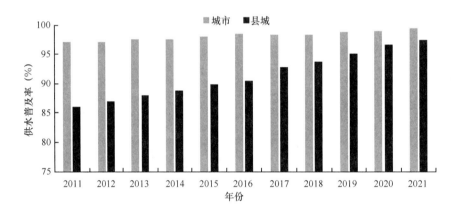

二维码1-10

图 1-10　2011 年～2021 年我国城市和县城供水普及率变化情况

数据来源：住房和城乡建设部《中国城乡建设统计年鉴》（2011～2021）。

截至 2021 年底，我国建制镇年供水总量、用水人口、人均日生活用水量和供水普及率分别为 147.10 亿 m^3、16651.89 万人、106.80 L/（人·d）和 90.30%，较 2020 年分别增长 1.31%、增长 1.41%、减少 0.19% 和增长 1.35%；乡年供水总量、用水人口、人均日生活用水量和供水普及率分别为 13.20 亿 m^3、1805.24 万人、98.70 L/（人·d）和 84.20%，较 2020 年分别减少 2.22%、减少 6.15%、增长 1.75%、增长 0.36%。2011 年～2021 年我国建制镇和乡年供水总量、用水人口、人均日生活用水量和供水普及率情况如图 1-11～图 1-14 所示。

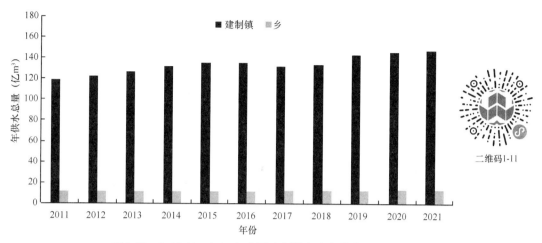

二维码1-11

图 1-11　2011 年～2021 年我国建制镇和乡年供水总量变化情况

数据来源：住房和城乡建设部《中国城乡建设统计年鉴》（2011～2021）。

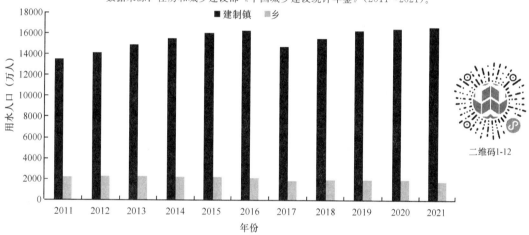

二维码1-12

图 1-12　2011 年～2021 年我国建制镇和乡用水人口变化情况

数据来源：住房和城乡建设部《中国城乡建设统计年鉴》（2011～2021）。

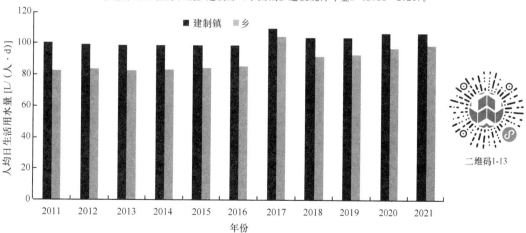

二维码1-13

图 1-13　2011 年～2021 年我国建制镇和乡人均日生活用水量变化情况

数据来源：住房和城乡建设部《中国城乡建设统计年鉴》（2011～2021）。

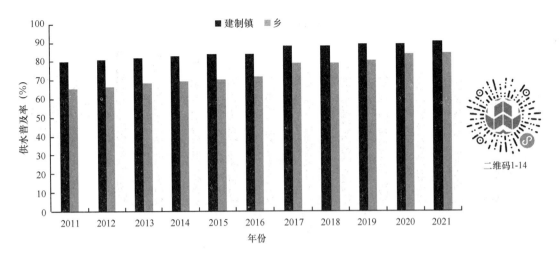

图 1-14　2011 年～2021 年我国建制镇和乡供水普及率变化情况
数据来源：住房和城乡建设部《中国城乡建设统计年鉴》（2011～2021）。

1.2　区域供水设施与服务

1.2.1　按东中西部[①]及 31 个省（自治区、直辖市）统计

1. 设施状况

根据住房和城乡建设部《中国城乡建设统计年鉴》（2021），截至 2021 年底，东部地区城市供水市政公用设施建设固定资产投资、综合生产能力和供水管道长度分别为 374.23 亿元、17593.88 万 m^3/d、61.29 万 km，在全国城市总量中占比分别为 48.57%、55.44% 和 57.83%；县城供水市政公用设施建设固定资产投资、综合生产能力和供水管道长度分别为 54.55 亿元、2294.95 万 m^3/d、8.98 万 km，在全国县城总量中占比分别为 21.37%、33.05% 和 32.24%。

中部地区城市供水市政公用设施建设固定资产投资、综合生产能力和供水管道长度分别为 196.49 亿元、7662.78 万 m^3/d、24.33 万 km，在全国城市总量中占比分别为 25.50%、24.14% 和 22.96%；县城供水市政公用设施建设固定资产投资、综合生产能力和供水管道长度分别为 99.75 亿元、2484.97 万 m^3/d、10.14 万 km，在全国

---

① 按区域经济带将我国进行东、中、西部地区划分，其中东部地区包括北京、天津、河北、辽宁、上海、江苏、浙江、福建、山东、广东和海南；中部地区包括山西、吉林、黑龙江、安徽、江西、河南、湖北和湖南；西部地区包括内蒙古、广西、重庆、四川、贵州、云南、西藏、陕西、甘肃、宁夏、青海和新疆。

县城总量中占比分别为 39.08％、35.78％和 36.40％。

西部地区城市供水市政公用设施建设固定资产投资、综合生产能力和供水管道长度分别为 199.84 亿元、6481.01 万 m^3/d、20.37 万 km，在全国城市总量中占比分别为 25.93％、20.42％和 19.21％；县城供水市政公用设施建设固定资产投资、综合生产能力和供水管道长度分别为 100.93 亿元、2164.60 万 m^3/d、8.73 万 km，在全国县城总量中占比分别为 39.55％、31.17％和 31.36％。

2021 年我国东中西部各省（自治区、直辖市）城市和县城供水市政公用设施建设固定资产投资、综合生产能力和供水管道长度情况如图 1-15～图 1-17 所示。

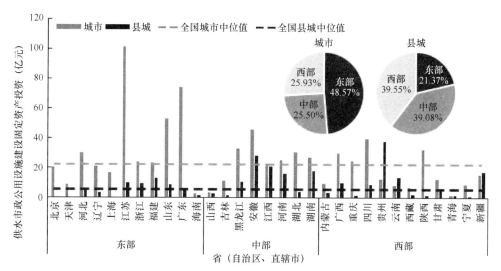

图 1-15　2021 年我国东中西部各省（自治区、直辖市）城市和县城供水市政公用
设施建设固定资产投资情况
数据来源：住房和城乡建设部《中国城乡建设统计年鉴》（2021）。

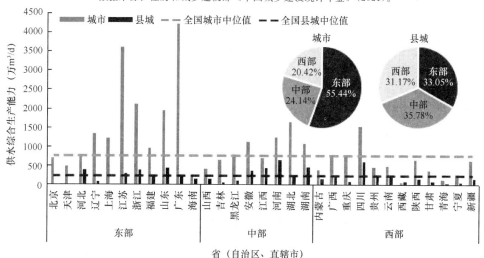

图 1-16　2021 年我国东中西部各省（自治区、直辖市）城市和县城供水综合生产能力情况
数据来源：住房和城乡建设部《中国城乡建设统计年鉴》（2021）。

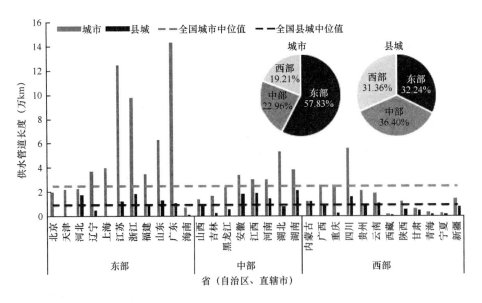

图 1-17 2021 年我国东中西部各省(自治区、直辖市)城市和县城供水管道长度情况

数据来源:住房和城乡建设部《中国城乡建设统计年鉴》(2021)。

2. 服务水平

根据住房和城乡建设部《中国城乡建设统计年鉴》(2021),截至 2021 年底,东部地区城市年供水总量和用水人口分别为 379.63 亿 m^3 和 29064.62 万人,在全国市总量中占比分别为 56.38%、52.29%,人均日生活用水量、建成区供水管道密度、供水普及率分别为 180.33L/(人·d)、16.37km/km^2、99.45%;县城年供水总量和用水人口分别为 41.57 亿 m^3 和 4297.67 万人,在全国县城总量中占比分别为 34.08%、28.18%,人均日生活用水量、建成区供水管道密度、供水普及率分别为 159.38L/(人·d)、12.80 km/km^2、99.36%。

中部地区城市年供水总量和用水人口分别为 152.98 亿 m^3 和 14057.17 万人,在全国城市总量中占比分别为 22.72%、25.29%,人均日生活用水量、建成区供水管道密度、供水普及率分别为 167.59L/(人·d)、12.94km/km^2、98.97%;县城年供水总量和用水人口分别为 45.53 亿 m^3 和 5802.16 万人,在全国县城总量中占比分别为 37.32%、38.04%,人均日生活用水量、建成区供水管道密度、供水普及率分别为 130.53L/(人·d)、10.90 km/km^2、95.88%。

西部地区城市年供水总量和用水人口分别为 140.73 亿 m^3 和 12459.07 万人,在全国城市总量中占比分别为 20.90%、22.42%,人均日生活用水量、建成区供水管道密度、供水普及率分别为 180.33L/(人·d)、11.82km/km^2、98.87%;县城年供水总量和用水人口分别为 34.89 亿 m³ 和 5152.40 万人，在全国县城总量中占比分别为 28.60％、33.78％，人均日生活用水量、建成区供水管道密度、供水普及率分别为 122.19 L/（人·d）、12.03 km/km²、96.47％。

2021 年我国东中西部各省（自治区、直辖市）城市和县城年供水总量、用水人口、人均日生活用水量、建成区供水管道密度和供水普及率情况如图 1-18～图 1-22 所示。

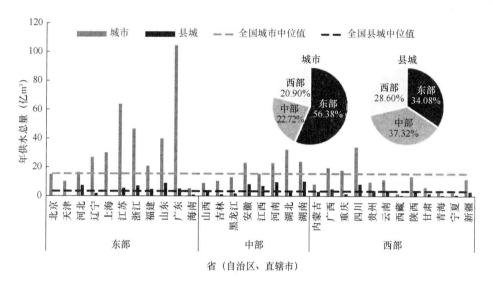

图 1-18　2021 年我国东中西部各省（自治区、直辖市）城市和县城年供水总量情况

数据来源：住房和城乡建设部《中国城乡建设统计年鉴》（2021）。

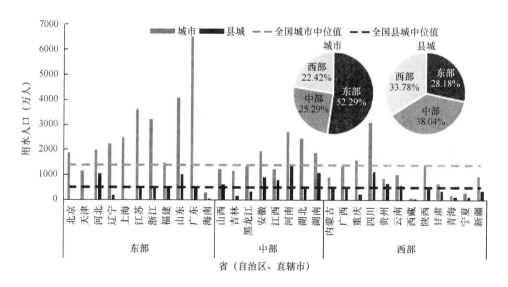

图 1-19　2021 年我国东中西部各省（自治区、直辖市）城市和县城用水人口情况

数据来源：住房和城乡建设部《中国城乡建设统计年鉴》（2021）。

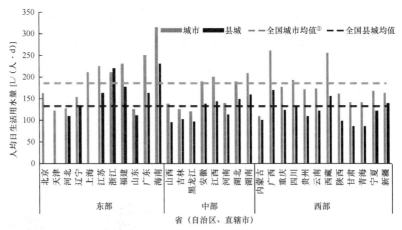

图 1-20 2021年我国东中西部各省（自治区、直辖市）城市和县城人均日生活用水量情况
数据来源：住房和城乡建设部《中国城乡建设统计年鉴》（2021）。

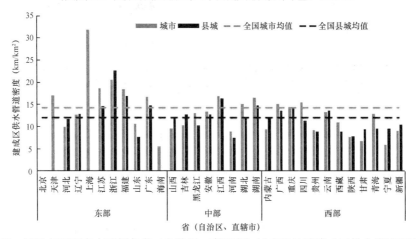

图 1-21 2021年我国东中西部各省（自治区、直辖市）城市和县城建成区供水管道密度情况
数据来源：住房和城乡建设部《中国城乡建设统计年鉴》（2021）。

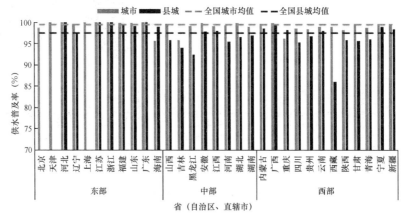

图 1-22 2021年我国东中西部各省（自治区、直辖市）城市和县城供水普及率情况
数据来源：住房和城乡建设部《中国城乡建设统计年鉴》（2021）。

---

① 文中服务水平中的全国城市（县城）均值指与全国城市（县城）总量的比值。

1.2.2　按流域统计

我国七大流域包括海河流域、淮河流域、太湖流域、松辽流域、黄河流域、长江流域和珠江流域，本报告选取长江流域、黄河流域和珠江流域城市数据进行对比分析。

1. 设施状况

根据住房和城乡建设部《中国城市建设统计年鉴》(2021)，截至 2021 年底，长江流域城市供水市政公用设施建设固定资产投资、综合生产能力和供水管道长度分别为 297.64 亿元、12155.32 万 m^3/d、42.84 万 km，在全国城市总量占比分别为 38.63％、38.30％和 40.42％；黄河流域城市供水市政公用设施建设固定资产投资、综合生产能力和供水管道长度分别为 68.78 亿元、3299.90 万 m^3/d、7.70 万 km，在全国城市总量占比分别为 8.93％、10.40％和 7.27％；珠江流域城市供水市政公用设施建设固定资产投资、综合生产能力和供水管道长度分别为 96.07 亿元、4340.18 万 m^3/d、14.54 万 km，在全国城市总量占比分别为 12.47％、13.68％和 13.72％。

2021 年长江流域、黄河流域和珠江流域城市供水市政公用设施建设固定资产投资、综合生产能力和供水管道长度占全国城市总量比例对比情况如图 1-23 所示。

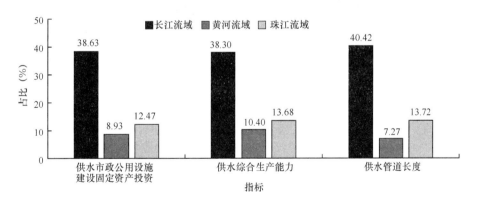

图 1-23　2021 年长江流域、黄河流域和珠江流域城市供水市政公用设施建设
固定资产投资、综合生产能力和供水管道长度占全国比例对比情况
数据来源：住房和城乡建设部《中国城市建设统计年鉴》(2021)。

2. 服务水平

根据住房和城乡建设部《中国城市建设统计年鉴》(2021)，2021 年度，长江流域城市年供水总量和用水人口分别为 254.21 亿 m^3 和 19706.78 万人，在全国城市总量占比分别为 37.75％、35.46％，人均日生活用水量、建成区供水管道密度、人均供水管道长度[①]分别为 201.86L/(人·d)、17.09km/km^2、2.16m/人；

黄河流域城市年供水总量和用水人口分别为 64.57 亿 m^3 和 6887.45 万人，在全国城市总量占比分别为 9.59%、12.39%，人均日生活用水量、建成区供水管道密度、人均供水管道长度分别为 143.96 L/(人·d)、8.88 km/km^2、1.11 m/人；

珠江流域城市年供水总量和用水人口分别为 108.45 亿 m^3 和 6727.52 万人，在全国城市总量占比分别为 16.11%、12.10%，人均日生活用水量、建成区供水管道密度、人均供水管道长度分别为 254.03 L/(人·d)、16.74 km/km^2、2.16 m/人。

2021 年长江流域、黄河流域和珠江流域城市年供水总量和用水人口全国城市总量占比情况，以及人均日生活用水量、建成区供水管道密度、人均供水管道长度对比情况如图 1-24～图 1-27 所示。

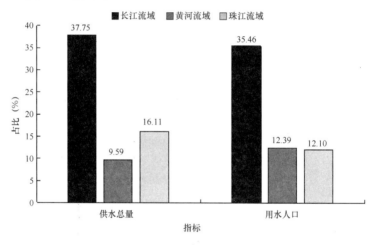

图 1-24　2021 年长江流域、黄河流域和珠江流域城市年供水总量和用水人口占比对比情况

数据来源：住房和城乡建设部《中国城市建设统计年鉴》(2021)。

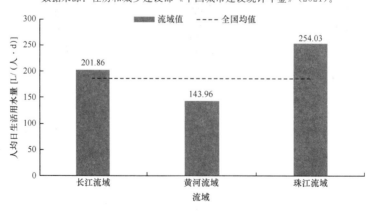

图 1-25　2021 年长江流域、黄河流域和珠江流域城市人均日生活用水量对比情况

数据来源：住房和城乡建设部《中国城市建设统计年鉴》(2021)。

---

①　城市人均供水管道长度＝城市供水管道长度/(城区人口＋城区暂住人口)。

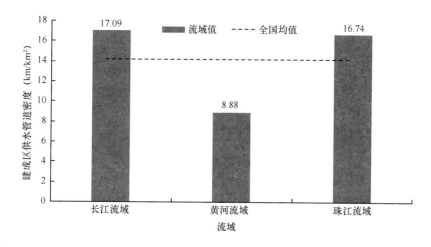

图1-26　2021年长江流域、黄河流域和珠江流域城市建成区供水管道密度对比情况
数据来源：住房和城乡建设部《中国城市建设统计年鉴》（2021）。

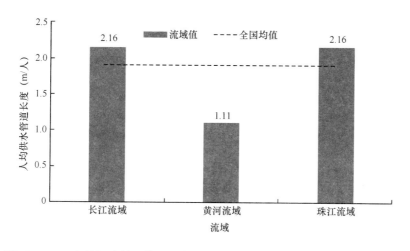

图1-27　2021年长江流域、黄河流域和珠江流域城市人均供水管道长度对比情况
数据来源：住房和城乡建设部《中国城市建设统计年鉴》（2021）。

1.2.3　按国家级城市群统计

《中华人民共和国国民经济和社会发展第十四个五年规划和2035年远景目标纲要》提出："优化提升京津冀、长三角、珠三角、成渝、长江中游等城市群，发展壮大山东半岛、粤闽浙沿海、中原、关中平原、北部湾等城市群，培育发展哈长、辽中南、山西中部、黔中、滇中、呼包鄂榆、兰州－西宁、宁夏沿黄、天山北坡等城市群。"选取京津冀、长三角、珠三角、成渝、长江中游、山东半岛、中原、关中平原、北部湾、哈长、滇中、呼包鄂榆、兰州－西宁13个城市群数据进行对比分析。

1. 设施状况

2021 年 13 个城市群供水市政公用设施建设固定资产投资、综合生产能力和供水管道长度及占全国城市总量比例情况见表 1-1 和图 1-28。

2021 年 13 个城市群供水市政公用设施建设固定资产投资、综合生产能力和
供水管道长度及占全国城市总量比例对比情况 　　　　表 1-1

城市群	分类	供水市政公用设施建设固定资产投资（亿元）	供水综合生产能力（万 m³/日）	供水管道长度（万 km）
京津冀	合计值	40.75	1802.37	5.90
	占比（%）	5.29	5.68	5.57
长三角	合计值	103.09	5565.94	20.21
	占比（%）	13.38	17.54	19.07
珠三角	合计值	57.68	3194.09	10.81
	占比（%）	7.48	10.06	10.20
成渝	合计值	60.12	1960.96	7.18
	占比（%）	7.80	6.18	6.77
长江中游	合计值	51.58	2369.06	8.10
	占比（%）	6.69	7.46	7.64
山东半岛	合计值	50.27	1532.49	4.93
	占比（%）	6.52	4.83	4.65
中原	合计值	29.89	1484.05	4.32
	占比（%）	3.88	4.68	4.08
关中平原	合计值	30.14	586.53	1.21
	占比（%）	3.91	1.85	1.14
北部湾	合计值	9.73	599.38	1.92
	占比（%）	1.26	1.89	1.81
哈长	合计值	32.57	857.76	2.62
	占比（%）	4.23	2.70	2.47
滇中	合计值	1.66	322.39	1.02
	占比（%）	0.21	1.02	0.96
呼包鄂榆	合计值	1.10	215.40	0.60
	占比（%）	0.14	0.68	0.57
兰州—西宁	合计值	0.72	273.44	0.48
	占比（%）	0.09	0.86	0.45
城市群总计		469.89	20764.51	69.95
城市群占比（%）		60.98	65.43	66.00

数据来源：住房和城乡建设部《中国城市建设统计年鉴》(2021)。

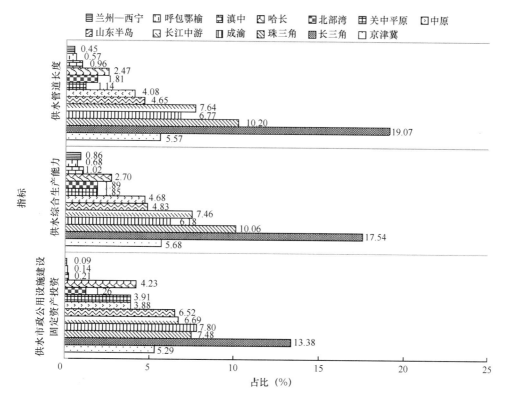

图 1-28　2021 年 13 个城市群供水市政公用设施建设固定资产投资、综合生产能力和
供水管道长度占比对比情况

数据来源：住房和城乡建设部《中国城市建设统计年鉴》(2021)。

2. 服务水平

2021 年 13 个城市群年供水总量、用水人口、人均日生活用水量、建成区供水管道密度、人均供水管道长度情况见表 1-2 和图 1-29～图 1-32。

2021 年 13 个城市群年供水总量、用水人口及占全国城市总量比例对比情况　表 1-2

城市群	分类	年供水总量（亿 m³）	用水人口（万人）
京津冀	合计值	38.32	4612.03
	占比（%）	5.69	8.30
长三角	合计值	120.25	8043.36
	占比（%）	17.86	14.47
珠三角	合计值	84.15	5051.95
	占比（%）	12.50	9.09
成渝	合计值	45.02	4095.86
	占比（%）	6.69	7.37
长江中游	合计值	52.17	3849.09
	占比（%）	7.75	6.93

续表

城市群	分类	年供水总量（亿 m³）	用水人口（万人）
山东半岛	合计值	30.66	3156.88
	占比（%）	4.55	5.68
中原	合计值	29.99	3325.55
	占比（%）	4.45	5.98
关中平原	合计值	12.70	1313.22
	占比（%）	1.89	2.36
北部湾	合计值	16.42	1125.39
	占比（%）	2.44	2.02
哈长	合计值	16.70	1633
	占比（%）	2.48	2.94
滇中	合计值	7.76	649.61
	占比（%）	1.15	1.17
呼包鄂榆	合计值	4.61	513.95
	占比（%）	0.68	0.92
兰州—西宁	合计值	5.41	548.94
	占比（%）	0.80	0.99
城市群总计		464.85	37919.51
城市群占比（%）		69.04	68.22

数据来源：住房和城乡建设部《中国城市建设统计年鉴》(2021)。

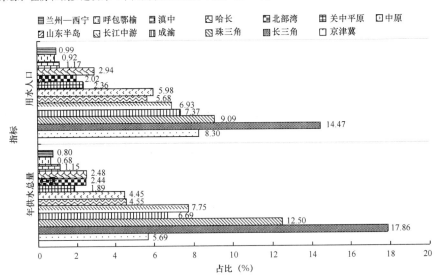

图 1-29　2021 年 13 个城市群年供水总量和用水人口占比对比情况

数据来源：住房和城乡建设部《中国城市建设统计年鉴》(2021)。

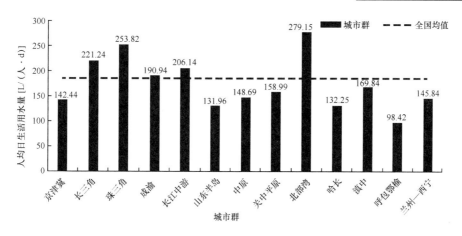

图 1-30 2021 年 13 个城市群人均日生活用水量对比情况

数据来源：住房和城乡建设部《中国城市建设统计年鉴》（2021）。

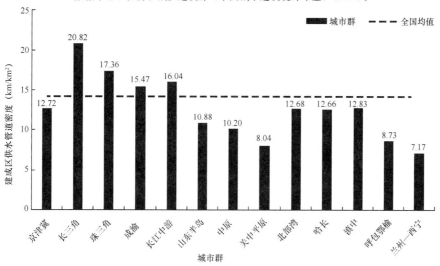

图 1-31 2021 年 13 个城市群建成区供水管道密度对比情况

数据来源：住房和城乡建设部《中国城市建设统计年鉴》（2021）。

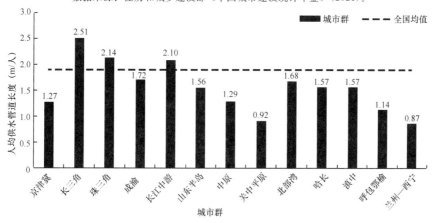

图 1-32 2021 年 13 个城市群人均供水管道长度对比情况

数据来源：住房和城乡建设部《中国城市建设统计年鉴》（2021）。

1.2.4 按 36 个重点城市^①统计

1. 设施状况

截至 2021 年底，36 个重点城市供水市政公用设施建设固定资产投资、综合生产能力和供水管道长度分别为 299.85 亿元、12002.59 万 m^3/d、38.75 万 km，在全国城市总量中占比分别为 38.91%、37.82%和 36.56%。2021 年 36 个重点城市供水市政公用设施建设固定资产投资、综合生产能力和供水管道长度情况如图 1-33～图 1-35 所示。

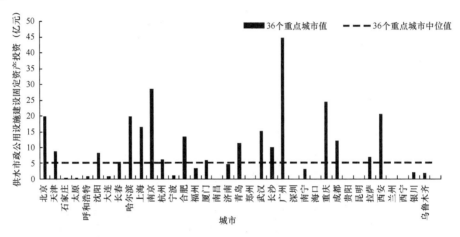

图 1-33　2021 年 36 个重点城市供水市政公用设施建设固定资产投资情况
数据来源：住房和城乡建设部《中国城市建设统计年鉴》(2021)。

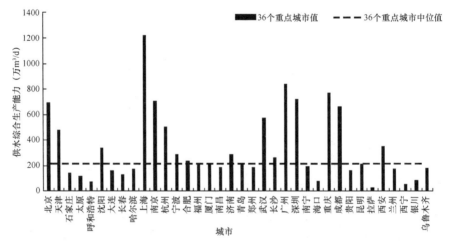

图 1-34　2021 年 36 个重点城市供水综合生产能力情况
数据来源：住房和城乡建设部《中国城市建设统计年鉴》(2021)。

---

① 36 个重点城市包含 4 个直辖市、27 个省会城市、5 个计划单列市。

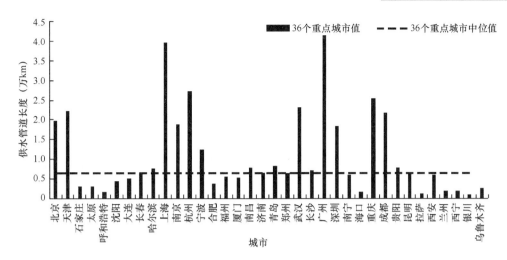

图 1-35　2021 年 36 个重点城市供水管道长度情况
数据来源：住房和城乡建设部《中国城市建设统计年鉴》(2021)。

2. 服务水平

截至 2021 年底，36 个重点城市年供水总量和用水人口分别为 294.42 亿 m^3 和 24751.67 万人，在全国城市总量中占比分别为 43.72%、44.53%；人均日生活用水量、建成区供水管道密度、人均供水管道长度分别为 198.16 L/(人·d)、15.18 km/km^2、1.60 m/人。2021 年 36 个重点城市年供水总量、用水人口、人均日生活用水量、建成区供水管道密度、人均供水管道长度情况如图 1-36~图 1-40 所示。

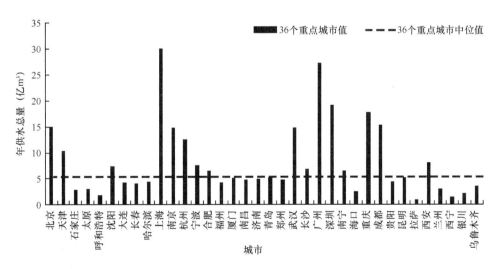

图 1-36　2021 年 36 个重点城市年供水总量情况
数据来源：住房和城乡建设部《中国城市建设统计年鉴》(2021)。

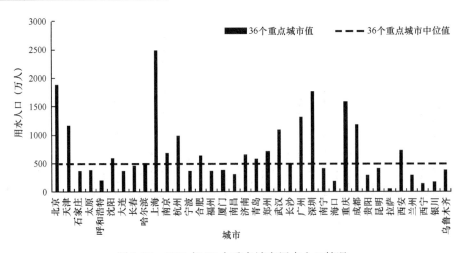

图 1-37　2021 年 36 个重点城市用水人口情况

数据来源：住房和城乡建设部《中国城市建设统计年鉴》(2021)。

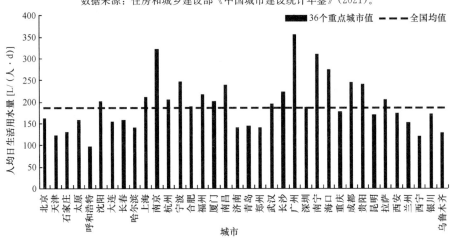

图 1-38　2021 年 36 个重点城市人均日生活用水量情况

数据来源：住房和城乡建设部《中国城市建设统计年鉴》(2021)。

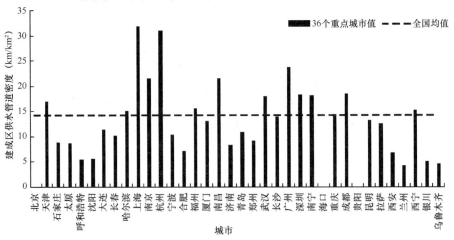

图 1-39　2021 年 36 个重点城市建成区供水管道密度情况

数据来源：住房和城乡建设部《中国城市建设统计年鉴》(2021)。

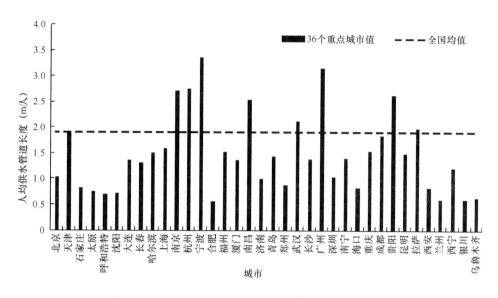

图 1-40　2021 年 36 个重点城市人均供水管道长度情况
数据来源：住房和城乡建设部《中国城市建设统计年鉴》(2021)。

1.3　城镇①供水与社会经济发展水平

1.3.1　综合生产能力与水资源

1. 全国历年

根据住房和城乡建设部《中国城乡建设统计年鉴》（2011～2021），2021 年度我国城镇年供水总量为 795.34 亿 m^3，较 2020 年增长 6.25%；人均日生活用水量为 173.58 L/（人·d），较 2020 年增长 3.30%。根据水利部《中国水资源公报》，2021 年度全国年水资源总量为 29638.2 亿 m^3，较 2020 年减少 6.60%；人均水资源量 5726.3 L/（人·d），较 2020 年减少 6.40%。2011 年～2021 年全国水资源总量与城镇年供水总量情况见表 1-3。

2011 年～2021 年全国水资源总量与城镇年供水总量情况　　　　　表 1-3

年份	全国水资源总量 （亿 m^3）	城镇年供水总量 （亿 m^3）	全国人均水资源量 [L/（人·d）]	城镇人均日生活用水量 [L/（人·d）]
2011	23256.7	611.1	4737.3	158.52
2012	29528.8	625.1	5957.7	159.24

① 本节城镇指设市城市、县，不含建制镇和乡。

续表

年份	全国水资源总量 （亿 m³）	城镇年供水总量 （亿 m³）	全国人均水资源量 ［L/（人·d）］	城镇人均日生活用水量 ［L/（人·d）］
2013	27957.9	641.2	5618.6	160.36
2014	27266.9	653.0	5445.5	160.27
2015	27962.6	667.4	5552.1	161.39
2016	32466.4	687.2	6391.8	163.69
2017	28761.2	706.6	5643.6	165.33
2018	27462.5	729.1	5363.6	166.84
2019	29041.0	747.4	5651.8	167.94
2020	31605.2	748.6	6119.7	168.03
2021	29638.2	795.3	5726.3	173.58

数据来源：住房和城乡建设部《中国城乡建设统计年鉴》（2011～2021）、水利部《中国水资源公报》（2011～2021）。

2. 31 个省（自治区、直辖市）

2021 年 31 个省（自治区、直辖市）城镇年供水量与水资源总量情况见表 1-4。

2021 年 31 个省（自治区、直辖市）城镇年供水量与水资源总量情况　　表 1-4

省（自治区、直辖市）	水资源总量（亿 m³）	地下水资源量（亿 m³）	年供水量（亿 m³）
北京	61.3	47.5	15.01
天津	39.8	11.0	10.29
河北	376.6	220.2	23.87
山西	207.9	113.7	12.36
内蒙古	942.9	238.6	11.17
辽宁	511.7	150.8	28.78
吉林	459.2	166.2	11.58
黑龙江	1196.3	346.7	14.94
上海	53.9	11.2	30.08
江苏	500.8	135.3	69.27
浙江	1344.7	261.8	53.84
安徽	883.3	211.7	33.73
福建	758.7	238.7	25.60
江西	1419.7	332.0	22.53
山东	525.3	237.7	48.81
河南	689.2	257.0	32.81
湖北	1188.8	326.2	36.40
湖南	1790.6	437.4	34.16

省（自治区、直辖市）	水资源总量（亿 m³）	地下水资源量（亿 m³）	年供水量（亿 m³）
广　东	1221.2	301.3	109.49
广　西	1541.2	349.2	24.57
海　南	341.6	92.9	6.17
重　庆	750.8	129.4	19.31
四　川	2924.5	625.9	42.11
贵　州	1091.4	263.7	13.44
云　南	1615.8	562.9	15.41
西　藏	4408.9	993.5	2.13
陕　西	852.5	200.0	16.38
甘　肃	279.0	120.0	7.88
青　海	842.2	362.5	3.77
宁　夏	9.3	16.4	4.68
新　疆	809.0	434.2	14.76

数据来源：住房和城乡建设部《中国城乡建设统计年鉴》（2021）、水利部《中国水资源公报》（2021）。

1.3.2　供水市政公用设施建设固定资产投资与国内生产总值

1. 全国历年

根据住房和城乡建设部《中国城乡建设统计年鉴》（2011～2021），2021 年度我国城镇供水市政公用设施建设固定资产投资为 1025.79 亿元，较 2020 年增长 4.49％；根据国家统计局年度数据库，我国国内生产总值（GDP）为 1143669.7 亿元，较 2020 年增长 8.1％。2011 年～2021 年 GDP 与我国城镇供水市政公用设施建设固定资产投资情况见表 1-5。

2011 年～2021 年 GDP 与我国城镇供水市政公用设施建设固定资产投资情况　表 1-5

年份	GDP（亿元）	供水市政公用设施建设 固定资产投资（亿元）	供水市政公用设施建设 固定资产投资占比（‰）
2011	487940.2	559.40	11.46
2012	538580	557.00	10.34
2013	592963.2	689.60	11.63
2014	643563.1	647.85	10.07
2015	688858.2	776.34	11.27
2016	746395.1	706.52	9.47
2017	832035.9	806.47	9.69

年份	GDP（亿元）	供水市政公用设施建设固定资产投资（亿元）	供水市政公用设施建设固定资产投资占比（‰）
2018	919281.1	687.11	7.47
2019	986515.2	728.19	7.38
2020	1013567	981.67	9.69
2021	1143669.7	1025.79	8.97

数据来源：住房和城乡建设部《中国城乡建设统计年鉴》（2011～2021）、国家统计局年度数据库。

2. 31个省（自治区、直辖市）

截至 2021 年底，2021 年度 GDP 小于 1 万亿元的 4 个省（自治区），供水市政公用设施建设固定资产投资均值为 5.86 亿元；GDP 在 1 万亿～2 万亿元的 6 个省（自治区、直辖市），供水市政公用设施建设固定资产投资均值为 27.28 亿元；GDP 在 2 万亿～3 万亿元的 8 个省（自治区、直辖市），供水市政公用设施建设固定资产投资均值为 25.64 亿元；GDP 在 4 万亿～5 万亿元的 6 个省（直辖市），供水市政公用设施建设固定资产投资均值为 37.48 亿元；GDP 在 5 万亿～10 万亿元的 5 个省，供水市政公用设施建设固定资产投资均值为 43.71 亿元，GDP 大于 10 万亿元的 2 个省，供水市政公用设施建设固定资产投资均值为 95.11 亿元。2021 年 31 个省（自治区、直辖市）城镇供水市政公用设施建设固定资产投资与国内生产总值情况如图 1-41 所示。

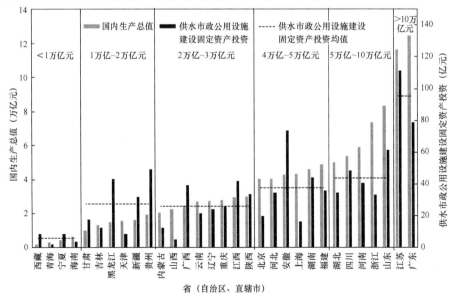

图 1-41　2021 年 31 个省（自治区、直辖市）城镇供水市政公用
设施建设固定资产投资与国内生产总值情况

数据来源：住房和城乡建设部《中国城乡建设统计年鉴》（2021）、国家统计局年度分省数据库。

1.3.3　人均日生活用水量与城镇化

1. 全国历年

根据住房和城乡建设部《中国城乡建设统计年鉴》（2011～2021），2021 年度我国城镇人均日生活用水量为 173.58L/（人·d），较 2020 年增长 3.30％；根据国家统计局年度数据库，截至 2021 年末，我国城镇化率为 64.72％，较 2020 年末提高 0.83个百分点。2011 年～2021 年我国城镇化率与全国城镇人均日生活用水量情况见表1-6。

2011 年～2021 年我国城镇化率与全国城镇人均日生活用水量情况　　表 1-6

年份	城镇化率（％）	人均日生活用水量［L/（人·d）］
2011	51.83	158.52
2012	53.10	159.24
2013	54.49	160.36
2014	55.75	160.27
2015	57.33	161.39
2016	58.84	163.69
2017	60.24	165.33
2018	61.50	166.84
2019	62.71	167.94
2020	63.89	168.03
2021	64.72	173.58

数据来源：住房和城乡建设部《中国城乡建设统计年鉴》（2011～2021）、国家统计局年度数据库。

2. 31 个省（自治区、直辖市）

截至 2021 年底，我国城镇化率为 64.72％，其中有 19 个省（自治区）城镇化率低于全国城镇化率平均值。城镇化率低于 60％ 的 10 个省（自治区），人均日生活用水量均值为 170.57 L/（人·d）；城镇化率在 60％～70％ 的 13 个省（自治区），人均日生活用水量均值为 155.45 L/（人·d）；城镇化率大于 70％ 的 8 个省（直辖市），人均日生活用水量平均值为 187.29 L/（人·d）。2021 年 31 个省（自治区、直辖市）人均日生活用水量与城镇化率情况如图 1-42 所示。

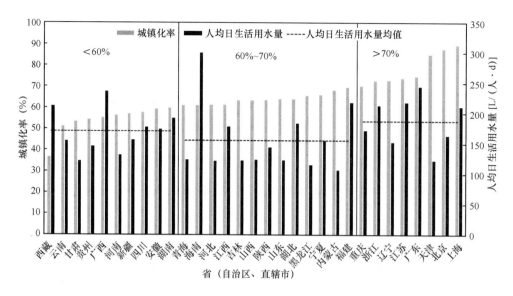

图 1-42　2021 年 31 个省（自治区、直辖市）人均日生活用水量与城镇化率情况
数据来源：住房和城乡建设部《中国城乡建设统计年鉴》(2021)、国家统计局年度分省数据库。

1.4　技　术　分　析

为进一步了解全国城镇供水发展状况，聚焦行业关注热点问题，中国城镇供水排水协会编制了《城镇水务统计年鉴》，统计城镇供水单位技术运营与管理服务情况。现依据中国城镇供水排水协会《2021 年城镇水务统计年鉴（供水）》从水源与净水工艺、水厂水质管控、抄表到户情况、供水管道漏损 4 个方面进行技术分析。

1.4.1　水源与净水工艺

1. 水源类型及水质

对中国城镇供水排水协会《2021 年城镇水务统计年鉴（供水）》中设计规模大于等于 10 万 m^3/d 水厂的水源类型进行统计，以地下水为水源的水厂占 8.17%，以地表水为水源的水厂占 91.83%，地表水中湖库水、江河水占比分别为42.11%、49.72%。

对地表水和地下水水源氨氮和高锰酸盐指数浓度进行统计，结果如图 1-43 和图1-44 所示。江河水氨氮浓度年最大值除异常值外的最小值（min）和最大值（max）、中位数（med）、上四分位数（Q1）和下四分位（Q3）数分别为 0.01 mg/L、1.10 mg/L、0.32 mg/L、0.17 mg/L、0.54 mg/L；湖库水氨氮浓度年最大值除异常

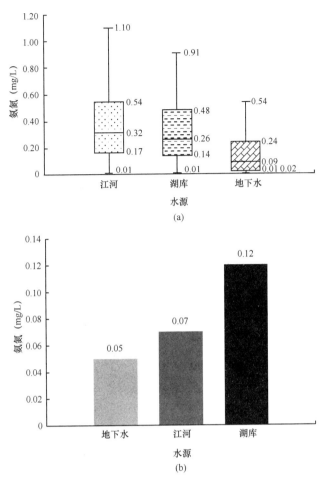

图1-43　不同水源原水水质氨氮浓度年最大值与年平均值分布情况

(a) 氨氮浓度年最大值；(b) 氨氮浓度年平均值

数据来源：中国城镇供水排水协会《2021年城镇水务统计年鉴（供水）》。

值外的min、max、med、Q1和Q3分别为0.01 mg/L、0.91 mg/L、0.26 mg/L、0.14 mg/L、0.48 mg/L；地下水氨氮浓度年最大值除异常值外的min、max、med、Q1和Q3分别为0.01 mg/L、0.54 mg/L、0.09 mg/L、0.02 mg/L、0.24 mg/L。地下水、江河水、湖库水氨氮浓度年平均值均值为0.05 mg/L、0.07 mg/L、0.12 mg/L。

江河水高锰酸盐指数年最大值除异常值外的min、max、med、Q1和Q3分别为0.64 mg/L、8.81 mg/L、3.68 mg/L、2.89 mg/L、5.41 mg/L；湖库水高锰酸盐指数年最大值除异常值外的min、max、med、Q1和Q3分别为0.05 mg/L、7.70 mg/L、3.47 mg/L、2.46 mg/L、4.78mg/L；地下水高锰酸盐指数年最大值除异常值外的min、max、med、Q1和Q3分别为0.32 mg/L、5.84 mg/L、0.99 mg/L、0.70 mg/L、2.78 mg/L。地下水、江河水、湖库水高锰酸盐指数年平均值均值为0.97 mg/L、

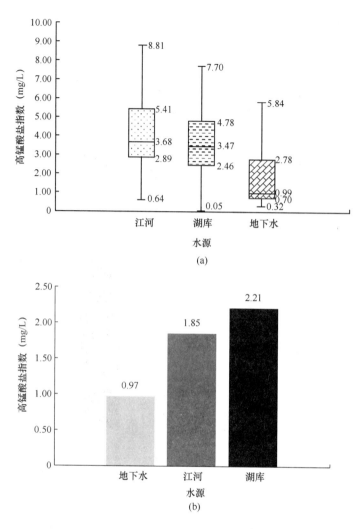

图 1-44　不同水源原水水质高锰酸盐指数年最大值与年平均值分布情况

（a）高锰酸盐指数年最大值；（b）高锰酸盐指数年平均值

数据来源：中国城镇供水排水协会《2021 年城镇水务统计年鉴（供水)》。

1.85 mg/L、2.21 mg/L。

2. 净水工艺

对中国城镇供水排水协会《2021 年城镇水务统计年鉴（供水)》中设计规模大于等于 10 万 m^3/d 的水厂处理工艺进行统计，结果如图 1-45 所示。以地下水为水源的水厂中，采用常规处理工艺占 49.15%，采用常规处理＋深度处理工艺占 10.17%，仅采用消毒工艺占 40.68%；以地表水为水源的水厂中，采用常规处理工艺占 67.20%，采用常规处理＋深度处理工艺占 32.65%，仅采用消毒工艺占 0.15%。

对中国城镇供水排水协会《2021 年城镇水务统计年鉴（供水)》中供水单位消毒

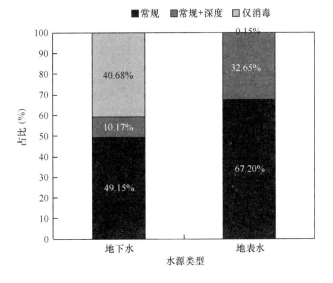

图 1-45　不同水源条件下净水工艺分布情况

数据来源：中国城镇供水排水协会《2021 年城镇水务统计年鉴（供水）》。

工艺使用情况进行分析，统计结果如图 1-46 所示。使用液氯消毒的供水单位占
12.11%，使用次氯酸钠消毒的供水单位占 44.47%，使用二氧化氯消毒的供水单位
占 35.16%，使用液氯和次氯酸钠消毒的供水单位占 4.89%，使用液氯和二氧化氯消
毒的供水单位占 0.23%，使用次氯酸钠和二氧化氯消毒的供水单位占 2.10%，使用
液氯、次氯酸钠和二氧化氯消毒的供水单位占 1.05%。

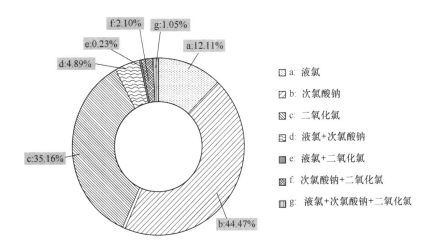

图 1-46　消毒工艺使用情况

数据来源：中国城镇供水排水协会《2021 年城镇水务统计年鉴（供水）》。

1.4.2 水厂水质管控

1. 沉后水水质指标

对中国城镇供水排水协会《2021 年城镇水务统计年鉴（供水）》中设计规模大于等于 10 万 m^3/d 水厂沉后水浑浊度指标进行统计，其中 87.12% 的水厂对沉后水浑浊度进行了内控。在实施内控的水厂中，沉后水浑浊度内控值小于 0.5 NTU 的水厂占 3.42%，内控值在 0.5（含）～1 NTU 的水厂占 7.01%，内控值在 1.0（含）～2.0 NTU 的水厂占 21.88%，内控值大于 2.0 NTU 的水厂占 67.69%，如图 1-47 所示。

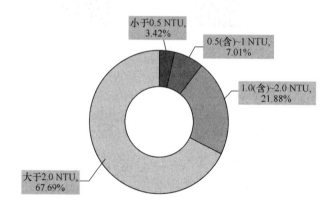

小于0.5 NTU, 3.42%
0.5(含)～1 NTU, 7.01%
1.0(含)～2.0 NTU, 21.88%
大于2.0 NTU, 67.69%

图 1-47　沉后水浑浊度内控值分布情况

数据来源：中国城镇供水排水协会《2021 年城镇水务统计年鉴（供水）》。

2. 滤后水水质指标

对中国城镇供水排水协会《2021 年城镇水务统计年鉴（供水）》中设计规模大于等于 10 万 m^3/d 水厂滤后水浑浊度指标进行统计，其中 98.66% 的水厂对滤后水浑浊度进行了内控。在实施内控的水厂中，滤后水浑浊度内控值小于 0.5 NTU 的水厂占 56.95%，内控值在 0.5（含）～1 NTU 的水厂占 29.91%，内控值在 1.0（含）～2.0 NTU 的水厂占 11.78%，内控值大于等于 2.0 NTU 的水厂占 1.36%，如图 1-48 所示。

3. 出厂水水质指标

对中国城镇供水排水协会《2021 年城镇水务统计年鉴（供水）》中设计规模大于等于 10 万 m^3/d 的水厂出厂水浑浊度指标进行统计，结果如图 1-49 所示。出厂水浑浊度小于 0.1NTU 的水厂占 3.64%，在 0.1（含）～0.5 NTU 的水厂占 47.45%，在 0.5（含）～1.0（含）NTU 的水厂占 37.99%，大于 1.0 NTU 的水厂占 10.92%。2023 年 4 月 1 日开始执行的《生活饮用水卫生标准》GB 5749—2022，规定浑浊度指

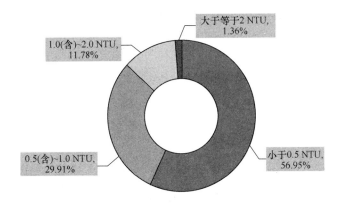

图 1-48 滤后水浑浊度内控值分布情况

数据来源：中国城镇供水排水协会《2021 年城镇水务统计年鉴（供水）》。

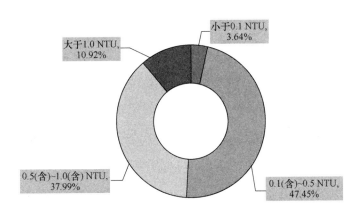

图 1-49 出厂水浑浊度分布情况

数据来源：中国城镇供水排水协会《2021 年城镇水务统计年鉴（供水）》。

标限值为 1 NTU，小型集中式供水和分散式供水因水源与净水技术受限时按 3 NTU 执行（删除了 2006 年版"水源与净水技术条件限制时为 3"的表述）。因此，出厂水浑浊度接近其至超过 1.0 NTU 的水厂应特别关注水厂工艺优化管理，控制出厂水浑浊度值，为龙头水达标留有安全裕度。

对中国城镇供水排水协会《2021 年城镇水务统计年鉴（供水）》中设计规模大于等于 10 万 m³/d 的水厂出厂水高锰酸盐指数进行统计，结果如图 1-50 所示。出厂水高锰酸盐指数小于 1.0 mg/L 的水厂占 11.05%，1.0（含）～2.0 mg/L 的水厂占 29.10%，2.0（含）～3.0（含）mg/L 的水厂占 59.48%，大于 3.0 mg/L 的水厂占 0.37%。2023 年 4 月 1 日开始执行的《生活饮用水卫生标准》GB 5749—2022，规定高锰酸盐指数限值为 3 mg/L，并删除了 2006 年版"水源限制，原水耗氧量大于 6 mg/L 时为 5 mg/L"的表述。因此，出厂水高锰酸盐指数接近其至超过 3 mg/L 的水厂应特别关注水厂工艺优化管理，控制出厂水高锰酸盐指数。

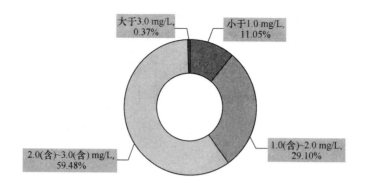

图 1-50 出厂水高锰酸盐指数分布情况

数据来源：中国城镇供水排水协会《2021 年城镇水务统计年鉴（供水）》。

1.4.3 抄表到户情况

对中国城镇供水排水协会《2021 年城镇水务统计年鉴（供水）》中供水单位抄表到户率情况进行统计，结果如图 1-51 所示。抄表到户率 90％（含）～100％（含）的供水单位占 68.51％，抄表到户率 80％（含）～90％的供水单位占 5.80％，抄表到户率 70％（含）～80％的供水单位占 5.16％，抄表到户率 60％（含）～70％的供水单位占 4.05％，抄表到户率 50％（含）～60％的供水单位占 3.04％，抄表到户率小于 50％的供水单位占 13.44％。

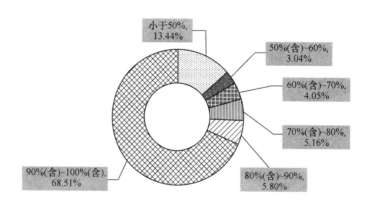

图 1-51 供水单位抄表到户率分布情况

数据来源：中国城镇供水排水协会《2021 年城镇水务统计年鉴（供水）》。

1.4.4 供水管道漏损

对中国城镇供水排水协会《2021 年城镇水务统计年鉴（供水）》中供水单位的供

水规模和综合漏损率进行相关性分析，结果见表 1-7。供水规模小于 3 万 m³/d 的单位综合漏损率中位值、平均值和加权平均值[①]分别为 16.14%、17.55% 和 17.38%；供水规模 3 万（含）～5 万 m³/d 的单位综合漏损率中位值、平均值和加权平均值分别为 15.33%、16.49% 和 16.35%；供水规模 5 万（含）～10 万 m³/d 的单位综合漏损率中位值、平均值和加权平均值分别为 15.53%、16.56% 和 16.89%；供水规模 10 万（含）～20 万 m³/d 的单位综合漏损率中位值、平均值和加权平均值为 15.01%、16.08% 和 15.98%；供水规模大于等于 20 万 m³/d 的单位综合漏损率中位值、平均值和加权平均值为 13.65%、14.11% 和 13.62%。

供水单位管道漏损情况　　　　　　　　　　表 1-7

供水规模（万 m³/d）	综合漏损率（%）				
	最大值	最小值	中位值	平均值	加权平均值
<3	48.6	1.16	16.14	17.55	17.38
3（含）～5	43	1.82	15.33	16.49	16.35
5（含）～10	48.62	1.56	15.53	16.56	16.89
10（含）～20	47.96	1.26	15.01	16.08	15.98
≥20	45.45	2.23	13.65	14.11	13.62

数据来源：中国城镇供水排水协会《2021 年城镇水务统计年鉴（供水）》。

---

① 加权平均值 $=\sum\limits_{i=0}^{n}$（范围内第 i 家供水单位综合漏损率×第 i 家供水总量）$/\sum\limits_{i=0}^{n}$ 范围内第 i 家供水单位供水总量。

第 2 章　城镇排水发展概况

根据住房和城乡建设部《中国城乡建设统计年鉴》(2021),2021 年我国城市和县城排水管道长度为 111.07 万 km,较 2020 年增长 8.18%;污水年排放总量为 734.39 亿 m^3,较 2020 年增长 8.78%;污水处理厂共 4592 座,较 2020 年增长 6.15%,污水处理厂处理能力为 24745.81 万 m^3/d,较 2020 年增长 7.42%;污水年处理量为 706.10 亿 m^3,较 2020 年增长 9.44%;干污泥产生量为 1621.79 万 t,较 2020 年增长 21.69%;再生水生产能力为 8131.23 万 m^3/d,较 2020 年增长 17.74%,再生水年利用量为 176.13 亿 m^3,较 2020 年增长 19.24%;排水市政公用设施建设固定资产年度投资为 2714.74 亿元,较 2020 年增长 1.46%。2021 年我国建制镇和乡污水处理厂及污水处理设施的处理能力为 5533.20 万 m^3/d,较 2020 年增长 8.47%;排水管道(渠)长度为 37.12 万 km,较 2020 年增长 4.11%;排水年度总投入为 446.31 亿元,较 2020 年减少 18.35%。

2.1　全国排水与污水处理概况

2.1.1　设施状况

根据住房和城乡建设部《中国城乡建设统计年鉴》(2021),截至 2021 年底,我国城市排水管道长度达到 87.23 万 km,较 2020 年增长 8.67%,其中污水管道、雨水管道和雨污合流管道长度分别为 40.06 万 km、37.92 万 km、9.25 万 km,占比分别为 45.92%、43.47%和 10.61%,较 2020 年分别增长 9.20%、增长 13.28%、减少 8.52%;截至 2021 年底,我国县城排水管道长度达到 23.84 万 km,较 2020 年增长 6.45%,其中污水管道、雨水管道和雨污合流管道长度分别为 11.19 万 km、8.57 万 km、4.08 万 km,占比分别为 46.95%、35.93%和 17.12%,较 2020 年分别增长

7.58％、增长 10.81％、减少 4.20％。2011 年~2021 年我国城市和县城污水管道、雨水管道和雨污合流管道长度变化情况如图 2-1 所示。

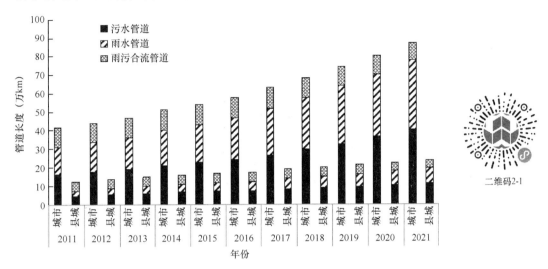

图 2-1　2011 年~2021 年我国城市和县城污水管道、雨水管道和雨污合流管道长度变化情况
数据来源：住房和城乡建设部《中国城乡建设统计年鉴》（2011~2021）。

二维码2-1

截至 2021 年底，我国城市污水处理厂数量达到 2827 座，较 2020 年增长 7.98％，污水处理厂处理能力为 20767.22 万 m^3/d、污水年处理量为 601.57 亿 m^3，较 2020 年分别增长 7.79％和 9.93％；我国县城污水处理厂数量达到 1765 座，较 2020 年增长 3.34％，污水处理厂处理能力为 3978.59 万 m^3/d、污水年处理量为 104.53 亿 m^3，较 2020 年分别增长 5.53％和 6.69％。2011 年~2021 年我国城市和县城污水处理厂数量及处理能力变化情况如图 2-2 所示。

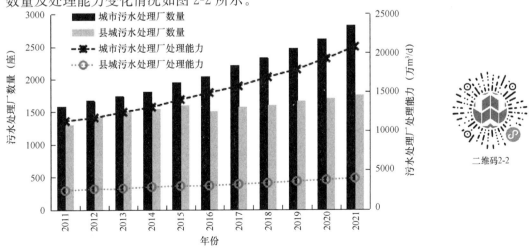

图 2-2　2011 年~2021 年我国城市和县城污水处理厂数量及处理能力变化情况
数据来源：住房和城乡建设部《中国城乡建设统计年鉴》（2011~2021）。

二维码2-2

2021 年度，我国城市污水处理厂干污泥产生量为 1422.9 万 t，较 2020 年增长 22.37%；我国县城污水处理厂干污泥产生量为 198.89 万 t，较 2020 年增长 17.05%。2011 年～2021 年我国城市和县城污水处理厂干污泥产生量变化情况如图 2-3 所示。

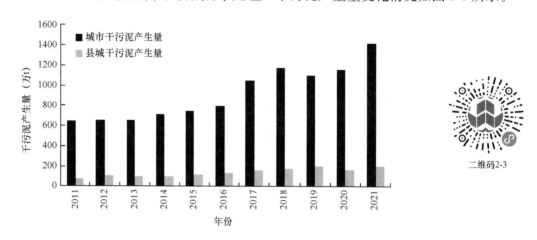

图 2-3 2011 年～2021 年我国城市和县城污水处理厂干污泥产生量变化情况
数据来源：住房和城乡建设部《中国城乡建设统计年鉴》(2011～2021)。

2021 年度，我国城市排水市政公用设施建设固定资产投资为 2078.76 亿元，较 2020 年减少 1.70%，其中污水处理设施、污泥处置设施、再生水利用设施、管网及其他设施建设固定资产投资分别为 855.31 亿元、29.12 亿元、38.44 亿元、1155.88 亿元，较 2020 年分别减少 15.57%、减少 20.98%、增长 26.76%、增长 11.73%；2021 年度，我国县城排水市政公用设施建设固定资产投资为 635.98 亿元，较 2020 年增长 13.38%，其中污水处理设施、污泥处置设施、再生水利用设施、管网及其他设施建设固定资产投资分别为 313.34 亿元、14.57 亿元、12.52 亿元、295.55 亿元，较 2020 年分别增长 7.83%、增长 25.13%、减少 19.62%、增长 21.57%。2011 年～2021 年我国城市和县城排水市政公用设施建设固定资产投资变化情况如图 2-4 所示。

截至 2021 年底，对生活污水进行处理的建制镇个数为 12961 个，占建制镇总数量的 67.96%；建制镇污水处理厂数量为 13462 座，处理能力为 2932.71 万 m³/d，较 2020 年增长 7.03%，其他污水处理装置处理能力为 2361.84 万 m³/d，较 2020 年增长 9.48%；建制镇排水管道长度为 21.07 万 km，较 2020 年增长 6.18%，排水管渠长度为 11.63 万 km，较 2020 年增长 2.13%。2021 年度建制镇的排水总投入为 415.06 亿元，较 2020 年降低 18.46%，其中污水处理投入为 299.97 亿元，较 2020 年减少 19.80%。2011 年～2021 年我国建制镇排水与污水处理设施变化情况如图 2-5 所示。

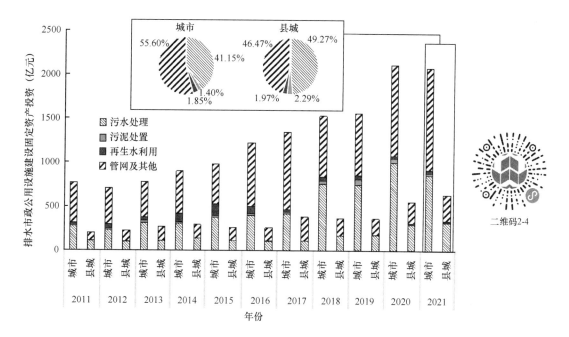

图 2-4 2011 年～2021 年我国城市和县城排水市政公用设施建设固定资产投资变化情况

数据来源：住房和城乡建设部《中国城乡建设统计年鉴》（2011～2021）。

二维码2-4

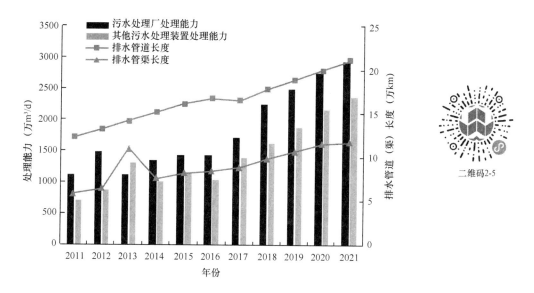

图 2-5 2011 年～2021 年我国建制镇排水与污水处理设施变化情况

数据来源：住房和城乡建设部《中国城乡建设统计年鉴》（2011～2021）。

二维码2-5

　　截至 2021 年底，对生活污水进行处理的乡个数为 3025 个，占乡总数量的 36.94％；乡污水处理厂数量为 2199 座，处理能力为 122.04 万 m^3/d，较 2020 年减少 16.45％；其他污水处理装置处理能力达到 116.61 万 m^3/d，较 2020 年增长 18.02％；乡排水管道长度达到 2.29 万 km，较 2020 年减少 2.63％，排水管渠长度达到 2.14 万 km，较 2020 年增长 2.79%；乡的排水总投入达到 31.25 亿元，较 2020 年减少 16.86%，其中污水处理投入为 22.60 亿元，较 2020 年减少 17.18%。2011 年～2021 年我国乡排水与污水处理设施变化情况如图 2-6 所示。

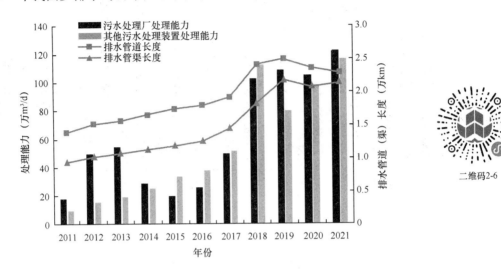

图 2-6 2011 年～2021 年我国乡排水与污水处理设施变化情况

数据来源：住房和城乡建设部《中国城乡建设统计年鉴》(2011～2021)。

2.1.2 服务水平

截至 2021 年底，我国城市再生水生产能力为 7134.94 万 m^3/d，较 2020 年增长 17.06%；再生水年利用量为 161.05 亿 m^3，较 2020 年增长 18.96%；我国县城再生水生产能力为 996.29 万 m^3/d，较 2020 年增长 22.85%；再生水年利用量为 15.08 亿 m^3，较 2020 年增长 22.37%；2021 年，我国城市和县城再生水利用率[①]分别为 26.77% 和 14.42%。2011 年～2021 年我国城市和县城再生水生产能力及年利用量变化情况如图 2-7 所示，2011 年～2021 年我国城市和县城再生水利用率如图 2-8 所示。

根据住房和城乡建设部《中国城乡建设统计年鉴》(2021)，截至 2021 年底，我国城市和县城建成区排水管道密度分别为 12.00 km/km²、10.11 km/km²，城市和县城人均污水收集管道长度[②]分别为 0.88 m/人、0.98 m/人，城市和县城人均日污水处

---

① 城市再生水利用率＝（城市再生水利用量/城市污水处理厂污水处理量）×100%，县城再生水利用率＝（县城再生水利用量/县城污水处理厂污水处理量）×100%。

② 城市人均污水收集管道长度＝（城市污水管道长度＋城市雨污合流管道长度）/（城区人口＋城区暂住人口），县城人均污水收集管道长度＝（县城污水管道长度＋县城雨污合流管道长度）/（县城人口＋县城暂住人口）。

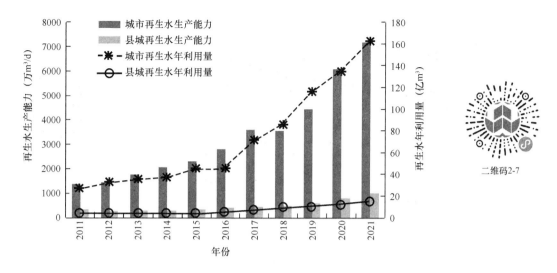

图 2-7　2011 年～2021 年我国城市和县城再生水生产能力及年利用量变化情况

数据来源：住房和城乡建设部《中国城乡建设统计年鉴》(2011～2021)。

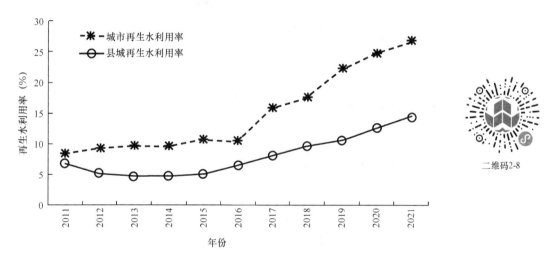

图 2-8　2011 年～2021 年我国城市和县城再生水利用率变化情况

数据来源：住房和城乡建设部《中国城乡建设统计年鉴》(2011～2021)。

理量[①]分别为 294.69 L/(人·d)、182.92 L/(人·d)。2011 年～2021 年我国城市和县城建成区供水管道密度、建成区排水管道密度变化情况如图 2-9 所示，人均供水管道长度、人均污水收集管道长度变化情况如图 2-10 所示，人均日供水量[②]、人均日污水处理量变化情况如图 2-11 所示。

---

　①　城市人均日污水处理量＝［城市污水处理厂污水处理量/（城区人口＋城区暂住人口）］/年天数，县城人均日污水处理量＝［县城污水处理厂污水处理量/（县城人口＋县城暂住人口）］/年天数；

　②　城市人均日供水量＝［城市供水厂供水量/（城区人口＋城区暂住人口）］/年天数，县城人均日供水量＝［县城供水厂供水量/（城区人口＋城区暂住人口）］/年天数。

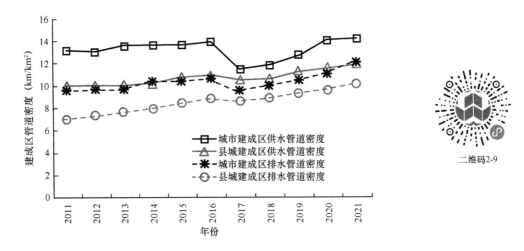

图 2-9　2011 年～2021 年我国城市和县城建成区供水管道密度、建成区排水管道密度变化情况

数据来源：住房和城乡建设部《中国城乡建设统计年鉴》(2011～2021)。

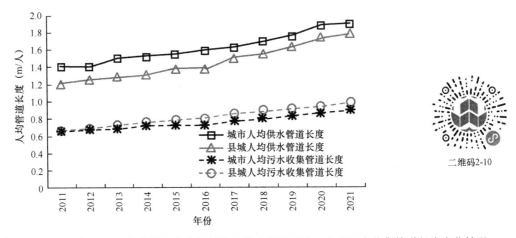

图 2-10　2011 年～2021 年我国城市和县城人均供水管道长度、人均污水收集管道长度变化情况

数据来源：住房和城乡建设部《中国城乡建设统计年鉴》(2011～2021)。

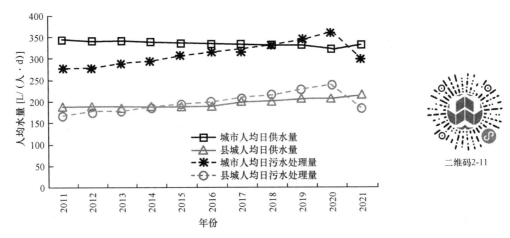

图 2-11　2011 年～2021 年我国城市和县城人均日供水量、人均日污水处理量变化情况

数据来源：住房和城乡建设部《中国城乡建设统计年鉴》(2011～2021)。

截至 2021 年底，建制镇排水管道（渠）密度为 7.54 km/km²，乡排水管道（渠）密度为 7.53 km/km²，较 2020 年分别增长 4.77％和 4.88％。2011 年～2021 年我国建制镇、乡排水管道（渠）密度变化情况如图 2-12 所示。

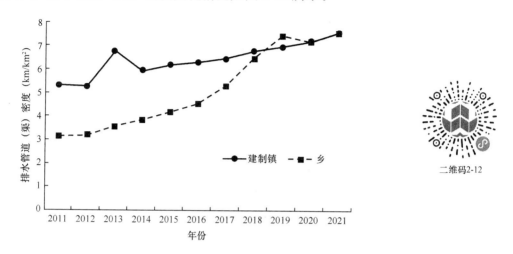

图 2-12　2011 年～2021 年我国建制镇、乡排水管道（渠）密度变化情况
数据来源：住房和城乡建设部《中国城乡建设统计年鉴》（2011～2021）。

2.2　区域排水与污水处理

2.2.1　按东中西部①及 31 个省（自治区、直辖市）统计

1. 设施状况

截至 2021 年底，我国东部地区城市排水管道长度、污水处理厂数量及处理能力、污水年处理量、干污泥产生量、再生水生产能力及年利用量分别为 50.28 万 km、1386 座、11525.58 万 m³/d、331.81 亿 m³、800.53 万 t、4447.58 万 m³/d、99.73 亿 m³，在全国城市总量占比分别为 57.73％、49.24％、55.63％、55.26％、56.38％、62.66％、62.18％；县城排水管道长度、污水处理厂数量及处理能力、污水年处理量、干污泥产生量、再生水生产能力及年利用量分别为 7.19 万 km、401 座、1426.26 万 m³/d、35.34 亿 m³、69.79 万 t、554.03 万 m³/d、8.71 亿 m³，在全国县城总量占比分别为 30.18％、

---

①　按区域经济带将我国进行东、中、西部地区划分，其中东部地区包括北京、天津、河北、辽宁、上海、江苏、浙江、福建、山东、广东和海南；中部地区包括山西、吉林、黑龙江、安徽、江西、河南、湖北和湖南；西部地区包括内蒙古、广西、重庆、四川、贵州、云南、西藏、陕西、甘肃、宁夏、青海和新疆。

22.72%、35.85%、33.81%、35.09%、55.61%、57.79%。

截至2021年底，我国中部地区城市排水管道长度、污水处理厂数量及处理能力、污水年处理量、干污泥产生量、再生水生产能力及年利用量分别为19.15万km、678座、5185.03万m³/d、150.39亿m³、314.38万t、1642.16万m³/d、36.33亿m³，在全国城市总量占比分别为21.98%、24.09%、25.03%、25.05%、22.14%、23.14%、22.65%；县城排水管道长度、污水处理厂数量及处理能力、污水年处理量、干污泥产生量、再生水生产能力及年利用量分别为8.90万km、561座、1517.92万m³/d、41.17亿m³、71.30万t、220.52万m³/d、3.19亿m³，在全国县城总量占比分别为37.35%、31.78%、38.15%、39.39%、35.85%、22.13%、21.16%。

截至2021年底，我国西部地区城市排水管道长度、污水处理厂数量及处理能力、污水年处理量、干污泥产生量、再生水生产能力及年利用量分别为17.66万km、751座、4006.31万m³/d、118.24亿m³、304.91万t、1007.70万m³/d、24.33亿m³，在全国城市总量占比分别为20.28%、26.67%、19.34%、19.69%、21.48%、14.20%、15.17%；县城排水管道长度、污水处理厂数量及处理能力、污水年处理量、干污泥产生量、再生水生产能力及年利用量分别为7.74万km、803座、1034.41万m³/d、28.02亿m³、57.80万t、221.74万m³/d、3.17亿m³，在全国县城总量占比分别为32.47%、45.50%、26.00%、26.80%、29.06%、22.26%、21.05%。

2021年我国东中西部各省（自治区、直辖市）城市和县城排水管道长度、污水处理厂数量及处理能力、干污泥产生量、再生水生产能力及年利用量情况如图2-13～图2-18所示。

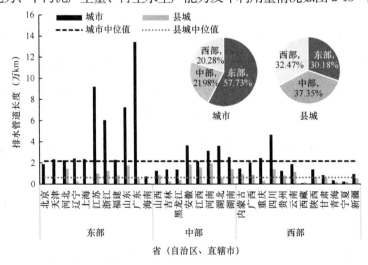

图2-13　2021年我国东中西部各省（自治区、直辖市）城市和县城排水管道长度情况

数据来源：住房和城乡建设部《中国城乡建设统计年鉴》（2021）。

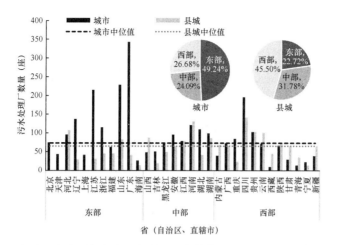

图 2-14　2021 年我国东中西部各省（自治区、直辖市）城市和县城污水处理厂数量情况
数据来源：住房和城乡建设部《中国城乡建设统计年鉴》（2021）。

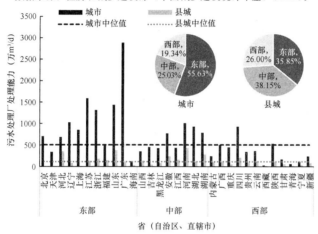

图 2-15　2021 年我国东中西部各省（自治区、直辖市）城市和县城污水处理厂处理能力情况
数据来源：住房和城乡建设部《中国城乡建设统计年鉴》（2021）。

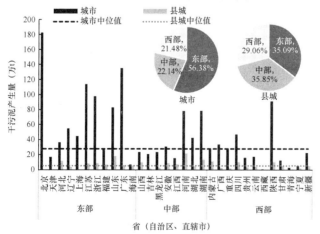

图 2-16　2021 年我国东中西部各省（自治区、直辖市）城市和县城干污泥产生量情况
数据来源：住房和城乡建设部《中国城乡建设统计年鉴》（2021）。

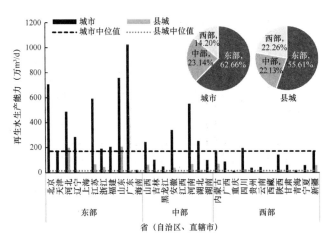

图 2-17　2021 年我国东中西部各省（自治区、直辖市）城市和县城再生水生产能力情况

数据来源：住房和城乡建设部《中国城乡建设统计年鉴》(2021)。

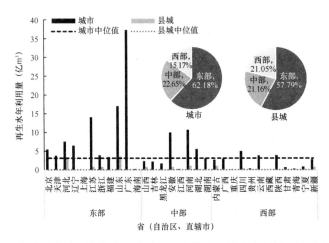

图 2-18　2021 年我国东中西部各省（自治区、直辖市）城市和县城再生水年利用量情况

数据来源：住房和城乡建设部《中国城乡建设统计年鉴》(2021)。

2. 服务水平

2021 年我国东中西部各省（自治区、直辖市）城市生活污水集中收集率情况如图 2-19 所示。

截至 2021 年底，我国东中西部地区城市建成区排水管道密度分别为 13.48 km/km²、10.55 km/km²、10.78 km/km²，城市人均污水收集管道长度分别为 0.97 m/人、0.74 m/人、0.83 m/人，城市人均日污水处理量分别为 312.23 L/(人·d)、290.57 L/(人·d)、258.62 L/(人·d)；县城建成区排水管道密度分别为 10.62 km/km²、10.23 km/km²、9.53 km/km²，县城人均污水收集管道长度分别为 0.95 m/人、0.95 m/人、1.02 m/人，县城人均日污水处理量分别为 224.33 L/(人·d)、187.30 L/(人·d)、144.36 L/(人·d)。

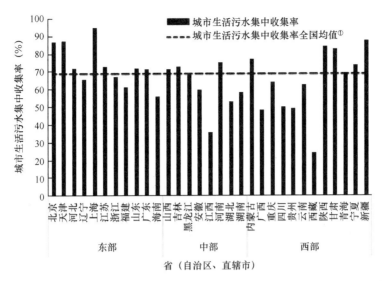

图 2-19　2021 年我国东中西部各省（自治区、直辖市）城市生活污水集中收集率情况

数据来源：住房和城乡建设部《中国城乡建设统计年鉴》（2021）。

2021 年我国东中西部各省（自治区、直辖市）城市建成区供水管道密度和建成区排水管道密度情况如图 2-20 所示，人均供水管道长度和人均污水收集管道长度情况如图 2-21 所示，人均日供水量和人均日污水处理量情况如图 2-22 所示。

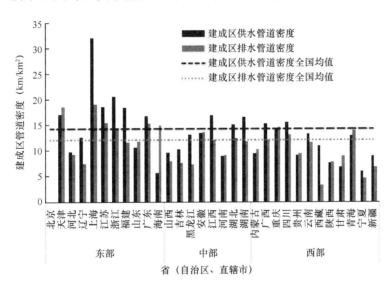

图 2-20　2021 年我国东中西部各省（自治区、直辖市）城市建成区
供水管道密度和建成区排水管道密度情况

数据来源：住房和城乡建设部《中国城乡建设统计年鉴》（2021）。

2021 年我国东中西部各省（自治区、直辖市）县城建成区供水管道密度和建成

---

① 本节中，城市（县城）服务水平中的全国均值指与全国城市（县城）总量的比值。

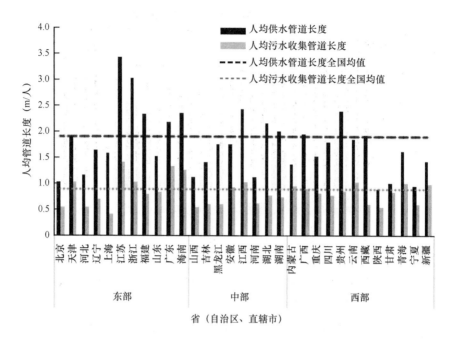

图 2-21 2021 年我国东中西部各省（自治区、直辖市）城市人均
供水管道长度和人均污水收集管道长度情况

数据来源：住房和城乡建设部《中国城乡建设统计年鉴》(2021)。

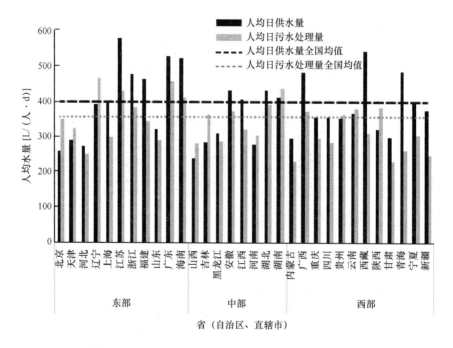

图 2-22 2021 年我国东中西部各省（自治区、直辖市）
城市人均日供水量和人均日污水处理量情况

数据来源：住房和城乡建设部《中国城乡建设统计年鉴》(2021)。

区排水管道密度情况如图 2-23 所示，人均供水管道长度和人均污水收集管道长度情况如图 2-24 所示，人均日供水量和人均日污水处理量情况如图 2-25 所示。北京、天津、上海无县城设置，均转为城区。

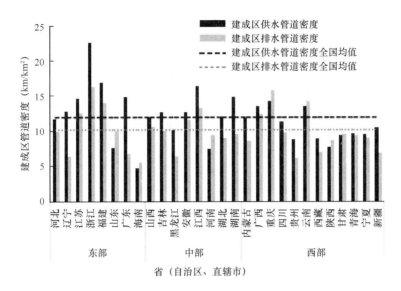

图 2-23　2021 年我国东中西部各省（自治区、直辖市）县城建成区
供水管道密度和建成区排水管道密度情况

数据来源：住房和城乡建设部《中国城乡建设统计年鉴》（2021）。

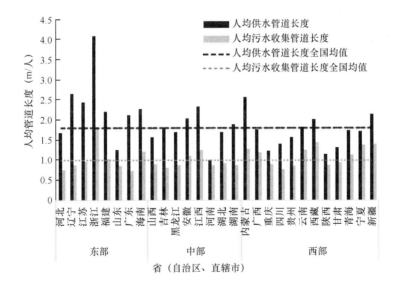

图 2-24　2021 年我国东中西部各省（自治区、直辖市）县城人均
供水管道长度和人均污水收集管道长度情况

数据来源：住房和城乡建设部《中国城乡建设统计年鉴》（2021）。

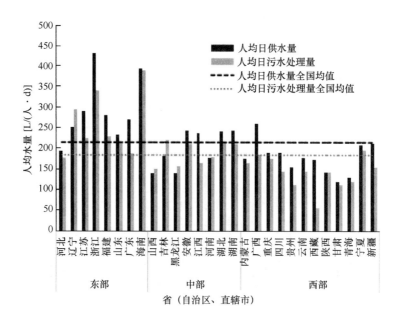

图 2-25　2021 年我国东中西部各省（自治区、直辖市）
县城人均日供水量和人均日污水处理量情况
数据来源：住房和城乡建设部《中国城乡建设统计年鉴》(2021)。

2.2.2　按流域统计

我国七大流域包括长江流域、黄河流域、珠江流域、淮河流域、松辽流域、海河流域和太湖流域，本报告选取长江流域、黄河流域和珠江流域城市数据进行对比分析。

1. 设施状况

截至 2021 年底，长江流域各城市排水管道长度、污水处理厂数量、污水处理厂处理能力、污水年处理量、干污泥产生量、再生水生产能力、再生水年利用量总计分别为 31.84 万 km、985 座、7336.24 万 m^3/d、216.03 亿 m^3、439.63 万 t、1376.28 万 m^3/d、38.95 亿 m^3，在全国城市总量占比分别为 36.50%、34.84%、35.33%、35.91%、30.90%、19.29%、24.18%。

截至 2021 年底，黄河流域各城市排水管道长度、污水处理厂数量、污水处理厂处理能力、污水年处理量、干污泥产生量、再生水生产能力、再生水年利用量总计分别为 8.58 万 km、300 座、2333.38 万 m^3/d、64.19 亿 m^3、225.10 万 t、1288.65 万 m^3/d、24.00 亿 m^3，在全国城市总量占比分别为 9.84%、10.61%、11.24%、10.67%、15.82%、18.06%、14.90%。

截至 2021 年底，珠江流域各城市排水管道长度、污水处理厂数量、污水处理厂处理能力、污水年处理量、干污泥产生量、再生水生产能力、再生水年利用量分别为 13.81 万 km、355 座、2954.79 万 m³/d、92.12 亿 m³、153.18 万 t、1043.79 万 m³/d、38.12 亿 m³，在全国城市总量占比分别为 15.83％、12.56％、14.23％、15.31％、10.77％、14.63％、23.67％。

2021 年长江流域、黄河流域、珠江流域城市排水管道长度、污水处理厂数量及处理能力、污水年处理量、干污泥产生量、再生水生产能力及年利用量占全国比例情况如图 2-26 所示。

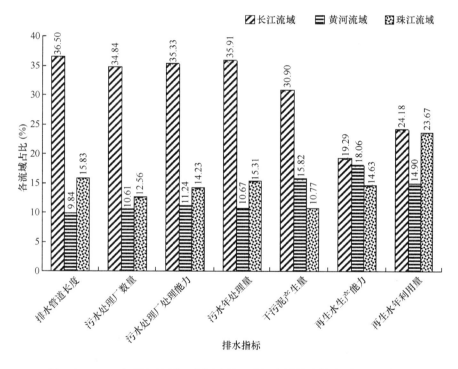

图 2-26　2021 年长江流域、黄河流域、珠江流域城市排水设施对比情况

数据来源：住房和城乡建设部《中国城市建设统计年鉴》(2021)。

2. 服务水平

截至 2021 年底，长江流域各城市建成区排水管道密度、人均污水收集管道长度、人均日污水处理量分别为 13.72 km/km²、0.87 m/人、297.96 L/(人·d)；黄河流域各城市建成区排水管道密度、人均污水收集管道长度、人均日污水处理量分别为 9.42 km/km²、0.64 m/人、254.04 L/(人·d)；珠江流域各城市建成区排水管道密度、人均污水收集管道长度、人均日污水处理量分别为 15.61 km/km²、1.28 m/人、374.96 L/(人·d)。

2021 年长江流域、黄河流域、珠江流域城市建成区供水管道密度和建成区排水管道密度对比情况如图 2-27 所示，人均供水管道长度和人均污水收集管道长度对比情况如图 2-28 所示，人均日供水量和人均日污水处理量对比情况如图 2-29 所示。

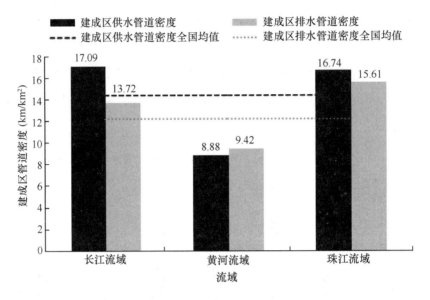

图 2-27　2021 年长江流域、黄河流域、珠江流域城市建成区供水
管道密度和建成区排水管道密度对比情况

数据来源：住房和城乡建设部《中国城市建设统计年鉴》(2021)。

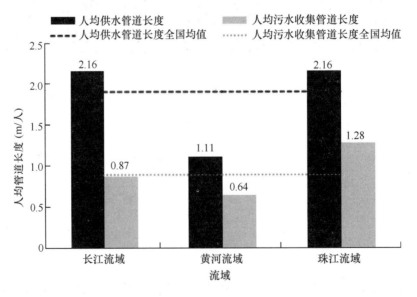

图 2-28　2021 年长江流域、黄河流域、珠江流域城市人均供水管道
长度和人均污水收集管道长度对比情况

数据来源：住房和城乡建设部《中国城市建设统计年鉴》(2021)。

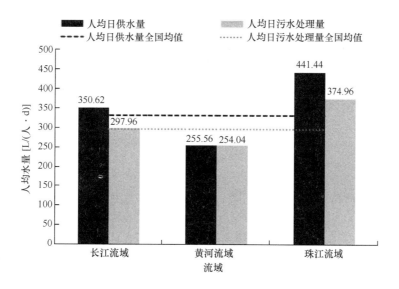

图 2-29　2021 年长江流域、黄河流域、珠江流域城市人均日
供水量和人均日污水处理量对比情况

数据来源：住房和城乡建设部《中国城市建设统计年鉴》(2021)。

2.2.3　按国家级城市群统计

《中华人民共和国国民经济和社会发展第十四个五年规划和 2035 年远景目标纲要》提出："优化提升京津冀、长三角、珠三角、成渝、长江中游等城市群，发展壮大山东半岛、粤闽浙沿海、中原、关中平原、北部湾等城市群，培育发展哈长、辽中南、山西中部、黔中、滇中、呼包鄂榆、兰州－西宁、宁夏沿黄、天山北坡等城市群。"选取京津冀、长三角、珠三角、成渝、长江中游、山东半岛、中原、关中平原、北部湾、哈长、滇中、呼包鄂榆、兰州－西宁 13 个城市群数据进行对比分析。

1. 设施状况

2021 年 13 个城市群排水管道长度、污水处理厂数量及处理能力、污水年处理量、干污泥产生量、再生水生产能力及年利用量，以及占全国比例情况见表 2-1 和图2-30。

2021 年 13 个城市群排水设施对比情况　　表 2-1

城市群	分类	排水管道长度（万 km）	污水处理厂数量（座）	污水处理厂处理能力（万 m³/d）	污水年处理量（亿 m³）	干污泥产生量（万 t）	再生水生产能力（万 m³/d）	再生水年利用量（亿 m³）
京津冀	合计值	5.91	185	1585.40	43.72	230.18	1287.34	15.36
	占比（%）	6.78	6.54	7.63	7.27	16.18	18.04	9.54

续表

城市群	分类	排水管道长度（万 km）	污水处理厂数量（座）	污水处理厂处理能力（万 m³/d）	污水年处理量（亿 m³）	干污泥产生量（万 t）	再生水生产能力（万 m³/d）	再生水年利用量（亿 m³）
长三角	合计值	14.23	264	3239.41	92.20	222.36	738.50	20.16
	占比（%）	16.32	9.34	15.60	15.33	15.63	10.35	12.52
珠三角	合计值	11.17	238	2328.57	73.19	110.10	924.69	34.31
	占比（%）	12.80	8.42	11.21	12.17	7.74	12.96	21.30
成渝	合计值	6.21	231	1186.52	36.73	64.81	169.72	4.58
	占比（%）	7.12	8.17	5.71	6.11	4.55	2.38	2.85
长江中游	合计值	5.75	158	1608.60	49.60	105.86	300.46	8.27
	占比（%）	6.60	5.59	7.75	8.25	7.44	4.21	5.13
山东半岛	合计值	5.75	178	1106.90	27.56	63.01	598.98	13.67
	占比（%）	6.59	6.30	5.33	4.58	4.43	8.40	8.49
中原	合计值	4.07	131	1207.40	31.57	87.03	749.85	14.01
	占比（%）	4.66	4.63	5.81	5.25	6.12	10.51	8.70
关中平原	合计值	1.28	60	524.00	15.54	83.42	156.39	4.42
	占比（%）	1.46	2.12	2.52	2.58	5.86	2.19	2.75
北部湾	合计值	1.81	57	460.99	14.55	38.88	103.30	3.41
	占比（%）	2.08	2.02	2.22	2.42	2.73	1.45	2.12
哈长	合计值	1.84	56	623.15	18.45	33.31	113.80	3.87
	占比（%）	2.11	1.98	3.00	3.07	2.34	1.59	2.40
滇中	合计值	1.12	36	261.42	8.73	12.37	31.50	3.89
	占比（%）	1.29	1.27	1.26	1.45	0.87	0.44	2.42
呼包鄂榆	合计值	0.82	18	135.35	3.43	16.43	99.52	1.10
	占比（%）	0.94	0.64	0.65	0.57	1.15	1.39	0.69
兰州—西宁	合计值	0.66	22	135.00	4.18	9.59	33.48	0.44
	占比（%）	0.76	0.78	0.65	0.69	0.67	0.47	0.28
城市群总计		60.63	1634	14402.71	419.47	1077.34	5307.53	127.50
城市群占比（%）		69.50	57.80	69.35	69.73	75.71	74.39	79.17

数据来源：住房和城乡建设部《中国城市建设统计年鉴》（2021）。

2. 服务水平

2021 年 13 个城市群建成区排水管道密度、人均污水收集管道长度、人均日污水处理量对比情况见表 2-2，13 个城市群建成区供水管道密度和建成区排水管道密度对比情况如图 2-31 所示，人均供水管道长度和人均污水收集管道长度如图 2-32 所示，人均日供水量和人均日污水处理量对比情况如图 2-33 所示。

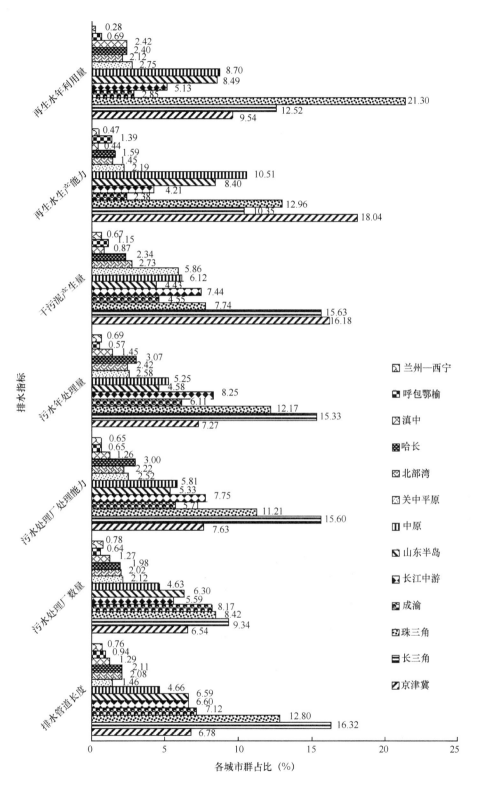

图 2-30　2021 年 13 个城市群排水设施占比对比情况

数据来源：住房和城乡建设部《中国城市建设统计年鉴》(2021)。

2021 年 13 个城市群排水服务水平对比情况   表 2-2

城市群	建成区排水管道密度 （km/km²）	人均污水收集管道长度 （m/人）	人均日污水处理量 [L/(人·d)]
京津冀	13.20	0.66	258.44
长三角	15.78	0.94	314.03
珠三角	17.77	1.41	396.94
成渝	13.95	0.78	240.46
长江中游	12.96	0.78	351.66
山东半岛	12.05	0.85	238.92
中原	9.48	0.63	259.18
关中平原	8.83	0.54	321.16
北部湾	13.22	0.86	349.43
哈长	8.29	0.57	302.65
滇中	11.46	0.88	366.41
呼包鄂榆	9.76	0.85	179.75
兰州—西宁	10.46	0.66	208.50

数据来源：住房和城乡建设部《中国城市建设统计年鉴》(2021)。

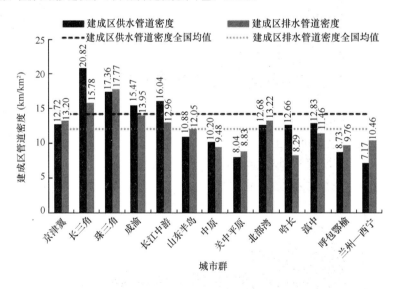

图 2-31　2021 年 13 个城市群建成区供水管道密度和建成区排水管道密度对比情况
数据来源：住房和城乡建设部《中国城市建设统计年鉴》(2021)。

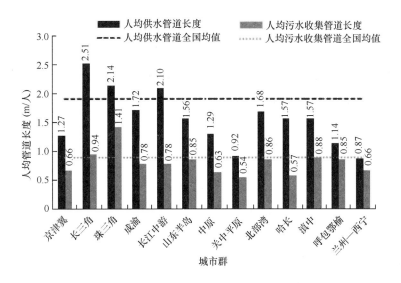

图 2-32　2021 年 13 个城市群人均供水管道长度和人均污水收集管道长度对比情况
数据来源：住房和城乡建设部《中国城市建设统计年鉴》（2021）。

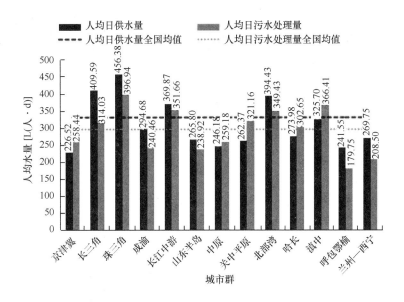

图 2-33　2021 年 13 个城市群人均日供水量和人均日污水处理量情况
数据来源：住房和城乡建设部《中国城市建设统计年鉴》（2021）。

2.2.4　按 36 个重点城市统计

1. 设施状况

截至 2021 年底，36 个重点城市排水管道长度、污水处理厂数量、污水年处理厂处理能力、污水年处理量、干污泥产生量、再生水生产能力、再生水年利用量分别为 33.08 万 km、865 座、9403.36 万 m³/d、280.29 亿 m³、794.62 万 t、3507.94 万 m³/d、83.17 亿

m³，在全国城市总量占比分别为 37.92%、30.60%、45.28%、46.59%、55.85%、49.17%、51.64%。2021 年我国 36 个重点城市排水管道长度、污水处理厂数量、污水处理厂处理能力、干污泥产生量、再生水生产能力、再生水年利用量情况如图 2-34～图 2-37 所示。

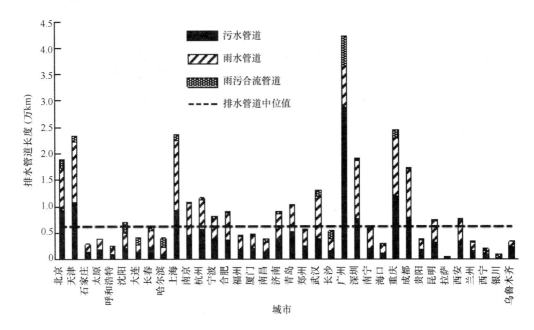

图 2-34　2021 年我国 36 个重点城市排水管道长度情况
数据来源：住房和城乡建设部《中国城市建设统计年鉴》(2021)。

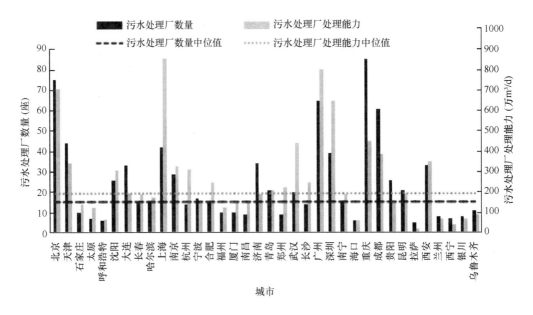

图 2-35　2021 年我国 36 个重点城市污水处理厂数量及处理能力情况
数据来源：住房和城乡建设部《中国城市建设统计年鉴》(2021)。

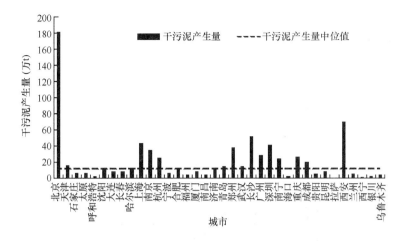

图 2-36　2021 年我国 36 个重点城市干污泥产生量情况
数据来源：住房和城乡建设部《中国城市建设统计年鉴》(2021)。

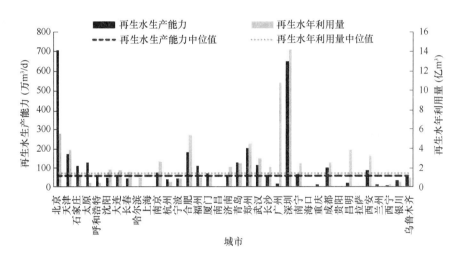

图 2-37　2021 年我国 36 个重点城市再生水生产能力及年利用量情况
数据来源：住房和城乡建设部《中国城市建设统计年鉴》(2021)。

2. 服务水平

截至 2021 年底，36 个重点城市建成区排水管道密度、人均污水收集管道长度、人均日污水处理能力分别为 13.59 km/km^2、0.71 m/人、308.47 L/(人·d)。2021 年 36 个重点城市建成区供水管道密度和建成区排水管道密度情况如图 2-38 所示，人均供水管道长度和人均污水收集管道长度情况如图 2-39 所示，人均日供水量和人均日污水处理量情况如图 2-40 所示。

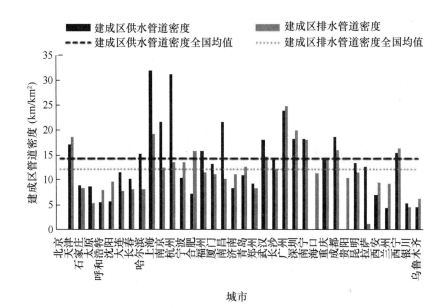

图 2-38   2021 年我国 36 个重点城市建成区供水管道密度和
建成区排水管道密度情况

数据来源：住房和城乡建设部《中国城市建设统计年鉴》(2021)。

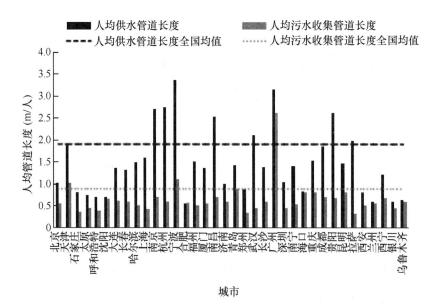

图 2-39   2021 年我国 36 个重点城市人均供水管道长度和人
均污水收集管道长度情况

数据来源：住房和城乡建设部《中国城市建设统计年鉴》(2021)。

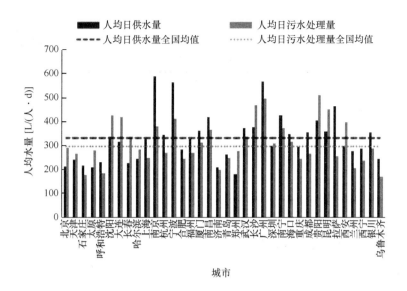

图 2-40　2021 年我国 36 个重点城市人均日供水量和人均日污水处理量情况

数据来源：住房和城乡建设部《中国城市建设统计年鉴》(2021)。

2.3　城镇①排水与社会经济发展水平

2.3.1　排水市政公用设施建设固定资产投资与国内生产总值

1. 全国历年

根据国家统计局年度数据库，2021 年度，我国国内生产总值（GDP）为
1143669.7 亿元，较 2020 年增长 8.1%；根据住房和城乡建设部《中国城乡建设统计
年鉴》(2021)，2021 年度，城镇排水市政公用设施建设固定资产投资为 2714.74 亿
元，较 2020 年增长 1.46%。2011 年～2021 年我国国内生产总值与排水市政公用设
施建设固定资产投资变化情况见表 2-3。

2011～2021 年我国国内生产总值与排水市政公用设施
建设固定资产投资变化情况　　　　　　　　　表 2-3

年份	GDP（亿元）	排水市政公用设施建设固定 资产投资（亿元）	排水市政公用设施建设固定 资产投资占比（‰）
2011	487940.2	971.7	19.91
2012	538580	934.1	17.34
2013	592963.2	1055.0	17.79

---

①　本节城镇指设市城市、县，不含建制镇和乡。

年份	GDP（亿元）	排水市政公用设施建设固定资产投资（亿元）	排水市政公用设施建设固定资产投资占比（‰）
2014	643563.1	1196.05	18.58
2015	688858.2	1248.49	18.12
2016	746395.1	1485.48	19.90
2017	832035.9	1727.52	20.76
2018	919281.1	1897.52	20.64
2019	986515.2	1928.99	19.55
2020	1013567	2675.69	26.40
2021	1143669.7	2714.74	23.74

数据来源：住房和城乡建设部《中国城乡建设统计年鉴》(2011~2021)、国家统计局年度数据库。

2. 31个省（自治区、直辖市）

2021年度，GDP小于1万亿元的4个省（自治区），排水市政公用设施建设固定资产投资均值为9.44亿元；GDP在1万亿~2万亿元的6个省（自治区、直辖市），排水市政公用设施建设固定资产投资均值为33.97亿元；GDP在2万亿~3万亿元的8个省（自治区、直辖市），排水市政公用设施建设固定资产投资均值为75.67亿元；GDP在4万亿~5万亿元的6个省（直辖市），排水市政公用设施建设固定资产投资均值为106.44亿元；GDP在5万亿~10万亿元的5个省，排水市政公用设施建设固定资产投资均值为159.23亿元；GDP在10万亿元以上的2个省，排水市政公用设施建设固定资产投资均值为214.25亿元。2021年31个省（自治区、直辖市）国内生产总值与排水市政公用设施建设固定资产投资变化情况如图2-41所示。

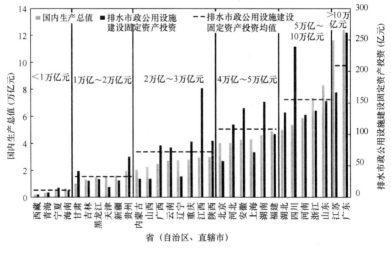

图2-41　2021年31个省（自治区、直辖市）国内生产总值
与排水市政公用设施建设固定资产投资情况

数据来源：住房和城乡建设部《中国城乡建设统计年鉴》(2021)、国家统计局年度分省数据库。

2.3.2　人均日污水处理量与城镇化

1. 全国历年

根据国家统计局年度数据库数据，2021 年末，我国城镇化率为 64.72%，较 2020 年末提高 0.83 个百分点；根据住房和城乡建设部《中国城乡建设统计年鉴》（2021）数据，2021 年，城镇人均日污水处理量为 274.40L/（人·d），较 2020 年增长 6.29%。2011 年～2021 年我国城镇化率与人均日污水处理量变化情况见表 2-4。

2011～2021 年我国城镇化率与人均日污水处理量变化情况　　　　表 2-4

年份	城镇化率（%）	人均日污水处理量[L/（人·d）]
2011	51.83	195.21
2012	53.10	194.63
2013	54.49	210.92
2014	55.75	216.66
2015	57.33	225.79
2016	58.84	229.84
2017	60.24	233.20
2018	61.50	241.10
2019	62.71	253.84
2020	63.89	258.15
2021	64.72	274.40

数据来源：住房和城乡建设部《中国城乡建设统计年鉴》（2011～2021）、国家统计局年度数据库。

2. 31 个省（自治区、直辖市）

截至 2021 年底，我国城镇化率为 64.72%，其中有 19 个省（自治区）城镇化率低于全国城镇化率平均值。城镇化率低于 60% 的 10 个省（自治区），人均日污水处理量均值为 228.39 L/（人·d）；城镇化率在 60%～70% 的 13 个省（自治区），人均日污水处理量均值为 244.65 L/（人·d）；城镇化率大于 70% 的 8 个省（直辖市），人均日污水处理量均值为 306.08 L/（人·d）。2021 年 31 个省（自治区、直辖市）城镇化率与人均日污水处理量情况如图 2-42 所示。

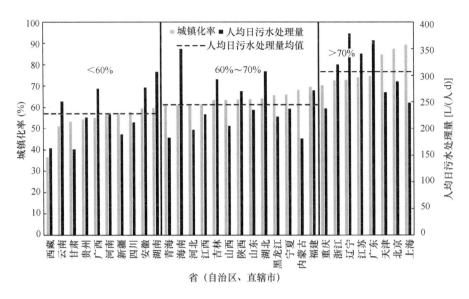

图 2-42　2021 年 31 个省（自治区、直辖市）城镇化率与人均日污水处理量情况

数据来源：住房和城乡建设部《中国城乡建设统计年鉴》（2021）、国家统计局年度分省数据库。

第 2 篇　水务行业发展大事记

　　本部分梳理选录 2022 年度中共中央、 国务院及有关部委印发的城镇水务行业发展相关政策文件， 以年度大事记形式汇总展示了中国城镇供水排水协会年度重要活动和主要工作成就， 包括团体标准、 科学技术奖、 科学技术成果鉴定、 典型工程项目案例等。

　　部分文件全文编入本书附录。

第 3 章　行业发展大事记

3.1　2022 年国家发布的主要相关政策

2022 年中共中央、国务院及有关部委发布的与城镇水务相关的部分政策文件名称、文号及发布时间见表 3-1，具体内容可在中国城镇供水排水协会（以下简称"中国水协"）官方网站查询。

2022 年发布的与城镇水务相关的部分政策文件　　　　　　　　表 3-1

序号	名称及文号	发布时间
	中共中央、国务院发布	
1	国务院办公厅转发国家发展改革委等部门关于加快推进城镇环境基础设施建设指导意见的通知（国办函〔2022〕7 号）	2022 年 2 月 9 日
2	国务院关于印发"十四五"国家应急体系规划的通知（国发〔2021〕36 号）	2022 年 2 月 14 日
3	国务院办公厅关于加强入河入海排污口监督管理工作的实施意见（国办函〔2022〕17 号）	2022 年 3 月 2 日
4	中共中央 国务院关于加快建设全国统一大市场的意见	2022 年 4 月 10 日
5	中共中央办公厅 国务院办公厅印发《关于推进以县城为重要载体的城镇化建设的意见》	2022 年 5 月 6 日
6	国务院办公厅关于印发新污染物治理行动方案的通知（国办发〔2022〕15 号）	2022 年 5 月 24 日
7	国务院关于印发扎实稳住经济一揽子政策措施的通知（国发〔2022〕12 号）	2022 年 5 月 31 日
8	国务院办公厅关于印发城市燃气管道等老化更新改造实施方案（2022—2025 年）的通知（国办发〔2022〕22 号）	2022 年 6 月 10 日
9	国务院关于加强数字政府建设的指导意见（国发〔2022〕14 号）	2022 年 6 月 23 日
10	国务院办公厅关于印发国家防汛抗旱应急预案的通知（国办函〔2022〕48 号）	2022 年 7 月 6 日
11	国务院办公厅关于同意建立行业协会商会改革发展部际联席会议制度的函（国办函〔2022〕89 号）	2022 年 9 月 6 日
12	中共中央办公厅 国务院办公厅印发《关于加强新时代高技能人才队伍建设的意见》	2022 年 10 月 7 日
13	国务院办公厅关于复制推广营商环境创新试点改革举措的通知（国办发〔2022〕35 号）	2022 年 10 月 31 日

序号	名称及文号	发布时间
	国务院有关部委发布	
14	住房和城乡建设部关于印发《"十四五"推动长江经济带发展城乡建设行动方案》《"十四五"黄河流域生态保护和高质量发展城乡建设行动方案》的通知（建城〔2022〕3 号）	2022 年 1 月 24 日
15	生态环境部 农业农村部 住房和城乡建设部 水利部 国家乡村振兴局关于印发《农业农村污染治理攻坚战行动方案（2021—2025 年）》的通知（环土壤〔2022〕8 号）	2022 年 1 月 25 日
16	住房和城乡建设部办公厅 国家发展改革委办公厅 关于加强公共供水管网漏损控制的通知（建办城〔2022〕2 号）	2022 年 1 月 28 日
17	住房和城乡建设部 国家发展改革委关于印发国家节水型城市申报与评选管理办法的通知（建城〔2022〕15 号）	2022 年 2 月 15 日
18	财政部办公厅 生态环境部办公厅关于开展 2022 年农村黑臭水体治理试点工作的通知（财办资环〔2022〕5 号）	2022 年 3 月 4 日
19	住房和城乡建设部关于印发"十四五"住房和城乡建设科技发展规划的通知（建标〔2022〕23 号）	2022 年 3 月 11 日
20	水利部 国家发展改革委关于印发"十四五"用水总量和强度双控目标的通知（水节约〔2022〕113 号）	2022 年 3 月 11 日
21	国家发展改革委办公厅 住房和城乡建设部办公厅关于组织开展公共供水管网漏损治理试点建设的通知（发改办环资〔2022〕141 号）	2022 年 3 月 15 日
22	国家市场监督管理总局 国家标准化管理委员会关于批准发布《生活饮用水卫生标准》等 5 项强制性国家标准的公告（2022 年第 3 号）	2022 年 3 月 15 日
23	国家发展改革委关于印发《2022 年新型城镇化和城乡融合发展重点任务》的通知（发改规划〔2022〕371 号）	2022 年 3 月 17 日
24	生态环境部关于印发《"十四五"生态保护监管规划》的通知（环生态〔2022〕15 号）	2022 年 3 月 18 日
25	住房和城乡建设部关于 2022 年全国城市排水防涝安全责任人名单的通告（建城函〔2022〕20 号）	2022 年 3 月 25 日
26	生态环境部关于印发《关于加强排污许可执法监管的指导意见》的通知（环执法〔2022〕23 号）	2022 年 3 月 29 日
27	国家卫生健康委关于发布推荐性卫生行业标准《污水中新型冠状病毒富集浓缩和核酸检测方法标准》的通告（国卫通〔2022〕5 号）	2022 年 4 月 6 日
28	住房和城乡建设部办公厅 国家发展改革委办公厅关于做好 2022 年城市排水防涝工作的通知（建办城函〔2022〕134 号）	2022 年 4 月 7 日
29	住房和城乡建设部 关于发布国家标准《城市给水工程项目规范》的公告（中华人民共和国住房和城乡建设部公告 2022 年第 46 号）	2022 年 4 月 12 日
30	住房和城乡建设部关于发布国家标准《城乡排水工程项目规范》的公告（中华人民共和国住房和城乡建设部公告 2022 年第 45 号）	2022 年 4 月 12 日

序号	名称及文号	发布时间
31	住房和城乡建设部 生态环境部 国家发展改革委 水利部关于印发深入打好城市黑臭水体治理攻坚战实施方案的通知(建城〔2022〕29号)	2022年4月14日
32	财政部办公厅 住房和城乡建设部办公厅 水利部办公厅关于开展"十四五"第二批系统化全域推进海绵城市建设示范工作的通知(财办建〔2022〕28号)	2022年4月15日
33	住房和城乡建设部办公厅关于做好2022年全国城市节约用水宣传周工作的通知(建办城函〔2022〕149号)	2022年4月21日
34	住房和城乡建设部关于印发《房屋市政工程生产安全重大事故隐患判定标准(2022版)》的通知(建质规〔2022〕2号)	2022年4月24日
35	住房和城乡建设部办公厅关于进一步明确海绵城市建设工作有关要求的通知(建办城〔2022〕17号)	2022年4月27日
36	住房和城乡建设部办公厅关于印发部2022年信用体系建设工作要点的通知(建办厅函〔2022〕165号)	2022年4月27日
37	住房和城乡建设部办公厅关于进一步做好市政基础设施安全运行管理的通知(建办城函〔2022〕178号)	2022年5月11日
38	住房和城乡建设部关于印发"十四五"工程勘察设计行业发展规划的通知(建质〔2022〕38号)	2022年5月12日
39	住房和城乡建设部 国家发展改革委 水利部关于印发"十四五"城市排水防涝体系建设行动计划的通知(建城〔2022〕36号)	2022年5月27日
40	生态环境部 国家发展和改革委员会 工业和信息化部 住房和城乡建设部 交通运输部 农业农村部 国家能源局关于印发《减污降碳协同增效实施方案》的通知(环综合〔2022〕42号)	2022年6月13日
41	生态环境部 国家发展和改革委员会 自然资源部 水利部 关于印发《黄河流域生态环境保护规划》的通知	2022年6月28日
42	国家发展改革委 工业和信息化部 财政部 市场监管总局 关于印发《涉企违规收费专项整治行动方案》的通知(发改价格〔2022〕964号)	2022年6月28日
43	住房和城乡建设部 国家开发银行关于推进开发性金融支持县域生活垃圾污水处理设施建设的通知(建村〔2022〕52号)	2022年7月4日
44	国家发展改革委关于印发《城市燃气管道等老化更新改造和保障性安居工程中央预算内投资专项管理暂行办法》的通知(发改投资规〔2022〕910号)	2022年7月8日
45	国家发展改革委关于印发"十四五"新型城镇化实施方案的通知(发改规划〔2022〕960号)	2022年7月12日
46	住房和城乡建设部 国家发展改革委关于印发城乡建设领域碳达峰实施方案的通知(建标〔2022〕53号)	2022年7月13日
47	住房和城乡建设部办公厅 国家发展改革委办公厅 中国气象局办公室关于进一步规范城市内涝防治信息发布等有关工作的通知(建办城〔2022〕30号)	2022年7月14日
48	住房和城乡建设部 国家发展改革委关于印发"十四五"全国城市基础设施建设规划的通知(建城〔2022〕57号)	2022年7月29日

序号	名称及文号	发布时间
49	生态环境部 最高人民法院 最高人民检察院 国家发展和改革委员会 工业和信息化部 公安部 自然资源部 住房和城乡建设部 水利部 农业农村部 中国气象局 国家林业和草原局关于印发《黄河生态保护治理攻坚战行动方案》的通知（环综合〔2022〕51号）	2022年8月15日
50	科技部 国家发展改革委 工业和信息化部 生态环境部 住房和城乡建设部 交通运输部 中科院 工程院 国家能源局关于印发《科技支撑碳达峰碳中和实施方案（2022—2030年）》的通知（国科发社〔2022〕157号）	2022年8月18日
51	国家发展改革委 国家统计局 生态环境部印发《关于加快建立统一规范的碳排放统计核算体系实施方案》的通知（发改环资〔2022〕622号）	2022年8月19日
52	生态环境部 国家发展和改革委员会 最高人民法院 最高人民检察院 科学技术部 工业和信息化部 公安部 财政部 人力资源和社会保障部 自然资源部 住房和城乡建设部 交通运输部 水利部 农业农村部 应急管理部 国家林业和草原局 国家矿山安全监察局关于印发《深入打好长江保护修复攻坚战行动方案》的通知（环水体〔2022〕55号）	2022年9月8日
53	住房和城乡建设部办公厅 国家发展改革委办公厅 国家疾病预防控制局综合司关于加强城市供水安全保障工作的通知（建办城〔2022〕41号）	2022年9月13日
54	生态环境部办公厅关于印发《全国农业面源污染监测评估实施方案（2022—2025年）》的通知（环办监测〔2022〕23号）	2022年9月26日
55	国家发展改革委 住房和城乡建设部 生态环境部关于印发《污泥无害化处理和资源化利用实施方案》的通知（发改环资〔2022〕1453号）	2022年9月27日
56	水利部、国家发展改革委、财政部、生态环境部、住房和城乡建设部、农业农村部、应急管理部、中国气象局、国家疾病预防控制局、国家乡村振兴局关于印发强化农村防汛抗旱和供水保障专项推进方案的通知（水振兴〔2022〕363号）	2022年9月28日
57	住房和城乡建设部办公厅 国家发展改革委办公厅 关于进一步明确城市燃气管道等老化更新改造工作要求的通知（建办城函〔2022〕336号）	2022年10月11日
58	生态环境部办公厅关于印发《生态环境卫星中长期发展规划（2021—2035年）》的通知（环办监测〔2022〕24号）	2022年10月26日
59	生态环境部 国家发展和改革委员会 工业和信息化部 公安部 司法部 财政部 自然资源部 住房和城乡建设部 交通运输部 水利部 农业农村部 商务部 审计署 国家市场监督管理总局 国家能源局 国家林业和草原局 最高人民法院 最高人民检察院关于印发《关于推动职能部门做好生态环境保护工作的意见》的通知（环督察〔2022〕58号）	2022年10月28日
60	市场监管总局 国家发展改革委 工业和信息化部 自然资源部 生态环境部 住房和城乡建设部 交通运输部 中国气象局 国家林草局关于印发建立健全碳达峰碳中和标准计量体系实施方案的通知（国市监计量发〔2022〕92号）	2022年10月31日
61	科技部 生态环境部 住房和城乡建设部 气象局 林草局关于印发《"十四五"生态环境领域科技创新专项规划》的通知（国科发社〔2022〕238号）	2022年11月2日
62	财政部关于提前下达2023年水污染防治资金预算的通知（财资环〔2022〕117号）	2022年11月8日
63	住房和城乡建设部关于《城市供水条例（修订征求意见稿）》公开征求意见的通知	2022年12月1日
64	生态环境部公布《环境监管重点单位名录管理办法》（生态环境部令 第27号）	2022年12月1日

序号	名称及文号	发布时间
65	住房和城乡建设部关于修改《城镇污水排入排水管网许可管理办法》的决定（中华人民共和国住房和城乡建设部令第 56 号公布）	2022 年 12 月 1 日
66	国家发展改革委 科技部印发《关于进一步完善市场导向的绿色技术创新体系实施方案（2023—2025 年）》的通知（发改环资〔2022〕1885 号）	2022 年 12 月 28 日
67	生态环境部办公厅关于印发 2022 年《国家先进污染防治技术目录（水污染防治领域）》的通知（环办科财函〔2022〕500 号）	2022 年 12 月 30 日

3.2 2022 年中国水协大事记

2022 年中国水协大事记见表 3-2。

2022 年中国水协大事记　　　　　　　　　　　　　　　　　　　　　表 3-2

序号	大事记	时间
	重要活动	
1	关于 2021 年度中国城镇供水排水协会典型工程项目案例入库名单的公告	2022 年 1 月 6 日
2	中国城镇供水排水协会召开分支机构 2021 年度工作总结会	2022 年 1 月 20 日
3	住房和城乡建设部城建司及村镇司领导到中国水协调研视察	2022 年 1 月 27 日
4	中国城镇供水排水协会 2021 年度设备材料产品推荐公告	2022 年 1 月 28 日
5	任南琪院士、李艺大师专访调研中国水协秘书处	2022 年 2 月 10 日
6	中国水协发布关于印发《2022 年中国城镇供水排水协会团体标准制订计划》的通知	2022 年 2 月 18 日
7	中国水协第一届"井盖"文化征选活动网络投票启动	2022 年 2 月 21 日
8	中国水协印发《中国城镇供水排水协会职业技能等级认定管理办法（试行）》的通知	2022 年 2 月 23 日
9	中国城镇供水排水协会编辑出版委员会召开视频工作会议	2022 年 2 月 24 日
10	《中国城镇水务行业年度发展报告（2021）》正式出版	2022 年 3 月
11	关于增设中国城镇供水排水协会职业技能培训基地的公告	2022 年 4 月 11 日
12	中国水协关于修订印发《中国水协设备材料推荐工作管理暂行办法》的通知	2022 年 4 月 13 日
13	中国城镇供水排水协会关于中国城镇供水排水协会第一届特色井盖文化名单的公告	2022 年 4 月 20 日
14	组织征集中国城镇供水排水协会典型工程项目案例库入库项目的通知	2022 年 5 月 17 日
15	中国水协"城镇供水排水行业职业技能培训系列教材"编写工作正式启动	2022 年 5 月 31 日
16	中国水协联合会员单位捐赠物资助力北京防疫	2022 年 6 月 6 日
17	中国城镇供水排水协会关于 2022 年度中国城镇供水排水协会科学技术奖申报工作的通知	2022 年 6 月 7 日

序号	大事记	时间
18	关于开展 2022 年中国城镇供水排水协会职业技能培训基地申报工作的通知	2022 年 6 月 16 日
19	《城镇智慧水务技术指南》编制工作研讨会在北京召开	2022 年 8 月 6 日
20	章林伟会长到哈尔滨排水集团进行调研	2022 年 8 月 10 日
21	中国水协组织召开规范城市供水行业市场竞争环节公平竞争工作座谈会	2022 年 8 月 14 日
22	中国城镇供水排水协会编辑出版委员会召开半年工作会议	2022 年 8 月 24 日
23	《城镇水务系统碳核算与减排路径技术指南》正式出版	2022 年 9 月
24	关于征集中国城镇供水排水协会 2023 年团体标准项目的通知	2022 年 9 月 1 日
25	中国水协携手株洲南方阀门公司在红安县开展定点帮扶工作	2022 年 9 月 7 日
26	中国水协编辑出版委到北京自来水集团清北分公司调研	2022 年 9 月 16 日
27	中国城镇供水排水协会关于清理"僵尸型"会员企业单位的公告	2022 年 9 月 16 日
28	中央和国家机关行业协会商会第一联合党委第一次党员代表大会在京召开 中国水协会长章林伟同志被推选为第一联合党委委员	2022 年 9 月 30 日
29	国际水协/IWA 会刊 the Source 报道《城镇水务系统碳核算与减排路径技术指南》出版消息	2022 年 10 月
30	中国城镇供水排水协会关于收集会员单位相关信息的通知	2022 年 10 月 10 日
31	中国水协秘书处集中组织学习二十大报告,热烈庆祝中国共产党第二十次全国代表大会胜利召开	2022 年 10 月 16 日
32	中国水协对 2022 年在册会员派送《中国城镇水务行业年度发展报告（2021）》	2022 年 10 月 24 日
33	召开《城镇水务系统碳核算与减排路径技术指南》发布会	2022 年 10 月 31 日
34	中国城镇供水排水协会与以色列驻华使馆商务处共同举办"2022 以色列水务科技线上路演商务对接会"	2022 年 11 月 17 日
35	举办中国城镇供水排水协会规划设计专业委员会成立大会	2022 年 12 月 1 日
36	秘书处发表《浅议城市供水行业发展之"直饮水"现象》	2022 年 12 月 3 日
37	召开 2022 年度中国城镇供水排水协会科学技术奖终审会	2022 年 12 月 9 日
38	中国城镇供水排水协会关于 2022 年度中国城镇供水排水协会科学技术奖励的决定	2022 年 12 月 26 日
39	中国城镇供水排水协会关于印发《关于增强城镇供水行业公共服务意识 强化行业自律的指导意见》的通知	2022 年 12 月 29 日
技术交流活动		
40	中国城镇供水排水协会开展团体标准宣贯和技术交流等系列活动的通知	2022 年 5 月 20 日
41	中国水协团体标准《城镇排水与污水处理系统应对重大疫情技术标准》宣贯会	2022 年 6 月 8 日
42	中国水协团体标准《再生水输配系统运行、维护及安全技术规程》宣贯会	2022 年 6 月 15 日
43	中国水协团体标准《城镇供水系统全过程水质管控技术规程》宣贯会	2022 年 6 月 22 日
44	中国水协"以水定城,建设节水型城市"技术交流	2022 年 6 月 29 日
45	中国水协团体标准《城镇排水设施保护技术规程》宣贯会	2022 年 7 月 6 日
46	中国水协团体标准《雨水生物滞留设施技术规程》宣贯会	2022 年 7 月 13 日
47	中国水协团体标准《城镇排水系统通沟污泥处理处置技术规程》宣贯会	2022 年 7 月 20 日

序号	大事记	时间
48	中国水协"水质在线监测技术及其应用"技术交流	2022 年 7 月 27 日
49	中国水协团体标准《炭砂滤池设计标准》宣贯会	2022 年 8 月 10 日
50	中国水协团体标准《城市节水规划标准》宣贯会	2022 年 8 月 17 日
51	中国水协"水务行业数据治理与应用浅析"技术交流	2022 年 8 月 24 日
52	中国水协团体标准《城镇污水处理厂进水异常应急处置规程》宣贯会	2022 年 9 月 14 日
53	中国水协团体标准《城市供水企业绩效评估技术规程》宣贯会	2022 年 10 月 19 日
54	中国水协"从 PPP 理念看基础设施 REITs 发展"技术交流	2022 年 10 月 24 日
55	中国水协"供水管网非开挖修复技术及工程质量管控"技术交流	2022 年 11 月 9 日
56	中国水协团体标准《城镇供水系统原水工程运行、维护及安全技术规程》宣贯会	2022 年 11 月 16 日
57	中国水协团体标准《城镇排水管网流量和液位在线监测技术规程》宣贯会	2022 年 12 月 7 日

3.3 中国水协团体标准

2022 年，中国水协共批准发布 15 项团体标准，具体情况如下。

1. 城镇供水系统全过程水质管控技术规程（Technical specification for water quality management and control in the whole process of urban water supply system）

主编单位：山东省城市供排水水质监测中心

公告文号：中水协标字〔2022〕第 1 号

公告时间：2022 年 2 月 16 日

简介：为规范城镇供水系统全过程的水质管控，保障用户水质安全，做到技术先进、安全适用、经济合理、易于管理，制定本规程。

本规程适用于城镇供水系统从水源到用户各环节涉及水质的管理、控制。

2. 城镇排水系统通沟污泥处理处置技术规程（Technical specification for treatment and disposal of urban collected sewer sediments）

主编单位：北京北排装备产业有限公司、北京市市政工程设计研究总院（集团）有限公司

公告文号：中水协标字〔2022〕第 2 号

公告时间：2022 年 4 月 15 日

简介：为规范城镇排水系统通沟污泥处理处置全过程，优化城镇排水系统运行，

避免不良环境影响，促进资源化利用，制定本规程。

本规程适用于城镇排水系统通沟污泥收集与运输、处理、处置，处理场站的调试与验收、安全与运行维护管理等，本规程不适用于污水处理厂产生的污泥。

3. 炭砂滤池设计标准（Standard for design of granular activated carbon-sand filter）

主编单位：中国市政工程中南设计研究总院有限公司

公告文号：中水协标字〔2022〕第 3 号

公告时间：2022 年 4 月 18 日

简介：为规范给水工程中炭砂滤池的设计，做到技术先进、安全可靠、经济合理，制定本标准。

本标准适用于新建、扩建和改建城镇给水工程中炭砂滤池的设计。

4. 管式动态混合器（Tubular dynamic mixer）

主编单位：中国市政工程中南设计研究总院有限公司、武汉力祯环保科技有限公司

公告文号：中水协标字〔2022〕第 4 号

公告时间：2022 年 4 月 19 日

简介：本标准规定了管式动态混合器的术语和定义、标记、基本参数与规格、要求、安装和使用条件、试验方法、检验规则、标志、包装、运输和贮存。

本标准适用于水处理药剂投加后与水混合用的管式动态混合器的制造和检验。

5. 再生水输配系统运行、维护及安全技术规程（Technical specification for operation，maintenance and safety of reclaimed water delivery and distribution system）

主编单位：天津中水有限公司、中国市政工程华北设计研究总院有限公司

公告文号：中水协标字〔2022〕第 5 号

公告时间：2022 年 4 月 26 日

简介：为贯彻国家节水行动方案，提高区域水资源循环再生利用水平，保障再生水输配系统的安全稳定运行，制定本规程。

本规程适用于以城镇再生水为介质的输配系统运行、维护和安全管理。其他分散式或用户自建再生水输配系统可参照本规程执行。

6. 雨水生物滞留设施技术规程（Technical specification for stormwater bioretention facility）

主编单位：北京建筑大学、长春市市政工程设计研究院有限责任公司

公告文号：中水协标字〔2022〕第 6 号

公告时间：2022 年 5 月 17 日

简介：为规范雨水生物滞留设施在海绵城市建设中应用的技术要求，提高工程建设质量与运行维护水平，做到安全适用、技术先进、经济合理、易于管理，制定本规程。

本规程适用于雨水生物滞留设施的设计、施工、验收及检查与维护。

7. 城镇排水和污水处理企业安全生产标准（Work safety standards for municipal drainage and sewage treatment enterprises）

主编单位：北京城市排水集团有限责任公司

公告文号：中水协标字〔2022〕第 7 号

公告时间：2022 年 5 月 18 日

简介：本标准规定了城镇排水和污水处理企业安全生产标准化基础通用、现场通用、污水（再生水）和污泥处理安全要素、排水管渠及泵站安全要素的技术要求。

本标准适用于城镇排水和污水处理企业安全生产标准化工作的建设、保持与评价。其他涉及排水和污水处理业务的企事业单位可参照执行。

8. 居住区供水系统防冻工程技术标准（Technical standard for antifreeze engineering of water supply system in residential quarters）

主编单位：上海城市水资源开发利用国家工程中心有限公司、上海万朗水务科技集团有限公司

公告文号：中水协标字〔2022〕第 8 号

公告时间：2022 年 5 月 19 日

简介：为提升居住区供水系统遭遇极端低温天气时的防冻能力，规范供水系统防冻工程的技术要求，做到安全可靠、技术先进、经济合理、管理方便，制定本标准。

本标准适用于居住区新建、改建和扩建的供水系统防冻工程设计、施工、验收、运行维护及应急管理，其他民用及公共建筑的供水系统防冻工程可参照执行。

9. 城市节水规划标准（Standard for planning of urban water conservation）

主编单位：中国中元国际工程有限公司

公告文号：中水协标字〔2022〕第 9 号

公告时间：2022 年 7 月 4 日

简介：为规范城市节水规划编制方法和技术原则，提高城市节水规划工作质量，做到安全可靠、舒适实用、经济合理，制定本标准。

本标准适用于城市建设规划中的节水规划部分、城市节水专项规划和其他相关专项规划中的城市节水部分。

10. 城镇污水处理厂进水异常应急处置规程（Emergency treatment specification for abnormal inflow in municipal waste water treatment plant）

主编单位：北京城市排水集团有限责任公司、北京北排水务设计研究院有限公司

公告文号：中水协标字〔2022〕第 10 号

公告时间：2022 年 7 月 12 日

简介：为加强城镇污水处理厂应对进水异常的处置能力，规范应对措施，保障设施运行安全和水环境质量，制定本规程。

本规程适用于城镇污水处理厂对进水异常或进水异常风险的应急处置。

11. 供水厂次氯酸钠发生系统及应用技术规程（Technical specification for the application of sodium hypochlorite generation system of waterworks）

主编单位：深圳市水务（集团）有限公司

公告文号：中水协标字〔2022〕第 11 号

公告时间：2022 年 7 月 12 日

简介：为规范供水处理厂次氯酸钠发生系统的设计、安装、验收及运行维护，提升供水安全保障能力，做到技术先进、安全可靠、经济合理，制定本规程。

本规程适用于供水处理厂采用电解法现场制备低浓度次氯酸作为消毒或氧化应用中次氯酸钠发生系统的设计、安装、验收及运行维护。

12. 城市供水企业绩效评估技术规程（Technical specification for performance evaluation of urban water supply utilities）

主编单位：北京首创生态环保集团股份有限公司

公告文号：中水协标字〔2022〕第 12 号

公告时间：2022 年 8 月 2 日

简介：为提升供水行业管理水平，规范绩效评估方法、指标和流程，做到方法科学、指标合理、易于操作，制定本规程。

本规程适用于市县（区、旗）级城市供水企业的供水绩效评估。

13. 城镇排水管网系统化运行与质量评价标准（Standard for systematic operation

and quality assessment of urban drainage network)

主编单位：北京城市排水集团有限责任公司、北京雨人润科生态技术有限责任公司

公告文号：中水协标字〔2022〕第 13 号

公告时间：2022 年 8 月 2 日

简介：为提高城镇排水系统的运行效能和保障能力，推动城镇排水事业高质量发展，制定本标准。

本标准适用于城镇排水管网运行的技术要求与运营质量考核的技术评价。

14. 城镇排水管网流量和液位在线监测技术规程（Technical specification for on-line monitoring of flow and liquid level of urban drainage pipe network）

主编单位：中国电建集团华东勘测设计研究院有限公司

公告文号：中水协标字〔2022〕第 14 号

公告时间：2022 年 9 月 16 日

简介：为规范城镇排水管网流量和液位在线监测的技术要求，制定本规程。

本规程适用于城镇排水管网流量和液位在线监测的方案设计、设备选型、设备安装与维护、数据采集与应用。

15. 城镇供水管网模型构建与应用技术规程（Technical specification of model construction and applications of urban water distribution networks）

主编单位：东华大学、哈尔滨工业大学

公告文号：中水协标字〔2022〕第 15 号

公告时间：2022 年 12 月 14 日

简介：为规范城镇供水管网模型构建与应用的技术要求，制定本规程。

本规程适用于城镇供水管网离线模型和在线模型系统的构建与应用，包括模型系统的构建、校核、验收、应用、更新与维护。

3.4　2022 年度中国水协科学技术奖获奖项目

中国城镇供水排水协会科学技术奖（以下简称城镇水科技奖）作为城镇供水排水行业具有权威性的奖项，旨在激励城镇供水排水行业科技进步中作出突出贡献的单位和个人，调动科技工作者的积极性和创造性，从而持续推动城镇供水排水行业科技创

新与技术进步，加速科技成果转化。城镇水科技奖每年评审 1 次，设立特等奖、一等奖、二等奖 3 个等级，对做出特别重大的科学发现、技术发明或创新性科学技术成果的，可以授予特等奖，特等奖可空缺。

城镇水科技奖评审流程主要包括：形式审查、专业评审组初审、专家委员会评审、奖励委员会终审、公示、公告及授奖。2022 年城镇水科技奖参评项目涵盖供水、排水与污水处理、排水防涝、水环境整治、海绵城市建设、智慧水务等供水排水领域，通过上述各评审环节，评出获奖项目 16 项，其中特等奖 1 项、一等奖 5 项、二等奖 10 项，见表 3-3。

2022 年度中国城镇供水排水协会科学技术奖获奖项目　　　　表 3-3

序号	项目名称	完成单位	完成人	获奖等级
1	南水北调入京水源安全高效利用技术集成与应用	中国科学院生态环境研究中心、北京市自来水集团有限责任公司、中国南水北调集团中线有限公司	杨敏、刘锁祥、胡承志、徐锦华、尚宇鸣、石宝友、刘永康、徐强、顾军农、于建伟、李红岩、王敏、刘阔、苏命、梁建奎	特等奖
2	海绵城市源头设施效能提升与布局优化关键技术研究与实践	清华大学、上海市政工程设计研究总院（集团）有限公司、北京市城市规划设计研究院、苏州科技大学、悉地（苏州）勘察设计顾问有限公司、苏州同科工程咨询有限公司	贾海峰、陈嫣、徐常青、张晓昕、黄天寅、陆敏博、陈正侠、刘滋菁、印定坤、冷林源、王盼、刘寒寒	一等奖
3	封闭半封闭水体城镇污水处理厂主要污染物总量减排关键技术	北京市市政工程设计研究总院有限公司、合肥市排水管理办公室、合肥王小郢污水处理有限公司	高守有、袁良松、黄鸥、涂晓光、刘雷斌、张雯、张飞、刘议安、冯云刚、张利利、冯硕、刘森彦	一等奖
4	城市黑臭水体治理技术与政策研究	中国市政工程华北设计研究总院有限公司	孙永利、郑兴灿、刘静、黄鹏、范波、张维、王金丽、张岳、赵青、田腾飞、张玮嘉、李鹤男	一等奖
5	多层覆盖半地下式污水处理厂设计关键技术集成研究与应用	中国市政工程中南设计研究总院有限公司	谢益佳、黎柳记、戴仲怡、杨涛、王雪、徐林、王亮、杨勇、董乙鑫、王宇婷、刘可、陈颖童	一等奖
6	城市主干排水暗涵评估清淤修复系列关键技术研究与应用	中建三局绿色产业投资有限公司、武汉中地大非开挖研究院有限公司	闫红平、汪小东、阮超、刘军、汤丁丁、吴志炎、胡茂锋、张延军、孔耀祖、龚杰、邹静、石稳民	一等奖
7	城镇排水系统通沟污泥资源化处理成套装备	北京北排装备产业有限公司、广州市增城排水有限公司	高琼、刘启诚、秦春禹、唐恩海、何铠生、应梅娟、穆晓东、章意聪	二等奖

序号	项目名称	完成单位	完成人	获奖等级
8	多元耦合净水集约化技术开发与应用	上海市政工程设计研究总院（集团）有限公司、上海水业设计工程有限公司、上海市政工程设计科学研究所有限公司	许嘉炯、王健、雷春元、张硕、刘云奎、王晏、杨志峰、王利强	二等奖
9	广州市北部水厂净水工艺及管网运行关键技术研究与工程示范	广州市自来水有限公司、浙江大学	袁永钦、吴春翘、常颖、王晓东、冯冰妍、李燕华、程伟平、邹康兵	二等奖
10	城镇给水膜处理技术试验研究与工程应用	中国市政工程中南设计研究总院有限公司、云南水务投资股份有限公司	宋子明、万年红、李露、卢启立、魏斌、杨雯、林春晓、罗宇煊	二等奖
11	大口径长距离曲线钢顶管成套技术创新与应用	上海公路桥梁（集团）有限公司、上海市政工程设计研究总院（集团）有限公司、中国地质大学（武汉）、中铁工程装备集团有限公司、上海市水务建设工程安全质量监督中心站	甄亮、许大鹏、王剑锋、张鹏、谌文涛、宣锋、许龙、苏宇	二等奖
12	智慧水务大数据中心的研究与应用	福州城建设计研究院有限公司、福州市自来水有限公司、福州水务集团有限公司、上海威派格智慧水务股份有限公司	魏忠庆、段东滨、陈宏景、张晟、彭暨云、肖友淦、刘鸣宇、徐庚	二等奖
13	城市污水处理厂智慧化管理系统	中国市政工程华北设计研究总院有限公司	郑兴灿、曹雪梅、李文秋、耿安锋、刘百韬、万玉生、姜天凌、孟涛	二等奖
14	高效磁混凝水处理关键技术与装备	中建环能科技股份有限公司	王哲晓、陈立、肖波、唐珍建、唐宇、易洋、任成全、张波	二等奖
15	A^2O+MBR 污水处理系统关键技术研究与应用	中国市政工程中南设计研究总院有限公司	李树苑、孙巍、简德武、刘向荣、赵红兵、张卫东、张文胜、熊晖	二等奖
16	面向复杂场景的排水管网智能检测技术及装置	深圳市博铭维技术股份有限公司，深圳市龙华排水有限公司	代毅、白宏涛、杜光乾、姚伟、谢飞、梁创霖、陈增兵、谭旭升	二等奖

3.4.1 南水北调入京水源安全高效利用技术集成与应用

1. 项目简介

长距离明渠调水容易导致藻类增殖和致病微生物迁移，水源切换也经常发生供水管网"黄水"问题。如何应对跨区域、长距离调水对净水工艺和管网水质带来的冲击，国内外尚无可供借鉴的理论和经验。本项目针对南水北调中线长距离调水带来的一系列挑战，围绕水源抑藻控嗅、水厂工艺优化、管网保质控漏以及水质监管能力提升等开展全方位研究，为保障南水北调入京水源安全高效利用提供了系统化解决方案。

2. 主要技术内容

（1）创新点

1）研制出移动式和固定式着生藻除藻设备，创建了"清、导、拦"组合式着生藻控制技术，业务化应用于中线干渠关键断面；揭示水源丝状产嗅藻生态位特征，创建了基于水下光照调节的产嗅藻原位绿色控制技术。

2）揭示铝铁双水解促进 Al_{13} 形态生成机理，建立铝铁双药剂强化混凝工艺，提高了消毒副产物前体物去除能力；提出适合北方冬季低温下稳定运行的活性炭-外压式超滤组合工艺，形成了针对耐氯微生物迁移的有效屏障。

3）发现管垢 Fe_3O_4 含量低是水源切换导致规模性"黄水"的主因，创建了基于管垢稳定性和水质差异的"黄水"敏感区划分方法；开发管网漏损精准识别模型，创建了高效节水的"分区调度、区域控压、小区调压"管网压力分级调控技术。

4）研制出 AI 图像识别的"两虫"高通量检测设备，填补了国内空白，开发饮用水多污染物高通量检测技术，建立了基于薄弱点甄别-优化方案反馈的水质督查模式，补齐村镇供水监管短板；创建了跨区域、多部门协作的南水北调中线供水信息共享系统。

（2）应用推广情况

控藻技术在南水北调中线干渠及密云水库得到应用或验证；强化混凝、超滤工艺、"黄水"及漏损控制技术等在北京市供水系统得到规模化应用，水质督查模式应用于城乡供水规范化管理，北京市饮用水安全保障能力得到系统升级（图 3-1）；水质信息共享系统为中线干渠沿线 13 个城市服务，嗅味识别与控制成果推广应用于上海等全国 82 家供水单位，"两虫"检测设备在全国 44 家供水单位应用，支撑了《生活饮用水卫生标准》GB 5749—2022 等 6 项国标、行标制定或修订，在服务国家、支撑行业发展方面发挥了重要作用。

（3）社会效益和经济效益情况

已实现安全利用南水北调水源 42 亿 m^3，节水 2.7 亿 m^3，出厂水消毒副产物平均降低 20%，确保了北京市南水北调水源"用得好"目标的实现；全流程、多屏障、

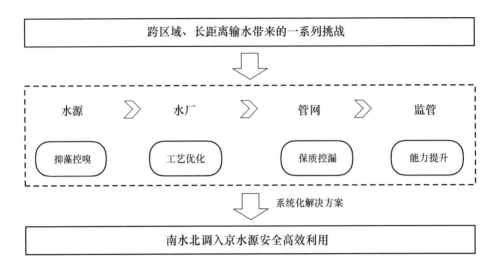

图 3-1　北京市饮用水安全保障技术系统

多方位技术的应用保障了"双奥"、APEC 等重大活动供水安全；水质督查补齐了村镇供水的监管短板；支撑了《生活饮用水卫生标准》GB 5749—2022 制定，提升了饮用水水质安全；建成我国首个海外水技术创新平台"中-斯水技术研究与示范联合中心"，创建"一带一路"水质检测能力验证体系，多项水质净化技术在斯里兰卡等国应用，为"一带一路"国家解决饮用水安全问题提供了中国方案。

3.4.2　海绵城市源头设施效能提升与布局优化关键技术研究与实践

1. 项目简介

在海绵城市建设过程中，如何实现源头设施的本地适宜性选择与多效能协同优化是国际性难题。海绵城市源头设施是从源头对雨水径流水量和污染物进行控制，体现了海绵城市的内涵，是海绵城市建设中实现源头减排的关键环节。而海绵城市源头设施规划和建设是涉及面众多的系统工程，在实际建设工程中存在不少理论和方法问题有待突破。自 2013 年以来，项目团队"产—学—研—用"紧密合作，提出了海绵城市源头设施比选与布局优化理论，突破了源头设施效能提升、多目标布局优化以及全生命周期效能量化评估等关键技术难题，建立了海绵城市源头设施"比选—优化—评估"的全生命周期技术和方法体系（图 3-2）。

经科技成果鉴定，由任南琪院士为组长的专家组一致认为该成果技术路线科学合理，社会效益与环境效益巨大，整体上达到国际先进水平。

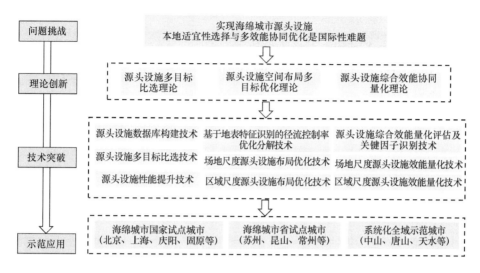

图 3-2　项目主要技术成果示意图

2. 主要技术内容

（1）创新点

1）提出了海绵城市源头设施比选体系与典型源头设施效能提升技术和方法。在国内初步建立了中国海绵城市源头设施数据库，提出多目标条件下海绵城市源头设施比选体系，根据源头设施对降雨径流的控制效果，有针对性地提升了典型海绵城市源头设施的性能。

2）开发了基于地表特征的年径流总量控制率优化分解模型，提出了不同尺度源头设施布局优化技术体系，实现了地块尺度上基于地表特征的年径流总量控制率指标优化分解。进而从场地尺度和区域尺度分别提出基于模拟模型和多目标优化方法的海绵城市源头设施的布局优化方法，实现了不同尺度海绵城市源头设施选址、规模、布局的优化。

3）构建了海绵城市源头设施生命周期环境与经济集成量化评价方法。综合考虑源头设施不同生命周期阶段的环境与经济效能，实现了不同尺度源头设施建设环境与经济综合效能的量化分析，识别了关键影响因子，有针对性地提出了降低环境影响与经济成本的有效措施。

（2）应用推广情况

项目研究成果应用至北京、上海、珠海、固原、庆阳等国家海绵城市试点城市，苏州、昆山、常州省级试点城市以及天水、中山、唐山等示范城市。

本项目编制的《海绵城市低影响开发设施比选方法技术导则》T/CECS 866—

2021)、《海绵城市建设技术标准》DG/TJ 08—2298—2019、《海绵城市建设技术标准图集》DB/JT 08—128—2019、《海绵城市规划编制与评估标准》DB11/T 1742—2020等地方和行业标准正式发布实施，为规范我国海绵城市规划、设计、建设和运行提供了技术保障。

（3）社会效益和环境效益情况

相关研究成果已获得：1）授权专利 19 项；2）计算机软件著作权 6 项；3）编写标准指南规范 5 项（地方标准 4 项，团体标准 1 项）；4）编写专著 3 部；5）发表中英文学术论文 45 篇（SCI 论文 28 篇，中文核心期刊 17 篇）。项目研究成果 2014 年被列为中美能源和环境 10 年合作框架（TYF）的 8 项重要成果之一；模型成果作为海绵城市建设试点考核评估附件由住房和城乡建设部下发，支持了我国 30 个海绵城市国家试点城市的建设和评估。中国国际电视台、东方卫视、福建卫视、中国建设报等多家媒体对项目成果推广应用的国家海绵试点区建设效果进行了多次报道，国内社会效益与环境效益显著。

3.4.3　封闭半封闭水体城镇污水处理厂主要污染物总量减排关键技术

1. 项目简介

封闭半封闭水体富营养化问题是水环境治理的重要关注点和难点问题。近年来，我国封闭湖泊和水库发生的水华事件造成了严重的水体污染事件并严重影响相邻城市的供水安全。

本研究以巢湖为对象，以"十二五"水体污染控制与治理国家科技重大专项为支撑，基于二级处理强化碳源利用的生物脱氮除磷技术、反硝化滤池深度脱氮技术、工程溶解氧管理技术等，聚焦污染物总量减排目标，结合多指标联合控制出水、对出水水质进行分级考核以及主要出水指标按照月均值考核等管理创新，形成了封闭半封闭水体城镇污水处理厂主要污染物总量减排关键技术。

2. 主要技术内容

（1）创新点

1）出水标准创新

结合半封闭淡水湖敏感水环境整治要求，国内率先提出出水主要指标达到地表水 Ⅳ 类水标准，其中 $TP \leqslant 0.3$ mg/L，$COD_{Cr} \leqslant 30$ mg/L，$NH_3\text{-}N \leqslant 1.5$ mg/L，$TN \leqslant 5$ mg/L。

2）生物处理技术创新

在生物池中设置好氧/缺氧可调节区，国内率先提出缺氧停留时间延长至8 h以上。

系统提出工程溶解氧综合管控技术。首次提出在曝气池末端内回流污泥前设置消氧脱气区，消除回流污泥中携带的溶解氧对于缺氧区环境的影响，减少对原污水中有限碳源的消耗，提高反硝化效果；在确保工艺顺畅安全的前提下，控制各阶段出水堰后跌水高差，避免跌水充氧；精准控制生物池曝气，避免曝气不足和曝气过量造成处理效果波动和浪费能耗（图 3-3）。

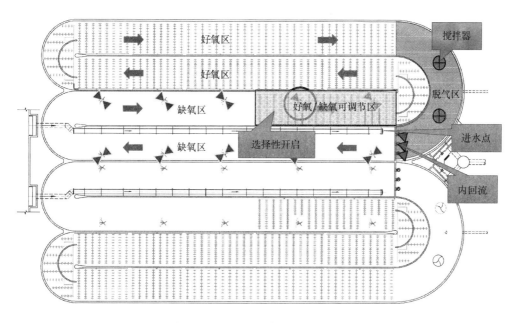

图 3-3　示范工程生物池改造示意图

系统形成以反硝化过滤工艺为核心的污水处理厂尾水总氮深度去除工艺与控制技术。基于中试试验并经过工程验证，形成包括不同类型反硝化工艺优化设计及运行控制参数、碳源投加控制策略等内容的污水处理厂尾水处理总氮深度去除工艺与控制技术。

3）考核方式创新

该技术在国内首创提出月均值考核体系和多指标分级联控出水。主要指标按照月平均值考核，兼顾项目对环境的贡献率和合理经济投入，避免过量投加化学药剂和设置复杂工艺长流程。对于优于环保要求的出水进行奖励，实行"优水优价"考核体系，充分发挥污水处理设施效能和运营单位能动性。

（2）应用推广情况

该技术率先实现在国内 30 万 m³/d 规模大型城市污水处理厂中进行示范应用，实现出水总氮小于 5 mg/L 的目标，示范工程实现稳定运行超过 7 年。该技术及相关工程示范应用指导该流域后续 30 余座污水处理厂项目建设，总计日处理能力超过 400 万 m³、投资规模近 200 亿元；并在北京、西安、银川和南宁等地进行了推广应用，为国内其他敏感流域的地方排放标准制定和提标改造工程提供了经典范例。

（3）社会效益和经济效益情况

该技术成功投入运行推动流域系列工程陆续实施助力生态城市建设，巢湖流域河流及巢湖水环境持续显著改善，塑造合肥市"创新高地、大湖名城"的形象，促进社会、经济和环境的协调发展，为合肥市及安徽省可持续发展提供生态动能。

依托该技术和相关成果，发布了《巢湖流域城镇污水处理厂和工业行业主要水污染物排放限值》DB 34/2710—2016、修订新版《室外排水设计标准》GB 50014—2021 等相关污水处理设计和运行标准，推动了我国污水处理行业技术不断发展。

3.4.4 城市黑臭水体治理技术与政策研究

1. 项目背景

2015 年《水污染防治行动计划》部署了快速推进城市黑臭水体治理，切实改善水环境质量的工作目标，并明确住房和城乡建设部牵头组织实施。但是，我国高速城镇化所引发的城市基础设施落后、城市水体持续性致黑致臭和阶段性返黑返臭等问题，以及短时间内快速见效的国家战略要求，是大部分发达国家不曾经历的，再加上城市水环境问题的复杂性，对住建系统科学治水、高效治污形成重大挑战。项目团队结合行业管理需求，历经 10 余年科技攻关，在城市黑臭水体治理、生态修复、技术评价和绩效评估等方面取得系列创新成果和重大突破，全面支撑城市黑臭水体科学治理与绩效评估，引领行业以"增效"促"提质"，以"效能"促"质量"，以"管理"助"工程"，对"清水绿岸、鱼翔浅底"目标实现具有重要意义（图 3-4）。

2. 主要技术内容

（1）创新点

1）构建了多源多变污染交互影响下的城市黑臭水体综合整治集成技术，构建了适合不同功能定位的城市水体构建模式和治理工程实施优先顺序，形成不同应用场景下的系统解决方案。提出以 4 项水体黑臭指标快速改善为目标的技术方案和应急对

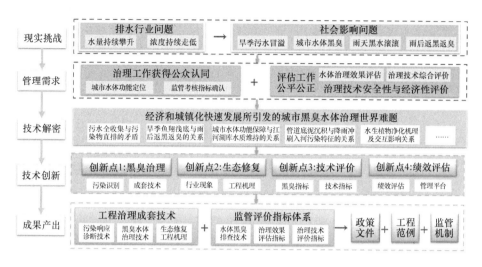

图 3-4　技术路线

策，以及以管网效能提升和降雨污染控制为目标的入河排口快速净化、雨季超量处理和水量调蓄平衡技术方案，形成现有管理体系下的应对对策，有效解决旱季阶段性冒溢和雨季排口污染问题。

2）形成以沉水植物生态净化为核心的城市水体水质和底泥泥质生态修复成套技术。揭示了水生植物污染净化过程机理及污染响应特征，确认沉水植物具有生物脱氮除磷、溶解性和胶体物质吸附净化、底泥 ORP 提升等工程效果，明确再生水对水体黑臭具有显著抑制功效，构建了以有机组分含量为基准、以有机污染物原位分离清出为核心的底泥生态清污技术策略，全面支撑生态型城市水体重构与生态恢复。

3）构建适合我国典型特征和污染响应的水体黑臭治理技术和管网效能评价指标体系。构建了安全高效、经济合理、目标可达、技术可行的黑臭水体评价指标体系，以安全高效和生态友好为导向、专家决策为支撑的治理技术评价指标体系和评价方法，以及以生活污水污染物为基准的管网效能评价指标，全面纳入系列政策文件，支撑黑臭水体识别与监管、治理技术筛选以及行业发展方向转变。

4）搭建以治理目标与长效机制为导向的综合绩效评估指标与业务化运行平台。形成了黑臭水体治理初见成效、长治久清两个阶段的考核要点和评估细则，构建了城市黑臭水体治理监管平台并业务化运行，实现行业各涉水平台数据共融共享，支持全国地级及以上城市黑臭水体治理全过程跟踪评估。

（2）应用推广情况

项目先后支撑 8 项重要行业政策出台，取得著作、标准、解读文件、专利、论文等 30 余项重要成果，引导全国 296 个地级及以上城市 2914 条黑臭水体治理工作科学快速推进。形成的城市黑臭水体治理中国经验和中国解决方案，将为深入打好城市黑臭水体治理攻坚战，持续推进城镇低碳高质量发展提供思路和借鉴。

（3）社会效益和经济效益情况

该研究项目属于行业公益类研究，研究成果全面支撑系列行业政策和管理制度建设，并通过行业管理平台和住建系统内部平台宣贯，使全国各地科学推进城市黑臭水体治理和污水处理提质增效工作。获住房和城乡建设部许可，先后在中国建设报、中国环境报两大官方媒体，《给水排水》等行业权威期刊发表政策解读文件 4 项，发表有影响力的行业学术论文数篇，单篇论文点击量超过 1.3 万人次，12 h 点击量达到6260 人次；完成政府、学协会及行业宣贯培训 30 余次，受众超 5 万人次。

3.4.5 多层覆盖半地下式污水处理厂设计关键技术集成研究与应用

1. 项目背景

传统地上式污水处理厂存在严重的"邻避"效应，而全地下式污水处理厂存在埋深大，施工困难，投资大，运行管理不方便等问题，推广发展受到限制。通过该项目研究，开发了多种半地下式污水处理厂建设模式，形成半地下式污水处理厂设计体系，完善了城市基础配套功能和提高土地利用价值，使"邻避"变为"邻利"，打造了高标准城市公共设施综合体，提高了居民居住质量、身心健康，改善地区环境品质。同时污水处理也是一项保护城市水环境、提高环境质量的公益性工程和环保工程，使区域环境得以大幅度改观，对改善投资环境、招商引资，树立区域对外形象起到重要作用。

2. 主要技术内容

（1）创新点

1）提出了多种多层覆盖半地下式污水处理厂综合开发新模式。通过对半地下式污水处理厂顶盖的多层覆盖，上部空间得到充分利用，可作为景观绿化、市政公园、公共停车场、文体游乐设施、科普教育基地等其他功能二次开发，也可用于经营性商业场所开发使用。

2）提出了半地下式污水处理厂整体集约化布置解决方案。首次提出了半地下式污水处理厂的建设形式，包括整体加盖、部分加盖、完整半地下箱体和部分半地下箱体 4 种形式，分析和研究了不同建设形式的特点、优势及其适用条件，并结合不同建设形式提出了整体集约化布置策略。

3）半地下式污水处理厂臭气收集处理与排放标准关键技术系统研究和集成。引入严格的除臭标准；根据污水处理厂功能分区，多重封闭；应用"光催化氧化＋化学洗涤＋生物除臭＋干式过滤"组合工艺。

4）提出了半地下式污水处理厂通风、消防应急救援要求与应对解决方案。半地下式污水处理厂大面积采用自然通风，低碳环保；并采用简易的消防布置方案，既安全又节省投资。

5）研发了半地下式污水处理厂高效节能脱氮技术。结合半地下式污水处理厂集约用地和高排放标准要求，开发了多段多模式 A/O 高效节能脱氮技术和微氧曝气-多段 AO 工艺高效节能脱氮技术。

6）半地下式污水处理厂污泥减量、建设标准及处理处置关键技术系统研究和集成。"污泥低温真空脱水干化一体化"技术的应用；污泥处理高标准保障及应急处置方案的应用，为污泥处理提供了一个安全可靠的系统处理方案。

7）研发半地下式污水处理厂 BIM 设计及协同平台构建方案。其主要包括 BIM 设计创新、BIM 协同管理平台构建等内容。

8）提出了半地下式污水处理厂智慧水务管控平台与建设方案。其主要包括全厂全流程智能工艺控制，实现工艺智慧；大数据辅助分析决策，实现设备预防性维护，提升厂站应急能力；BIM 三维虚拟现实显示，数字孪生，设备设施生产运营全面可视化；智能安全帽全面守护现场工作、参观人员，使生命保障更可靠；微服务架构实现平台的模块扩展性，业务能力快速复制；"云边端"协同运作，物联创新等。

9）提出半地下污水处理厂结构设计关键问题解决方案。半地下式污水处理厂抗渗防裂创新技术；放坡、水泥搅拌桩、高强预应力管桩在半地下式污水处理厂基坑中创新技术。

10）提出了半地下式污水处理厂建筑景观关键问题解决方案。分别提出了"去工业化"半地下式污水处理厂建筑形象策略、"退台式"半地下式污水处理厂建筑形式策略、"地景式"半地下式污水处理厂建筑形式策略等。针对不同环境关系提出了相应的解决方案。

（2）应用及推广前景

该技术累计已完成示范项目 18 座污水处理厂，总处理规模为 359 万 m^3/d，行业高度认可，具有很好的推广前景。

（3）社会效益和经济效益情况

工程投资：半地下式污水处理厂相对于全地下污水处理厂工程投资节省约30%～40%；能耗方面：该技术采用多项专利技术，处理效率高，而能耗低，较传统工艺脱氮效率提高15%～25%，曝气量减少30%～40%，总运行成本降低20%～30%，具有很好的经济效益。节地方面：半地下式污水处理厂全部采用组合式立体布置，高度节地，示范项目实际用地指标相比《城市污水处理工程项目建设标准》（建标 198—2022）用地指标节省占地约 40%～70%，节省占地用于城市开发建设，取得了巨大的经济效益。

3.4.6　城市主干排水暗涵评估清淤修复系列关键技术研究与应用

1. 项目背景

习近平总书记明确提出绿水青山就是金山银山的生态文明国策，多部委接连提出推进污水处理提质增效，加快补齐城镇污水收集设施短板，是打赢黑臭水体剿灭战的重要措施。各地区迅速响应，陆续出台了管网全面更新维护，提高污水收集效能等措施。城市主干排水暗涵作为污水收集设施中的生命线工程，健康评估、周期清淤及修复更新技术研究更是国家政策的应有之义。

党的二十大明确提出"人民至上，生命至上"新时代安全理念。现有清检修技术难以有效应对暗涵维护作业过程中存在的安全隐患，近 5 年已发生 207 起较大事故，在现有庞大市场规模下，人民生命财产面临严峻考验。在新时代安全理念下，暗涵健康评估、周期清淤及修复更新技术研究更是首要之任。项目研究成果于 2021 年 9 月 15 日经湖北省技术交易所组织专家鉴定，达到了国际先进水平。

2. 主要技术内容

（1）创新点

1）首创了一种"预评估—初评估—终评估"三级评估技术体系，形成了行业内首套城市排水暗涵健康度分尺度快速评估技术体系，有效攻克了大尺度下暗涵地毯式检测速度慢，成本高等难题。

2）系统构建了一种城市高密度建成区主干排水暗涵低风险高效成套清淤体系，重点研发了"分仓分区导流—快装快拆封堵—智能装备清淤—智慧空间管控"等关键技术，大幅降低了线性有限空间危险作业多源风险。

3）率先开发了高强快凝防腐暗涵修复专用砂浆，创新研制了城市排水暗涵防腐智能高效修复新装备，重点突破了城市排水暗涵长距离连续高效修复技术障碍。

（2）应用推广情况

2020 年 8 月～2021 年 12 月，该成果应用于黄孝河机场河流域综合治理一期工程，评估长度 64.2 km，清淤方量 17 万 m³，修复面积达 15 万 m²，整体工期缩短 25％，全线超危清淤作业零伤亡，防腐修复一次合格率达 99％以上，武汉市委书记莅临点赞，取得了显著的社会、经济及环境效益。

2020 年 12 月～2021 年 10 月，该成果运用于中山市未达标水体综合整治工程（小隐涌流域），成本大幅压降，工期显著缩短，取得了良好的社会、经济效益和工程示范作用效果。

（3）社会效益和经济效益情况

1）社会效益方面，一是修复 50 万处暗涵结构性缺陷，延长城市主干排水暗涵使用寿命。二是近 135 km 全线超危作业零伤亡，全面响应生命至上新时代安全理念。

2）经济效益方面，产生直接效益 6587 万元，间接效益 2.5 亿元。

3）生态效益方面，一是削减近 58 万 m³ 内源污染，打造高效补齐污水收集短板技术范本。二是完成 40 万 m² 暗涵修复，减少污水外渗。

3.5　中国水协科学技术成果鉴定

科技成果鉴定是指中国水协聘请技术、经济专家，按照规定的形式和程序，对科技成果进行审查和评价，并作出相应的结论。科技成果鉴定是评价科技成果质量和水平的方法之一，对加速城镇水务行业科学技术成果转化具有重要作用。

2022 年中国水协共组织开展了 15 项科技成果鉴定，见表 3-4。

2022 年中国水协科技成果鉴定项目名单　　　　　　表 3-4

序号	项目名称	主要完成单位	主要完成人
1	一体化智能水质检测装备	哈尔滨跃渊环保智能装备有限责任公司	李杰、肖瑶、李云龙、王宇、刘兆明、贾艳涛、赵同雪、陈志强、陈兆星、张昊、苑忠岳、王光涛、王旭生、崔满良、耿志海、徐文涛、吕宁、于传昊、郭佳乐、何晓冬、王大亮、张昊宇、许鸣久、张景良、柳思涵、夏逢阳

序号	项目名称	主要完成单位	主要完成人
2	城镇污水处理厂污泥好氧发酵系统清洁生产关键技术研究及工程化应用	郑州市污水净化有限公司、郑州市污水净化有限公司、郑州市格沃环保开发有限公司	黄克毅、高爱华、王鹤楠、陈虹、周洋、乔增超、王庆元、赵亮、张倩倩、刘稼稞、常兴涛、彭辉辉、石岩、王庆庆、李枫、陈晓彤、张少、满鑫、申书强、陈杨、祁亚军、石邵利、王端阳、刘迎旭、王宁、于文娜、拜孟伟、刘凯军、楚晓飞
3	面向管网水质稳定性的厂网系统调控关键技术及示范	北京市自来水集团有限责任公司技术研究院	韩梅、赵蓓、李礼、张晓岚、黄慧婷、王敏、李玉仙、柴文、邹放、温颖、张静、游晓旭、张山凤
4	具有清污分流识别功能的截污调蓄系统	武汉圣禹排水系统有限公司	李习洪、李远科、张建良、周超、贺军、余林波、李浩、袁梅、雷奇
5	柔性截流装置	武汉圣禹排水系统有限公司	李习洪、周超、张勇、曾磊、胡正坤、贺军、李远科、余林波
6	应用于合流制系统改造的错时雨污分流系统	武汉圣禹排水系统有限公司	李习洪、张建良、史建中、周超、贺军、余林波、张勇、杨凯、甘乾、管彩虹、雷奇
7	城市排水系统一体化智能运维平台	武汉圣禹排水系统有限公司	李习洪、史建中、贺军、黄橙、雷奇、甘乾、胡才、冯俊
8	多水源水厂多种组合工艺的适应性研究及工程应用	中国市政工程中南设计研究总院有限公司、珠海市供水有限公司	镇祥华、胡克武、吴艳华、余琴芳、何晓梅、魏旭、张文胜、陈悦、万年红、陈燕波、吴瑜红、张立、张明、张娜娜、苏宇亮、袁汉鸿、潘名宾、刘珊、胡新立、吴杰、汪琳、汪博飞、吴斌、曹家瑶
9	微污染水氨氮高效移动床生物膜处理技术研究及应用	中国市政工程中南设计研究总院有限公司、东莞市水务集团有限公司	李国洪、盛德洋、贺珊珊、罗锋、简思凤、贾旭超、余军、万年红、张忠祥、韩佩君、雷培树、张明、蔡世颜、胡新立、孙健、左世昌、刘研、李露
10	城镇排水系统通沟污泥资源化处理成套装备	北京北排装备产业有限公司	高琼、刘启诚、阮永兴、秦春禹、应梅娟、高保华、穆晓东、李艳、郭勇、李晓辉、贺建国、周国立、张衡、武彪
11	海绵城市源头设施效能提升与布局优化关键技术研究与实践	清华大学,上海市政工程设计研究总院(集团)有限公司,北京市城市规划设计研究院,苏州科技大学,悉地(苏州)勘察设计顾问有限公司,苏州同科工程咨询有限公司	贾海峰、陈嫣、徐常青、张晓昕、黄天寅、陆敏博、陈正侠、刘滋菁、印定坤、冷林源、王盼、刘寒寒、韩素华、黄鹏飞、孙朝霞

序号	项目名称	主要完成单位	主要完成人
12	城市黑臭水体治理技术与政策研究	中国市政工程华北设计研究总院有限公司	孙永利、郑兴灿、刘静、黄鹏、范波、张维、王金丽、张岳、赵青、田腾飞、张玮嘉、李鹤男
13	南水北调入京水源安全高效利用技术集成与应用	中国科学院生态环境研究中心、北京市自来水集团有限责任公司、中国南水北调集团中线有限公司	杨敏、刘锁祥、胡承志、徐锦华、尚宇鸣、石宝友、刘永康、徐强、顾军农、于建伟、李红岩、王敏、刘阔、苏命、梁建奎
14	城市防汛系列化新产品	北京北排装备产业有限公司	高琼、刘启诚、秦春禹、李晓辉、李艳、应梅娟、高保华、贺建国、穆晓东、王志峰
15	封闭半封闭水体城镇污水处理厂主要污染物总量减排关键技术	北京市市政工程设计研究总院有限公司、合肥市排水管理办公室 合肥王小郢污水处理有限公司	高守有、袁良松、黄鸥、涂晓光、刘雷斌、张雯、张飞、刘议安、冯云刚、张传利、冯硕、刘森彦

3.5.1　一体化智能水质检测装备

1. 项目背景

伴随着城镇化和经济快速发展，近年来我国污水产生量逐渐增长。"十三五"规划和《水污染防治计划》均提出新建污水处理设施出水水质应达到一级 A 排放标准。《推进市政污水处理行业低碳转型，助力碳达峰、碳中和》要求污水处理厂进行精细化智能管控，达到降本增效的目的。"一体化智能水质检测装备"以国标法为依据，对水质指标进行精准、连续检测。智能决策系统实时预测未来所需的碳源投加量、除磷药剂投加量以及曝气量，精确指导工艺输出，提高了对水环境的治理和管控能力（图 3-5）。该项目于 2022 年 8 月 7 日经中国水协组织专家鉴定，该设备整体上达到国际先进水平，其中多样品多指标自动集中检测技术、检测方案智能生成技术居国际领先水平。

2. 主要技术内容

（1）创新点

1）应用智能机器人技术，实现了替代人工进行多指标集中检测

该装备采用拟人化手段，是一款柔性学习型平台，集成多指标化验检测方法，可顺序开展多水样多指标水质化验，连续运转实现多指标集中高效精准检测。装备具有高复杂环境耐受性，可在不同环境下进行精准检测。

2）应用人工智能技术，自动生成最优检测方案

用户根据不同类型、不同数量的水样和不同指标的检测需求，进行点选操作，利

用基于人工智能技术的检测方案生成模块，生成最优的检测方案。提高了使用者的便捷程度，还满足不同检测需求的使用要求。

3）基于机器学习与支持向量机技术，实现了检测标准曲线自动生成

该装备依托精准加注模块，基于机器学习与支持向量机算法的曲线自动生成技术，大量实验验证，实现检测曲线根据用户实际使用情况进行智能标定，保障水质指标的精准检测的同时，化验废液产生量大幅缩小，应用此技术方案的废液产生量仅为常规化验的1/8，同时检测误差在质控样品标称值的±5%以内。

4）通过精准检测获得行业有效大数据，搭建了水质智能预测系统

系统内嵌长短时记忆神经网络对水质指标进行精准预测，用户在工艺控制过程中根据当前的进水情况和工艺状态预先获得准确的出水指标预测结果，为用户在工艺优化、工艺预警和投加药剂等环节提供准确的预测数据参考。

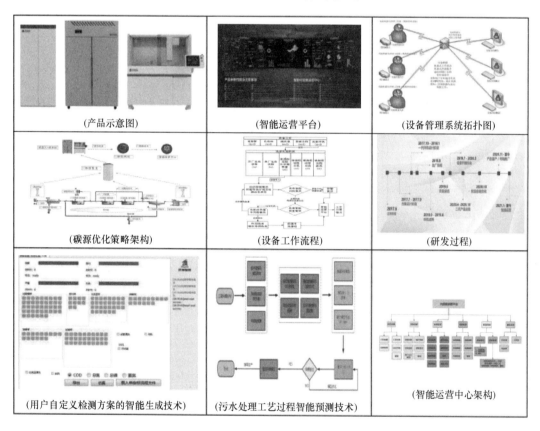

图 3-5 一体化智能水质检测装备系统

（2）应用推广情况

成果在哈尔滨、长春、牡丹江、肇东、锡林浩特、杭州等多地、多城市的 37 座

污水处理厂和环境监测站进行了应用。各个地区水厂反映设备运行稳定，检测数据准确，确保了水质达标排放。

（3）社会效益和经济效益情况

项目成果解放化验员有效替代人工，降低工作风险。化验流程标准化、程序化减少误差。24h连续检测，形成数据化管理，提高生产效率。降低化验室实验废液量，减少甚至规避二次污染，降低水厂运营过程中产生的危废处理费用。智慧决策系统内嵌水质预测模型，有效指导水厂的碳源投加量、除磷药剂投加量以及曝气量，使水厂实现精细化智能管控。该技术的实施，确保了水厂在节能降耗的前提下高标准地排放，推动"双碳"行动落实落地。

3.5.2　城镇污水处理厂污泥好氧发酵系统清洁生产关键技术研究及工程化应用

1. 项目简介

污泥好氧发酵技术作为国家推荐的污泥处理技术，是一种较为成熟的技术路线。但就国内外技术而言，仍存在发酵臭气治理难度大、车间工作环境差及发酵产物质量参差不齐、资源化应用率低等问题。

为打破污泥好氧发酵存在的技术瓶颈，研究团队通过有效解决废气的收集处理、改善工作环境、优化污泥资源化利用等方式，形成了城镇污水处理厂污泥好氧发酵系统清洁生产关键技术。

经科技成果鉴定，由李艺大师为组长的专家组一致认为该科技成果达到国内领先水平。

2. 主要技术内容

（1）创新点

1）污泥好氧发酵系统废气超低排放技术

创新性地应用"多级喷淋＋活性焦吸附"工艺实现废气的达标排放，有效解决了污泥好氧发酵废气难处理的问题。

2）污泥好氧发酵系统工作环境改善关键技术

利用自动化技术将人工现场操作模式改为远程操控模式，极大地减少了人员在车间的工作时间，提高了污泥好氧发酵运行的自动化程度。

3）污泥好氧发酵系统工艺优化和产品资源化利用技术

通过对影响污泥好氧发酵关键因素进行识别，优化辅料种类、混料配比、通风策略等污泥好氧发酵过程关键控制因素，节约了生产成本，提高了好氧发酵产品质量的稳定性，为多途径的污泥资源化利用奠定了基础。

（2）应用情况

城镇污水处理厂污泥好氧发酵系统清洁生产技术已在郑州市 600 t/d（污泥含水率以 80％计）污泥处理项目取得工程化应用。技术成熟可行，运行稳定良好，有效解决了传统污泥好氧发酵工艺存在的问题。

（3）社会效益和环境效益情况

该技术应用"多级喷淋＋活性焦吸附"工艺处理废气，极大改善了厂区及周边空气环境；利用智能控制系统改变了传统的操作模式，实现了全自动远程控制，降低了劳动强度，改善了污泥好氧发酵系统工作环境改善；通过优化关键控制因素，实现工艺稳定运行，提高了好氧发酵产品质量，有助于产物资源化利用，社会效益与环境效益良好。

3.5.3　面向管网水质稳定性的厂网系统调控关键技术及示范

1. 项目简介

在饮用水源趋向多样化和复杂化的新形势下，以末端水质保障的最大化为目标，面向管网水环境的复杂性和多变性，项目组注重系统治理，经过多年研究，形成了以水厂智能投药管控技术、紫外-超滤-氯消毒新型组联模式和管网黄水风险识别及保障技术为核心的厂网系统调控关键技术。研究成果成功应用于北京市多个水厂和市区管网，为北京市房山、延庆等地下水供水区和城六区自备井水源切换风险预测和调配提供了技术指导。成果对推动国内供水行业的智能升级和精细化管理具有重要引领作用和示范意义。

2. 主要技术内容

（1）创新点

1）研发水厂智能投药管控技术，突破异常数据对模型应用限制的技术难题。将南水水源主力水厂上百万条的数据激活，成功研发出兼顾净水工艺优化运行和管网稳定性的智能投药管控技术。首次构建了以双药（$FeCl_3$、PAC）絮凝为核心的混凝剂智能投药模型；开发了以兼顾除藻和管网稳定性为核心的氧化剂精准控制模型；并创新性根据机械加速澄清池运行复杂性的特点，开发沉降比自动分析装置，提高了数据的时效性和模型的响应度；研发了集数据治理与模型预测于一体的智慧水厂精准投药及数据治理管控平台，突破异常数据对模型应用的瓶颈。

2）构建了以超滤膜污染控制及消毒为双重目标的紫外前置工艺，拓展了紫外的应用范围。揭示了紫外-氯联合消毒对维持供水管网稳定性的作用机制，首次提出净水消毒时效性作为评价给水系统生物安全性的指标。揭示紫外-氯联合消毒条件下对管网腐蚀的控制机理。进一步提出紫外-超滤-氯消毒组联工艺，突破超滤膜污染控制难的技术难题，通过对调紫外和超滤单元顺序创新性提出紫外-超滤-氯消毒新型组联适用工艺，打破紫外线消毒功能的传统认知，实现工艺单元之间的深度融合。

3）研发了基于多水源的管网"黄水"发生的风险识别及控制措施，突破供水管网不可视性和空间差异大的限制。建立基于水源水质变化的管网水质风险预测评估体系，提出了原位模拟水源切换条件下保证管网水质稳定性的方法，并设计开发了成套可移动式设备。首次提出了具有普适性推广意义的综合性水质腐蚀性和水质差异度判定指数，克服了依靠管垢形态组分表征来判断管垢稳定性的局限性，可用于管网水质敏感区快速识别判定，并已纳入《室外给水设计标准》GB 50013—2018。提出可在水厂实际应用的管网水质保障措施（图 3-6）。

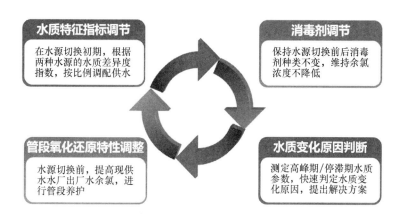

图 3-6　管网水质保障技术方案

（2）应用情况

研究成果成功应用于北京市多个水厂、市区管网和自备井水源置换过程中，为北京市优质供水提供了重要支撑和保障。项目成果可在类似地区推广应用。

（3）社会效益和经济效益情况

项目成果是以保障城市用水需求为导向，聚焦首都供水亟须解决的难点问题，研发的面向管网水质稳定性的厂网系统调控关键技术，是确保北京市南水北调水源"用得好"目标实现的社会公益项目。成果的推广应用将具有更大的社会效益和经济效益。

3.5.4 具有清污分流识别功能的截污调蓄系统

1. 项目简介

当前国内水环境治理工作都要对河湖水体开展末端截污工程,截流系统核心的设施是截流井,传统的截流井设计标准采用《合流制系统污水截流井设计规程》CECS 91—1997(现已被《合流制排水系统截流设施技术规程》T/CECS 91—2021 替代),目前该标准的应用已经不能满足水环境治理要求,另外整个截污系统存在清污不分(大截排形式)以及普遍存在合流制溢流污染问题,水环境污染问题较为突出。因此市场需要一种具有清污识别功能的截污调蓄系统来解决这些问题,该系统适合于不同排水体制的截流系统,市场需求极大。

2. 主要技术内容

(1)创新点

该项目是以"清污分流"理念为指引的方案设计,在原有"一排了之"的排水系统上,增加能清污分流的智能分流设施、削峰贮存的智能调蓄设施、在线雨水处理设施、防外来水进入污水管道设施、削减城市面源污染设施,并运用物联网技术整体调度控制。实现城市最脏的污水经过处理后排放,受污染较轻的在自然水体环境容量之内的水就近入河,实现精准截污,保证晴天污水全收集,雨天少溢流,同时也提高了污水处理厂的进水浓度,最终实现根治水污染的目标。通过"厂网河湖岸"一体化的智慧运维实现智慧排水,确保水质达标、水量安全。该项目经得起雨季的考验,不仅没有返黑返臭,而且水质越来越好,治理过程无需清水补源,未转移污染,真正做到长治久清。

(2)应用情况

该技术广泛用于多个水环境治理项目,如武汉东湖高新湖溪河水环境治理工程,武汉经开区万家湖、汤湖、西北湖、烂泥湖、南太子湖水环境治理工程,长沙市浏阳河整治工程,小湾河治理工程,海口市水环境治理工程,南京农花河河道综合整治工程,南京江北新区整治工程等,水环境得到很大的提高,得到业主的一致认可。另外,智能分流井和智能调蓄池技术已在全国各地成功应用,从目前反馈情况看效果较好,可达到预期目标。

(3)社会效益和经济效益情况

晴天时,智能分流井可以实现旱季截污 100%,在降雨时,能够截流初期雨水

70%左右，此外针对面源污染智能分流井能够截流污染负荷 70%左右，截污效果良好，符合住房和城乡建设部印发的《城市黑臭水体整治——排水口、管道及检查井治理技术指南》，对减少进入自然水体的污染总负荷，提升污水处理厂进水浓度，直接减少污水处理厂的运营成本，具有突出的经济意义。

3.5.5　柔性截流装置

1. 项目简介

当前我国城市使用的雨污分流系统或者老旧小区采用的合流制排水系统都不能从源头真正解决污水不下河、雨水不入厂的问题，为了突破污水收集的瓶颈，该科技成果适用于小区源头的截流井或末端适配的排口中，对小区源头和末端排口进行分流改造，使污水不下河，干净的雨水排河，在清污分流改造中起到重大的作用。

2. 主要技术内容

（1）创新点

1）该项目采用气动控制，气动控制成本低，压缩空气工作压力小于 0.1MPa，比较安全，气管相较高压油管成本更低。

2）该装置防缠绕防堵塞能力强，安装后的过流通道和市政管道的流道完全保持一致、平滑过渡，不会产生缠绕堵塞，不影响排水和行洪，另外柔性截流装置采用橡胶柔性密封，密封面较大，密封效果可靠，可实现零泄漏（图 3-7）。

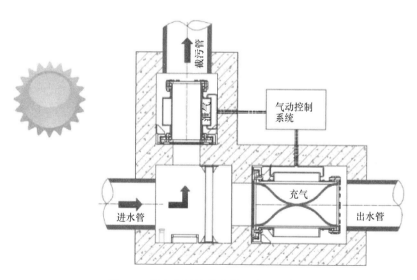

图 3-7　截流井柔性截流装置应用示意图

3）柔性截流装置外接气压在 0.1 MPa 以下。

4）柔性截流装置采用耦合安装方式，在带水情况下仍能正常检修维护。

（2）应用情况

该柔性截流装置历经了 3 年多时间的研发，能应对任何环境，做到 0.1MPa 压力下零泄漏；同时可以不用开挖进行改造，成本低、改造容易，能有效解决城中村不易开挖的现状问题，已经在全国 100 多个项目普遍使用，起到了很好的效果。

（3）社会效益和经济效益情况

全国老旧小区多，地下管道错综复杂，施工难度大，开挖深度小或不能开挖，针对这种复杂的情况，柔性截流装置能很好解决上述问题，节省大量的人力成本、施工成本、运维成本，社会效益和经济效益巨大。

3.5.6　应用于合流制系统改造的错时雨污分流系统

1. 项目简介

目前，一些城中村、老旧小区等合流制区域，由于建设年代久远、建筑密度大、道路宽度有限和综合管线铺设缺少规划等原因，如果要实施雨污分流改造，施工难度大、成本高、工程量大、工期长。

该项目针对无法实施雨污分流的合流制区域，采用错时雨污分流技术来削减合流制区域的溢流污染。在源头合流制小区分散建设污水缓冲池，在合流排口前建设智能分流井。在降雨时，小区的生活污水进入污水缓冲池内进行缓冲调蓄，合流管内只有雨水的排放，从而避免合流制区域的溢流污染。与传统雨污分流改造相比，该项目具有改造更简单、成本更低、施工周期较短、对小区居民生活影响小等优点。

2. 主要技术内容

（1）创新点

1）污水缓冲调蓄技术

为利用现有的合流管道实现污水和雨水错时排放，研发了源头分散污水缓冲调蓄技术。旱季时，源头小区的生活污水不进入污水缓冲池，排至市政合流管，经末端分流井分流至污水处理厂处理排放；雨季降雨时，小区的生活污水进入污水缓冲池进行缓冲调蓄，合流管内只有雨水的排放，可直接溢流至自然水体；当降雨结束，污水缓冲池内的污水再排至下游的合流管，送至污水处理厂处理排放。

2）错时雨污分流智慧控制系统

为实现错时排放功能，研发了错时雨污分流智慧控制系统，对源头各个污水缓冲池与末端的智能分流井进行联动控制（图 3-8）。旱季时，源头的污水缓冲池后的柔性截流装置开启，末端的智能分流井截流管开启，出水管关闭；当感应到降雨时，控制系统可以自动控制源头污水缓冲池后的柔性截流装置关闭，源头小区的污水在污水缓冲池内缓冲，末端智能分流井截流管自动关闭，出水管自动开启，雨水直接排放至自然水体。

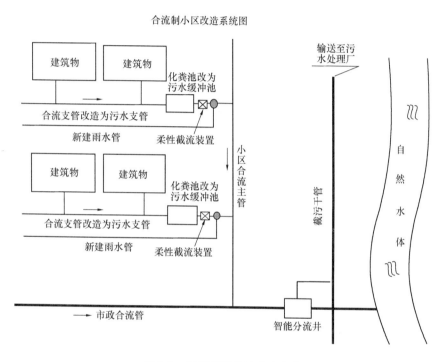

图 3-8　错时雨污分流改造方案

（2）应用推广情况

该项目研究成果已成功应用于钦州市、湖南沅江市、武汉市等地合流制老旧小区的改造，各地示范项目运行良好，为无法实施雨污分流改造的合流制区域提供了成功案例，对水环境的改善具有重要意义和应用推广价值。

（3）社会效益和经济效益情况

"十四五"期间乃至更长远的阶段，我国将全面推动城市更新行动，重点在于老城区，而老城区大多数都是合流制，所以合流制系统清污分流改造前景广阔，能解决合流制排水系统的问题，对当前中国水环境的提升有重要作用，满足人民对生活环境的美好追求和幸福感。

3.5.7 城市排水系统一体化智能运维平台

1. 项目简介

为解决传统技术存在的问题，如无序控制、无物联网智慧系统，人工手动操作存在协同性差、操作迟缓、运维成本高、缺少大数据的支持等，该成果增加自动化和智能程度，完整地应用于清污分流的智能分流井、调蓄池及河道流域协同的控制系统及物联网远程监控系统，实现分散自律、调度集中的目的。其适用于流域排口和黑臭水体治理，利用物联网或其他网络方式接入系统，对全流域、全方位进行监控。

2. 主要技术内容

（1）创新点

1）高并发技术，采用 IOCP 地址池技术高并发方案对下级被控设备进行快速的运行参数采集和运行的远程控制，信息交互速率 100ms/次，比现在常用 NB-IoT 和 MQTT 的稳定性和速率要高很多。

2）自建网络穿透技术方案，使被控设备或信息传感器能够穿透任意网络而不局限于固定 IP 地址定位。相对于 VPN 建网的方式，稳定性和安全性大幅提升。

3）建立管道三维建模技术，能够生成任意管道系统模型，便于后期的维护，其中加入逻辑建模和空间建模方式，使得普通计算机和手机也能够获得相应的信息（图 3-9）。

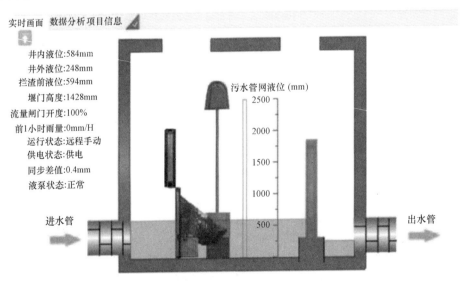

图 3-9 项目现场水位检测数据

4）建立网络 API 第三方接口，便于第三方平台接入，并对第三方行为进行监视。

5）建立智慧运维 APP 系统，对各地项目的运维进行管理。

6）建立较好的人机交互 UI 能够便于调度中心及时处理报警及其他工作。

7）建立完善的档案管理系统，对报警、操作记录、数据的历史记录可较好地保存。

8）建立自动点检模式，能够在汛期前自动对关键设备进行点检，形成报表。

（2）应用情况

该平台适用于厂网河湖岸的流域排水和黑臭水体治理，利用物联网或其他网络方式接入系统，对全流域、全方位进行监控。目前全国建立 400 多个城市黑臭水体治理项目，均纳入 SCADA 系统，总产值超过 3 亿元人民币，典型应用在湖北的汤湖、万家湖流域和南京的五一河、南农河流域。

（3）社会效益和经济效益情况

该项目构建了智能管理的集成平台，形成了较为完整的智能管控系统，实现了排水系统中的分流井和调蓄设施、污水处理等设施的集中高效管理，促进了资源优化配置。

3.5.8　多水源水厂多种组合工艺的适应性研究及工程应用

1. 项目简介

在珠海市梅溪水厂新建和拱北水厂改扩建项目中，以拱北水厂全流程净水工艺中试基地为基础，开展了 5 组不同组合工艺流程的选择与适应性研究，分析比较了不同工艺流程的优劣势，提出了适合其他地区类似多水源水厂新建和改扩建适合的工艺流程，科学合理地指导了多水源供水工艺的选择，确保在水源频繁切换过程中有效保障出水安全，同时出水远优于《生活饮用水卫生标准》GB 5749—2006。

经科技成果鉴定，由崔福义教授为组长的专家组一致认为该科技成果达到国内领先水平。

2. 项目主要技术内容

（1）创新点

1）提出了适合多水源水厂的工艺流程选择。共进行了 5 组不同工艺流程的对比研究。比较了不同工艺流程的优劣势，研究了不同组合工艺流程各工艺单元对浑浊度、有机物、藻类和藻毒素以及嗅味物质 GSM、2-MIB 等去除效果，筛选适合梅溪水厂在不同进水水质条件下均能稳定达标的处理工艺流程，同时优化了处理工艺运行参数，确定了最佳的运行条件。

2）开发了优质饮用水深度净化技术。采用全流程多级屏障优质净水工艺，工艺强化各净水环节的风险管控能力，各净水单元具备不同功能。工艺整体系统性地提升了水厂水质安全裕度，提供出水水质远优于《生活饮用水卫生标准》GB 5749—2022要求的优质饮用水。同时在工艺设计和运行上考虑在进水水质条件较好时减少臭氧的投加量或者对有关工艺单元的超越，提高了水质安全和改善了饮用水水质口感。

（2）应用情况

课题成果已在如下实际工程中得到工程应用。

珠海市梅溪水厂新建工程，远期45万 m^3/d，近期30万 m^3/d，2019年6月可行性研究报告获批，目前土建施工、设备安装已完成。

济宁市长江水厂（一期）工程，远期20万 m^3/d，近期10万 m^3/d，2019年11月可行性研究报告获批，目前已通水试运行，出水水质稳定达到国家标准。

雄安新区起步区1号供水厂工程，远期20万 m^3/d，近期15万 m^3/d，2020年3月可行性研究报告获批，2022年4月竣工验收，目前已投产运行，出水水质满足雄安地方标准。

海口市江东新区高品质饮用水水厂，远期40万 m^3/d，近期20万 m^3/d，2020年3月可行性研究报告获批，目前在开展土建施工。

东莞市芦花坑水厂，远期90万 m^3/d，近期50万 m^3/d，2021年3月可行性研究报告获批，2022年6月开工建设。

（3）社会效益和经济效益情况

目前我国大部分水厂处理工艺以传统工艺为主，面对多水源格局和水源水质多样化的状况，不能很好地适应水质变化的要求。同时，随着人民生活水平的提高，对饮用水的水质安全和口感提出了更高的要求，国内部分城市自来水厂的出厂水执行标准由原来的《生活饮用水卫生标准》GB 5749—2006提升至更加严苛的地方标准。该研究成果解决了给水厂水源水质多样化及出水要求高标准的行业难点问题。目前，我国采用臭氧活性炭加膜处理工艺的水厂很少，大部分水厂都存在水质多样化和出水水质标准提高的问题，对于水厂的新建和改造有着大量的需求。该项技术有广阔的应用推广前景。

该成果的推广应用依托中国市政工程中南设计研究总院有限公司项目示范引领，

在设计、咨询、EPC 总承包中进行技术的推广和应用。同时通过行业协会、中信集团兄弟公司、课题合作单位珠海水务集团等企业协同实施，为技术因地制宜地转化应用提供各项支持，助力课题成果在规划、设计、建设、运营等环节实现转化应用。

3.5.9　微污染水氨氮高效移动床生物膜处理技术研究及应用

1. 项目简介

在广东省东莞市樟村水质净化厂除氨氮提标改造的过程中，进行了 $1\ m^3/h$ 的中试研究，分析对比了 6 种填料（2 种固定填料和 4 种悬浮填料）在不同停留时间、不同气水比、不同填充率、不同温度条件下氨氮的去除效果，优选了具备强化富集硝化菌功能并具备丰富微生物种群的填料。同时，根据净化厂现有工艺情况，在不新增占地的情况下提出"格栅—平流沉淀池—移动床生物膜池"的工艺技术路线，进一步提升氨氮去除效果，达到停留时间短、改造周期短、氨氮负荷高的目标。

经科技成果鉴定，由崔福义教授为组长的专家组一致认为该科技成果达到国内领先水平。

2. 项目主要技术内容

（1）创新点

1）提出了高效移动床生物膜除氨氮技术。选取 6 种填料（2 种固定填料和 4 种悬浮填料）进行试验研究，考察了不同停留时间、不同气水比、不同填充率、不同温度条件下氨氮的去除效果，同时对 6 种填料进行微生物高通量分析，优选具有高丰度硝化菌及丰富菌落结构的填料，形成高效移动床生物膜除氨氮技术。

2）开发了受污染河道水高效移动床生物膜除氨氮技术组合工艺。受污染河道水通常水量大，且在不同季节（枯水期与丰水期）水量变化大，同时，河道水质受季节性影响或者流域排污特点的影响，水质变化大。根据受污染河道水体水量、水质特点，研发了"进水—格栅—沉砂池—混凝沉淀—移动床生物膜—出水"工艺流程。前端预处理对大颗粒污染物和砂进行初步处理，同时，混凝沉淀可有效去除水体中 COD、总磷、SS 等，需进行处理后达标。通过强化的混凝沉淀工艺可实现这些污染物的有效去除。针对常规工艺无法去除的氨氮采用高效移动床生物膜处理技术。将预处理、混凝沉淀及移动床生物膜技术进行工艺流程优化组合及参数优化后，形成优化的技术方案，用于樟村水质净化厂处理受污染河水，出水满足《地表水环境质量标准》GB 3838—2002 中Ⅳ类水质标准。

（2）应用情况

课题成果已在广东省东莞市樟村水质净化厂除氨氮提标改造工程中得到工程应用。

樟村水质净化厂除氨氮提标改造工程，规模 260 万 m^3/d，2020 年 4 月获批立项，2021 年 2 月竣工验收，已通水运行一年多，出水氨氮满足改造要求。

（3）社会效益和经济效益情况

水环境综合治理是一项保护环境、建设生态文明、为子孙后代造福的公用事业工程。该项目有效地减少了东莞市东莞运河的水污染问题，国考断面水质由《地表水环境质量标准》GB 3838—2002 中劣 V 类提升至 IV 类，可显著改善城市市容，提高卫生水平，为保护珠江水质贡献东莞力量。同时，此项目可显著改善东莞市的投资环境，吸引更多的外商投资，促进城市经济发展。因此，本项目是把东莞市建设成为一座风景优美、经济繁荣、社会稳定、生活方便的文明卫生城市至关重要的基础设施。

3.5.10　城镇排水系统通沟污泥资源化处理成套装备

1. 项目简介

城镇排水系统通沟污泥资源化处理成套装备利用多级分选处理工艺、三相分选洗砂两项关键技术，将城镇排水系统通沟污泥中的混合组分精确分离为几种成分单一、性状稳定的物料，旨在解决通沟污泥处理处置的现实困难，最终实现通沟污泥的减量化、无害化、资源化的处理目标，降低通沟污泥对排水系统运行的影响及对生态环境的污染。

2. 主要技术内容

（1）创新点

利用三相分选洗砂技术（图 3-10）研发粗砂分选机。其工作原理为砂、栅渣、水混合液通过进水组件进入，利用附壁效应使固体颗粒在最佳水力条件下进行砂水分离，由罐体底部向内喷射定量冲洗水，产生流化砂床。使分选机内不同粒度、不同密度的固体颗粒在上升水流的作用下，形成相对稳定、湍流程度较小的流态化床层，颗粒之间在不断地碰撞、置换、移动，其中高密度的粗砂运动至床层下部，由排砂口排出，低密度的栅渣运动至床层上部，由溢流口排出。在流化砂床内将栅渣、有机物与砂分离，通过搅拌进一步促进砂与有机物分离，该设备对 0.2～10mm 粗砂分选效率大于 95%，分选出的粗砂，有机物含量小于 5%，是实现通沟污泥中砂资源化回收的

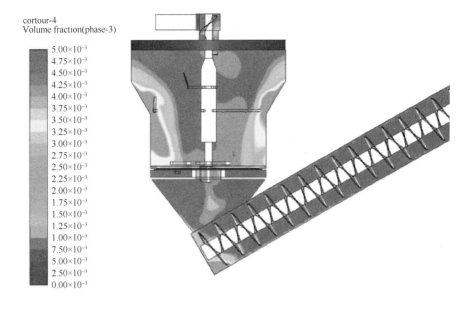

cortour-4
Volume fraction(phase-3)

5.00×10⁻³
4.75×10⁻³
4.50×10⁻³
4.25×10⁻³
4.00×10⁻³
3.75×10⁻³
3.50×10⁻³
3.25×10⁻³
3.00×10⁻³
2.75×10⁻³
2.50×10⁻³
2.25×10⁻³
2.00×10⁻³
1.75×10⁻³
1.50×10⁻³
1.25×10⁻³
1.00×10⁻³
7.50×10⁻³
5.00×10⁻³
2.50×10⁻³
0.00×10⁻³

图 3-10　三相分选洗砂技术

重要技术手段。

城镇排水系统通沟污泥资源化处理成套装备多级分选处理技术以物理筛分、上升流化洗涤、三相旋流、粒度分选、重力沉淀等工艺原理,将通沟污泥中的混合组分精确分选出大于 10mm 的大块垃圾,含水率小于 60%,满足填埋处置要求;分选出 0.2~10 mm 的粗砂,有机物含量小于 5%,含水率小于 40%,可作为建筑材料资源化回收利用;分离出 2 mm 以上栅渣,湿基低位热值不小于 5000 kJ/kg,可用于焚烧发电;分选出小于 0.2 mm 的细砂,有机物含量小于 5%,含水率小于 40%,可作为建筑材料资源化回收利用。

(2)应用推广情况

项目推广应用以用户需求为导向,实现效益为目标,2012 年建设完成 60 t/d 的北京清河站,2020 年建设完成 60 t/d 的广州新塘站,项目至今运行效果良好。同时结合用户应急处理需求建设完成广州中新 60 t/d 撬装式处理系统、东莞 30 t/d 撬装式处理系统,解决了通沟污泥处理处置难的问题。

(3)社会效益和经济效益情况

以某通沟污泥处理站年运行数据为例:厂站年处理泥量约为 15800 t,填埋费以 400 元/t 计,年填埋处置费约 633 万元;经过资源化成套装备处理后,填埋处置量降低了 97%,产物资源化利用率达到 75%,分选砂料形成销售营收约 30 万元。处理站的建设保证了管网养护及专项清淤工作的正常开展,解决了通沟污泥的出路问题,促进了通沟污泥资源化绿色发展。与此同时通沟污泥处理站已成为排水系统的重要组成部分；通过定期清理沉积在雨水管道、合流管道中的通沟污泥，有效减少了雨天排水口的出流污染，最大限度解决水体下雨就黑的问题，是排水管网提质增效的重要举措，对水环境治理起到重大推动作用。

3.5.11　海绵城市源头设施效能提升与布局优化关键技术研究与实践

该项目已获得 2022 年度中国城镇供水排水协会科学技术奖一等奖，具体内容详见 3.4.2 节。

3.5.12　城市黑臭水体治理技术与政策研究

该项目已获得 2022 年度中国城镇供水排水协会科学技术奖一等奖，具体内容详见 3.4.4 节。

3.5.13　南水北调入京水源安全高效利用技术集成与应用

该项目已获得 2022 年度中国城镇供水排水协会科学技术奖特等奖，具体内容详见 3.4.1 节。

3.5.14　城市防汛系列化新产品

1. 项目简介

传统的防汛措施大多是使用沙袋、砖块、板材等笨重物资来搭建堤坝或围堰，费力费时。本项目以"以水治水"为原则，以连通器原理、L形书立原理、有益摩擦原理三大技术原理为支撑，通过技术创新和材料创新，开发出便携式防汛筒、速装式防汛椅、便携式防汛带、防汛专用挡板、移动式防洪闸等系列化城市防汛新产品，具有快速到位、快速安装、快速见效、快速移除等显著优点。

该项目拥有自主知识产权，先后获得 15 项国家专利授权，包括 4 项发明专利。该项目已荣获北京水利学会科学技术奖三等奖，同时多次入选《全国水利系统招标产品重点采购目录》。

中国水协组织专家对该项目进行了科技鉴定，专家组一致认为该科技成果达到国内领先水平。

2. 主要技术内容

（1）创新点

1）"连通器原理"控制井口顶冒。便携式防汛筒充气后将井口快速加高，控制井口顶冒，同时利用筒内蓄水实现自动固定（图 3-11）。

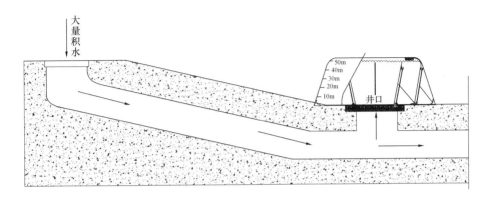

图 3-11　便携式防汛筒原理图

2）"L 形书立原理"控制漫水。速装式防汛椅以水治水，稳固可靠，安装效率高。

3）"有益摩擦原理"控制流水。便携式防汛带利用蓄水重力产生的地面摩擦力，实现防汛带定位挡水或导水。

4）独特的密封结构设计。移动式防洪闸采用异型结构铝合金材料制成，密封条采用橡胶材质经模具一体化成型，密封性能较好，整体可承受较高水头。

5）产品采用模块化设计，可实现快速布设及移除。各产品已实现系列化定型，操作简便，互换性好。

（2）应用推广情况

城市防汛系列新产品快速研发，快速转化，快速推广，4 年时间内完成应用转化项目 60 多个，包括防汛带 315 套，防汛筒 265 套，防汛椅 700 多块，防洪闸 1000 多组。

防汛新产品的推广应用，明显改善各下凹式桥区、低洼路段的积水问题，避免由于大量积水造成的断路、交通效率降低、地下空间淹泡等情况发生，减少了封路断路、车辆故障、人员伤亡，降低了经济损失。

（3）社会效益和经济效益情况

城市防汛系列新产品 4 年时间完成应用转化项目 60 多个，实现销售收入近 500 万元。

新型防汛产品的开发应用，有效解决了城市公共区域雨水淹泡、污水外溢影响人们交通出行的问题，降低了生命财产损失的风险，同时显著提高了防汛工作的生产效率、降低了操作者的作业强度。

新型防汛产品的推广应用，为国内防汛工作提供了新工具、新思路、新理念，有利于推动国内防汛工作的不断进步。

城市防汛系列化新产品得到北京电视台、《北京日报》《北京晚报》《北京晨报》《首都建设报》《劳动午报》等多家媒体的广泛关注和密集报道，产生了巨大的社会效益。

3.5.15 封闭半封闭水体城镇污水处理厂主要污染物总量减排关键技术

该项目已获得 2022 年度中国城镇供水排水协会科学技术奖一等奖，具体内容详见 3.4.3 节。

3.6 中国水协典型工程项目案例

2022 年，中国水协遴选出 6 项典型工程项目，见表 3-5，具体项目介绍如下。

2022 年中国水协典型工程项目案例名单　　　　　　　　　表 3-5

序号	项目名称	建设单位及项目负责人		设计单位及负责人		施工单位及负责人		运行单位及负责人	
1	大东湖核心区污水传输系统工程	中建三局湖北大东湖深隧工程建设运营有限公司	阮超	武汉市政工程设计研究院有限责任公司	吴志高	中建三局集团有限公司	曾利华	中建三局湖北大东湖深隧工程建设运营有限公司	阮超
				泛华建设集团有限公司	郑丽				
				中铁第四勘察设计院集团有限公司	孙峰				
2	石洞口污水处理厂污泥处理二期工程	上海市城市排水有限公司	朱晟远	上海市政工程设计研究总院（集团）有限公司	胡维杰	上海市政工程设计研究总院（集团）有限公司	彭鹏	上海城投污水处理有限公司石洞口污水处理厂	康磊
3	广州市北部水厂一期（含厂区原水管河涌改造）工程	广州市自来水有限公司	林立	广州市市政工程设计研究总院有限公司	李丰庆	广州市自来水工程有限公司	黄立志	广州市自来水有限公司	冯冰妍
				上海市政工程设计研究总院（集团）有限公司	邬义俊				

序号	项目名称	建设单位及项目负责人		设计单位及负责人		施工单位及负责人		运行单位及负责人	
4	宁波桃源水厂及出厂管线工程	宁波市自来水有限公司	相宁	上海市政工程设计研究总院（集团）有限公司	芮旻	宁波住宅建设集团股份有限公司	康德存	宁波市自来水有限公司	陈建军
5	张家港第四水厂扩建工程	张家港市给排水有限公司	王少华 丁姚礼	上海市政工程设计研究总院（集团）有限公司	段冬	常州市市政建设工程集团有限公司	许晓欣	张家港市给排水有限公司	王少华 施立宪
						金科环境股份有限公司	刘渊		
6	故宫（紫禁城）古代排水系统修复与维护	北京城市排水集团有限责任公司	张建新 杨光	北京城市排水集团第一管网运营分公司	于丽昕 王玉珍	北京城市排水集团第一管网运营分公司	梅朝晖 梁斌	北京城市排水集团第一管网运营分公司	杨福天 戚传振
		故宫博物院	于翔					故宫博物院	王天宇

3.6.1　大东湖核心区污水传输系统工程

1. 项目基本情况

大东湖核心区污水传输系统工程是武汉市"四厂合一、深隧传输"城市污水治理方案的重要组成部分，其建设目标是为武汉大武昌片区 130 km² 内约 300 万居民打造排水收集及传输主动脉，实现中心城区 4 座污水处理厂搬迁至北湖集中处理，解决区域雨（污水）收集处理、溢流污染等问题，改善城区生态环境、优化城市污水处理设施布局、提升城市功能与环境品质。

项目总投资为 30.29 亿元，建筑面积为 15744.05 m²，用地面积 36676.8 m²，运营期调度范围约 130.35 km²，远期调度范围将扩展至 200.25 km²。污水传输规模近期为 80 万 m³/d，远期 100 万 m³/d。项目建设内容包含两部分，一是污水深隧系统，包含主隧和支隧。主隧全长约 17.5 km，埋深 30~50m，隧道直径 DN3000~DN3400，支隧总长约 1.7 km，埋深 20~35m，隧道内径 1650 mm；二是地表完善系统，包括沙湖污水提升泵站（处理规模 1 m³/s，下同）、二郎庙预处理站（9.8 m³/s）、落步咀预处理站（5.7 m³/s）、武东预处理站（2.4 m³/s）以及配套管网（图3-12）。

图3-12　大东湖核心区污水传输系统工程示意图

该项目作为内地首条正式建成和投入运营的城市污水处理深隧工程，代表"深隧传输、集中处理"的城市污水治理新模式，践行绿色、环保的建设理念，有效推进城市核心区域污水处理厂改造，改善城市人居环境，并避开地铁及市政管网等浅层地下空间，预留宝贵的城市地下空间资源，为大城市解决人口高度密集城区污水处理问题提供了参考范例。

2. 技术先进性

（1）污水深隧设计技术经济可靠

项目建成后实现市中心原有3座老旧污水处理厂土地腾退，节约大量土地面积。采用强化预处理工艺耗水耗电低，且无药耗。

针对隧道入流、排气淤积等设计难点，研发国内首个污水深隧数学和物理模型，提出了低溶气高消能涡流式竖井结构形式与基于临界不淤流速的输水工艺，确定不淤流速、断面尺寸等关键参数，并采用"管片＋二衬＋渗透结晶材料"的污水隧道结构设计保障隧道百年耐久，较国内外其他深隧设计的可靠性更高，系统运行风险更低。

（2）污水深隧施工技术安全高效

研制低碳环保预制盾构管片和高保坍自密实高性能混凝土，解决了常规材料强度、抗渗能力不足等问题。研发长距离小直径隧道掘进及二衬施工设备，提出了小断面超深竖井高效施工技术（图3-13），并在国内首创小断面超薄二衬多作业面连续同步施工技术，解决了污水深隧施工难度大和效率低的问题，实现了安全、低碳、高效建造。

图 3-13　深隧竖井施工鸟瞰图

（3）城市污水深隧运维智能便捷

针对国内城市污水深隧运营无标准规范和工程案例参考的局面，首次建立污水深隧智慧运营系统（图 3-14），通过在线监测、物联网、水力模型等技术，实现隧道运行参数的全面监测和长时间尺度下的淤积风险预测。研发污水深隧结构健康智能化监测与预警系统，可实时监测隧道结构内力、渗压与腐蚀情况，并通过风险评估模型，及时预警结构风险。

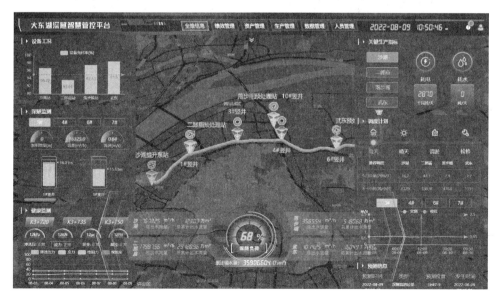

图 3-14　污水深隧智慧运营系统

研发全球首台适用于污水深隧高水压、高流速、低能见度、具有腐蚀性环境的水下巡检机器人系统，通过深隧水下机器人与空中无人机巡线系统，保障深隧内部、外部安全。综合运用以上系统，项目彻底解决了深隧运维智慧化管控、维护手段缺乏的问题。

3. 运行成效

项目的建成实现了武汉大武昌片区污水的统一收集、集中处理，大幅降低了单位处理成本，经济效益明显。同时，项目建设推动沙湖、二郎庙以及落步咀污水处理厂的土地腾退，为城市发展节约土地资源。

自投产以来，项目运行高效平稳，实现上游来水全预处理、全传输，日传输污水约 65 万 m^3，区域污水处理规模从 45 万 m^3/d 提升至 80 万 m^3/d，处理能力提高近 80%，城市污水出水标准由一级 B 提升至一级 A。并且随着污水处理厂的改造，有效解决周边的邻避效应问题，改善自然生态，营造城市核心区宜居环境，显著提高了市民获得感、幸福感（图 3-15、图 3-16）。总的来说，项目的实施有效解决武汉市核心城区污水处理难题，大幅减少对周边江河湖泊生态环境的污染，整体推动长江生态环境质量持续稳定提升，助力国家"长江大保护"战略实施。

图 3-15　二郎庙预处理站地下生产车间

图 3-16　二郎庙预处理站地表实景

3.6.2　石洞口污水处理厂污泥处理二期工程

1. 项目基本情况

石洞口污水处理厂污泥处理二期工程位于宝山区杨盛河及老蕰川路以西、石洞口污水处理厂已征用的范围内。工程服务对象为石洞口污水处理厂与泰和污水处理厂，建设规模为 640 t 脱水污泥/d（相当于 80% 含水率污泥 23.36 万 t/a），投资 108766.75 万元。该工程是上海市石洞口污水片区的污泥处理托底工程，被确定为上海市重大建设工程。工程采用了先进的污泥干化焚烧技术，可以实现污泥最彻底的稳定化、减量化、无害化和资源化，是国家"十四五"规划中明确推荐的主流工艺路线。

建设内容包括新建污泥脱水、干化、焚烧、烟气处理及相关配套设施，共设污泥脱水处理线 3 条、干化处理线 4 条、焚烧处理线 3 条。污泥处理采用"脱水＋干化＋焚烧＋烟气处理"工艺，烟气处理采用"炉内 SNCR＋静电除尘＋活性炭吸附＋布袋除尘＋湿式脱酸＋烟气再热＋物理吸附"的处理工艺。烟气排放和臭气处理分别执行《上海市生活垃圾焚烧大气污染物排放标准》DB 31/768—2013 和《城镇污水处理厂大气污染物排放标准》DB 31/982—2016，实际运行排放主要技术指标达到国际先进水平。

2020 年 9 月，通过竣工验收后投入使用，至今运行稳定，处理能力、烟气排放、噪声、臭气等都能满足设计和规范要求，彻底解决了石洞口片区污泥的处理处置问题（图 3-17）。

2. 技术先进性

（1）国内第一个接收半干污泥（含水率 40%）并直接焚烧处理的污泥焚烧项目。

图 3-17 石洞口污泥处理厂

国内首例通过专用污泥抓斗将半干污泥垂直提升至焚烧炉焚烧处理，很好地提升工程运行可靠性。

（2）国内第一个半干污泥（含水率40%）、脱水污泥（含水率80%）和稀污泥（含水率98%）混合焚烧的污泥焚烧工程，可以应对污泥热值大幅波动对焚烧的影响，提升了污泥接收的灵活性。同时污泥处理前端设置除杂预处理设施，从源头提高了系统运行稳定性。

（3）落实可持续发展，在能量自持循环的基础上成为片区再生能源利用中心。采用国内领先的能量自持循环干化焚烧系统，万元产值能耗0.440 tce/万元，低于2015年上海市行业平均水平0.636 tce/万元。

（4）国内第一个实现污水处理厂和污泥工程协同利用污泥焚烧余热的大型污泥处理工程。本工程产生的余热蒸汽除用于污泥干化热源外，剩余余热蒸汽将用于提升污水处理厂深度处理的进水温度，提升了污水反硝化深床滤池的处理效果。工程研究成果"大型污水处理厂污水污泥臭气高效处理工程技术体系与应用"获得2019年国家科学技术进步奖二等奖。

（5）采用协同设计理念下的新工艺、新设备、新技术确保石洞口片区污泥的全量处置，并产生明显的环境效益。烟气处理采用炉内SNCR＋静电除尘＋半干脱酸＋活性炭吸附＋布袋除尘＋湿式脱酸＋烟气再热的先进处理工艺，实现了国内最严污泥焚烧排放标准，主要技术指标经科技查新达到国际先进水平（图3-18、图3-19）。

图 3-18　净化后烟气经烟囱排放

图 3-19　焚烧炉正向设计模型

（6）结合区域特征与海绵城市建设理念，打造符合生态环保污水处理厂特质的建筑造型。建立有限元模型，以经济适用为理念，注重结构抗震性能，全面深化结构形式方案比选，科学确定结构方案。采取多种用电节能措施，减少 35%～42% 的线路损耗。全方位冗余架构的污泥干化焚烧处理工艺段 PLC 系统，确保量身定制的仪表系统方案。

3. 运行成效

（1）全年可处理污泥量约为 23.36 万 t（以含水率 80% 计），可彻底解决石洞口区域污水处理厂污泥的出路问题，为居民创造优美、舒适、清洁的城市环境，作为城市环境保护基础设施，是上海市实施污泥处理处置规划的重要环节，是城市可持续发展的重要保证。

（2）项目建设用地指标约 33700 m²，显著低于国家相关建设标准中对应规模类型 40000 m² 用地指标要求限值。项目将碳减排理念贯彻始终，整体布局融入"海绵城市"元素，厂区绿化率达到 30％ 以上，污泥生物质能源经焚烧产生的余热回收利用（图 3-20），焚烧车间如图 3-21 所示。

图 3-20　石洞口污水处理厂污泥二期出口指标

图 3-21　焚烧车间

（3）项目采用先进的桨叶式污泥干化工艺，干化过程热量消耗指标约 2337 kJ/kg 蒸发水，电能能耗指标约 30 kWh/m³ 蒸发水，显著低于美国、瑞士和加拿大污泥处理设施中转鼓式干化设备热量消耗指标 3200 kJ/kg 蒸发水及电能能耗指标 50 kWh/m³ 蒸发水，显著低于荷兰、丹麦和挪威污泥处理设施中转盘式干化设备热量消耗指标

2750 kJ/kg 蒸发水及电能能耗指标 45 kWh/m³ 蒸发水。项目焚烧处理系统电耗指标约 82 kWh/t，低于国家相关建设标准中焚烧电耗指标 90 kWh/t 要求。

（4）项目脱水系统结合精确加药控制系统，污泥脱水有机药剂年使用量约 36.5 t，折合污泥干重投加比例约 0.078%，显著低于设计手册中常规污泥干重 0.1%～0.5% 的有机药剂投加比例。按节能评估测算，万元产值能耗 0.440 tce/万元，低于 2015 年上海市污水处理及其再生利用行业的平均水平 0.636 tce/万元，有助于完成 2020 年上海市单位生产总值能耗比 2015 年下降 17% 的目标。

3.6.3　广州市北部水厂一期（含厂区原水管河涌改造）工程

1. 项目基本情况

广州市北部水厂一期（含厂区原水管河涌改造）工程位于白云区石井镇鸦岗村地段，白坭河广和大桥下游约 2.2 km 的左岸（图 3-22）。水厂总设计规模为150 万 m³/d，一期建设规模为 60 万 m³/d，拥有亚洲最大规模的单一超滤膜处理车间（图 3-23）。厂区贯穿生态设计理念，生产废水的循环利用，参照海绵城市建设理念对雨水径流进行控制，降低地面径流系数。建筑设计以"以水为本，历史传承"为核心设计理念，贯穿岭南建筑"兼容并蓄"的核心精神，总体采用岭南开放性院落式布局，营造一种具有丰富人文底蕴的生产兼具城市公共建筑功能的空间，将北部水厂打造成一个科普及供水现代化的展示平台。

图 3-22　北部水厂鸟瞰图

图 3-23　北部水厂超滤膜车间

北部一期原水管接自鸦岗大道南白坭水道东侧的 2 条 DN3600 西江原水主干管，从 2 条主干管上分别接出 1 根原水管，管上设隔断阀门后汇成 1 条原水管沿白坭水道河堤路东侧向南敷设，终点接入北部水厂的取水泵房前池。同时对北部水厂征地范围内的文笔涌、牛路涌进行拓宽、拉顺、生态化整治，在满足防洪排涝基本功能、符合厂区总体布局的前提下，整治长度为 1.11 km（其中文笔涌 0.62 km，牛路涌 0.49 km），采用生态复式断面、格宾笼护脚、植草护坡等断面形式，河涌整治构筑物合理使用年限为 50 年。

2. 技术先进性

（1）打造多级屏障的全流程水处理工艺

项目前期完成了《净水工艺方案比选试验研究试验报告》《生物活性炭工艺试验研究报告》《北部水厂超滤膜试验研究报告》等专项试验研究，李圭白院士主持了《北部水厂一期工艺研究报告》的专家评审，推荐采用"强化常规处理＋O_3-生物活性炭＋超滤"多级屏障的全流程水处理工艺，能够很好地应对新兴污染物和水源突发污染条件，确保供水水质。

（2）建成国内首座基于 5G 技术的智慧水厂

应用人脸识别、非法入侵侦测追踪、AR 鹰眼高空瞭望全景监视、无人机巡检等技术，构建 5G 智慧安防集成系统，是国内首座基于 5G 工业物联网技术的智慧水厂（图 3-24）。

图 3-24　北部水厂调度大厅

（3）灵活施策解决多项厂区建设施工难点

管道停水接驳施工直接影响广州市区三大水厂供水任务，将原管内加强筋板移到管道外侧施工，使管道作业的极限时间缩短为 2 d。综合泵房和沉清叠合池两处基坑施工面积大，地下水位较浅，地下水量较多，基坑的止水及安全尤为重要，采用三轴搅拌桩施工技术，用水泥搅拌桩止水，止水效果较好。其次，该工程溶洞较多，施工技术难度较大，根据溶洞内填充物多为流塑状黏性土及碎岩屑、溶洞位置较深等特点，将溶洞桩基按素混凝土回填法和钢护筒护壁法进行施工。厂区预留多种工艺流程的搭配运行，厂区内的连通管管径大且错综复杂，为合理利用及节省用地面积，在 220 kV 高压走廊下，布置了共 8 条 $DN200 \sim DN2200$ 重力流和有压管道以及加药管沟和电力管。实现各单体构筑物大量预埋件和预留孔洞，多处构筑物设置出水堰、槽等的高精度安装。实现厂区远期原水管、综合泵房、河涌改造、围墙、道路与配水管网工程、外电等多处交叉施工。根据沿程土性、地质资料等选择沉管施工或顶管施工，实现原水管、配水管网穿越河道、铁路、高速公路非开挖施工。

3. 运行成效

北部水厂拥有首座一次性建成亚洲最大规模的单一超滤膜处理车间（60 万 m^3/d），超滤膜工艺供水引领行业发展水平，北部水厂也成为广州供水史上又一座里程碑。一期工程投产以来，出厂水水质 100% 合格，近 3 年出厂水 pH 稳定在 7.4～8.0 之间、浑浊度小于 0.10 NTU、高锰酸盐指数 0.7 mg/L、菌落总数未检出，稳定达到《生活饮用水卫生标准》GB 5749—2006、《饮用净水水质标准》CJ/T 94—2005 要

图 3-25　北部水厂平流式沉淀池

求。超滤工艺能有效应对南方湿热地区季节性微生物泄漏风险，提高生物安全性。方案经多位院士专家反复论证，厂区用地指标仅 0.25 m²/(m³·d)，且药耗（0.049 元/m³）和电耗 [318 kWh/(10³m³·MPa)] 都达到行业先进水平。厂区设置生产废水回收系统，回收率为 5%～10%，远高于规范 1% 的要求。北部水厂平流式沉淀池如图 3-25 所示。作为 2019 年广州市民生重点工程，北部水厂的建成投产有效解决了广州白云北部地区的用水紧张局面，惠及 150 万人口，破解北部山区 8 村 1 居用水难的状况。其建成不仅整合替代白云区镇级水厂，实现城乡供水的统一调配，而且增加市区总供水能力，缓解西北部现有 3 间水厂超负荷运行的现状，为水厂提标改造提供有利条件。同时与各区城中村、农村改水工程形成合力，将城市供水进一步向城中村、农村延伸，全面推进改善人民群众饮水环境，助推广州市中心城区供水保障格局的升级，增强百姓用水获得感、幸福感（图 3-26）。

图 3-26　北部水厂岭南元素建筑

3.6.4　宁波桃源水厂及出厂管线工程

1. 项目基本情况

宁波桃源水厂及出厂管线工程设计规模为 50 万 m³/d（图 3-27），工程包括水厂和清水管线两部分，总投资 17.5 亿元，为目前国内最大规模的浸没式超滤膜水厂，出厂新建 2 根 DN2000 清水管，总长度 46.8 km。工程设计中充分利用了本地区地形地势的特点，实现了水源—水厂—管网的主流程全重力近零能耗供水系统，充分体现了绿色低碳的理念，对有条件的地区供水系统设计起到示范作用，该工程技术水平达到国际先进。

图 3-27　宁波桃源水厂鸟瞰图

项目包括多水库串并联重力流原水系统、紧邻水库山地高位水厂、清水输水隧洞 5 km，DN2000 大口径长距离复杂地形清水管线 46.8 km，接入现状供水环网系统调度。水厂依山傍水，厂区工艺建筑景观设计将水厂融入附近优美环境；结构、工艺专业多轮协调优化高程、基坑设计，减少边坡和开方量；电气自控设计结合山地水厂多台风特点融合韧性水厂设计理念。全厂各类信息监控系统配置按"现场无人值守、监控中心集中智慧化、信息化管理运行"的标准设计。水厂制水单耗 0.023 kWh/m³，显著优于行业水平。项目建成投产后，做到供水安全、投资合理、运行费用节省，日常运行成本低于 0.15 元/m³，远优于同行业水平。

2. 技术先进性

（1）开展安全供水保障专题研究，系统安全创新，探索近零能耗。

开展从水库到龙头的供水设施安全保障研究，设计从原水到管网全流程重力产水系统，3座水库2座串联1座并联供原水，重力进厂，重力产水，重力供水，供水安全性高，能耗节省显著，建成教科书式的高位全重力安全供水模式。常态应急调度灵活，安全性好，全流程无提升近零能耗。宁波桃源水厂沉淀池膜池如图3-28所示。

图 3-28　宁波桃源水厂沉淀池膜池航拍图

（2）开展面向未来第三代净水处理工艺专项技术研究，引领饮用水膜滤技术绿色变革。

针对性选用"强化混凝沉淀＋超滤膜"的短流程绿色净水工艺，少加药、不加药，回归自然物理处理、确保出水水质及口感，最大限度地降低对水的天然属性的影响，倡导自然低碳，出水优于现行国标。采用单座50万 m^3/d 的国内最大规模浸没式超滤膜池设计（图3-29），虹吸式无动力产水。

（3）山地平原河网复杂地质管线技术集成，确保隧洞管线经济安全；地形地貌三维精确量化分析，边坡设计安全合理。

长距离隧洞内大直径钢管管线全长不设伸缩接头，最长超过2 km，曲线段采用新型滑动支座，有效解决长距离钢管温度应力问题。水厂开山建设了70 m高边坡、18 m高挡墙、32 m深基坑，水厂总图采用三维建模设计优化布局，节约用地。

（4）建筑景观设计理念新颖，自然和谐，生态环保。

水厂依山傍水，厂区建筑和景观设计将水厂融合进附近优美环境中，造型设计遵从现代建筑设计美学标准，合理选择材料和结构形式，控制总体造价以绿色、低碳为

图 3-29　宁波桃源水厂浸没式超滤膜池

核心目标，通过不同的建构手段创造出丰富多样的立面语言。

（5）电气设计体现韧性水厂设计理念，运行建设系统管理。

为应对气象灾害，设置应急电源系统，配备移动式发电机，在全厂失电时，仍能保证水厂半负荷运行，体现韧性水厂理念。

3．运行成效

（1）取得显著的社会效益和环境效益

宁波桃源水厂及出厂管线工程充分利用地形地势特点，设计实现从水库到水厂再到管网全系统重力运行，低碳节能，为类似条件水厂设计典范（图 3-30）。合理地进行方案优化、多方案技术经济比较，以常规处理同等投资实现先进安全的超滤膜工艺应用。出厂管线采用长距离曲线顶管的创新技术，显著降低了对周边环境的影响。电

图 3-30　宁波桃源水厂全厂鸟瞰图

气节能方面取得显著的社会效益和环境效益。桃源水厂制水平均电耗 0.023 kWh/m³，低于同行标准 86%（同行标准为 0.166 kWh/m³）。

（2）具有显著的社会影响力

该工程系统设计采用全重力流程零能耗；工艺设计推出了以超滤膜为核心的先进绿色净水组合工艺；创新设计了重力产水大规模浸没式超滤膜池。智慧水厂理念的贯彻以及先进水处理工艺的精细化控制管理，使得桃源水厂的现代化水平成为行业标杆（图 3-31）。

图 3-31　宁波桃源水厂智慧中心控制室

（3）对行业发展有重大的促进作用

超大规模浸没式超滤膜净水工艺应用，在我国尚属首次，具有创新性，在社会上及业内具有很大的反响。

3.6.5　张家港第四水厂扩建工程

1. 项目基本情况

张家港第四水厂扩建 20 万 m³/d 深度处理工程，位于第四水厂西侧（图 3-32），占地 6.73 万 m²，工程投资概算 9.2 亿元，包括 60 万 m³/d 取水工程、20 万 m³/d 净水工程（超滤膜系统处理能力 20 万 m³/d，纳滤系统净产水量 10 万 m³/d），对应 60 万 m³/d 净水工艺的污泥处理以及厂外供水管线工程。该项目采用"常规工艺＋超滤＋纳滤"工艺，于 2020 年 6 月建成，使该市日供水能力达到 80 万 m³，同时也标志着该市高品质饮用水时代的到来，供水安全保障能力得到了进一步提高。

在此基础上，公司引进国外先进技术，大力推进高品质供水，加快水质保护和老

图 3-32　张家港第四水厂全貌

旧管网清洗试点，适时全面开展我市供水管网清洗修复，让全市用户从水龙头上直接饮用高品质水，真正实现在自来水生产及服务上高品质满足港城人民的需求。

2. 技术先进性

纳滤是一种绿色水处理技术，是国际上膜分离技术的最新发展，因能截留粒径 1 nm 的物质而得名。张家港第四水厂扩建工程，是全国首座以去除有机物为目标的 10 万 m^3/d 的纳滤水厂（图 3-33），是目前国内已建成的最大规模的"超滤＋纳滤"先进组合净水处理工艺高品质饮用水项目（图 3-34）。该工艺较传统常规水处理工艺更能够有效去除水中的微生物、有机物、消毒副产物等，改善饮用水口感；能够有效应对水体突发污染、控制有毒有害化学品、有机物和嗅味，控制供水风险，充分保障饮用水的安全性和优质性。项目的成功实施，开启了纳滤技术在国内市政给水领域大规模应用的新时代，实现饮用水从"安全性阶段"进阶到"健康学阶段"的目标。

该项目采用三段系统设计，纳滤膜系统回收率达到 90%，纳滤膜组合工艺从膜

图 3-33　张家港第四水厂纳滤膜车间

图 3-34 张家港第四水厂超滤池车间管廊

材料截留分子量（分子大小）选择膜，与分子电性以及其他水质特性调整相结合，可以高效截留水中的微污染物，特别是水中新型污染物，包括抗生素、EDC、PPCP、农药等，能有效保障水的化学安全性和生物安全性；在高效去除水中微污染物，保留水中对人体健康有益矿物质的同时，纳滤膜组合工艺还可以根据需要选择性去除硫酸盐、硝酸盐、部分钙镁硬度和氯化物，改善水的感官指标，水质更健康、口感更好。

在 2022 全球水峰会上，第四水厂扩建工程荣获了被称为水务行业"奥斯卡"的 2022 全球水奖——年度最佳市政供水项目奖项。作为全国市政水处理行业首次且唯一的获奖项目，实现了国内市政供水项目在该奖项的历史性突破。

3. 运行成效

第四水厂扩建工程至今运行状况良好稳定，自来水出厂水中的耗氧量、铝离子、硫酸根离子、电导率、溶解性总固体、钙镁离子等指标均低于《生活饮用水卫生标准》GB 5749—2006、《江苏省城市自来水厂关键水质指标控制标准》DB32/T 3701—2019 和《苏州市自来水厂出厂水水质指标限值》的限值要求，其中纳滤出水耗氧量小于 0.5 mg/L，远低于国家标准及江苏省优质饮用水内控指标。总体来说，膜处理工艺可以有效地减少水体中的污染物，并且较大程度上保留水体中的有益矿物质，能稳定满足"优质水"的要求，达到人人喝上"健康水"的目的。

该项目拥有单体装备大型化的优势，系统集成度高，连接和故障风险大幅减少，可以节省占地面积，减少膜系统的复杂程度，降低系统投资和运营成本。投产以来各生产构筑物和机泵设备运行正常，无事故发生。超滤池如图 3-35 所示，纳滤膜车间如图 3-36 所示。纳滤膜系统吨水电费为 0.18～0.19 元/m³，纳滤膜系统吨水药费

图 3-35　张家港第四水厂超滤池

图 3-36　张家港第四水厂纳滤膜车间

$0.08\sim0.09$ 元/m³，水厂制水综合运行成本为 0.36 元/m³。该项目成功解决了多项关键技术问题，诸如生物污染、残留絮凝剂污堵、结垢、水温水质变化下的稳定运行、高回收率、低能耗、低运行成本和尾水处置等，有效保障了纳滤膜系统运行稳定性，并成功探索出了以微污染水源生产高品质饮用水的一条经济可行的技术路径。

3.6.6　故宫（紫禁城）古代排水系统修复与维护

1. 项目基本情况

习近平总书记在新疆考察时指出，要加强文物保护利用和文化遗产保护传承，不断扩大中华文化国际影响力，增强民族自豪感、文化自信心。为了更好地保障故宫排水设施的安全运行，北京城市排水集团第一管网分公司将 CCTV 机器人探测、智能 AI 评估、GIS 等智慧化运维系统带入故宫，运用科技更精准地发现隐患，运用匠心更细致地守护古都排水设施。北京城市排水集团对故宫排水设施进行了整体的评估检测，绘制了故宫的排水管线 GIS 图，划分了古代排水设施和现代排水设施，实现故宫排水设施信息化管理；建立了故宫排水设施的检测方法和评估方法，梳理了故宫排水设施病害，编制了故宫排水管线体检报告。

该项目对故宫排水设施进行养护作业，制订了具有古建筑群落特点的养护作业的操作流程，第一管网分公司牵头编制了北京排水集团企业标准《古代排水管道维护技术规程》，弥补了国内外关于古代排水设施养护标准的空白。另外，根据排水管道观测记录信息和养护记录信息，建立了排水管道养护周期计算公式，开发了排水设施养护周期计算小程序，用于排水管道养护周期计算。

该项目建立了一套排水设施代理维护的工作流程，形成了排水管网代理维护的养护标准、收费标准，为国内排水管网小范围代理维护开创新方法。通过近两年对故宫排水管网运维，探索出一套适用于古代建筑群落排水设施特点的检测、养护、代维的方法，填补了国内外的空白，以匠心守护紫禁城的下一个 600 年。

2. 技术先进性

故宫博物院排水设施维护项目，将重点从地上转向了故宫的地下，从排水管线入手，减少故宫地下存在的风险，守护故宫。

一是系统性强。项目从故宫管网排查入手，随后开展养护和修复工作，将"查—养—修"整体性、全局性的工作理念带入故宫排水管理当中，实现设施周期性监控和养护（图 3-37、图 3-38）。

图 3-37　故宫博物院排水设施维护作业（一）

图 3-38　故宫博物院排水设施维护作业（二）

二是智能化程度高。引进国内外先进的检测设备和养护设备，并探索智能 AI 管线评估、管线周期养护等方法，将最新科学技术引入故宫排水管线维护管理当中，用技术解放生产力。

三是项目绿色低碳。项目的主要目标是保护故宫地下管线，保护故宫水环境。通过多项措施，梳理故宫管线，控制溢流，清理管道积泥，减少碳排放量，提升故宫水环境。同时对故宫内部设施的维护，全部采用纯电设备，包括纯电运载车辆、冲洗车、吸污车等，低噪声、低排放，营造了绿色低碳的作业环境。

四是引入代维理念。故宫管线代维，是对大型古代建筑群落下的管线开展代理维护的一次大胆尝试，在代理维护过程中，解决了工作期间的文物保护问题、游客错峰问题，积累了丰富的经验，为该类型的地下管网代理维护工作提供了经验和参考。

代理运维方面，创造性地开展了排水管线代理维护工作，探索出了一种小规模管理、针对性强、模块化收费的排水管线代理运维的方法。

排水管道设施养护方面，在国内外首次开展大型古建筑群落排水管线设施常态化养护工作，开创先河，为类似的排水设施养护工作积累了丰富经验。

3. 运行成效

运用智能 AI 评估，进行管道结构病害智能化评级。基于人工智能技术有效结合图像处理技术实现了管道结构病害自动智能评级，可对管道的结构病害自动识别。运用流量计实时监测管线内部流量状况，观察管道运行异常情况，进行精准高效维护。

故宫博物院排水设施维护项目，通过对故宫地下排水管线的养护解决排水管线淤堵问题，有效缓解了故宫部分区域在雨季由于管线淤积造成水汽过重对建筑造成的影响，降低了建筑物修缮维护成本。通过对故宫地下排水管线检测，及时发现了故宫排水管线存在的风险，特别是对于部分穿房管线，避免了因地下排水管线渗漏导致地下沉降对故宫古建筑损坏造成影响，减少了故宫的损失。通过对故宫排水管线代理维护，探索出一套排水设施代理运维的工作流程，减少了故宫的投入，增加了排水集团的营收，实现双赢（图 3-39、图 3-40）。

图 3-39　故宫博物院排水设施维护作业（三）

图 3-40　故宫博物院排水设施维护作业（四）

第3篇 地方水协工作经验交流

本部分选录了上海市供水行业协会——党建领航开启上海百年供水行业文化建设新航程、陕西省城镇供水排水协会——推动"绿色水司"建设工作经验和重庆市城镇供水排水行业协会——依托优势企业面向实际应用开展行业职业培训工作经验。

第4章 上海市供水行业协会
——党建领航开启上海百年供水行业文化建设新航程

引　言

上海市供水行业协会（以下简称"上海水协"）在贯彻落实以"人民城市人民建，人民城市为人民"为主题的各项活动中，紧紧依托会员单位，积极配合上海市水务局供水行业党建领导小组，弘扬行业精神，讲好行业故事，以党建领航，开展各种形式的行业文化建设活动，以行业文化建设为行业高质量发展赋能助力。

一个时代有一个时代的主题，一代人有一代人的使命，上海水协以党建领航，充分发挥行业文化建设对企业发展的"正能量"作用，以迎接党的二十大为契机，以满足市民群众对安全可口、高品优质的饮用水需求为根本出发点和落脚点，把党的历史学习好、发扬好，以昂扬姿态奋力开启供水行业新征程，以实际行动迎接党的二十大胜利召开（图4-1）。

4.1　确定党建引领文化建设的工作思路

上海是中国共产党的诞生地和初心始发地，红色基因渗透在城市的血脉深处。1925年，上海供水行业第一个党支部在杨树浦水厂成立，从此，红色引擎带动供水行业不断发展壮大。2019年11月2日，习近平总书记视察上海杨浦滨江，走进百年老厂——杨树浦水厂时，称赞昔日的"工业锈带"已经变成了"生活秀带"，并提出"人民城市人民建，人民城市为人民"的重要理念。

上海市委、市政府贯彻习近平总书记"人民城市人民建，人民城市为人民"的重要理念，提出"上海应当也必须在人民城市建设方面率先探索、走在前列"，着力打

图 4-1　上海水协党支部主题党日活动

造"人民城市"样板间。

2018 年至今，上海水协持续推进以"符合新时代文化建设总要求、适应上海供水行业特点、满足行业员工所需"为宗旨的供水行业文化建设，着眼于"一个思考，两个聚焦"。"一个思考"：即思考如何以党建为引领提高行业文化建设的针对性、实效性和时代感，增强对行业员工的吸引力、渗透力和影响力，让先进的文化建设为行业健康发展助力，发挥行业核心竞争力，为行业健康发展提供精神动力。"两个聚焦"：一是聚焦"党建＋文化"，以党建为核心引领文化建设，确保文化建设的政治方向，以文化建设为平台助推党建工作（图 4-2）；二是聚焦"主题＋行动"，上海水协每年召开两次行业文化建设工作会议，一次是年初工作会议，总结上一年文化建设开

图 4-2　上海水协全体工作人员参观具有百年红色基因的杨树浦水厂

展的情况，提出新的一年文化建设主题，制订文化建设具体行动计划；另一次是年中的文化建设行动中途推进会。

4.2 党建引领文化建设下开展的具体工作

4.2.1 组织体系建设

1.调整完善组织机构

上海水协企业文化建设委员会前身为 1989 年 6 月成立的"思想政治工作委员会"，2008 年改名为"企业文化建设委员会"（以下简称"企文委"）。企文委由协会骨干、企事业会员单位党组织和宣传部门的负责人组成。该届理事会成立伊始，根据会员单位的实际构成，调整、充实了新一届企文委。在企文委这个平台上，协会以行业党建为引领，在优化营商环境、保障进博会供水安全等大背景下，开展参观、研讨和交流活动（图 4-3），开展群众文化体育活动，开展技术比武和技能竞赛，向心发力、深耕细作、久久为功，守正笃实推进行业文化建设，持续沉淀和涵养行业生态，有力促进了供水行业的健康发展。

图 4-3 上海水协企文委工作会议

2.筹建非公经济组织会员单位党建联盟

上海供水行业党建工作起步早、成效显著，在自来水行业成为上海首批"文明行业"中发挥了巨大作用。目前上海水协成员除纳入行业党建范畴的供水企业外，超过一半的是非公经济组织，为此协会党支部、企文委牵头，召开了部分非公经济组织会员单位党组织负责人座谈会，并组织参观中共一大纪念馆（图4-4），共同会商建立非公经济组织会员单位党建联盟事宜；会同若干家党建工作成熟的非公经济组织会员联合发出筹建"非公经济组织会员单位党建联盟"的倡议书，作为首批联盟成员，发挥骨干辐射作用，引导更多的非公经济组织会员单位加入其中，为上海水协发展提供"新的动力源"。通过"组织共建、行业共促、党员共管、活动联办、阵地共享"等举措，适时开展会员单位中非公经济组织"党建与企业共成长"为主题的巡回展示报告会，探索创新"党建＋文化"模式，推动党组织在"非公经济组织"中同步延伸。组织活动与主业工作同步开展，构筑供水行业"上下游、宽领域、多层面"的交流协作平台。为加快形成具有时代特征、行业特色、文化融合的大党建格局奠定了基础，为上海供水事业的高质量发展凝聚力量、"保驾护航"。

图4-4　上海水协党支部组织部分"非公经济组织"会员单位党组织负责人
参观中共一大纪念馆

3. 参与社区党建，融入共建平台

作为行业和区域共建的一分子，上海水协积极融入本行业和所在社区共建联建服务平台，主动参与社区建设和服务。积极参加杨浦滨江党建水务联盟开展的区域主题党日活动（图4-5）、参加平凉社区滨江联合党委举行的"党旗引领社企融合——区域水企文化论坛"。疫情防控期间，上海水协主动参与单位所在地和员工居住地的疫情防控志愿服务工作，开展定点帮扶，结合实际提供防疫物品支援、物资药品配送、信息技术支持等，为一线抗疫工作解决实际困难。同时，积极了解会员单位结对帮扶居（村）民家庭解决困难情况，加强抗击疫情先进事迹的宣传报道，为坚决打赢疫情防控阻击战贡献力量。

图 4-5　上海水协参与属地杨浦滨江党建水务联盟活动

4.2.2　企业文化建设

作为上海"五个中心""四大品牌"和"全球卓越城市"建设的参与者和见证者，上海水协以行业党建为引领，借助企业文化建设平台贯彻落实党的十九届五中全会精神，立足科学把握新发展阶段、贯彻新发展理念、服务构建新发展格局，开展了系列文化建设活动。

1. 企业文化建设为企业发展助力

推进企业文化建设，最重要的是要与供水企业职工的实际状况和精神需求相结合，把文化建设与企业发展战略、发展方式和行为规范深度融合，与人的全面发展、党建工作要求和专业能力建设有机结合，逐渐促进形成健康的价值观、发展观、风险观，为供水行业健康发展提供价值引领、精神支撑和制度基础，为企业发展助力。

企业文化建设围绕"宣传社会主义核心价值观""迎进博""改善营商环境""全面建成小康社会""打造大国工匠""抗击新冠肺炎疫情、复工复产""安全生产"等主题组织策划多种形式的活动。

一是在全行业组织开展"迎接进口博览会 树上海服务品牌"征文比赛，汇编并印发《为进博启航——迎进博获奖征文汇编》，为拓展行业服务品牌、确保进博会供水优质安全提供支撑。二是举办以"培育新时代工匠精神，打响服务质量品牌""当好新时代奋斗者""弘扬志愿者精神，奉献服务进博会"为主题的公益讲座。三是配合改善营商环境主题，召开优化营商环境主题研讨会（图 4-6），汇编《优化营商环境——打响上海供水服务品牌》并在会员单位中进行宣传。四是结合疫情防控征集会员单位在抗击新冠肺炎疫情、复工复产等工作中的体会感想，将征集到的 46 篇文章和上海水协绘制的 100 幅抗疫专题海报汇编成册，取名《奋力抗疫——供水人在行动》向会员单位发放。五是围绕全面建成小康社会的目标，开展《这些年 那些事——供水人筑梦小康之路》征文活动和优秀作品线上演讲报告会（图 4-7），征集到作品 130 篇，经过专业评委审核，收入征文集 100 篇（其中精选作品 58 篇、优秀作品 15 篇），召开线上优秀作品演讲比赛，以网络点赞的形式评出优秀奖及一至三等奖，以线上报告的形式讲好行业故事，增强从业人员的使命感、归属感、荣誉感和成就感。

图 4-6　优化营商环境专题研讨

图 4-7 《这些年 那些事——供水人筑梦小康之路》征文活动和

优秀作品线上演讲报告会颁奖仪式

2. 建立会员单位党建品牌建设共享资源库

对会员单位开展的党建品牌、党建服务中心建设、红色资源等进行摸底调查，通过调查研究制订"党建品牌建设需求清单和资源共享库"，充分挖掘会员单位所在地的红色资源。依托会员单位内建设较为完善的党建教育基地，利用基地内具备的红色资源、优秀党建案例、优秀党组织、经验丰富的党务干部、善于组织党课活动的优秀人才等资源，定期安排成员单位共同开展各种形式的专题活动，实现基层党组织阵地、人才和经验等优势资源有机整合、统筹利用、共同分享，切实发挥党建优势资源集聚共享效益。

4.2.3 开展党建庆祝活动

为学习宣传贯彻党的十九大精神，以庆祝中华人民共和国成立 70 周年、建党 100 周年等为主题开展了系列活动，展示上海供水人的精神风貌和时代风采，为企文委工作丰富活动内涵。

1. 举办庆祝中华人民共和国成立 70 周年活动

为庆祝中华人民共和国成立 70 周年，大力颂扬上海 70 年光辉历程和巨大成就，上海水协在会员单位的大力支持下，与上海市供水管理处联合举办上海供水行业庆祝中华人民共和国成立 70 周年"我和我的祖国"文艺会演（图 4-8），以一台精彩纷呈的演出，弘扬爱国主义精神，唱响礼赞新中国、奋斗新时代的昂扬旋律，展示上海供水人的精神风貌和时代风采。

图 4-8 庆祝中华人民共和国成立 70 周年"我和我的祖国"文艺会演

在会员单位的支持下，会演筹备工作井然有序，协会在九届三次会员大会上报告了会演打算，筹备工作正式启动。19 家单位献演了 18 个节目，整台演出节目风格各异，全部由行业单位员工自编自导自演，有 65% 的节目结合了供水行业实际，体现了行业特点，反映了上海供水行业发展的轨迹，也反映了行业员工为保障城市建设和人民群众生活，精益求精、默默奉献的精神。会演还设置了比赛环节和同步直播，当场由参赛单位党组织书记组成的评委组逐一评分，依分数高低评出名次，各单位都获得了不同的奖项。当天图片的直播点击量突破了 18 万，也体现了协会的凝聚力和向心力。

2. 开展建党 100 周年系列庆祝活动

2021 年是中国共产党建党 100 周年，是"十四五"规划开局之年，也是"两个 100 年"奋斗目标的历史交汇点。在全国人民喜迎中国共产党百年华诞前夕，上海供水行业在百年老厂——杨树浦水厂举办"庆祝中国共产党成立 100 周年主题歌曲会演"，以一台精彩的主题歌曲会演节目，唱响"知党史、感党恩、听党话、跟党走"，激励广大党员干部群众不忘初心担使命、接续奋斗开新局，以优异成绩庆祝建党 100 周年的决心和信心。

会演以"奋斗百年路、启航新征程"为主题，设"开天辟地、昂首启航""艰难岁月、光辉历程""不忘初心、牢记使命""百年征程、再铸辉煌"四个篇章，每个篇章以不同形式的节目展现了中国共产党建党百年来不同阶段的奋斗历程。由上海供水行业职工组成的 23 支参演队伍以大合唱、诗朗诵、表演、歌舞等形式，演绎了 28 首主题歌曲，举行了重温入党誓词仪式，表达了供水人爱国爱党的深厚情感和赓续奋斗开启新征程的信心及决心。上海市文明办、上海市水务局、上海市民政局、上海市水务系统协会（学会）以及江苏、浙江、安徽、云南各省城镇供水（水业）协会等单位领导出席（图 4-9）。会演还设置了视频及图文全程线上直播，在线观看演出实况 8890 人次、观看图文直播 31606 人次。演出结束后，上海水协先后将演出视频标清版、高清版在爱奇艺、优酷网等知名视频网站发布，累计播放量 1956 人次。《中国供水节水》报对会演情况进行了报道。

同时，上海水协通过微信公众号连续转载"党史百年天天读""供水行业优秀共产党员风采摄影作品展示"等活动，开展"党史知识竞赛"，通过网络、知名视频网站，做好先进人物的宣传，弘扬上海供水人积极向上正能量，将缤纷绚烂的个人梦与催人奋进的国家梦相结合，形成弘扬主旋律、传播正能量的舆论场。

图 4-9　长三角"三省一市"水协秘书长共庆中国共产党成立 100 周年

4.2.4　践行社会责任

1. 履行社会责任，帮助困难群众

上海水协党支部延续传统，自觉履行社会责任，做好慈善关爱帮扶工作，融入社区访贫问苦，每年定期走访慰问协会本部属地平凉路街道上水公房居委会，走访慰问 4 位困难老人，为老人解决实际困难，走访供水行业退休职工，开展帮困助学活动，与社区 3 位小学生建立捐资助学关系，签订助学协议，送上助学款，给他们送去协会党支部的关怀和温暖（图 4-10），并致以新春祝贺。同时上海水协已经持续 10 余年赴金山区廊下农业园区坚持开展访贫帮困活动。

图 4-10　上海水协党支部资助属地社区贫困学生捐赠仪式

每年春节前夕，上海水协组织召开迎春茶话会，邀请供水行业的老前辈和老专家对协会工作进行"把脉""开方"；会后协会领导亲自登门拜访，慰问未能参加座谈会的老领导、老专家（图 4-11）。老前辈们对上海水协每年上门慰问、聆听老专家意见和建议表示感谢，也为供水行业的发展感到欣慰。

图 4-11　上海水协会长等慰问协会历任领导、行业老专家、老前辈们

2. 共克时艰，共同抗疫

2020 年以来，我们经历了武汉新冠肺炎疫情的考验和 2022 年的大上海保卫战，根据上海市委、市政府重要部署，在确保供水安全的同时，支持并引导会员单位做好疫情防控和复工复产。根据上级党组织关于党建引领社会动员工作要求，充分发挥行业党建引领制度优势，迅速响应、深入动员，激发党员先锋意识，"供"克时艰，逆"水"而上，全力筑牢疫情防控"红色堡垒"。并根据时代要求和行业发展的需要，提炼形成了"忠诚敬业、安全优质、务实便民、智慧高效"16 字上海供水行业精神，进一步弘扬供水人的"初心、使命、职责、追求"，为上海供水事业高质量发展和疫情防控工作提供有力精神支撑，体现出供水人在打赢疫情防控战役中的坚强决心和责任担当。

上海水协向各会员单位全体干部党员和从业人员发出了《关于进一步强化疫情防控的倡议书》，协会把疫情防控作为当前头等大事，为打赢疫情防控阻击战凝聚强大正能量，越是特殊时期，越要扛起特殊责任、拿出特殊担当。之后再次发出《致协会全体会员单位的一封公开信》，对广大会员单位齐心协力、同心抗疫，很多人舍小家、为大家，尽己所能、无悔付出的行为做了充分的肯定。在千家万户安守居家之时，在国家防控政策做出重大调整之时，面临感染人数不断上升的暂时困难，为确保安全供水底线，我们的供水人仍旧坚守在抗疫保供水一线，我们的党员干部敢为人先，冲锋在前，党旗始终在战"疫"一线高高飘扬，我们的党员干部昼夜接续，稳住防疫保供"交接棒"。在疫情防控期间，行业相关会员单位及骨干供水企业成立供水保障驻守小组，24 h 不间断开展供水运行监管。通过智慧赋能牢筑全市防疫供水保障防线，先后完成"上海市新冠疫情主要集中隔离救治点供水保障专题应用场景"专项开发和升级。与各供水企业及时沟通，重点关注调度运行、水处理剂使用、水厂工艺控制等情况，确保出厂水质稳定。正是这些可爱、可信、可敬的供水人，以自己的拳拳之心全方位确保城市供水安全，彰显了供水人的敬业精神，用血汗筑起保障人民群众安全饮水的坚实屏障。责任在身，使命在肩，疫情下，他们就是"超长待机"的供水人，电量消耗得很"慢"，因为责任担当就是我们的"充电宝"。大家识大体、顾大局、坚韧不拔、众志成城，面对困难咬牙克服，充分彰显了风雨来袭时同舟共济、共克时艰的上海供水人的形象。

4.3　互助共建，互利共赢

4.3.1　与云南边陲供水企业结亲家

上海水协以党建为引领开展跨地区结对活动，与云南省城镇供水协会共同牵头组织4家上海供水企业与云南省西南边陲4家供水企业结成"水亲家"。

首先，上海的浦东新区自来水有限公司、松江自来水有限公司以及南汇自来水有限公司分别与云南省维西县供排水有限责任公司、宁蒗县供排水有限责任公司和永平县供排水有限责任公司签下了共建结对合作协议，结成互帮互助、结对双赢的对子。后来，为构建两地企业互助合作交流长效机制，在上海举行"2019年沪滇供水共建结对工作交流会暨签约仪式"，增加上海金山自来水公司与云南香格里拉供排水公司结为"水亲家"，安排云南同行参观中共一大会址和市供水调度监测中心，进行座谈交流，实现共建共享、优势互补、共同发展目标。

为帮助解决与上海共建结对的云南省维西县供排水有限责任公司、宁蒗县供排水有限责任公司、永平县供排水有限责任公司和香格里拉供排水有限责任公司等供水企业缺乏水表校验设备、技术和人员的困难，经与云南省城镇供水协会沟通，上海水协在上海水表厂、上海市供水水表强制检定站的支持下，想方设法联系到适合云南企业的水表校验设备，整理修复后，根据相关供水企业意愿，于2022年11月发往云南。上海水协专程派员，前往现场帮助安装并调试设备、培训人员，直到能上岗操作，将沪滇供水企业"水亲家"帮扶措施落到实处（图4-12）。

2022年初，上海遭遇奥密克戎的侵袭，为了支持上海供水行业的抗疫，云南省城镇供水协会同相关供水企业分别给上海结对的供水企业发来慰问信，殷切希望奔忙于一

图 4-12　沪滇供水企业共建结对"水表校验设备"仪式捐赠仪式

线的沪上供水人做好个人防护，注意劳逸结合，确保自身健康安全。相信九州一心，能者竭力，终得雾霭逝、霁云临、疫尽去！云南省城镇供水协会、香格里拉市供排水有限责任公司、维西县供排水有限责任公司、永平县供排水有限责任公司、宁蒗县供排水有限责任公司向为保障城市供水安全付出的辛勤劳动的上海市供水行业协会、金山、浦东新区、南汇和松江自来水有限公司致以最崇高的敬意！这充分表达了沪滇水协情常在。

4.3.2　开展跨行业党组织共建活动

上海水协党支部开展跨行业共建（图 4-13），与上影演员剧团、南方中心、水务进修学校等开展党建联建签约活动；与上海市水务局执法总队党委等 8 家单位结成杨

图 4-13　上海水协党支部组织跨行业党建共建主题活动

浦滨江水务党建联盟；与上海市民政局（上海市社会组织管理局）社团管理处开展党支部共建活动；与上海市房地产经纪行业协会党支部举行"跨会合作，同创共建"活动；与上海市水文协会、排水协会、水利工程协会等6家党组织举办"学四史、明初心、担使命"专题党课，聆听著名作家、中国作协副主席何建明主讲英烈史诗式作品《革命者》，以学促行、以学固本。

4.3.3　融入"长三角一体化发展战略"

在响应国家"一带一路"倡议、长江经济带联动发展和长三角一体化发展战略中，上海水协发挥自身优势，加快融入国家战略步伐，以共建为动力，以共治为方式，以共享为目的，加强跨省级区域同行间的交流学习、业务合作、标准对接、高峰论坛等工作，为会员单位在开放竞争中拓展空间、提升水平，形成开放合作、互利共赢的对外业务交流态势，塑造上海供水行业的良好形象。

图 4-14　长三角三省一市水协秘书长联席会议成立签约仪式

2018 年 7 月，在苏浙皖三省水协积极支持下，上海水协发起创立"长三角三省一市水协秘书长联席会议"（图 4-14），进而衍生"长三角三省一市城镇供水合作发展论坛"，论坛的宗旨是"平等互利、增进沟通，加强交流、促进合作"，是苏浙皖沪水协之间在城镇供水合作发展范畴内的集体对话机制。每年确定一个主题，由三省一市水协轮流主办（图 4-15），已经完成一个轮回，今年又回到出发地——上海。

2022 年 5 月 20 日，长三角三省一市水协秘书长联席会议以视频会议形式召开，会议肯定了近年来长三角一体化发展蹄疾步稳，江浙沪皖"四只手"巧妙应对百年未有之"大变局"和百年不遇之"大疫情"的叠加冲击，共同绘制长三角人的幸福画

图 4-15　长三角"三省一市"水协轮流主办城镇供水合作发展论坛交接仪式

卷。长三角三省一市水协坚持以党建为引领，共同把长三角生态绿色一体化发展示范区打造成为生态绿色高质量发展的实践地、跨界融合创新引领的展示区、世界级水乡人居典范的引领区；共同研讨长三角供水领域的创新举措，推动系统运行智慧化、水质保障终端化、供水服务精准化，重塑面向未来的水务基础设施和运营系统，不断提升供水保障能级，不断优化供水终端水质，不断增强人民群众的获得感，为长三角人民谋幸福。该会议信息在《今日头条》《文汇报》《新民晚报》等本地主流媒体上给予报道。

4.4　党建引领全面推进供水行业发展

具有百年红色传承的上海供水行业坚持以习近平新时代中国特色社会主义思想为指导，以党的政治建设为统领，全面落实新时代党的建设总要求，深入开展党史学习教育，扎实推进行业党建各项工作，以党建为引领全面推进行业发展取得了较好的工作成效。

4.4.1　充分发挥党建在重大活动和重要保障工作中的作用

结合保障高峰供水、推动民生实事，通过打响"安心"服务品牌，助推 5 个新城建设，成立进博会供水保障临时党支部和进博会供水保障联合党员先锋队，为办好进博会保驾护航。指导会员单位有序推进疫情常态化防控，走访重点企业加强监督，将党建工作与各单位业务工作有机结合，规范供水运营管理，保障市民用水安全。

4.4.2　深化党建品牌建设驱动服务品牌效应

上海水协积极配合市水务局供水行业党建领导小组，在会员单位各级党组织、服务点和党员围绕"党建品牌日"、夏季高峰供水、进博会、寒潮供水保障等重要节点，开展党建品牌示范点主题实践活动，持续巩固和提升示范点建设成效。

上海水协始终注重行业优质服务品牌建设，深度融合新时代供水行业精神内涵，进一步挖掘在疫情防控期间确保供水不停产不间断的优秀典型，展示在相关急难险重任务中砥砺前行的供水人形象，驱动服务品牌深入民心、值得信赖。评选出一批真正过得硬、叫得响的品牌，不断扩大品牌的示范、辐射和推广效应，促进以点带面发挥好示范效应和引领作用。

4.4.3　党建引领进一步推动供水行业高质量发展

通过党建引领，进一步加强会员单位各级党组织的密切联系，开展各项具有供水行业特色的党建活动，打造供水特色党建模式，实现条与块的资源优势互补，充分发挥党建共建在推动区域与行业发展中的积极作用。坚持民生导向，全面对标"十四五"规划相关重点任务，继续推进党建和业务工作深度融合，推动各项民生工程落到实处，确保供水行业管理服务延伸到哪里，供水行业党建工作就推进到哪里。始终牢记供水人的初心使命，以实际行动践行"人民城市理念"，弘扬新时代"上海供水行业精神"，鼓足干劲，锐意进取，在做好疫情防控工作的同时，切实推动上海供水事业发展，继续为实现人民对美好生活的向往不懈努力。

附：上海市供水行业协会介绍

上海市供水行业协会是依照国家《社会团体登记管理条例》和《上海市促进行业协会发展规定》的规定，结合上海市供水行业的实际情况，由本市供水行业单位及部分自来水相关产品单位自愿组成的实行行业服务和自律管理的行业性、非营利性社会团体法人。

上海水协坚持中国共产党的全面领导，根据中国共产党章程的规定，设立中国共产党的组织，开展党的活动，为党组织的活动提供必要条件。上海水协党支部对协会重要事项决策、重要业务活动、大额经费开支、接受大额捐赠、开展涉外活动等提出意见。

上海水协宗旨：遵守国家的法律、法规、规章和政策，遵守社会道德风尚，为会员提供服务，维护会员合法权益、促进会员间交流、保障行业公平竞争，沟通会员与政府、社会的联系，起好桥梁、纽带作用，为促进供水行业的发展提供服务。

上海水协现有会员单位 200 余家，其中供水行业企业 40 余家，实现了对上海市行政区域内供水企业的全覆盖。另有供水行业上下游会员单位 160 余家，涵盖了在本市进行涉水产品生产、供水管道施工、科研规划和管理部门等不同领域的企事业单位。

第 5 章　陕西省城镇供水排水协会
——推动"绿色水司"建设工作经验

引　言

为践行国家"创新、协调、绿色、开放、共享"的发展理念，陕西省城镇供水排水协会（以下简称"陕西水协"），在 2019 年会员大会上提出了"创建绿色水司 共建美丽陕西"倡议书。倡议书从践行绿色发展理念、推行绿色生产方式、倡导绿色能源管控、开展绿色服务计划、坚持绿色科技创新、培育绿色企业文化等方面提出倡议，得到全省供水企业的积极响应。为增强同行业间相互学习交流，提升企业管理水平，结合陕西省供水行业实际，陕西水协决定在全省供水企业中开展绿色水司创建活动，并经会员大会表决通过。在活动开展中，陕西水协严格按照国家和陕西省相关规定，采取自愿申报，不收取任何费用，经评估后予以通报表彰。

5.1　创建活动思路

长期以来，陕西水协高度重视并深入学习贯彻习近平总书记生态文明思想和来陕考察重要讲话精神，认真践行绿色发展理念，不断提升绿色生产水平，着力引领供排水行业绿色发展，希望通过创建活动，按规范化流程和标准化要求评估出陕西城镇供水行业的领跑企业，为全省供水企业发挥示范引领作用，为建设美丽陕西作贡献。针对 2019 年《陕西省城市公共供水评估报告》中全省城市公共供水普遍存在的供水能耗高、水厂净水工艺差、水质检测能力弱等问题，按照国家相关政策法规及国家城镇供水标准、规范等文件要求，结合陕西省实际情况，开展"绿色水司"创建工作。

为确保创建活动的质量和效果，在评估办法和标准中着重强调了以下内容。一是，在评估标准中设置了一票否决项目，包括必须满足国家相关水质标准、无安全责任事故等；二是，根据国家提出的节能减排和实现碳达峰、碳中和目标任务，针对省内部分供水企业管理粗放、发展质量和效益不高的问题，提出了节能减排、设备管理以及淘汰高耗能设备和控制城市供水管网漏损等要求；三是，围绕人民群众最关心的水龙头水质安全问题，设置了水质检测能力、水质信息公开、水质达标情况等内容；四是，将绿色发展要求纳入企业文化建设中，倡导企业积极组织开展生态文明建设，设置了环境面貌与绿化管理项目，包括厂区与办公区环境维护、绿化整治等内容，强化职工参与，教育引导广大职工自觉践行绿色发展、绿色办公、绿色低碳生活理念。

5.2　组织制定评估标准与办法

为规范陕西水协"绿色水司"创建活动，根据国家相关政策法规及国家城镇供水方面的标准、规范等文件要求，召集全省各市城镇供水企业的经营管理人员和技术专家结合实际，制定印发了《绿色水司申报与评估办法》和《绿色水司评估标准（暂行）》，并在陕西省城镇供水排水协会官网上公布。

5.2.1　绿色水司申报与评估办法

绿色水司申报与评估办法（专栏5-1）主要根据陕西省供水行业发展现状，结合企业自身基本情况制订。面向加入陕西水协会员单位2年及以上、创建期间未发生安全责任事故、未被媒体负面报道、按时上报《城镇水务统计年鉴》、水厂废水排放达到国家排放标准、有绿色水司创建工作组织与实施方案、按时缴纳会费的相关会员单位，每两年进行一次评估，由陕西水协成立绿色水司评估领导小组，组织相关评估工作。按规范化流程和标准化要求评估出陕西城镇供水行业的领跑企业，为全省供水企业发挥示范引领作用。该评估工作不收取任何费用。

专栏 5-1：绿色水司申报与评估办法
为积极响应党中央号召，深入践行"绿水青山就是金山银山"的理念，落实陕西省城镇供水排水协会"创建绿色水司 共建美丽陕西"倡议，进一步推行绿色生产方式，助力美丽陕西建设，特制定《绿色水司申报与评估办法》，以规范指导绿色水司的申报与评估管理工作。

《绿色水司申报与评估办法》具体内容如下：

1. 适用范围

本办法适用于陕西省市（区）县级供水企业绿色水司的申报、评估及管理。

2. 申报条件

（1）加入陕西水协会员单位 2 年及以上；

（2）按时上报《城镇水务统计年鉴》；

（3）按时缴纳会费。

3. 申报时间

绿色水司申报评估工作每两年进行一次，自愿参加。陕西水协在当年 9 月 20 日至 10 月 20 日之间受理申报材料。

4. 申报程序

陕西省内供水企业按照《绿色水司申报与评估办法》及《绿色水司评估标准（暂行）》要求进行自评，地市级供水企业自评 85 分以上，县级供水企业自评 80 分以上，可以向陕西水协进行申报。

5. 申报材料

书面申报材料一式三份并附电子版。材料要全面、简洁，每套材料按申报表、评估指标装订成册，各项指标支撑材料的种类、出处及统计口径要明确、统一，有关资料和表格填写要规范。

申报材料主要包括：

（1）绿色水司申报表（加盖企业印章）；

（2）供水企业概况，包括水源（地表、地下）供水情况、管网建设、企业管理提升、智慧水司建设情况等；

（3）绿色水司创建工作组织与实施方案；

（4）绿色水司创建工作总结；

（5）《绿色水司评估标准》各项指标自评结果及有关证明材料；

（6）近两年的《城镇水务统计年鉴》等有关内容复印件；

（7）其他能够体现创建绿色水司工作成效和特色的资料。

6. 评估组织管理

陕西水协成立绿色水司评估领导小组，领导小组下设专家组，组员在该协会专家委员会或会员单位抽调。

绿色水司评选专家组负责对申报企业申报材料初审、现场评审及综合评定等具体工作。

申报企业要如实填报申报材料，不得弄虚作假；若发现造假行为，取消连续 2 个申报周期申报资格。申报企业要严格按照有关廉政规定协助完成评估工作。

绿色水司评估的日常工作由陕西水协负责。

7. 评估程序

评估工作程序为：申报材料初审→现场评审→综合评定→公示→通报命名。

8. 附则

（1）本办法由陕西省城镇供水排水协会负责解释；

（2）本办法自印发之日起施行。

5.2.2　绿色水司评估标准（暂行）

该评估标准主要根据陕西省供水行业发展现状，结合企业自身基本情况制订。具体考核内容及考核标准见专栏 5-2。

　　该标准要求参与评估的水司，生产废水的排放必须符合《污水排入城镇下水道水质标准》GB/T 31962—2015 要求，并且积极响应"创建绿色水司　共建美丽陕西"倡议书活动，成立相应的"绿色水司"工作组织机构，有具体的实施方案且职责明确，并且在创建"绿色水司"期间无安全责任事故。此外，还根据参评单位的节能减排与淘汰高耗能设备情况、设备管理相关情况、城市供水管网漏损率情况进行考核打分；以参评单位水质管理、环境面貌与绿化管理是否符合标准为依据进行考核比较，最终评估出满足要求的水司。

专栏 5-2：绿色水司评估标准（暂行）

考核项目	考核内容	考核标准	分数
国家排放标准	符合《污水排入城镇下水道水质标准》GB/T 31962—2015 要求	不符合《污水排入城镇下水道水质标准》GB/T 31962—2015 要求	一票否决
创建绿色水司机构规范	积极响应"创建绿色水司　共建美丽陕西"倡议书活动，成立"绿色水司"工作组织机构，有实施方案且职责明确	未成立绿色水司工作组织机构，无实施方案且职责不明确	一票否决
无安全责任事故	创建期间无安全责任事故	创建期间发生安全责任事故	一票否决
节能减排与淘汰高耗能设备（10分）	建立节能减排管理制度，有实施计划，落实责任主体；实施技术革新，积极推广节能减排技术与设备；实施办公自动化，提倡无纸化办公	建立节能减排管理制度，有实施计划，落实责任主体得2分；采用节能新技术和设备得2分；实施办公自动化，提倡无纸化办公得1分。无制度无实施计划，未落实责任主体扣2分；未采用节能新技术扣2分；未实施无纸化办公扣1分	5
	建立健全高耗能设备台账；建立淘汰高耗能设备机制；开展节能宣传与培训	建立健全高耗能设备台账得2分；按照国家要求淘汰高耗能设备得2分；开展节能宣传与培训得1分。无台账扣2分；未淘汰高耗能设备扣2分；未开展节能宣传与培训扣1分	5
设备管理（35分）	按照《城镇供水厂运行维护及安全技术规程》CJJ 58—2009 完善供水设施设备日常保养、定期维护和大修理三级维护检修制度	供水设施设备日常保养、定期维护和大修理三级维护检修制度完善，落实到位得6分，每缺一项扣2分	6

续表

考核项目	考核内容	考核标准	分数
设备管理 (35分)	供水设备设施运行正常，出现问题能及时处理	供水设备设施运行正常出现问题及时处理得6分，出现问题未及时处理的，每发现一次扣3分	6
	设备管理台账，报表等技术资料齐全	设备管理台账，报表等技术资料齐全得6分，缺失一项扣3分	6
	设备完好率在98%以上	达到计划指标得6分	6
	净水设施和设备无故障且运行正常，出现问题能及时处理，有巡检记录	净水设施和设备无故障且运行正常，有巡检记录得6分，出现问题未及时处理的，每发现一次扣2分；无巡检记录扣2分	6
	设施设备进行定期保养和清洁，并做好记录	设施设备进行定期保养和清洁得5分；每发现一处未保养和清洁扣2分；无保养记录扣3分	5
	配备专职检漏队伍及探测设备，实施分区计量管控系统	配备专职检漏队伍及探测设备加1分；实施分区计量管控系统加2分	
城市供水管网漏损率 (10分)	低于《城镇供水管网漏损控制及评定标准》CJJ 92—2016 规定修正值指标	（管网漏损率－标准值）≤0 得10分；0＜（管网漏损率－标准值）≤6%，得4分；6%＜（管网漏损率－标准值）＜8%得2分；（管网漏损率－标准值）≥8%不得分	10
水质管理 (35分)	建立企业、水厂、班组分级检测制度	建立企业、水厂、班组分级检测制度得6分，每缺一项扣2分	6
	水厂应具备10项日常检测指标检测能力，规模达到30万 m³/d 及以上的供水企业应具备《生活饮用水卫生标准》GB 5749—2006 要求的42项常规指标的检测能力；检测人员业务熟练	水厂应具备10项日常检测指标检测能力，规模达到30万 m³/d 及以上的供水企业应具备《生活饮用水卫生标准》GB 5749—2006 要求的42项常规指标的检测能力，得8分，每缺1项指标扣1分；根据现场问询或演示情况考核检测人员的业务熟练程度，业务不熟练的扣2分	10

续表

考核项目	考核内容	考核标准	分数
水质管理（35分）	依据标准规范要求的检测指标和频率对原水、出厂水、管网水、管网末梢水进行检测，检查检测记录是否规范；供水水质达到《城市供水水质标准》GJ/T 206—2005 的合格率要求。对原水的浑浊度、pH 在线检测；对出厂水的浑浊度、pH、消毒剂余量在线检测	依据标准规范要求的检测指标和频率对原水、出厂水、管网水、管网末梢水进行检测检验，得 4 分，每缺一项扣 1 分；检查检测记录是否规范（包括检测指标、方法、频率、数据、记录等），每发现一项不规范的扣 1 分；供水水质达到《城市供水水质标准》GJ/T 206—2005 的合格率要求的，得 4 分；对原水的浑浊度、pH 在线检测得 1 分；对出厂水的浑浊度、pH、消毒剂余量在线检测得 1 分	10
	按规定如期向当地主管部门报告；按照水质信息公布制度定期公布水质信息	按规定如期向当地主管部门报告得 9 分，未报告或报告不真实的扣 5 分；报告不及时，不完整的扣 3 分；未按水质信息公布制度定期公布水质信息的，扣 4 分	9
环境面貌与绿化管理（10分）	生产环境干净整洁、有制度、有记录	厂区、井圈、井间道路环境卫生有专人负责，定期清洁，有检查、有记录得 1 分；宣传牌、告示牌、警示牌完好、醒目，无松动、倾斜、字迹模糊等现象，井圈大门、围墙（铁丝网）、井房、管道护坡、道路、井间道路等设施完好，无乱搭乱建、种植等现象得 1 分；厂区、办公区环境卫生有工作责任制和管理制度，卫生有专人负责，各项记录齐全得 2 分；生产区域坚持卫生保洁工作，确保设备良好的运行环境；围墙无明显破损和污渍，围墙围挡立面无广告宣传画面和标语，地面、院落、走廊干净整齐，无杂物、痰渍，设施无损坏得 2 分	6
	绿化工作有计划、有安排，各种记录齐全	全年的绿化整治有方案、有计划、有安排得 2 分；所管理的花木草生长茂盛、无病虫害、无枯枝黄叶、无垃圾、及时修剪、外形美观、有专人负责、各种记录齐全得 2 分	4

5.3 加强组织领导

5.3.1 建立组织机构

为确保绿色水司创建工作圆满完成，陕西水协成立了绿色水司评估领导小组，领导小组下设专家评估组，组内工作成员由陕西水协专家委员会或会员单位选取推荐。绿色水司专家评估组负责组织对申报企业材料进行初审、在申报企业现场进行考察及综合评定等具体工作。绿色水司创建的日常工作由陕西水协负责。2019年专家评估组成员在参与过《绿色水司评估标准（暂行）》制定过程的相关人员和会员单位中抽选。2021年专家评估组增加了经2019年评估获得"绿色水司"称号的部分单位人员。

5.3.2 健全工作机制

为确保绿色水司创建活动工作质量，有效指导申报单位提高管理水平、突破技术难题，在绿色水司创建活动前，陕西水协对绿色水司专家评估组成员统一组织评估工作相关培训。一是进一步明确《绿色水司申报与评估办法》中对于申报条件、申报材料的筛选与审核内容及评估工作的组织管理与评估工作程序。二是对照《绿色水司评估标准（暂行）》中节能减排与淘汰高耗能设备、设备管理、城市供水管网漏损率、水质管理、环境面貌与绿化管理5个方面的相关评估要求进行专家解读、现场讨论、案例分析、经验分享等一系列培训，统一规范赋值标准。三是明确要求专家组在综合评定时要加强与备选单位的交流沟通和服务指导。四是要严格按照有关廉政规定完成评估工作并签订廉政承诺书。

5.4 开展绿色水司创建活动步骤

5.4.1 专家初审材料

根据陕西水协《"绿色水司"申报评估工作的通知》统筹安排，协会抽调相关专家与工作人员组成专家评估组对申报单位材料进行初审，形成初审意见，并提出入选下一步现场评估流程的专家建议候选单位名单。

5.4.2　通知候选单位迎评

根据专家组确定的建议候选单位名单，通知各候选单位做好迎评准备工作。陕西水协协调组织成立若干个专家评估小组，分别前往全省各候选单位现场进行评估和指导工作。

5.4.3　现场评估：采取"听、查、看、评、议"五步法方式

（1）听取汇报

1）候选供水单位概况，包括水源（地表、地下）供水情况、管网建设、企业管理提升、智慧水司建设等情况；

2）各单位绿色水司创建工作组织与实施方案；

3）绿色水司创建工作总结。

（2）查阅资料

1）《绿色水司评估标准（暂行）》中各项指标自评结果及有关证明材料；

2）近两年《城镇水务统计年鉴》等有关内容复印件；

3）水厂废水排放情况说明及相关材料；

4）安全生产情况说明及相关材料；

5）其他能够体现创建绿色水司工作成效和亮点的资料。

（3）查看现场

评估专家小组在候选单位现场查看是否有在用的高耗能设备、管网检漏设备，是否按时按质完成相关设备的巡检维护保养大修、管网漏损率情况、水质化验室运行情况、水质在线监测情况、厂区生产环境绿化工作等情况；与候选单位工作人员交流沟通，对现场发现和提出的具体技术操作问题进行指导。

（4）现场评分

专家组根据申报资料和现场工作运行情况，按照《绿色水司评估标准（暂行）》相关要求，在评分表上对候选单位进行打分。

（5）建议反馈

专家组成员就在现场评估过程中发现的问题及时进行反馈，提出指导建议，对于存在问题突出的候选单位，要求限期整改，形成评估意见后统一报陕西水协绿色水司

评估领导小组。

5.4.4 综合评定

陕西水协绿色水司评估领导小组，根据初审及现场评估情况，推选出通过评估的企业名单。

5.4.5 公示及通报表彰

综合评定通过的企业名单将在陕西省城镇供水排水协会官网进行公示，公示期为1周。公示期间无异议的，由陕西水协发文并在会员大会上进行表彰，同时在陕西省城镇供水排水协会官网进行宣传。

5.5 开展"绿色水司"创建活动成效

5.5.1 激发供水单位参与热情

陕西水协已于2019年、2021年分别开展了两次绿色水司创建活动，受到省内供水单位的高度关注与广泛好评。

第一届"绿色水司"创建活动共有7家市级供水单位参与评估，2020年年会上陕西水协对获得"绿色水司"称号的企业进行了表彰授牌，在参会代表中引发了热烈反响，许多县级供水企业也积极要求参与"绿色水司"创建工作，进一步提高企业的管理水平和职工的绿色低碳生产生活理念。

2021年陕西水协根据各相关单位意见对《绿色水司申报与评估办法》进行了修订，将评估范围扩大到了各县级供水企业。《绿色水司申报与评估办法》修订后，2021年共有19家供水企业通过了评估工作。

通过开展"绿色水司"创建工作，供水企业可以对照评估标准，找到自身管理的不足，向专家组成员请教生产经营中存在的问题，向同行学习交流，提高企业自身标准化、规范化、科学化管理水平，树立社会主义生态文明观，在企业中倡导绿色低碳的生产生活方式，培育绿色企业文化，把建设美丽陕西转化为每一个职工的自觉行动。

5.5.2　发挥供水行业节能降耗示范作用

通过开展"绿色水司"创建工作，各参评企业进一步完善了管理制度，加大了企业建设投入，使用清洁能源等各种手段来降低企业生产能耗，保障了水质安全，提升了经济效益，给全省供水企业起到了良好的示范引领作用。

例如西安市自来水有限公司在淘汰高耗能设备方面，累计投资 2544.04 万元，更新、技改设备 276 台（套），在水量增加了 15.67% 的情况下，综合能源消耗量仅增加了 4.52%（图 5-1），并将创建"四个水司"（智慧水司、诚信水司、安全水司、绿色水司）纳入西安市自来水有限公司第二届七次职工代表大会报告，成为干部职工共同努力奋斗的目标。

图 5-1　评估组在西安市乐游原水厂察看现场

榆林高新区水务有限责任公司对绿化给水管网进行了改造，通过建设专用的绿化灌溉输水管道，从水厂原水进水管前段取水作为绿化灌溉水源，不仅减轻了净水厂的负担，还可以实现水资源的合理配置，每年节省水处理成本 680 万元；并对净水厂进行了技改提标，改造后的供水规模由原来的 5 万 m³/d 提升至现有的 7.5 万 m³/d，出厂水水质指标远低于国家相关标准限值。

汉中市国中自来水有限公司实施了分区计量管理（DMA）的管理方式，从 2019 年至 2021 年累计降低漏水量 272.63 万 m³，节约资金累计 544.71 万元，漏损率累计降低 10.85%，并在全省区域技术交流会议上进行了相关经验分享介绍。

城固县自来水公司、府谷县自来水有限责任公司水质监测能力都增加到 63 项，并申请了 CMA 认证，陕西省水务供水集团有限公司、榆林高新区水务有限责任公司正在筹建水质检测能力 106 项的水质检测中心。

榆林市清水工业园供水有限责任公司利用单位闲散屋顶投资 743.79 万元建设了分布式光伏发电项目，该项目采用"自发自用、余电上网"的入网模式，占用屋顶面积约 2 万 m²，总装机容量为 1.88 MWp，使用年限为 25 年。预计电站在 25 年运营期内年平均上网电量为 293 万 kWh，总上网电量可达到 7329 万 kWh，目前运行最高日发电量为 8200 kWh，预计 6 年即可收回投资成本（图 5-2）。项目的建设对优化供水企业用电结构，降本增效，促进供水企业健康发展具有重要意义。同时该项目也成为陕西省首例光伏电站与水厂相结合的项目，是现有传统产业和高新科技产业充分有机结合的具体实践，将为供水行业水厂的生产和管理增加高新科技元素。不仅提升了陕西省传统产业升级的科技含量和技术层次，也为陕西省供水行业的创新发展提供了新思路、新途径和新经验。通过利用光伏电站的建设替代燃煤电厂的建设，可达到充分利用可再生能源、节约不可再生化石资源的目的，大幅减少了对环境的污染，同时还节约了大量淡水资源，对改善大气环境有积极的作用。

图 5-2　榆林市清水工业园供水有限责任公司现场评估

5.5.3　提升陕西水协服务水平

"绿色水司"创建活动的开展，一是增强了陕西水协的凝聚力和号召力，最明显的表现是《城镇水务统计年鉴》工作中上报单位数量大幅提升，各项指标上报率普遍达到80％以上。二是让陕西水协更加深入地了解供水企业的经营状况、实际困难与需求。三是根据掌握的信息，陕西水协组织开展了调研全省供水价格成本的测算工作，并上报陕西省成本调查监审局反映当期供水行业存在的水价倒挂情况，截至目前已有近10家省内供水企业完成了价格调整，30余家供水企业水价调整工作全面启动，更精准地反映了行业诉求，更好地服务会员单位。

5.5.4　强化供水单位绿色发展理念

通过"绿色水司"创建活动的开展，同行间相互学习借鉴经验，补足自身短板，达到了预期成效。一是企业通过宣传教育将绿色发展理念注入企业文化中，引导职工自觉践行绿色办公、低碳生活理念。二是企业依据《绿色水司评估标准（暂行）》完善了管理制度、工作机制、水处理工艺，通过新增水质检测项目，配备检漏探测设备，淘汰高耗能设备等形式，助推企业节能减排绿色发展。三是通过对厂容厂貌的环境整治，美化了职工生产、办公区域环境，积极打造碧水、蓝天、净土的美丽家园，为陕西绿色健康发展贡献力量。

附：陕西省城镇供水排水协会介绍

陕西省城镇供水排水协会于1986年1月在西安成立，2017年底根据国家政策要求陕西水协与陕西省住房和城乡建设厅脱钩。会员主要是全省城镇供水、排水（污水处理）企事业单位及节水企事业单位、相关科研、设计单位、大专院校及城镇供水设备供应厂家等，协会下设秘书处、供水委、排水委、科技委、乡镇委、企文委6个部门，现有理事单位91个，会员单位274个。陕西水协始终把创新和服务作为立身和发展的根本，实时关注行业动态，处处反映行业诉求，做好服务行业、服务会员、服务社会工作，为陕西省水务行业搭建更好的学习交流平台。2020年，陕西水协被陕西省民政厅评为"中国社会组织评估等级'AAA级社会组织'"，2022年陕西水协党支部被陕西省民政厅社会组织党委评为"四星级党组织"。陕西水协与省内涉水单位、水务行业从业者，携手同行、踔厉奋发，共同推动陕西省水务行业健康发展。

第6章 重庆市城镇供水排水行业协会
——依托优势企业面向实际应用开展行业
职业培训工作经验

引　言

人才是富国之本，兴邦之基。在新时代背景下，面对新形势、新需求，重庆水务行业依托"中国城镇供水排水协会职业技能培训基地"建设，畅通成才培养通道，持续优化"技能评价"体系，踏准改革的鼓点，顺应时代的需要，助推水务行业高质量发展。技能人才培训规模逐步扩大、经费投入逐年增加、培训效果不断增强。重庆水务行业在教学实践中，摸索出职业技能培训的两个支点：一是加强师德建设，建设高素质教师队伍；二是贴近实际，走实战和应用的办学路子。职业技能培训具有很强的实践性，需要与企业发展接轨、与企业需求结合。如果仅"在黑板上耕田""在课本上开机器"，职业技能培训就会凌空蹈虚，只有守在机器旁、蹲在车间里，精准对接企业发展用工需求，才能培养出适应企业发展需要的高素质技能人才。依托优势企业面向实际应用开展行业职业培训工作，总结以下经验。

6.1 职业教育"融合发展"机制

6.1.1 "体制融合"筑牢人才根基

自 2013 年以来，围绕理顺专业中心管理体制，重庆水务集团启动了尽职调查、方案研究、方案论证等工作。结合专业公司的定位和发展实际，通过整合"中共重庆水务集团股份有限公司委员会党校""重庆市水务行业职业技能培训中心""重庆市水务控股（集团）有限公司国家职业技能鉴定所""中国供水节水报社""重庆市城镇供排水行业协会秘书处"五大板块业务职能，于2018年11月组织成立了重庆水务集团教育科技有限责任公司，并于2019年11月挂牌重庆水务环境（控股）集团有限公司培训中心。

重庆水务集团不仅对培训中心基地软硬件升级改造，还把所属企业工资总额的1.5%支付给教育科技公司作为开展教育培训的专项经费。为激励职工钻研业务，对职工申报职称通过者给予对应职级的专项奖励，计入每月工资总额发放。同时，将7家基础条件较好的下属企业设为岗位实践基地，并明确将集团所属企业内的150余名专业技术能手、工程师等作为培训中心兼职教师，确保培训有用有效。采取政策扶持，有力提升了培训中心整体实力，在国内产生了积极影响。近两年江苏、深圳、武汉等地10余家水务企业就专业培训发展模式前来参观交流。

6.1.2 "运营融合"支撑创新发展

1. 各板块形成合力，打出培训组合拳

重庆水务集团通过各板块的整合，经营业务涵盖水务技能培训、安全培训、党务培训、管理培训、能力提升培训、技能等级评价、舆论宣传报道、会员单位服务等领域，使得职业教育的培训范围越发广泛。

2. 以职业教育为主，各板块业务协同发展

职业教育培训班的开班信息，通过中国供水节水报社，重庆市城镇供水排水行业协会（以下简称"重庆水协"）秘书处的微信公众号、网站等渠道统一发布，扩大了培训信息的知晓面和受众群体。同时还通过承办全国行业职业技能竞赛，促进了培训业务的增长。

3. 职业教育以职业能力建设为目标，以"有用有效"为原则

打破传统的办学思维和培训模式，通过多个资源渠道，申报多项利于今后职业教育业务开展的资质，扩大了行业影响力。如通过住房和城乡建设部申报了"行业职业技能鉴定试点单位"，通过中国城镇供水排水协会申报了"中国城镇供水排水协会职业技能培训基地"，通过重庆市人力资源和社会保障局、重庆市财政局申报了"重庆市高技能人才培训基地"（图6-1）"企业职业技能等级认定试点企业"，通过重庆市团委申报了"重庆市团委教育培训基地"；通过重庆市职业技能鉴定指导中心申报了"市级社会培训评价组织"；与西南政法大学合作建立了"教学科研实践基地"。

图 6-1　重庆市高技能人才培训基地正面实景

4. 采用"专兼结合，互为补充"的模式

大力开展"三库"（师资库、专家库、咨询合作资源库）建设，有效储备培训业务资源。充分发挥贴近企业和岗位的优势，通过"走出去，请进来"的方式，积极开展校企合作。先后在重庆水务集团所属供排水企业、供排水水质监测中心、水务机械公司等 9 家企业专门设立了 7 类岗位实践培训基地。

6.1.3 "多元融合"塑造品牌形象

1. 全力打造"三关"模块化培训品牌

对新员工入职培训、入党积极分子培训、离退休人员培训，努力把好两个入口关和一个出口关。培训前，公司成立项目领导小组，针对培训人群，查找相关资料，反复研究、修改、完善"三关"培训项目实施方案，引进专家咨询团队的力量，最终形成较完整和有针对性的培训方案。培训过程中，按照形成的培训方案严格执行，对有可能出现的新问题，项目团队要及时分析研判，第一时间对方案进行优化调整，确保培训方案有用有效。培训结束后，项目团队要跟进收集学员参培后的实际工作表现，形成项目成果报告，及时总结经验，分析存在的不足，为下一次培训项目提供参考依据。

2. 引领重庆水务行业职业鉴定向品牌化发展

根据重庆市职业技能鉴定指导中心最新考核规程，修订完善《水平评价管理办法》等 12 项制度，新增《考试违纪、作弊行为认定与处理办法》，真正做到职业技能鉴定工作有章可循。实践中紧紧围绕"以用定考、以考促教、以教促学"的工作思路，针对生产实际对于岗位、工种、等级的不同要求，制定新的技能评价标准；同时还重点抓好考评人员、质量督导员和专家队伍的建设；评价过程中严格遵守"教考分离"原则，从而形成了完善的"培训＋考评"的技能人才评价体系，有力促进了员工岗位职业技能的提升。

3. 作为行业交流的平台

在立足于"云贵川渝三省一市水协交流""长江经济带九省两市水协会议""成渝供排水协会双城经济圈建设"等合作机制上，进一步通过"两会一展一演一论坛"模式举办重庆水协各类会议。同时，借助重庆市城市管理局和重庆市住房和城乡建设委员会的力量，搭建供排水行业"最具价值的现代化企业和最具价值的创新人物"评选活动的平台，组织举办好专家大师论坛、领军人物培训、职业经理人培训等载体活动，进一步扩大影响力，铸造协会服务品牌。

6.2　基地建设引领培训中心发展步入快车道

6.2.1　战略构想，绘制发展路线图

基地谋划了"吃教育饭、做水文章、念服务经"的总体布局；确定了成为全国水务行业特色培训基地、重要宣传阵地、管理模式标杆的战略目标；制订了"一年打基础、两年抓规范、三年铸品牌、四年新跨越"的"四步走"发展步骤；坚定了"自主＋平台＋互联网"发展方式和"先内后外、内外并举、先点后面、先实后强、从强变优、以优壮大"发展策略；明确了培训、鉴定、水协、报社"四位一体"抱团发展和以培训为中心，水协、报社、鉴定 3 个平台为支柱的"一心三柱"融合发展的新格局；最终实现培养"大师工匠"、支撑"水务智造"的使命和担当。

同时，重庆水务集团在两年多融合发展探索的基础上，进一步确立了"十四五"期间的发展规划，即："一核、两网、三库、四基、五新"。一核：建设以培训为核心的教育体系；两网：构建网络媒体和网络平台；三库：完善师资库、专家库、咨询合作资源库；四基：公司品牌基地（重庆市高技能人才培训基地、中国水协、团委、工会、西政、三关培训基地），挂牌企业内训基地，一室一站基地（住房和城乡建设行

业职业技能鉴定试点单位重庆市水务行业职业技能培训中心市外培训工作室、中国供水节水报市外通信联络站)，校企合作基地；五新：党校工作迈出新步伐、培训鉴定取得新突破、报社宣传实现新跨越、协会工作达到新水平、服务保障得到新提升。

6.2.2 实施"二五"策略①，激发培训活力

1. 紧跟行业动态，重构教学体系

一是创新培训理念，科学设置班次。坚持按需培训理念，按照"干什么学什么，缺什么补什么"原则，设计培训需求调查问卷，征求培训建议。根据调查统计结果，紧紧围绕集团重点工作部署，分析研判培训对象的能力短板和培训需求，创新性开设课程。二是创新教学环节，优化教学布局。围绕提高培训精准度，构建"单元＋模块＋课堂"的形式优化教学布局，设计专题教学、现场教学、拓展训练、学员论坛、异地培训等教学模块，根据学员类别，科学组织开展培训，提升培训实效。三是创新教学方式，深化教学改革。探索推行案例研讨式、现场体验式、情景模拟式、交流互动式等教学培训形式（图6-2），引导学员由被动接受向主动思考转变，让学员来得了、坐得住、学得进、记得牢，推动培训走深、走实、走心。

图 6-2　召开专题会征求培训意见

---

① "二五"策略："二"为两个体系，即教学体系、管理体系；"五"为五个结合，即实训内容与行业发展相结合，教学体系与岗位需求相结合，人才培养与社会服务相结合，基础培训与科研工作相结合，系统架构与资源共享相结合。

2. 注重过程控制，优化管理体系

一是制订培训管理制度，提高培训规范性。全过程监督培训计划上报、出勤管理和结果考核等各环节，逐步细化和完善培训制度体系和考评体系，建立考勤制度、考试制度、考核制度以及纪律制度等，健全学员培训档案，使各项工作做到有章可循。二是严肃培训纪律，提高培训质量。在每期培训班开班之初，成立班委会，由班长、学习委员协助班主任，做好班级的日常管理工作，同时在疫情期间入学报到时要求所有学员签署《疫情防控承诺书》，筑牢疫情防控底线。班主任每天两次对学员进行点名，保证培训期间学员的出勤率达到 100%。三是严格落实考评制度，加强培训效果监督。通过阶段测试和结业测试，对每个学员的学习进度和学习效果进行全面跟踪和检验。培训结束后，向学员发放《培训基地评价表》，对讲师和培训工作进行客观、公正的评价，并搜集和整理学员提出的意见和建议，满意度达到 96% 以上。在学员结业一个月后，向学员所在单位发放《学员能力评价表》，单位可根据学员将所学技能在生产实践中的应用情况予以考核评价，同时对培训工作提出意见和建议。

3. 基地"五个结合"内涵建设

一是实训内容与行业发展相结合。当前基地采用"以项目为载体，任务为驱动"的项目化教学法和模拟真实工作场景的情境式教学法，使学生在"边教边学、边学边做"中实现教学和实训的互动，完成实训任务，掌握综合操作技能。在"互联网＋"时代，以互联网平台为基础，准确把握行业升级的需求，合理设置实训教学的项目及内容，及时更新软硬件设施环境，为企业培养了高层次复合型人才。

二是教学体系与岗位需求相结合。根据职业能力培养规律，对接岗位，建立以职业素养和创新能力培养为主的基础技能、专业技能、综合技能、拓展技能"四层递进"实践教学体系，开发教学课程，制定配套课程标准，完善考核评价，真正实现就业上岗"零距离"。

三是人才培养与社会服务相结合。采用"1＋N""2＋N""3＋N"① 等多种创新型人才培养模式，大力培养技术交叉、科技集成创新的高技能复合型人才，以适应行业发展的需要。基地建设从传统模式发展为行业、区域共建共享模式，通过"一室一

---

① "1＋N""2＋N""3＋N"创新型人才培养模式："1"是指专业理实一体化教学；"2"是指业务骨干帮带技术能手＋轮岗锻炼双轨并行；"3"是指"基础培养"＋"定制培养"＋"外派培养"三阶段渐进模式；"N"是指对学员持续 N 年关注，从"新手"到"熟手"，进一步成长为"能手"，最终实现向"高手"的蜕变，满足行业升级发展的人才需求。

站"战略有序推进，将优质教育资源与行业企业需求结合，不断提升人才培养的高度、宽度和社会服务质量。

四是基础培训与科研工作相结合。基地既能实现基础性培训，又要面向社会进行技能培训、技能评价、技能竞赛，联合企业、院校共同开展课题研究，参与新技术、新工艺、新产品的研发，真正做到产、学、研、用一体化。

五是系统架构与资源共享相结合。科学规划设计了包含基地管理、实训资源共享、成渝两地职业技能等级证书互认等多项功能在内的综合化系统架构，保证职能部门的监管效率、行业协会参与的积极性、高培基地的设备支持、大师工作室的技术支持，实现多赢和共同发展，有效提升综合实力，满足基地社会服务的内在要求。

6.2.3 突出行业特色，形成"点线面网"立体式培训体系

1. 抓点——突出培训主题

一是突出行业热点，培训围绕提质增效、节能降耗、能量回收等方面开展，进一步推动水行业的碳中和目标。二是突出理论重点，开设现代生产运营管理基础与实战、环保建设与水处理行业发展、品牌安全管理、新业态领先专业技术、水厂运营质量评价及运营优化技术提升、节能减排与提标改造新方法等必修课，系统地学习现代运营、生产核心知识，掌握先进的管理方法，了解最新生产管理模式，推动优质项目的标杆化提升，打造以"精益求精、追求极致"为特征的"工匠精神"，为创建国际领先的水务运营团队奠定基础。三是突出实践难点，通过智慧水务建设培训解决管网漏损率高、水处理效能低下、粗放经营等不可持续问题。

2. 布线——覆盖培训主线

一是贯穿党性教育主线，开展理想信念教育，特别是政治纪律和政治规矩教育，引导干部职工知敬畏、存戒惧、守底线。进行党史国史、党的优良传统和世情国情党情教育，传承红色基因，践行全心全意为人民服务的根本宗旨。二是贯穿专业能力主线，组织开展务实管用的专题培训，引导和帮助干部职工丰富专业知识、提升专业能力、锤炼专业作风、培育专业精神，不断提高适应新时代中国特色社会主义发展要求的能力。三是贯穿知识培训主线，着力培养又博又专、底蕴深厚的复合型人才，使之做到既懂经济又懂政治、既懂业务又懂党务、既懂专业又懂管理。开展经济、政治、文化、社会、生态文明、党建和哲学、历史、科技等各方面基础性知识学习培训，举办互联网、大数据、人工智能等新知识培训，帮助完善履行岗位职责必备的基本知识

体系，提高科学人文素养。

3. 构面——面向教育主体

一是面向基层职工，着眼培养守信念、讲奉献、有本领、重品行的高素质专业化职工队伍。二是面向青年层面，着眼培养造就一支忠诚干净、有担当、数量充足、充满活力的高素质专业化年轻干部队伍，突出理想信念宗旨教育、思想道德教育、优良作风教育。三是面向领导层面，围绕培养造就信念过硬、政治过硬、责任过硬、能力过硬、作风过硬的骨干队伍，以提高政治素质、增强党性修养为根本，提升专业能力为重点，加强各级领导班子成员的培训，提升党政领导班子和领导干部统揽全局、统筹协调的本领。

4. 建网——建构培训主网

一是建构授学网络，立足功能定位，加强教育科技公司主阵地建设，突出教师主导作用和学员主体地位，不断提高办学质量。全方位与重庆市党校、浙江大学、清华大学继续教育学院等培训机构开展交流协作，推动优质培训资源共享。二是建构自学网络，充分利用"知学云"等线上学习平台载体，统筹整合网络培训资源，推动教育培训和互联网融合发展，积极探索适应信息化发展趋势的网络培训有效方式，推行线上线下相结合的培训模式，建设在线学习精品课程库，开发移动学习平台，同时严把网络培训的政治关、质量关、纪律关。三是建构互学网络，根据培训内容要求和学员特点，开展研讨式、案例式、模拟式、体验式等方法运用的示范培训。探索运用访谈教学、论坛教学、行动学习等方法，搭建演讲赛、辩论会、交流论坛等活动载体，鼓励上台讲学、上会互学、上场比学，构建互学共进、互勉共促、互动共补的制度氛围。

6.2.4　夯实培训基础，人才"亮化"工程显成效

1. 提升领导能力，造就具有战略思维的经营帅才

培养造就德才兼备、刚毅果断，具有卓越综合分析能力、战略思维能力、组织协调能力的经营帅才。加大领导力开发落实力度，创新领导力开发方式，针对性地制订领导力开发重点项目和课程体系，按照领导人员所在岗位不同成长阶段，建设系列进阶领导力培养项目，形成基础领导力、中级领导力、高级领导力、战略领导力等多层级领导力发展产品体系，开发党政主要负责人、青年后备干部培训等精品项目。

2. 强化职业素养，塑造拥有一专多能的管理将才

培养为生产经营尽心尽职、为行业发展倾尽所能的管理将才。以提高专业业务水平和综合管理能力为重点，加快管理人才的职业化建设，强化管理人员的专业管理能力、专业传承能力、组织协调能力培养，引导管理层向一专多能、一岗多技的方向发展。

3. 提高创新能力，培养擅长攻坚克难的技术能才

培养推动供排水企业技术创新和实现科技成果转化的技术能才。以提升技术人才队伍专业技术水平和创新能力为核心，以大修技改、工程设计等项目为依托，作为培养技术人才的"第二课堂"，提高其技术创新能力、技术攻关能力和技术应用能力，在管道运维、输变配电、水表计量、信息自动化等专业开展"入厂家、到现场"培训，每年按专业派送 100 名左右技术人员到生产厂家学习，同时邀请厂家专业人员开展 1～2 期现场培训，重点提高技术人员解决生产现场实际问题的能力。协助企业开展技术比武活动，引领技术人员能力素质的持续提升，为人才选拔夯实基础。

4. 加强岗位实践，历练身怀精湛技艺的技能干才

以专业需求和岗位履职能力为导向，针对技能人员职业素养、专业知识、基本能力、核心能力相关标准，统筹开展技能人才培训工作，培养具有高效实际操作能力、分析和解决复杂问题能力的技能干才。坚持"先培训后持证，先持证后上岗"原则，继续深化技能岗位全员"持证上岗"培训工作。每年举办 4 期"班组长素质提升训练营"，提升强化班组长在班组建设中的核心作用。充分发挥技能专家工作室的"传帮带"和引领辐射作用，开展技能专家对新员工、优秀青年员工"导师制"培养工作，每年为企业培养 800 余名技能人员。协助水务企业开展技能竞赛，引领技能人员能力素质持续提升，为优秀技能人才选拔奠定基础。

5. 紧跟时代要求，储备助推水务发展的紧缺贤才

积极落实高层次人才培养计划，积极与清华大学、浙江和达、上海威派格等企业及高校合作，统筹开展智慧水务研究、规划、设计、建设、调度、运行、维护等各类紧缺型人才培养，拓展专业知识、提升实践能力、把握技术前沿。每年举办 12 期"云课堂"，参培人员近 3000 名。

6. 搭建实战平台，打造具有卓越绩效的专业英才

按照"战略储备、重点培养、统一规划、全面提升"的原则，为企业专业领军、优秀专家、优秀专家人才后备培养搭建"实战"平台，通过集中培训、导师制培养、

课题研究、继续教育等多种手段，提高专业领军人才及后备人选的理论水平、专业知识和专业能力，主要采取不定期组织课题讨论、学术交流、考察进修活动等形式。

7. 适应岗位需要，成就一线优秀实干的青年俊才

注重学员职业生涯发展，以专业技能培训、安全规程知识、现场观摩及研讨交流、跟班实习为主要内容和形式，大力开展新入职员工培训，开发新人力资源，提升组织活力。对于特殊岗位，岗前集中培训期间应取得该岗位规定的资格证书，如特种设备操作证等，所有新入职员工均应取得职业技能等级五级合格证。

6.3　职业评价正当时　技能竞赛育匠心

6.3.1　优化技能评价体系，实施职业技能提升行动

1. 不断优化技能评价体系

当前的评价体系存在一些突出问题亟待解决。一是评价人员成分单一。现行的评价体系中，评价人员大多只是授课教师，视角单一，评价结果不能全面完整地反映员工的职业能力。二是评价体系内涵贫乏。现行的评价往往体现为一种"终结性"评定，过多关注员工的学习成绩，忽视了对职业能力及职业素质的评价，极易给人造成"技师是考出来"的片面印象，导致评价的监督导向功能产生了偏差。

基地在职业技能等级认定的过程中，以提升技能人才职业素养、岗位胜任能力、解决实际能力为核心，使用技能人才"核心能力＋工作业绩"评价模式，真正打造一支"素质过硬、作风优良、能力突出、工作有效"的一线作战队伍。高技能人才职业能力评价指标体系构建要素围绕技能水平、人才评价、综合评审 3 个模块开展。其中，人才评价由品德态度、执行力、学习能力、指导能力、协作能力、革新能力、竞技结果、培养业绩、工作业绩、革新业绩、团队业绩、绝招绝技 12 项评价项目、28 个核心指标组成"Z＋N＋Y"评价体系。"Z"是责任心，主要是指品德态度，是高技能人才所具备的职业素养；"N"是能力，主要是指核心能力，是高技能人才所具备的素质、知识和能力；"Y"是业绩，主要是指工作业绩，是核心能力的具体体现，也是外在可测量的具体行为的结果。

2. 灵活运用各项激励政策

一是开展新型学徒制培训；二是开展岗前培训、安全技能培训；三是初、中、高

级工培训。同时，根据相关规定，可以向人社局等机构申领职业培训补贴、取证职工申报技能提升补贴。

3. 实施技能竞赛引领计划

一是构建职业技能竞赛体系。以世界技能大赛为引领，中华人民共和国职业技能大赛为龙头，"巴渝工匠"杯职业技能竞赛为主体，原则上每 2 年举办一次，充分对接世界技能大赛、全国技能大赛，推进竞赛标准逐步统一，形成多元赛事格局，不断提升职业技能竞赛科学化、规范化、专业化水平，实现以赛促训、以赛促学、以赛促评、以赛促建。二是做好全国职业技能竞赛选拔和集训工作，组队参加全国决赛。三是加大技能竞赛奖励力度。

6.3.2 打造高技能人才与专业技术人才职业发展贯通评价体系

1. 高位推进，下好改革"先手棋"

传统的专业技术、技能人才培养、评价制度模式逐渐不能满足用人单位和社会需求。根据《重庆市人力资源和社会保障局关于印发〈进一步加强高技能人才与专业技术人才职业发展贯通的实施方案〉的通知》(渝人社发〔2021〕55 号)，教育科技公司先行先试，大胆探索，把技能人才评价制度改革作为深化"放管服"改革、建设创新型应用型技能型人才的重要举措，着手加强高技能人才与专业技术人才职业发展贯通之路。

2. 创新机制，用好评价"指挥棒"

一是完善评价标准。打破唯学历、唯资历、唯论文"三唯"壁垒，树立重品德、重能力、重业绩、重贡献、重质量"五重"导向，回归识人本源。健全层级设置，在国家规定等级之外增设特级技师、首席技师两个等级，每一层级都明确标准，拓宽了职业发展通道。在普通技能人才评价"知行兼顾、突出操作"基础上，突出创新、专项和综合业绩条件，明确了知识、技术、复合"三型"技能人才分类评价"风向标"，彻底告别"一刀切"。

二是创新评价方式。采取综合鉴定、业绩考评、过程考核、竞赛选拔等多种方式，做到因需施策、分类指导。区分评价侧重点，高技能人才参加职称评审突出实际操作能力和解决关键生产技术难题要求，注重评价科技成果转化应用、执行操作规程、解决生产难题、参与技术改造革新、工艺改进、传技带徒等方面的能力和贡献。技能竞赛获奖情况、行业工法、操作法、完成项目、技术报告、经验总结、行业标准等创新性成果均可作为职称评审的重要内容，引导鼓励高技能人才培育精益求精的工匠精神，实现了"人才怎么样，企业说了算"。

三是优化评价服务。建立了"七有"评价质量督导体系，使认定有备案、目录有公布、评价有步骤、信用有要求、结果有效用、证书有规范、申诉有机制，并完善了7 个工种 32 名考评员队伍，提升了评价服务支撑能力。

3. 以用为本，搭建成长"快车道"

一是促进"一稳二增"①，推动技能人才评价与技能提升行动"双融双促"，建立"培训＋评价＋补贴"② 一体化机制，通过新型学徒制、新技师培训等，助力就业稳岗、人才增技、企业增效。二是实现双向贯通，广开门路，打破"两类人才"③ 贯通藩篱，确立了直接认定、综合评审和考核评价 3 种评价方式。适度倾斜，助力两类人才融会贯通，对于在重庆技能赛事、国赛、世赛中有出色表现的顶尖技能人才，给予适度政策倾斜，比如世界技能大赛专家组组长、世界技能大赛金牌获得者、全国技术能手、中华技能大奖获得者、国家级技能大师工作室命名专家、享受国务院政府特殊津贴的人员，可直接申报相应专业高级工程师。三是提高 3 个待遇，将评价结果运用到职工提干晋升、薪酬待遇、评先评优各方面，进一步提高技能人才政治、经济和社会待遇。

附：重庆市城镇供水排水行业协会简介

重庆市城镇供水排水行业协会于 1999 年 9 月 20 日成立，是由重庆市境内的城镇供水排水企业、自备水处理厂为主体及有关单位自愿参加组成的，依法在重庆市民政局登记注册的地方性、行业性、非营利性的社会组织。重庆水协设给水技术委员会、排水技术委员会、设备管理委员会、企业发展管理委员会 4 个专委会，现有会员单位270 余家。

近年来，重庆水协成功承办了全国城镇供水排水行业职业技能竞赛，协会培训队员斩获水环境检测员第一名和总成绩第一名"双冠"，被授予"全国技术能手"荣誉

---

① "一稳二增"：就业稳岗、人才增技、企业增效。

② "培训＋评价＋补贴"：培训后实施评价，学员取得职业技能等级证书后，按照相关规定符合条件的可向重庆市人力资源和社会保障局申请职业技能鉴定补贴。

③ "两类人才"：专业技术人才和职业技能人才。

称号，创造了历史新高，重庆水协被评为"中华人民共和国第一届职业技能大赛住建行业选拔赛优秀承办单位"；承办的"中国城镇供水排水协会 2021 年会暨城镇水务技术与产品交流展示"，成为重庆市规模最大、参会人数最多、会议规模最高的城镇水务行业盛会；发起建立了中国长江经济带供排水行业交流合作常态化机制，为流域同行共抓长江大保护和绿色治水交流互鉴打下了基础；成功申报住房和城乡建设部行业职业技能鉴定试点单位、中国城镇供水排水协会培训认证基地和重庆市高技能人才教育基地，展示了重庆水协较为雄厚的教育培训实力，被评为全市性 4A 级社会组织。

第4篇 水务行业调查与研究

　　本部分聚焦 2022 年度行业发展热点、 难点和痛点。 一是城镇供水高质量发展， 收录了 "《生活饮用水卫生标准》GB 5749—2022 解读" "贯彻落实新国标 依法依规推动城市供水行业高质量发展" "我国饮用水消毒技术应用与发展" "我国城镇供水行业应急能力建设的进展与展望" 4 篇研究报告； 二是村镇供水排水发展模式， 收录了 "西北地区村镇污水治理及其低碳运行" "面向城乡统筹区域协调发展的村镇供水模式及其适宜性" 2 篇研究报告。

第7章 《生活饮用水卫生标准》GB 5749—2022 解读

7.1 《生活饮用水卫生标准》GB 5749—2022 是国家发布的具有法律效力的强制性标准

安全的饮用水是人类健康的基本保障，是关系国计民生的重要公共健康资源。我国饮用水管理涉及生态环境部、住房和城乡建设部、水利部和国家卫生健康委、国家疾病预防控制局等多个管理部门，分别针对水污染防治及水源保护、城市供水、农村供水、饮用水及供水单位卫生监管等方面负有行政管理职责。《生活饮用水卫生标准》GB 5749—2022 是从保护人群身体健康和保证公众生活质量出发，对饮用水中与人群健康或水质感官相关的要素做出量值规定，并经国家有关部门批准、发布的法定卫生标准。《中华人民共和国水污染防治法》《中华人民共和国传染病防治法》《中华人民共和国刑法》《城市供水条例》和《生活饮用水卫生监督管理办法》等国家法律法规中均包含有与《生活饮用水卫生标准》GB 5749—2022 相关的内容和要求。

《中华人民共和国水污染防治法》第七十一条中强调饮用水供水单位应当对供水水质负责，确保供水设施安全可靠运行，保证供水水质符合国家有关标准；并要求饮用水供水单位做好出水口的水质检测工作，当发现水质不符合饮用水卫生标准时应当及时采取相应措施，并向所在地市、县级人民政府供水主管部门报告。第七十二条饮用水安全状况信息公示提出了相应要求。第九十二条中对供水单位供水水质不符合国家规定标准的情况规定了罚则要求，依情节严重程度可采取责令改正、罚款、停业整顿以及对直接负责的主管人员和其他直接责任人员依法给予处分等措施。

《中华人民共和国传染病防治法》第二十九条规定了饮用水供水单位供应的饮用水应当符合国家卫生标准的要求；第七十三条规定了饮用水供水单位供应的饮用水不

符合国家卫生标准要求时应承担的法律责任，包括行政处罚、罚款、吊销许可证等；构成犯罪的，可依法追究刑事责任。

《中华人民共和国刑法》第三百三十条第一款中规定了刑事责任的具体内容，即供水单位供应的饮用水不符合国家规定的卫生标准，引起甲类传染病以及依法确定采取甲类传染病预防、控制措施的传染病传播或者有传播严重危险时，处三年以下有期徒刑或者拘役，后果特别严重的，处三年以上七年以下有期徒刑。

《城市供水条例》第二十条中规定了城市自来水供水企业和自建设施对外供水的企业，应当建立、健全水质检测制度，确保城市供水的水质符合国家规定的饮用水卫生标准，第三十三条第一款中规定了城市自来水供水企业或者自建设施对外供水的企业的供水水质不符合国家规定标准时的罚则。

《生活饮用水卫生监督管理办法》第六条同样明确了供水单位供应的饮用水必须符合国家生活饮用水卫生标准的要求，在第二十六条中规定了供水单位供应的饮用水不符合国家生活饮用水卫生标准时的处罚要求。

《生活饮用水卫生标准》GB 5749—2022 已纳入国家法律体系，是饮用水相关单位依法生产、销售、设计、检测、评价、监督、管理的依据，也是行政和司法部门执法的依据，是我国生活饮用水法治化管理的基础。

7.2　GB 5749—2022 是我国饮用水标准的第 5 次修订

从 1955 年开始，我国饮用水标准历经多次修订，标准内容、指标架构逐渐完善，其主要发展历程以 1985 年为界，可以大体划分为两个阶段。

第一阶段：

1955 年 5 月，卫生部发布了《自来水水质暂行标准》，在北京、天津、上海、旅大（即现在的大连市）等 12 个城市试行。这是中华人民共和国成立后最早的一部有关生活饮用水水质要求的技术文件。

1956 年 12 月 1 日，《饮用水水质标准（草案）》颁布实施。该标准总结了《自来水水质暂行标准》试行过程中各地的经验和意见，由国家基本建设委员会和卫生部共同审查批准，是我国第一部真正意义上的饮用水国家标准。标准中规定了 4 个方面的 15 项指标，其中微生物指标包括细菌总数、大肠菌群 2 项；毒理学指标包括氟化物、铅、砷 3 项；感官性状和一般化学指标包括透明度、色度、嗅和味、pH、总硬度、铜、锌、总铁、酚 9 项；消毒剂指标包括余氯 1 项。该标准基本构建了我国饮用水标准中的微生物指标、毒理学指标、感官性状和一般化学指标以及消毒剂指标的体系架构。

1956 年 12 月 28 日，国家基本建设委员会和卫生部又联合审查批准了《集中式生活饮用水水质选择及水质评价暂行规则》，自 1957 年 4 月 1 日开始实施。该规则对水源选择和水质评价的原则、水样采集和检验的要求等内容进行了规定。

1959 年 8 月 31 日，建筑工程部和卫生部联合批准发布了《生活饮用水卫生规程》，自 1959 年 11 月 1 日开始实施。该规程是在《饮用水水质标准》和《集中式生活饮用水水质选择及水质评价暂行规则》基础上修订完成的，水质指标由 15 项调整为 17 项，在原有指标的基础上进一步增加了 2 项指标，即浑浊度和水中不得含有肉眼可见的水生生物及令人厌恶的物质。

1976 年 12 月 1 日，《生活饮用水卫生标准（试行）》TJ 20—76 开始试行。该标准由国家基本建设委员会和卫生部批准，在《生活饮用水卫生规程》基础上修订而成，水质指标由 17 项调整为 23 项，主要包括细菌总数、大肠菌群 2 项微生物指标；砷、汞、铅、镉、六价铬、硒、氟化物、氰化物 8 项毒理学指标；浑浊度、色、臭和味、肉眼可见物、总硬度、pH、挥发酚类、阴离子合成洗涤剂、铁、锰、铜、锌 12 项感官性状和一般化学指标以及游离性余氯 1 项消毒剂指标，毒理学指标从 3 项增至 8 项，补充了多项重金属及氰化物的控制要求，感官性状和一般化学指标从 9 项增至 12 项，增加了对阴离子合成洗涤剂、锰等指标的控制要求。同时将标准名称修改为《生活饮用水卫生标准》，该名称一直沿用至今。

第二阶段：

1985 年 8 月 16 日，卫生部发布《生活饮用水卫生标准》GB 5749—1985，该标准于 1986 年 10 月 1 日起实施。该标准将水质指标从 23 项增至 35 项，增加了硫酸盐、氯化物、溶解性总固体、银、硝酸盐、三氯甲烷、四氯化碳、苯并（a）芘、六六六、滴滴涕、总 α 放射性和总 β 放射性 12 项指标，首次将放射性指标和与人体健康密切相关的三氯甲烷、四氯化碳、苯并（a）芘、六六六、滴滴涕等有机化合物指标纳入标准，我国饮用水标准中的指标体系架构由原来的微生物指标、毒理学指标、感官性状和一般化学指标以及消毒剂指标 4 类扩增至微生物指标、毒理学指标、感官性状和一般化学指标、消毒剂指标以及放射性指标 5 类，该指标体系架构一直沿用至今。

2006 年 12 月 29 日，卫生部、国家标准化管理委员会联合颁布《生活饮用水卫生标准》GB 5749—2006，该标准于 2007 年 7 月 1 日开始实施。该标准提出了从源头到龙头的管理思路，并在该思路的引导下对水源、供水单位、二次加压调蓄供水、涉水产品、出厂水和末梢水均提出了卫生要求，水质指标数量增加至 106 项，包括常规指标 42 项，非常规指标 64 项，进一步加强了对微生物指标、有机物指标和消毒剂指标的卫生要求。该标准适用于城乡各类生活饮用水的水质评价，同时结合我国的实际情况，对浑浊度、硝酸盐和耗氧量 3 项指标提出了限定性要求，对农村小型集中式供水和分散式供水中菌落总数等 14 项指标采取了暂时适度放宽的过渡性要求。

2022 年 3 月 15 日，国家市场监督管理总局、国家标准化管理委员会联合颁布《生活饮用水卫生标准》GB 5749—2022，该标准由国家卫生健康委员会提出并归口。该标准将于 2023 年 4 月 1 日开始实施。指标分类名称从常规指标和非常规指标调整为常规指标和扩展指标；水质指标数量从 106 项调整到 97 项，包括常规指标 43 项、扩展指标 54 项。

表 7-1 简单罗列了我国饮用水水质标准的发展历程及水质指标变化情况。

我国饮用水水质标准的发展历程

表 7-1

序号	名称	水质指标数量	发布单位	实施日期	指标名称
1	《自来水水质暂行标准》	—	卫生部	1955 年 5 月	—
2	《饮用水水质标准（草案）》	15 项	国家基本建设委员会和卫生部	1956 年 12 月	透明度、色度、嗅和味、细菌总数、大肠菌群、总硬度、pH、氟化物、酚、余氯、砷、铅、铁、铜、锌
3	《集中式生活饮用水水质选择及水质评价暂行规则》	—	国家基本建设委员会和卫生部	1957 年 4 月	—
4	《生活饮用水卫生规程》	17 项	卫生部和建工部	1959 年 11 月	浑浊度、透明度、色度、臭和味、细菌总数、大肠菌群、肉眼可见物、总硬度、pH、氟化物、酚类化合物、剩余氯、砷、铅、铁、铜、锌
5	《生活饮用水卫生标准（试行）》TJ 20—76	23 项	国家基本建设委员会和卫生部	1976 年 12 月	浑浊度、色度、臭和味、细菌总数、大肠菌群、肉眼可见物、总硬度、pH、氟化物、挥发酚类、阴离子合成洗涤剂、氰化物、游离性余氯、砷、汞、铅、铁、锰、硒、镉、六价铬、铜、锌

序号	名称	水质指标数量	发布单位	实施日期	指标名称
6	《生活饮用水卫生标准》GB 5749—1985	35项	卫生部	1986年10月	色、浑浊度、臭和味、肉眼可见物、pH、总硬度（以碳酸钙计）、铁、锰、铜、锌、挥发酚类（以苯酚计）、阴离子合成洗涤剂、硫酸盐、氯化物、溶解性总固体、氟化物、氰化物、砷、硒、汞、镉、铬（六价）、铅、银、硝酸盐（以氮计）、氯仿、四氯化碳、苯并（a）芘、滴滴涕、六六六、细菌总数、总大肠菌群、游离余氯、总α放射性、总β放射性
7	《生活饮用水卫生标准》GB 5749—2006	106项	卫生部和国家标准化管理委员会	2007年7月	**常规指标：** 总大肠菌群、耐热大肠菌群、大肠埃希氏菌、菌落总数、砷、镉、铬（六价）、铅、汞、硒、氰化物、氟化物、硝酸盐（以N计）、三氯甲烷、四氯化碳、溴酸盐、甲醛、亚氯酸盐、氯酸盐、色度、浑浊度、臭和味、肉眼可见物、pH、铝、铁、锰、铜、锌、氯化物、硫酸盐、溶解性总固体、总硬度（以CaCO$_3$计）、耗氧量（COD$_{Mn}$法，以O$_2$计）、挥发酚类（以苯酚计）、阴离子合成洗涤剂、总α放射性、总β放射性、氯气及游离氯制剂（游离氯）、一氯胺（总氯）、臭氧、二氧化氯 **非常规指标：** 贾第鞭毛虫、隐孢子虫、锑、钡、铍、硼、钼、镍、银、铊、氯化氰（以CN$^-$计）、一氯二溴甲烷、二氯一溴甲烷、二氯乙酸、1,2-二氯乙烷、二氯甲烷、三卤甲烷、1,1,1-三氯乙烷、三氯乙酸、三氯乙醛、2,4,6-三氯酚、三溴甲烷、七氯、马拉硫磷、五氯酚、六六六（总量）、六氯苯、乐果、对硫磷、灭草松、甲基对硫磷、百菌清、呋喃丹、林丹、毒死蜱、草甘膦、敌敌畏、莠去津、溴氰菊酯、2,4-滴、滴滴涕、乙苯、二甲苯（总量）、1,1-二氯乙烯、1,2-二氯乙烯、1,2-二氯苯、1,4-二氯苯、三氯乙烯、三氯苯（总量）、六氯丁二烯、丙烯酰胺、四氯乙烯、甲苯、邻苯二甲酸二（2-乙基己基）酯、环氧氯丙烷、苯、苯乙烯、苯并（a）芘、氯乙烯、氯苯、微囊藻毒素-LR、氨氮（以N计）、硫化物、钠
8	《生活饮用水卫生标准》GB 5749—2022	97项	国家市场监督管理总局和国家标准化管理委员会发布，国家卫生健康委员会提出并归口	2023年4月	**常规指标：** 总大肠菌群、大肠埃希氏菌、菌落总数、砷、镉、铬（六价）、铅、汞、氰化物、氟化物、硝酸盐（以N计）、三氯甲烷、一氯二溴甲烷、二氯一溴甲烷、三溴甲烷、三卤甲烷、二氯乙酸、三氯乙酸、溴酸盐、亚氯酸盐、氯酸盐、色度、浑浊度、臭和味、肉眼可见物、pH、铝、铁、锰、铜、锌、氯化物、硫酸盐、溶解性总固体、总硬度（以CaCO$_3$计）、高锰酸盐指数（以O$_2$计）、氨（以N计）、总α放射性、总β放射性、游离氯、总氯、臭氧、二氧化氯

续表

序号	名称	水质指标数量	发布单位	实施日期	指标名称
8	《生活饮用水卫生标准》GB 5749—2022	97 项	国家市场监督管理总局和国家标准化管理委员会发布，国家卫生健康委员会提出并归口	2023 年4 月	扩展指标： 　　贾第鞭毛虫、隐孢子虫、锑、钡、铍、硼、钼、镍、银、铊、硒、高氯酸盐、二氯甲烷、1,2-二氯乙烷、四氯化碳、氯乙烯、1,1-二氯乙烯、1,2-二氯乙烯（总量）、三氯乙烯、四氯乙烯、六氯丁二烯、苯、甲苯、二甲苯（总量）、苯乙烯、氯苯、1,4-二氯苯、三氯苯（总量）、六氯苯、七氯、马拉硫磷、乐果、灭草松、百菌清、呋喃丹、毒死蜱、草甘膦、敌敌畏、莠去津、溴氰菊酯、2,4-滴、乙草胺、五氯酚、2,4,6-三氯酚、苯并（a）芘、邻苯二甲酸二（2-乙基己基）酯、丙烯酰胺、环氧氯丙烷、微囊藻毒素-LR（藻类暴发情况发生时）、钠、挥发酚类（以苯酚计）、阴离子合成洗涤剂、2-甲基异莰醇、土臭素

7.3　GB 5749—2022 主要修订内容及指标修订依据

7.3.1　主要修订内容

1. 调整了指标数量

标准正文中的水质指标由 2006 版饮用水标准的 106 项调整到 97 项，修订后的文本包括常规指标 43 项和扩展指标 54 项。其中，增加了高氯酸盐、乙草胺、2-甲基异莰醇和土臭素 4 项指标，删除了耐热大肠菌群、三氯乙醛、硫化物、氯化氰（以 CN-计）、六六六（总量）、对硫磷、甲基对硫磷、林丹、滴滴涕、甲醛、1,1,1-三氯乙烷、1,2-二氯苯和乙苯 13 项指标。

2. 调整了部分指标的限值

根据水质指标在人群健康效应或毒理学方面最新的研究成果，结合我国当前的实际水质情况，调整了硝酸盐（以 N 计）、浑浊度、高锰酸盐指数（以 O_2 计）、游离氯、硼、氯乙烯、三氯乙烯和乐果 8 项指标的限值（表 7-2）。

指标限值调整情况　　　　　　　　　　　　　　　　　　表 7-2

序号	指标	2006 年标准限值	新版标准限值
1	硝酸盐（以 N 计）	10 mg/L，地下水源限制时为 20 mg/L	10 mg/L，小型集中式供水和分散式供水因水源与净水技术受限时按 20 mg/L 执行

续表

序号	指标	2006 年标准限值	新版标准限值
2	浑浊度 (散射浊度单位)	1 NTU，水源与净水技术条件限制时为 3 NTU	1 NTU，小型集中式供水和分散式供水因水源与净水技术受限时按 3 NTU 执行
3	高锰酸盐指数 (以 O_2 计)	3 mg/L，水源限制，原水耗氧量大于 6 mg/L 时为 5	3 mg/L
4	游离氯	高限小于 4 mg/L	高限小于 2 mg/L
5	硼	0.5 mg/L	1.0 mg/L
6	氯乙烯	0.005 mg/L	0.001 mg/L
7	三氯乙烯	0.07 mg/L	0.02 mg/L
8	乐果	0.08 mg/L	0.006 mg/L

3. 调整了部分指标的名称

根据水质指标表达的含义，调整了 3 项指标的名称，将耗氧量（COD_{Mn} 法，以 O_2 计）调整为高锰酸盐指数（以 O_2 计），氨氮（以 N 计）调整为氨（以 N 计），1,2-二氯乙烯调整为 1,2-二氯乙烯（总量）。

4. 调整了部分指标的分类

根据水质指标的特点，将指标分类方法由 2006 版饮用水标准的"常规指标和非常规指标"调整为"常规指标和扩展指标"，并在术语和定义中对常规指标和扩展指标进行了界定，常规指标是指反映生活饮用水水质基本状况的水质指标，扩展指标是指反映地区生活饮用水水质特征及在一定时间内或特殊情况下水质状况的指标。

5. 增加了部分指标的限制性要求

总 β 放射性测定包括了钾-40，而钾是人体必需的元素，基于评价总 β 放射性指标综合致癌风险时应排除钾-40 筛查水平的考量，本次修订中明确要求当总 β 放射性扣除钾-40 后仍然大于 1 Bq/L 时才需要进行核素分析，判定能否饮用，修订后增强了该指标应用的科学性。此外，基于对只有在藻类暴发时才有可能出现微囊藻毒素-LR 暴露风险的考量，本次修订将微囊藻毒素-LR 表达的形式调整为微囊藻毒素-LR（藻类暴发情况发生时），修订后增强了该指标应用的针对性。

6. 删除了农村小型集中式供水和分散式供水的过渡性规定

基于"十一五"以来我国农村饮用水安全保障水平的稳步提升，本次修订删除了 2006 版饮用水标准中表 4 针对农村小型集中式供水和分散式供水 14 项水质指标的放宽要求。同时鉴于我国小型集中式供水和分散式供水的水质和管理现状，对菌落总数、氟化物、硝酸盐（以 N 计）和浑浊度 4 项指标在存在水源与净水技术限制时仍采取了过渡性措施。

7. 补充了水源水质限制条件下的净水要求

鉴于我国个别地区存在饮用水水源水质暂时无法达到相应国家标准要求,但限于条件限制又必须加以利用的现实问题,本次修订对生活饮用水水源水质要求进行了补充,提出当水源水质不能满足相应标准要求时,不宜作为生活饮用水水源;但"限于条件限制需加以利用时,应采用相应的净水工艺进行处理,处理后的水质应满足本文件要求"。

8. 扩充了水质参考指标

本次修订将附录 A 中的水质参考指标由 2006 版饮用水标准的 28 项调整到 55 项,新增了钒、六六六(总量)、对硫磷、甲基对硫磷、林丹、滴滴涕、敌百虫、甲基硫菌灵、稻瘟灵、氟乐灵、甲霜灵、西草净、乙酰甲胺磷、甲醛、三氯乙醛、氯化氰(以 CN-计)、亚硝基二甲胺、碘乙酸、1,1,1-三氯乙烷、乙苯、1,2-二氯苯、全氟辛酸、全氟辛烷磺酸、二甲基二硫醚、二甲基三硫醚、碘化物、硫化物、铀和镭-226 29 项指标;删除了 2-甲基异莰醇和土臭素 2 项指标;修改了二溴乙烯和亚硝酸盐的表述方式;调整了石油类(总量)的限值。

7.3.2　指标修订依据

1. 新增指标

高氯酸盐:高氯酸盐是一种自然产生和制造的化学阴离子,在烟火制造、军火工业和航天工业中作为强氧化剂有广泛的应用。我国是传统的烟花制造消费大国和航天大国,且高氯酸盐生产分布全国各地,部分地区饮用水中存在高暴露情况,其中长江流域污染最严重。目前高氯酸盐对人体健康影响研究主要集中在对甲状腺功能的作用,它可以干扰甲状腺中碘化物的转运系统,通过与碘离子竞争转运蛋白而抑制碘的吸收,削弱甲状腺功能,干扰甲状腺素的合成和分泌,导致甲状腺激素 T3 和 T4 合成量的下降,从而影响人体正常的新陈代谢,阻碍人体正常的生长和发育,对生长发育期的儿童、孕妇、胎儿和新生儿影响尤为严重。经口是高氯酸盐最主要的暴露途径,人体吸收高氯酸盐后,高氯酸根离子主要分布在甲状腺,经过代谢后可通过排泄途径排出体外。水体中高氯酸盐可采用离子色谱法和液相色谱串联质谱法进行检测。本次修订根据健康成人志愿者经饮用水途径摄入高氯酸盐的人体临床研究,基于高氯酸盐抑制 50%碘的摄取效应,得到 BMDL50 为 0.11 mg/(kg·d),经健康风险评估模型推导得到限值为 0.07 mg/L。

乙草胺：乙草胺是一种在世界范围内广泛应用的除草剂，也是目前我国使用量最大的除草剂之一，具有杀草谱广、效果突出、价格低廉和施用方便等优点，其制剂每年使用量为 2 万～3 万 t，调查显示乙草胺在我国主要水厂的检出率较高。乙草胺具有环境激素效应，能够造成动物和人的蛋白质、DNA 损伤，脂质过氧化，对低等脊椎动物、浮游生物和中小型环节动物表现出较强的急性毒性，对人体健康以及环境安全存在着较大的威胁。乙草胺可以经过皮肤、消化道和呼吸道等途径进入人体内，主要分布在血液的组织细胞中，心脏、肺和肝脏中也有部分残留，主要通过尿液和粪便排出体外。水体中乙草胺可采用气相色谱质谱法进行检测。本次修订基于 78 周小鼠肝脏毒性致敏实验获得 LOAEL 值 [1.1 mg/(kg·d)]，经健康风险评估模型推导得到限值为 0.02 mg/L。

2-甲基异莰醇及土臭素：2-甲基异莰醇及土臭素 2 项指标在 GB 5749—2006 中为资料附录 A 中的水质参考指标。目前已有的研究表明，蓝藻、放线菌和某些真菌是导致水体产生 2-甲基异莰醇及土臭素的主要来源，当水体中藻污染暴发等情况发生时，可导致 2-甲基异莰醇及土臭素的产生。这 2 项指标在饮用水中的嗅阈值较低，均为 10 ng/L。当浓度超过嗅阈值时可产生令人极为敏感的嗅味。调查发现在藻类繁殖季节，我国部分湖泊、水库等水体中存在 2-甲基异莰醇及土臭素浓度超过 10 ng/L 的情况。水体中 2-甲基异莰醇及土臭素可采用顶空固相微萃取-气相色谱质谱法进行检测。本次修订将 2 项指标从附录中参考指标调整到正文的扩展指标中，并维持了其基于嗅阈值制定的限值要求（0.00001 mg/L）。

2. 删除指标

耐热大肠菌群：耐热大肠菌群和大肠埃希氏菌均可作为水体是否受到粪便污染的指示菌。GB 5749—2006 中要求当饮用水中检出总大肠菌群时，需要检测耐热大肠菌群或大肠埃希氏菌判定污染来源。从粪便污染指示性而言，大肠埃希氏菌比耐热大肠菌群具有更强的指示性，其检出的卫生学意义亦大于耐热大肠菌群。鉴于目前检测机构大多已具备大肠埃希氏菌的检测能力，因此本次修订在正文中删除了耐热大肠菌群指标，保留了对具有更强指示性的大肠埃希氏菌的相关要求。

三氯乙醛：三氯乙醛是基本有机合成原料之一，是生产农药和医药的重要中间体。饮用水中三氯乙醛主要来源于采用氯系制剂进行预氧化或消毒的过程。本次修订基于为期 2 年的小鼠饮用水摄入试验中发现的小鼠肝脏病理学改变增加的健康效应获得的 LOAEL 值 [13.5 mg/(kg·d)]，经健康风险评估模型推导得出限值为 0.1 mg/L。鉴于我国多部门的水质监测、检测和调查结果中发现的三氯乙醛虽有检出，但浓度水平均远低于 0.1 mg/L 限值要求的情况，本次修订在正文中删除了三氯乙醛指标。

氯化氰：氯化氰是一种重要的化工中间体，在除草剂、杀菌剂、染料和荧光增白剂等物质的合成上有一定应用。氯化氰在水中易分解转化成氰化物。鉴于我国多部门的水质监测、检测和调查结果中发现的氯化氰（以 CN- 计）虽有检出，但浓度水平均远低于 0.07 mg/L 限值要求的情况，加之氯化氰易分解形成氰化物，标准中已规定了氰化物的限值要求（0.05 mg/L），可以间接控制氯化氰风险，故本次修订在正文中删除了氯化氰指标。

六六六（总量）、对硫磷、甲基对硫磷、林丹和滴滴涕 5 项指标：六六六作为一种应用于昆虫神经的广谱杀虫剂，兼有胃毒、触杀和熏蒸作用，在农业和非农业方面都曾有广泛应用，被用于各种作物的种子处理和土壤处理，也被用于作物、观赏树木、草坪、温室土壤和木制品的杀虫。我国曾大规模使用有机氯农药，六六六是其中具有代表性的一种。后期鉴于其毒性及危害，我国于 1983 年已停止生产并禁止使用。对硫磷是一种广谱的非系统性的杀虫剂和杀螨剂，作用于胃接触与呼吸系统。曾被用作土壤播种前与收获前在叶子上进行前处理，并用于控制各种在果园、大田作物中生长的咀嚼昆虫、螨虫和土壤昆虫。后期鉴于其毒性及危害，我国从 2007 年起所有食品中均已禁用。甲基对硫磷是一种有效的广谱杀虫剂，主要用于农业棉花作物，用于杀死昆虫和螨虫。鉴于其毒性及危害，我国于 2007 年起所有食品中均已禁用。林丹和滴滴涕均为有机氯农药，曾被广泛用于防治作物、森林和牲畜的虫害。鉴于其毒性及危害且难降解，多年前已被我国禁用。鉴于我国多部门的水质监测、检测和调查结果中发现上述指标虽有检出，但浓度水平均远低于限值要求，且呈逐渐降低趋势的情况，本次修订在正文中删除了上述 5 项指标。

甲醛、1,1,1-三氯乙烷、硫化物、1,2-二氯苯和乙苯 5 项指标：甲醛主要的工业用途是生产尿素甲醛、酚、三聚氰胺、季戊四醇和聚缩醛树脂，也可用于工业合成多种有机化合物。饮用水中甲醛主要来源于臭氧进行的预氧化或消毒过程，控制失当时也可通过工业污染带入。1,1,1-三氯乙烷是良好的金属清洗剂，被广泛用作电子设备、发动机和电子仪器的清洗溶剂，饮用水中 1,1,1-三氯乙烷主要来源于工业排放和容器泄漏造成的污染。水中硫化物天然来源明显大于人为排放来源。二氯苯广泛用于工业和家庭用品，如去臭剂、化学燃料和杀虫剂，1,2-二氯苯是二氯苯类中的一个异构体。饮用水中1,2-二氯苯主要来源于由工业生产及用作溶剂和有机合成中间体时排放到水环境中带来的污染。乙苯主要是作为溶剂用于生产苯乙烯和苯乙酮，是沥青和石脑油的组成成分；乙苯在二甲苯混合物中的含量达15%～20%，该种混合物被用于涂料工业、杀虫喷雾剂和汽油混合物；饮用水中的乙苯主要来源于石油工业废水的污染。鉴于我国多部门的水质监测、检测和调查结果中发现上述指标虽偶有检出，但检出率较低，且浓度水平均远低于限值要求，本次修订在正文中删除了上述5项指标。

3. 修改名称指标

高锰酸盐指数（以 O_2 计）：GB 5749—2006 中指标名称耗氧量（COD_{Mn}法，以 O_2 计）的表达方式容易与耗氧量（COD_{Cr}法）混淆。本次修订根据该指标的英文名称（permanganate index）将其修改为高锰酸盐指数（以 O_2 计），与国内和国际相关标准保持了一致性。

氨（以 N 计）：GB 5749—2006 中包括 3 个与氮相关的指标，分别表述为氨氮、硝酸盐（以 N 计）和亚硝酸盐。本次修订统一了三氮指标的表达方式，将氨氮名称修改为氨（以 N 计）。

4. 调整限值指标

硝酸盐和浑浊度：硝酸盐广泛存在于土壤、水域及植物中。饮水是人体暴露硝酸盐的主要途径之一，儿童是硝酸盐暴露的敏感人群，长期高浓度摄入可导致儿童的高铁血红蛋白血症（俗称蓝婴症）。GB 5749—2006 中硝酸盐（以 N 计）指标限值为"10 mg/L，地下水源限制时为 20 mg/L"，本次修订根据我国现阶段的实际情况缩小了采取过渡措施的适用范围，即在小型集中式供水和分散式供水存在水源与净水技术受限的情况下才可以按照 20 mg/L 进行评价。同理，将浑浊度指标的要求从 GB 5749—2006 中的"1 NTU，水源与净水技术条件限制时为 3 NTU"调整为"1 NTU，小型集中式供水和分散式供水因水源与净水技术受限时，按 3 NTU 执行"。

高锰酸盐指数：高锰酸盐指数指以高锰酸钾为氧化剂，在一定条件下氧化水中还原性物质，所消耗的高锰酸钾的量，结果折算为氧表示（O_2，mg/L）。高锰酸盐指数能间接反映水体受到有机污染的程度，是评价水体受有机物污染情况的一项综合指标。GB 5749—2006 中高锰酸盐指数限值为 3 mg/L，原水大于 6 mg/L 时为 5 mg/L。鉴于高锰酸盐指数在反映水中有机物污染情况方面具有重要的指示意义，且我国现有的水质状况和水处理工艺有较大提升，本次修订取消了当原水大于 6 mg/L 时可放宽至 5 mg/L 的规定。

游离氯：在水中加入消毒剂并维持适当的消毒剂余量是确保饮用水供水安全的重要环节，游离氯是指以次氯酸、次氯酸根离子或溶于水中的氯单质形式存在的氯。GB 5749—2006 中游离氯出厂水中限值为 4 mg/L。虽然现有研究表明 5 mg/L 及以下浓度水平游离氯不会对人体存在有害效应，但鉴于氯消毒可产生已知和未知消毒副产物，且部分消毒副产物具有有害的健康效应，避免消毒剂的过量投加是控制消毒副产物的有效方式之一。鉴于此，本次修订将出厂水中游离氯余量的上限值从 4 mg/L 调整为 2 mg/L。

硼：地球上大部分的硼出现在海洋中，淡水中硼的含量取决于多种因素，如流域的地球化学环境、靠近海洋沿海地区、工业和城市污水排放等。硼主要由经口和吸入途径进入人体，破损皮肤可对硼有少量吸收。本次修订基于大鼠发育毒性研究得到的 BMDL10 [10.3 mg/(kg·d)]，采用健康风险评估模型推导得到硼的限值为 1.0 mg/L。

氯乙烯：氯乙烯主要用于聚氯乙烯的生产，氯乙烯和聚氯乙烯可用作塑料、橡胶、纸张、玻璃和汽车工业的原料，聚氯乙烯中氯乙烯单体的迁移是饮用水中氯乙烯可能的来源。虽然吸入是摄入氯乙烯最重要的途径，但当配水管网中使用具有高残留量氯乙烯单体的 PVC 管道时，饮用水对氯乙烯的摄入也有重要贡献。本次修订氯乙烯暴露致癌性研究，用药代动力学模型确定给药剂量（结果是大鼠生物测试中 10% 的动物出现肿瘤，包括经口接触的和零接触剂量的），应用线性外推法在不同剂量间绘制曲线，基于 10^{-5} 可接受致癌风险得出相应的数值，并假设从出生即开始接触的风险水平为上述数值的 2 倍，推导得出氯乙烯的限值约为 0.0003 mg/L。但考虑检验方法灵敏度的限制，将氯乙烯限值定为 0.001 mg/L。

三氯乙烯：三氯乙烯主要用于金属脱脂工艺，也被用作油脂、脂肪和焦油的溶剂，油漆去除剂、涂料和乙烯基树脂，以及通过纺织品加工工业来冲刷棉花、羊毛和其他织物。当三氯乙烯用于金属脱脂工艺过程时主要被排放到大气中，但也能以工业污水的形式进入环境水体中；污水处理不当以及在垃圾填埋场对三氯乙烯的不当处置是造成地下水污染的主要原因。三氯乙烯可通过经口途径摄入体内，同时由于其具有挥发性和脂溶性，也可以发生吸入暴露和皮肤暴露，比如通过洗澡和淋浴。本次修订基于大鼠发育毒性研究得出的 BMDL10 [0.146 mg/(kg·d)]，经过健康风险评估模型推导得出三氯乙烯限值为 0.02 mg/L。

乐果：乐果是一种有效的杀虫剂，可用于大多数水果和蔬菜等作物，杀死昆虫和螨虫，此外还可用于室内蝇类的控制。作为一种水溶性的农药，乐果进入水环境后可大量存在于水体中。乐果可通过经口、吸入和皮肤接触等方式进入人体。本次修订基于大鼠繁殖行为损伤实验研究得出的 NOAEL［1.2 mg/(kg·d)］，经过健康风险评估模型推导得出乐果限值为 0.006 mg/L。

7.4　GB 5749—2022 主要特点

7.4.1　延续了从源头到龙头的管理思路

水标准的终极管理对象是龙头水。龙头水的水质安全是一项系统工程，取决于水源、制水、输水、储水等各个环节的有效保障。新版饮用水标准在末梢水定义中明确了龙头水的定位（出厂水经输配水管网输送至用户水龙头的水），同时延续了 2006 版饮用水标准中从源头到龙头的系统化管理思路，在对龙头水提出水质要求的基础上还分别对水源水质（5）、净水过程（6 和 8.1）、输水过程（8.2）和二次加压调蓄供水的储水过程（7）等提出了卫生要求。

7.4.2　延续了对饮用水安全的基本认知

饮用水水质风险主要来源于由致病微生物污染带来的生物风险和由具有不良健康效应的化学物质污染带来的化学风险和由放射性物质污染带来的物理风险等。从健康效应危害程度来看，控制生物风险是饮用水安全保障的首要任务，其次是控制化学物质和放射性物质带来的健康风险。新版饮用水标准保留了 2006 版饮用水标准中对饮用水安全的界定，在生活饮用水水质基本要求（4.1）中将"生活饮用水中不得含有病原微生物"列为首位（4.1.a），将"生活饮用水中化学物质和放射性物质不得危害人体健康"列为次位（4.1.b 和 4.1.c），同时还从可接受性角度对饮用水的感官性状提出了要求（4.1.d）。

7.4.3　延续了将指标进行分类的方式

2006 版饮用水标准将水质指标分为了常规指标（42 项）和非常规指标（64 项），新版饮用水标准根据我国仍然存在着明显的水质地区性和季节性差异的实际情况，延续了将指标进行分类的方式，同时为便于理解将非常规指标的提法调整为扩展指标。新版饮用水标准中用常规指标反映全国的水质共性问题（《生活饮用水卫生标准》GB 5749—2022 中表 1 和表 2，共 43 项），用扩展指标反映不同地区、季节的水质差异性问题（《生活饮用水卫生标准》GB 5749—2022 中表 3，共 54 项）。

7.4.4　延续了全文强制的管理性要求

微生物指标、毒理指标和放射性指标的限值制定与健康风险密切相关，各国对上述污染物的限值规定通常都采用强制性要求的方式。而对于水质感官性状和一般化学指标，国际上对这类指标的管理要求并不统一：世界卫生组织《饮用水水质导则》中未对这类指标提出基于感官性状阈值而制定的限值要求；美国对这类指标的要求采用的是推荐性的管理方式。2006 版饮用水标准鉴于水质感官性状和一般化学指标是公众对饮用水安全的第一感受，且部分感官性状指标和一般化学指标的异常可能预示着水污染事件的发生等问题，故进行了全文强制，新版饮用水标准中依然延续了这一规定。

7.4.5　统一了城乡供水的水质要求

2006 版饮用水标准鉴于当年我国农村的供水状况，从标准可实施性出发提出了14 项指标的过渡性放宽要求。近 10 余年来我国政府强力推进农村饮用水安全保障工作，农村供水保障水平稳步提升，城乡供水差距逐年缩小。为全面有效推动我国饮用水安全整体水平，新版饮用水标准删除了针对农村供水的过渡性要求；同时考虑我国小型集中式供水和分散式供水在水源、净化、检测、管理等方面与规模化水厂尚存较大差距的现实性问题，提出"小型集中式供水和分散式供水因水源与净水技术受限时，菌落总数指标限值按 500 MPN/mL 或 CFU/mL 执行，氟化物指标限值按 1.2 mg/L 执行，硝酸盐（以 N 计）指标限值按 20 mg/L 执行，浑浊度指标限值按 3 NTU 执行"（《生活饮用水卫生标准》GB 5749—2022 中表 1，注 b），统一了城乡供水的水质要求。

7.4.6　强化了对消毒副产物的控制要求

消毒是控制饮用水生物风险的最有效手段，但是消毒是一把双刃剑，在有效杀灭致病微生物的同时也会生成卤代烃、卤乙酸等消毒副产物，且部分消毒副产物的高水平暴露可能会带来化学风险，造成健康危害。因此消毒过程中应做好生物风险和化学风险的双平衡，即在杀灭致病微生物的前提下尽可能降低消毒剂的投加量，减少消毒副产物的生成。新版饮用水标准将出厂水和末梢水中余氯的高限值从 4 mg/L 降至 2 mg/L，同时将常见的氯化消毒副产物、二氧化氯消毒副产物和臭氧消毒副产物都纳入常规指标，显示了强化对消毒副产物科学管控的理念和决心。

7.5　建　议

7.5.1　对城镇供水行业实施新标准的建议

1. 强化净水工艺升级改造

供水企业应对照新国标要求对水厂净水工艺和出水水质达标能力进行核查。出水水质不能满足新国标要求时，供水单位应对净水工艺实施升级改造。应重点关注感官性状指标、消毒副产物指标、新增指标、限值加严指标以及水源水质潜在风险的指标，当水源水质不稳定且会影响供水水质安全时，应协调有关部门调整水源或根据需要增加预处理或深度处理等工艺。

2. 强化供水管网建设与改造

供水企业应对照新国标要求开展辖区范围内供水管道的安全核查，对影响供水水质、妨害供水安全的劣质管材管道，运行年限满 30 年、存在安全隐患的其他管道，加快更新改造，进一步提升供水管网管理水平，确保供水管网系统的安全运行，满足用户龙头水的稳定达标要求。

3. 强化二次加压调蓄设施管理

各地应对照新国标要求对居民二次加压调蓄设施进行摸排，摸清各类加压调蓄设施的供水方式、供水规模、水质保障水平、服务人口、养护主体等基本情况，建立管理台账和信息动态更新机制。条件允许时新建二次加压调蓄设施应同步建设消毒剂余量、浑浊度等水质指标的监测设施，统筹布局建设水质消毒设施。既有设施不符合卫生要求的，应加快实施更新改造，杜绝二次污染。

4. 强化水质监测管理

供水企业应按照不低于《城镇供水与污水处理化验室技术规范》CJJ/T 182—2014 规定的Ⅲ级要求科学配置供水化验室检测能力，当处理规模大于 10 万 m³/d 时，应提高化验室等级。供水企业和二次加压调蓄供水单位应建立健全水质自检制度，按照《城市供水水质标准》CJ/T 206—2005 和《二次供水设施卫生规范》GB 17051—1997 中明确的检测项目、检测频率定期开展水源水、出厂水、末梢水、二次加压调蓄供水的水质检测；进一步完善供水水质在线监测体系，合理布局监测点位，科学确定监测指标，加强在线监测设备的运行维护。

5. 强化应急能力建设

供水企业应进一步加强水源突发污染、旱涝急转等不同风险状况下的供水应急响应机制，加强供水水质监测预警及相关应急净水材料和净水技术储备，完善应急净水工艺运行方案，提高应对突发事件和自然灾害的能力，增强供水系统韧性。建立健全从水源到水龙头的全流程供水安全防范措施和管理制度，取用地下水源还应重点加强汛期水源井卫生状况和安全隐患的排查，防止雨水倒灌及取水设施被淹，加强水质检测与消毒。

7.5.2　对进一步完善标准体系的建议

1. 强化法治化建设

饮用水安全是人类健康的基本保障，是关系国计民生的重要公共资源。到目前为止我国尚没有颁布饮用水安全法，虽然在《中华人民共和国传染病防治法》《中华人民共和国刑法》《中华人民共和国食品安全法》等多部法律中规定了饮用水安全的部分管理性要求，但因为上述法律各有侧重，因此对饮用水的管理要求难以做到全面、周到。美国于 1974 年颁布了第一部《饮用水安全法》，该法被评价为"在美国饮用水安全管理发展史上具有里程碑意义"，日本更是早在 1957 年就颁布了《水道法》。美国《饮用水安全法》和日本《水道法》中除了界定各部门在饮用水管理上的法定职责之外，还分别规定了饮用水国家标准的制修订程序和要求，为建立和强化两国的饮用水标准体系建设、提高饮用水安全保障水平发挥了重要作用。我国的饮用水管理架构和管理环节相对复杂，涉及生态环境、住建、水利、卫生健康等多个行政管理部门以及地方政府（水源保护）、供水企业（供水保障）以及化学处理剂、输配水设备、防护涂料等涉水产品生产企业（涉水产品卫生安全）等多个机构或管理对象，通过法律文件界定各部门和各级政府管理职责，规范供水企业和涉水产品生产企业生产行为，确定饮用水标准的制修订程序和要求，将有助于我国饮用水安全保障工作的持续改进和稳步提升。

2. 强化协调性要求

饮用水安全保障工作是系统工程，涉及取水、输水、净水、输配水、二次加压调蓄供水和龙头水等多个环节，其中水源水和龙头水作为饮用水安全保障链条上的起点和终点，意义尤为重大。1993 年建设部发布了行业标准《生活饮用水水源水质标准》CJ/T 3020—1993，但因年代久远，目前的水源水评价并未按此标准执行，而是执行《地表水环境质量标准》GB 3838—2002 和《地下水质量标准》GB/T 14848—2017，以地表水为水源时执行《地表水环境质量标准》GB 3838—2002；以地下水为水源时执行《地下水质量标准》GB/T 14848—2017。两个标准性质不同，《地表水环境质量标准》GB 3838—2002 是强制性标准，《地下水质量标准》GB/T 14848—2017 是推荐性标准。此外，由于两个标准的管理目标不仅限于水源，同时要兼顾水生生物保护、地下水质量保护等其他目标，且与自来水厂的工艺结合度不高，由此造成两个标准中规定的指标和限值要求与饮用水标准内容不匹配，个别指标甚至存在限值倒挂的情况，对标准执行单位造成了困扰。根据饮用水的水质要求及净水处理技术条件等制定专门的饮用水水源水质国家标准，统筹城市和农村不同水源类型的水质问题，确定水源水的指标和限值要求，将有助于开展目标明确的源头治理和污染控制。

3. 强化滚动修订机制

除了源头和龙头之外，过程控制对饮用水安全也至关重要。目前我国已基本建立了从源头到龙头的技术管理策略，在 GB 5749—2022 中对水源、制水、输水、储水等有关控制点提出了卫生要求，分别引入了《地表水环境质量标准》GB 3838—2002 和《地下水质量标准》GB/T 14848—2017（水源）、《生活饮用水集中式供水单位卫生规范》、《饮用水化学处理剂卫生安全性评价》GB/T 17218—1998 和《生活饮用水消毒剂和消毒设备卫生安全评价规范（试行）》（制水），《生活饮用水输配水设备及防护材料的安全性评价标准》GB/T 17219—1998（输配水），《二次供水设施卫生规范》GB 17051—1997（储水）等文件。但从上述文件的现行有效版本可以看出，标准修订滞后的情况普遍存在，GB 17051—1997 发布于 1997 年，GB/T 17218—1998 和 GB/T 17219—1998 发布于 1998 年，《地表水环境质量标准》GB 3838—2002 发布于 2002 年，《生活饮用水集中式供水单位卫生规范》和《生活饮用水消毒剂和消毒设备卫生安全评价规范（试行）》尚未纳入标准体系。建立滚动的标准制修订机制，根据社会发展、技术进步和公众诉求不断健全标准体系、完善标准内容，将有助于推动我国饮用水安全管理的系统化进程。

4. 强化基础性研究

随着经济社会的发展和检测水平的提升，越来越多的新污染物被发现，对新污染物暴露水平、健康效应、净化技术和检验技术等方面基础性研究的需求越来越迫切。目前国家已搭建了完善的城乡饮用水水质监测网络，在全国范围内开展标准内污染物暴露水平的调查及管控工作。但对于种类数量繁多、来源错综复杂的新污染物，还有很多的工作盲区，新污染物的筛查程序和技术方法尚未统一，风险监测和健康评估体系尚不健全。此外，新污染普遍存在着浓度低、毒性大的特点，高灵敏度的检测方法开发和完善的污染物健康危害效应研究也成为重大需求。今年我国全面启动了新污染物环境治理工作，以此为契机开展饮用水中新污染物的"筛、评、控"，建立污染物清单，开展新污染物监测及健康风险评估，将存在水质风险的指标及时纳入标准进行科学管控，将有助于使我国饮用水水质标准持续保持科学性和针对性。

第8章　贯彻落实新国标 依法依规推动
城市供水行业高质量发展

8.1 背　景

习近平总书记指出，"蓝天、空气、水的质量怎么样？老百姓的感受最直接"，"要从群众反映最强烈最突出最紧迫的问题着手，增强民生工作针对性、实效性、可持续性。"饮用水安全保障工作是直接关系基本民生、社会正常运行的市政公用事业，一直是群众反映最强烈、最关心的问题之一，其与人民群众幸福感、获得感、安全感密切相关，社会各界普遍关注。

近年来，国务院及相关部委高度重视饮用水安全保障工作，颁布了一系列部门规章、规范性文件、标准规范等政策制度，旨在加强城市供水规范化管理，促进城市供水行业高质量发展。

其中，2022年颁布的两份重量级标准对行业具有深远影响。一是2022年3月15日，国家卫生健康委员会修订颁布了《生活饮用水卫生标准》GB 5749—2022，该标准将于2023年4月1日起全面实施；二是2022年3月10日，住房和城乡建设部首次颁布《城市给水工程项目规范》GB 55026—2022，自2022年10月1日起实施，旨在"保障城市给水安全，规范城市给水工程建设和运行，节约资源，为政府监管提供技术依据"。这两个国标均为全文强制性标准，是规范城市供水安全保障工作的技术法规，对城市供水安全保障工作提出了新的要求，城市供水全行业、各从业者必须严格遵守。

2022年8月31日，为推动落实《生活饮用水卫生标准》GB 5749—2002，进一步提升城市供水安全保障水平，《住房和城乡建设部办公厅 国家发展改革委办公厅 国家疾病预防控制局综合司关于加强城市供水安全保障工作的通知》（建办城〔2022〕41号）明确提出："自2023年4月1日起，城市供水全面执行《生活饮用水卫生标准》GB 5749—2022；到 2025 年，建立较为完善的城市供水全流程保障体系和基本健全的城市供水应急体系"，并从"推进供水设施改造""提高供水检测与应急能力""优化提升城市供水服务""健全保障措施"4 方面提出了具体工作任务与要求。

城市供水行业企事业单位作为城市供水安全保障工作的直接实施主体，应正确认识 GB 5749—2022 新国标的法律地位，严格贯彻落实住房和城乡建设部《城市给水工程项目规范》GB 55026—2022 及相关业务政策制度要求，处理好与政府、用户的关系，主动作为、把握机遇，依法依规推动提升饮用水安全保障水平，推动城市供水行业高质量发展。

8.2　正确认识 GB 5749—2022 新国标的法定地位

城市供水企事业单位向用户供水，必须执行 GB 5749—2022，这涉及两个最基本的上位法。一是《中华人民共和国产品质量法》（中华人民共和国主席令 第二十二号）。城市供水企事业单位与用户之间，本质上是生产者与消费者的关系。该法第十三条明确规定，"可能危及人体健康和人身、财产安全的工业产品，必须符合保障人体健康和人身、财产安全的国家标准、行业标准；未制定国家标准、行业标准的，必须符合保障人体健康和人身、财产安全的要求。禁止生产、销售不符合保障人体健康和人身、财产安全的标准和要求的工业产品。具体管理办法由国务院规定。"很明显，自来水属于可能危及人体健康和人身安全的工业产品，若其不符合相关国家标准，则属于违法行为。该法第二十六条还对生产者的责任及产品具体要求进行了规定，详细释义见专栏 8-1。二是《中华人民共和国民法典》（中华人民共和国主席令 第四十五号）合同编。城市供水企业事业单位在收取相关费用进行结算时就已经产生了基本的买卖合同关系。该法第六百五十一条规定，"供水人应当按照国家规定的供水质量标准和约定安全供水。供水人未按照国家规定的供水质量标准和约定安全供水，造成用水人损失的，应当承担赔偿责任。"需要说明的是，对于城市供水行业而言，无论是《城市供水条例》《中华人民共和国水污染防治法》等法律法规对饮用水的有关规定，还是《城市给水工程项目规范》GB 55026—2022 等标准规范对城市供水工程建设与管理的相关要求，都是基于《中华人民共和国产品质量法》，为推动城市供水安全保障（即满足《生活饮用水卫生标准》GB 5749—2022）而颁布的规范城市供水行为的制度，在此不再赘述。

对于城市供水行业而言，产品质量法与民法典中所提及的国家标准就是《生活饮用水卫生标准》GB 5749—2022，且是唯一的水质质量标准（注：从买卖关系来看，水量水压可以看作是产品质量，也可以看作是约定的销售供应方式）。GB 5749—2022是国家卫生健康委员会从健康角度出发，对"供人生活的饮水和用水"提出的水质标准，是城市供水行业必须遵守的强制性标准，也是保证人人享受饮用水这一人权的最基本之标准。

综上，GB 5749—2022是城市供水行业最高且唯一的产品质量（水质）标准，在饮用水安全保障中有承上启下之作用，所谓"上"，即有关法律法规，所谓"下"，即有关标准规范。城市供水企事业单位及行业知名学者和专家，应该引导行业从业者及社会各界正确认识 GB 5749—2022 的法定地位，认识到满足 GB 5749—2022 要求就是保障公民基本人权的最根本要求，增加社会百姓对城市自来水的信心；对于是否要在国家标准基础上进一步提高标准、就哪些指标进行提高等，应有充分的水质健康数据积累，由卫生健康专家进行充分评估，不可片面、简单地以"越严越好"为目的来擅自改变标准；切忌创造新名词、新概念，引起社会百姓的误解甚至是错误认识，带来降低政府、市政公用企事业单位威信的潜在风险。

专栏 8-1：《中华人民共和国产品质量法》第二十六条释义

全面依法治国是"四个全面"战略布局的重要组成部分，具有基础性、保障性作用。本专栏为《中华人民共和国产品质量法》第二十六条关于产品质量要求的释义。希望能以此引起城市供水行业对法律法规中责权规定的重视，加强相关法律法规研究，既要依法依规承担责任，又要合理捍卫、行使城市供水企业应有之权利。

一、原文

第二十六条　生产者应当对其生产的产品质量负责。

产品质量应当符合下列要求：

（一）不存在危及人身、财产安全的不合理的危险，有保障人体健康和人身、财产安全的国家标准、行业标准的，应当符合该标准；

（二）具备产品应当具备的使用性能，但是，对产品存在使用性能的瑕疵作出说明的除外；

（三）符合在产品或者其包装上注明采用的产品标准，符合以产品说明、实物样品等方式表明的质量状况。

二、释义

本条是关于生产者对其生产的产品质量负责及对产品质量应达到的法定要求的规定。

（一）本条第一款规定了生产者对产品质量负责。这里所规定的生产者对其生产的产品质量负责，包括两方面的含义：一是指生产者必须严格履行其保证产品质量的法定义务，二是指生产者不履行或不完全履行其法定义务时，必须依法承担相应的产品质量责任。所谓生产者的法定产品质量义务，是指生产者必须依照法律的规定，为保证其生产的产品的质量必须做出一定行为或者不得做出一定行为。生产者的产品质量责任，是指生产者违反国家有关产品质量的法律、法规的规定，不履行或者不完全履行法定的产品质量义务时所应依法承担的法律后果。产品质量责任是一种综合责任，包括承担相应的行政责任、民事责任和刑事责任。在《中华人民共和国产品质量法》第四章和第五章中，对生产者的产品质量责任问题作出了明确的规定。

生产者作为市场经济活动的主体，通过从事产品的生产活动以获取利润，谋求发展。生产者生产的产品最终总要进入消费领域，为消费者使用。生产者只有努力使自己生产的产品在适用性、安全性、可靠性、维修性、经济性等质量指标上，都符合相应的标准和要求，才能满足消费者的需要，实现产品的价值，生产者也才能取得相应的经济效益，在激烈的市场竞争中求得生存和发展。鉴于生产者是产品的直接创造者，其产品的开发、设计和制造决定了产品质量的全部特征和特性，产品的生产环节对其质量好坏具有根本的作用。因此，法律规定，生产者必须对其生产的产品质量负责。生产者应当将保证产品质量作为其首要义务，通过强化质量管理，增加技术投入，改进产品售后服务等措施，不断提高其产品质量水平。

（二）按照本条第二款的规定，生产者应当保证其生产的产品符合下列要求：

1. 不存在危及人身、财产安全的不合理的危险，有保障人体健康和人身、财产安全的国家标准、行业标准的，应当符合该标准。这是法律对生产者保证产品质量义务的强制性规定，生产者不得以合同约定或者其他方式免除或减轻自己的此项法定义务。产品不得存在危及人身、财产安全的不合理的危险，是法律对产品质量最基本的要求，直接关系产品使用者的身体健康和人身、财产安全。生产者违反这一质量保证义务的，将要受到严厉的法律制裁。生产者要保证其产品不存在危及人身、财产安全的不合理的危险，首先应当在产品设计上保证安全、可靠。产品设计是保证产品不存在危及人身、财产安全的不合理危险的基本环节。其次，在产品制造方面保证符合规定的要求。制造是实现设计的过程，在实际经济生活中，制造上的缺陷往往是导致产品存在危及人身、财产安全的不合理的危险的主要原因。另外，在产品标识方面还要保证清晰、完整。对涉及产品使用安全的事项，应当有完整的中文警示说明、警示标志，并且标注清晰、准确，以提醒人们注意。

生产者要保证其生产的产品不存在危及人身、财产安全的不合理危险，必须使其产品符合保障人体健康、人身财产安全的国家标准、行业标准。对尚未制定有关的国家标准、行业标准的新产品，生产者必须按照保证其产品不存在危及人身、财产安全的不合理的危险的法定要求，通过制定企业标准等措施，保证其产品具备应有的安全性能。

2. 具备产品应当具有的使用性能。所谓产品具有应当具有的使用性能，是指某一特定产品应当具有其基本的使用功能。产品应当具有使用性能主要体现在两方面：一方面是在产品标准、合同、规范、图样和技术要求以及其他文件中明确规定的使用性能。另一方面是隐含需要的使用性能。这里所讲的隐含需要是指消费者对产品使用性能的合理期望，通常是被人们公认的、不言而喻的、不必作出规定的使用性能方面的要求。具备产品应当具备的使用性能是本法对生产者保证产品质量所规定的又一法定义务。但是，当生产者对产品使用性能的瑕疵作出说明时，可以免除生产者的此项义务。这里所谓瑕疵，是指产品质量不符合应有的使用性能，或者不符合采取的产品标准、产品说明、实物样品等明示担保条件，但是产品不存在危及人身、财产安全的不合理的危险，未丧失产品原有的使用价值。依照本法规定，对产品使用性能的瑕疵，生产者应当予以说明后方可出厂销售，并可免除生产者对已经明示的产品使用性能的瑕疵承担责任。如果生产者不对产品的瑕疵作出说明而予以销售的，生产者应当承担相应的产品质量责任。当然，如果除说明的产品的瑕疵之外，产品还存在未明示的瑕疵的，生产者仍应对未明示部分的产品瑕疵承担相应的担保责任。

3. 产品质量应当符合明示的质量状况。即产品质量应当"符合在产品或者其包装上注明采用的产品标准，符合以产品说明、实物样品等方式表明的质量状况。"这是法律对生产者保证产品质量所规定的明示担保义务。所谓产品质量的明示担保，是指产品的生产者对产品质量性能的一种明示的自我声明或者陈述，由生产者根据事实自愿作出，多见于生产者证明产品符合某一标准、某些状态要求的产品说明、实物样品、广告宣传中。在产品或者包装上注明采用的产品标准，是表明产品质量符合自身标注的产品标准中规定的质量指标，判定产品是否合格，则以该项明示的产品标准作为依据。当然，生产者明示采用的产品标准不得与强制性的国家标准、行业标准相抵触。产品说明是生产者向消费者提供的文字说明性资料。告知消费者关于产品的有关性能指标、使用方法、安装、保养方法、注意事项，以及有着三包的事项等。所以，产品说明也是生产者向社会明确表示的保证和承诺。实物样品实际上是一种实物标准，实物样品清楚地表明了产品的质量状况。消费者根据实物样品购买的产品应当同样品的质量保证相符。

注：摘自《中华人民共和国产品质量法释义》，出版社：法律出版社；作者：卞耀武（全国人大常务委员会法制工作委员会原副主任委员）

8.3　主动作为，做好对标贯标工作

作为代替或代表城市人民政府履行城市供水安全保障责任的城市供水企事业单位，应主动作为，对标对表，客观看待、科学应对城市供水安全保障中存在的问题，勇于承担应承担之责任、行使应行使之权利，以实际行动取得政府、百姓的信任。

8.3.1　正确看待、科学应对水源问题

水源是影响城市饮用水安全保障的重要因素之一。《生活饮用水卫生标准》GB 5749—2022 规定，"5.3 水源水质不能满足 5.1（采用地表水为生活饮用水水源时，水源水质应符合 GB 3838 要求）或 5.2（采用地下水为生活饮用水水源时，水源水质应符合 GB/T 14848—2017 中第 4 章的要求）要求，不宜作为生活饮用水水源。但限于条件限制需加以利用时，应采用相应的净水工艺进行处理，处理后的水质应满足本文件要求"。实际工作中，确实存在"不宜作为生活饮用水水源"但因没有选择而不得不使用其作为饮用水水源的情况，如何应对不达标水源，也是行业面对的主要难题之一。

1. 饮用水水源水质好转趋势明显

从饮用水安全保障的全流程来看，水源处于整个系统的最前端。城市供水企事业单位作为水源水的"用户"，当然希望"原材料"（水源水质）越优良越好。

一是用历史的眼光正确看待水源污染问题。发达国家在城镇化、工业化发展过程中，饮用水水源也曾受到过严重污染，对百姓健康饮水带来了极大影响。20 世纪 60 年代，美国城镇化率已经超过 72%，但 1969 年美国公共卫生服务中心的一项调查表

明，受水源污染、设施管理不到位等因素影响，只有60％的饮用水供应系统能够满足国家卫生标准；时至今日，发达国家也时常发生因饮用水水源污染而导致饮用水水质不达标现象。发达国家所经历的先污染再治理的过程，其当时水污染状况与我国目前水污染状况相比，有过之而无不及。我国城镇化速度快、社会经济发展快，在转变发展方式、强化污染治理方面有后发优势，可以一定程度上避免或降低水源污染带来的饮用水水质安全风险。因此，我们应该用历史发展的眼光，客观正确地看待这一不可回避的事实。

二是国家正在下大决心改善水环境，效果显著。习近平总书记指出，"绿水青山不仅是金山银山，也是人民群众健康的重要保障"，并要求各地"必须高度重视，要正视问题、着力解决问题，而不要去掩盖问题"，强调"群众天天生活在环境之中，对生态环境问题采取掩耳盗铃的办法是行不通的。"近年来，尤其是党的十八大以来，各地区、各部门深入打好污染防治攻坚战，通过取缔涉及水源保护区的违法排污口、搬迁治理涉及饮用水水源保护区的工业企业等，累计完成了2804个水源地1万多个问题的排查整治①，解决了一批过去想解决而长期未解决的历史遗留问题。生态环境部发布的《中国生态环境状况公报》② 显示，我国地表水环境质量稳步改善，集中式生活饮用水水源水质达标情况总体保持稳定。

2. 做好各类水源水质净化技术储备

对于城市供水企事业单位而言，尤其是对于给水排水工程专业人士而言，我们应有绝对的应对各类水源水质状况的信心。

一方面，对于短期内水质无法彻底改善或无法达标的水源，我们应在时刻关注掌握水源水质实际情况的同时，及时储备可以应对水源水质潜在风险的净水技术。从水处理技术角度看，水源水质大体可以分为3大类，一是通过简单处理（如消毒）就可满足GB 5749—2022要求的水源；二是通过常规工艺处理（混凝＋沉淀＋过滤＋消毒）就可满足GB 5749—2022要求的水源；三是在常规工艺基础上增加预处理（预氧化、生物预处理等）或深度处理（臭氧活性炭、膜工艺等）后可满足GB 5749—2022要求的水源。特殊情况下，如水源污染、自然灾害等突发事件发生时，还有一系列的

---

① 绘就人水和谐的美丽图景（奋进新征程 建功新时代·非凡十年）［EB/OL］. 人民日报，2022-10-08. http://paper.people.com.cn/rmrb/html/2022-10/08/nw.D110000renmrb_20221008_4-01.htm.

② 2021中国生态环境状况公报［EB/OL］. 生态环境部，2022-05-28. https://www.mee.gov.cn/hjzl/sthjzk/zghjzkgb/202205/P020220608338202870777.pdf.

较为成熟的水处理技术可以应对。理论上以及实际上，无论什么样的水源都可以通过技术处理满足GB 5749—2022要求，随着科学技术的不断进步和发展，我们已经具备了应对各类水源水质问题的技术储备和应用能力。美国环保局基于近100年饮用水水源水质状况、净水工艺发展及其特点等，总结了可用于饮用水净化处理的相关技术及其可用于去除的污染物种类，这里结合研究对其进行了整理和汇总（表8-1），其中内容不一定完全适合于我国实际情况，仅供供水行业从业者借鉴经验、开拓思路。当然，依靠科技进步的同时，也要避免缺乏科学论证的、盲目一刀切的过度处理或反应。对于深度处理工艺，要考虑实际需要，不能进行"哗众取宠"式、"跟风"式的深度处理，不能仅仅为了打造所谓"全流程水处理工艺"而盲目延长处理流程；对于所谓新污染物，要科学客观对待，不能将学术研究内容盲目扩大到实际工程生产领域，不能进行"抛开浓度谈毒性"式的过分渲染。其中还涉及经济成本问题，与水价密切相关（水价问题将在章节8.4.1中讨论）。

另一方面，随着水资源的逐步紧缺，新鲜水资源供应将越来越受限，已使用过的循环水甚至是污水废水，作为饮用水水源的可能性在增加。这就需要我们以更积极主动的心态来面对，以给水排水的专业本质来应对水源水质污染及水量循环循序利用问题。新加坡作为一个缺水国家，其对水资源的循环循序利用已成为国际典型，"专栏8-2"对新加坡以污水为水源NEWater进行了简介，供行业同仁参考。

专栏8-2：新加坡的NEWater

NEWater被称为新加坡国家4个水龙头之一（其余3个为当地自来水、外调水、海水淡化水）。

NEWater的起源可以追溯到20世纪70年代，当时新加坡政府委托进行一项研究，以确定生产再生水的可行性。尽管研究发现这在技术上是可行的，但该技术的高成本和未经证实的可靠性是无法克服的担忧。到了20世纪90年代，膜技术的成本和性能已大幅提高。1998年，新加坡公用事业局成立了一个专业团队，对最新膜技术用于饮用水进行研究。两年后，该公司建设了一个10000m³/d的示范厂。NEWater生产过程包括3个阶段：第一阶段——微滤（MF）或超滤（UF），经过处理的废水通过膜过滤掉微观颗粒和细菌。第2阶段——反渗透（RO），使用半渗透膜处理，其只允许非常小的分子如水分子通过，包括病毒在内的有害污染物无法通过膜。第3阶段——紫外线消毒（UV）。

工程、生物医学科学、化学和水技术领域的一个国际专家组检测证明，NEWater的质量完全符合世界卫生组织和美国环保局对饮用水的要求。目前，NEWater有两个用途，一是非饮用用途，主要用于对水质要求甚至比饮用水还要严格的晶片制造厂等工业企业，二是在干旱期，将其引入自来水处理厂的原水蓄水池，将混合水在传统水处理厂中经过进一步处理后以供饮用。

当前，NEWater可以满足新加坡约40%的国家用水需求，已经成为新加坡水资源可持续的支柱，到2060年，新加坡将扩大NEWater产量，以满足其未来55%的用水需求。

不同饮用水净水工艺特点及其可去除污染物种类汇总表

表 8-1

序号	工艺名称（中文）	工艺名称（英文）	特点	污染物
1	吸附性介质	Adsorptive Media	活性氧化铝、铁改性活性氧化铝、铁基介质和铁改性树脂、钛基介质和锆基介质等	1，2-二溴乙烷、1，4-二氧六环、乙炔雌二醇、甲草胺、砷、苯、呋喃丹、金霉素、铬、氟化物、汞、灭多威、甲基叔丁基醚、锶、硝基苯、全氟和多氟烷基物质、全氟辛烷磺酸、全氟辛酸、铀
2	曝气和空气吹脱	Aeration and Air Stripping		1，2，3-三氯丙烷、1，2-二溴乙烷、1，4-二氧六环、砷、苯、顺-1，2-二氯乙烯、汞、甲基叔丁基醚、全氟和多氟烷基物质、全氟辛烷磺酸、全氟辛酸、四氯乙烯、三氯乙烯
3	生物过滤	Biological Filtration	生物降解、微污染物吸附和悬浮固体过滤颗粒活性炭（GAC）通常用于提供必要的生物膜形成	1，4-二氧六环、甲草胺、砷、布洛芬、天然有机物、硝基苯、全氟和多氟烷基物质、高氯酸盐、全氟辛酸
4	生物处理	Biological Treatment	生物处理采用流化床反应器、生物膜反应器和悬浮生长反应器等技术。过滤介质接种微生物。生物处理过程中使用的生物反应器可以填充典型生物滤池填料或使用的零价铁填料或玻璃珠填料	1，4-二氧六环、4-壬基苯酚、乙草胺、乙草胺降解物、苯、旋流体（RDX）、氟化物、布洛芬、灭多威、甲基叔丁基醚、天然有机物、硝基芬、全氟和多氟烷基物质、高氯酸盐、全氟辛酸、铀、烯菌酮
5	化学处理	Chemical Treatment	包括类似于 pH 调节或添加缓蚀剂以控制铝和铜的过程	砷、隐孢子虫、旋流体（RDX）、氰化物、草甘膦、布洛芬、草敌、高氯酸盐、全氟辛酸、蓖麻毒素、西玛津和西玛津降解物
6	氯胺	Chloramine		砷、隐孢子虫、全氟辛烷磺酸、微囊藻毒、仿寒杆菌
7	氯	Chlorine		1，4-二氧六环、乙炔雌二醇、砷、4-壬基苯酚、乙草胺、乙草胺降解物、甲草胺、呋喃丹、隐孢子虫、氰化物、二嗪酮、乙拌磷、敌草隆、炭疽杆菌、大肠杆菌、草甘膦、布洛芬、甲草胺、全氟和多氟烷基物质、全氟辛烷磺酸、全氟辛酸、敌草快、禾草敌、蓖麻毒素、伤寒杆菌、西玛津和西玛津降解物、特丁硫磷、菊酯、残杀威、霍乱弧菌
8	二氧化氯	Chlorine Dioxide		乙炔雌二醇、甲草胺、砷、呋喃丹、隐孢子虫、草甘膦、布洛芬、甲草胺、微囊藻毒、甲草胺、全氟和多氟烷基物质、全氟辛烷磺酸、全氟辛酸、残杀威、西玛津和西玛津降解物

续表

序号	工艺名称（中文）	工艺名称（英文）	特点	污染物
9	传统处理	Conventional Treatment	常规处理包括以下单元过程：混凝、絮凝、澄清和过滤。通常随后进行全面清毒	1,4-二氧六环、乙炔雌二醇、4-壬基酚、乙草胺、乙草胺降解物、甲草胺、甲草胺降解物、涕灭威、砷、呋喃丹、金霉素、铬、隐孢子虫、故草隆、大肠杆菌、氟化物、草甘膦、布洛芬、异丙甲草胺、微囊藻毒、天然有机物、（高）聚解物质、全氟辛烷磺酸、氟辛酸、镭、西玛津和西玛津降解物、锶、三氯乙烯、铀
10	硅藻土过滤	Diatomaceous Earth Filtration	硅藻土（DE）是一种过滤方法。DE由一种粉末状介质组成。DE过滤器最适合处理低细菌计数和低浊度的水	隐孢子虫、苯线磷
11	直接过滤	Direct Filtration	直接过滤适用于处理优质水供水。它包括添加混凝剂、快速混合、絮凝和过滤。与传统处理方法相比，主要区别在于混凝剂添加和过滤之间没有分离过程，如沉淀或气浮	砷、隐孢子虫、布洛芬、涕灭威、甲草胺、微囊藻毒、霍乱弧菌
12	高级氧化强化过滤	Advanced Oxidation Process (AOP) Enhanced Filtration	高级氧化强化过滤适用于处理微污染水源水和地下水。其中高级氧化工艺（AOP）与过滤工艺（Filtration）结合使用，以促进活性氧物种（ROS）的形成。与传统过滤相比，主要区别在于过滤过程中产生氧化还原作用，达到高效去除微污染的目的	砷、铁、锰、藻类、隐孢子虫、布洛芬、涕灭威、甲草胺、微囊藻毒、全氟辛烷磺酸、三氯乙烯、霍乱弧菌
13	活性炭	Granular Activated Carbon	活性炭通常用于吸附饮用水处理中的天然有机化合物、味道和气味化合物以及合成有机化学品	1,2,3-三氯丙烷、1,4-二氧六环、乙草胺、乙草胺降解物、甲草胺、铬、汞、涕灭威、天然有机物、镉、微囊藻毒、全氟辛烷磺酸、三氯乙烯、1,2-二溴乙烷、1,4-二氧六环、乙炔雌二醇、苯、呋喃丹、隐孢子虫、异丙甲草胺、异丙甲草胺降解物、全氟和多氟烷基降解物、土的宁、四氯乙烯、4-壬基酚、砷、钴、旋流体（RDX）、故敌畏、百治磷、速灭磷、高氯酸盐、全氟辛酸、镭、西玛津和西玛津降解物、全氟乙烯
14	过氧化氢	Hydrogen Peroxide	过氧化氢（H2O2）很少作为独立的处理工艺用于饮用水处理	1,4-二氧六环、甲草胺、呋喃丹、隐孢子虫、氟化物、二嗪酮、敌草隆、布洛芬、马拉硫磷、涕灭威、甲基叔丁基醚、微囊藻毒、全氟和多氟烷基物质、全氟辛烷磺酸、蒽菌毒素、伤寒杆菌、皮唑醇、三氯乙烯
15	离子交换	Ion Exchange	离子交换（IX）过程是一种可逆的化学反应，用于从溶液中除去溶解的离子，并用其他带类似电荷的离子取代它们。在水处理中，它主要用于软化水中的钙和镁离子	砷、金霉素、铬、钴、氟化物、汞、天然有机物、镭、锶、铀、高氯酸盐、全氟辛烷磺酸、全氟辛酸、全氟和多氟烷基盐、烷基磺酸、铀

续表

序号	工艺名称（中文）	工艺名称（英文）	特点	污染物
16	膜过滤	Membrane Filtration	水处理中常用的膜过滤工艺包括微滤（MF）和超滤（UF）。MF 和 UF 通常用于去除微粒和微生物污染物，在传统处理和软化应用中经常用作快速砂滤的替代品	砷、铬、钴、隐孢子虫、敌草隆、草甘膦、汞、微囊藻毒、天然有机物、锶、铀、全氟和多氟烷基磺酸盐、高氯酸盐、全氟辛烷磺酸
17	膜分离	Membrane Separation	膜分离过程包括纳滤（NF）、反渗透（RO）、电渗析（ED）和电渗析反转（EDR）。NF 和 RO 均基于反渗透原理运行。渗透是溶剂（如水）通过半透膜（作为溶解污染物的屏障）从较低浓度向较高浓度的溶液流动的自然运动	1,4-二氧六环、乙炔雌二醇、4-壬基酚、甲草胺、涕灭威、砷、苯、吱喃丹、铬、隐孢子虫、氰化物、敌敌畏、苯线磷、氟化物、布洛芬、马拉硫磷、汞、恶戊醇、速灭磷、微囊藻毒、天然有机物、甲基叔丁基醚、全氟和多氟烷基磺酸盐、高氯酸盐、锶、铍麻毒素、西玛津和西玛律降解物、锰、土的宁、三氯乙烯、菲菌酮
18	臭氧	Ozone	臭氧（O₃）是饮用水处理中最强的消毒剂和氧化剂之一。臭氧必须在现场制备并立即使用。由于其半衰期短，通常不到 30min，故在下游过程中不会保留。因此，它只能用作初级消毒剂。必须添加二级消毒剂，如氯或氯胺，以保持分配系统内的消毒剂残留	1,4-二氧六环、乙炔雌二醇、4-壬基酚、乙草胺、甲草胺降解物、甲草胺、二嗪酮、敌敌畏、草甘膦、呋喃丹、氰化物、甲基叔丁基醚、异丙甲草胺、布洛芬、马拉硫磷、禾草敌、天然有机物、残、硝基苯、全氟和多氟烷基磺酸盐、高氯酸盐、全氟辛烷磺酸、全氟乙烯、残菌酮、杀螟威、西玛津和西玛律降解物、三氯乙烯、烯菌酮
19	臭氧和过氧化氢	Ozone and Hydrogen Peroxide	O₃/H₂O₂ 系统是一种高级氧化工艺（AOP），其中过氧化氢（H₂O₂）与臭氧（O₃）结合使用，以促进羟基自由基（·OH）的形成。羟基自由基是一种比分子臭氧更强的氧化剂	1,4-二氧六环、4-壬基酚、甲草胺、隐孢子虫、氰化物、二嗪酮、敌敌畏、布洛芬、马拉硫磷、甲基叔丁基醚、微囊藻毒、甲草胺、全氟辛烷磺酸、高氯酸盐、全氟和多氟、三氯乙烯
20	臭氧和过硫酸盐	Ozone and Persulfate	O₃/Persulfate 系统是一种高级氧化工艺（AOP），其中过硫酸盐（Persulfate）与臭氧（O₃）结合使用。硫酸根自由基（SO₄²⁻）及非自由基自由基（·OH）及羟基自由基路径较臭氧路径有更强的氧化特性	土臭素、二甲基异茨醇、1,4-二氧六环、4-壬基酚、甲草胺、隐孢子虫、甲草胺、虫、氰化物、二嗪酮、布洛芬、马拉硫磷、甲基叔丁基醚、胺、微囊藻毒

续表

序号	工艺名称（中文）	工艺名称（英文）	特点	污染物
21	臭氧和过渡金属及其氧化物	Ozone and Transition Metal/Metal Oxides	O_3/过渡金属及其氧化物系统是一种非均相催化高级氧化工艺（AOP），其中过渡金属及其氧化物（Transition metal/metal oxides）与臭氧（O_3）结合使用，大幅度提升臭氧分解速率，以促进羟基自由基（·OH）、超氧自由基（$O_2·^-$）的形成。过渡金属及其氧化物的界面催化作用强化降解污染物的能力	土臭素、二甲基异莰醇、1,4-二氧六环、4-壬基酚、甲草胺、隐孢子虫、氧化物、二嗪酮、敌敌畏、布洛芬、马拉硫磷、甲基叔丁基醚、甲草胺、微囊藻毒
22	臭氧微纳气泡	Ozone Micro/Nano Bubbles	O_3微纳米气泡系统是一种均相催化高级氧化工艺（AOP），其中臭氧微纳气泡能够提高臭氧浓度、提升臭氧分解速率，以促进羟基自由基（·OH）、超氧微纳气泡均相催化氧化难降解污染物的能力	土臭素、二甲基异莰醇、1,4-二氧六环、甲草胺、隐孢子虫、氧化物、二嗪酮、敌敌畏、布洛芬、马拉硫磷、甲基叔丁基醚、甲草胺、微囊藻毒
23	高锰酸盐	Permanganate	高锰酸盐是一种强氧化剂。主要用于控制味道和气味，去除颜色，控制生物生长，以及去除铁和锰。高锰酸盐还可以处理取水构筑物和管道中的微生物、致病微生物等。高锰酸盐还可控制三卤甲烷和其他消毒副产物的形成和减少对其他消毒剂的需求来控制三卤甲烷和其他消毒副产物的形成。高锰酸盐还可以降低混凝剂的投加量	1,4-二氧六环、甲草胺、砷、隐孢子虫、旋流体（RDX）、草甘膦、微囊藻毒、全氟辛烷磺酸、菌株毒素、三氯乙烯
24	高铁酸盐	Ferrate	高铁酸盐是绿色多功能净水剂，具有氧化、助凝、吸附、絮凝、消毒、催化等多重水质净化特性，可用于水中有机污染物的氧化脱毒、重金属离子去除、嗅味去除、微塑料去除等。对于含藻水、低温低浊水，高铁酸盐可作为助凝剂对溶解性有机物、颗粒物、微生物、金属离子等有良好的净化效果，改善澄清效果，并有效降低出水的消毒副产物生成量	砷、铊、锰、钼、隐孢子虫、藻类、藻毒素、微塑料

续表

序号	工艺名称（中文）	工艺名称（英文）	特点	污染物
25	沉淀软化	Precipitative Softening	沉淀软化利用化学沉淀来降低源水中的硬度，并在过滤前改善絮凝清。典型的沉淀软化过程包括快速混合、絮凝、沉淀、再碳化和过滤	乙炔雌二醇、砷、铬、氟化物、汞、全氟和多氟烷基物质、全氟辛酸、镭、锶、西玛津和西玛津降解物、铀
26	慢砂滤池	Slow Sand Filtration	慢砂过滤可用于去除微粒和微生物成分。在这个过程中，砂层表面存在生物活性膜，水通过砂层的渗透进行处理	砷、隐孢子虫、微囊藻毒、全氟辛烷磺酸、镭
27	紫外线	Ultraviolet Irradiation	紫外线（UV）可用于饮用水病原体的灭活或微污染物的氧化。在后一种作用中，它通常与氧化氢气结合使用，作为高级氧化工艺的一部分。紫外线消毒或氧化是一种利用紫外线微的物理过程，不需要添加任何化学品。这项技术以其灭活微生物（即细菌、病毒、藻类等）的杀菌能力而闻名，包括对氯病原体，如隐孢子虫	1,4-二氧六环、乙炔雌二醇、乙草胺、甲草胺、砷、炭疽杆菌、吡嘧啶旋流体（RDX）、三嗪酮、敌敌畏、敌草隆、二硫氰试剂、敌草隆、大肠杆菌、草甘膦、灭草松、布洛芬、硝基苯、异丙甲草胺、甲基叔丁基醚、速灭威、微囊藻毒、禾草敌、恶草酮、全氟和多氟烷基物质、高氯酸盐、全氟辛烷磺酸、残杀威、伤寒杆菌、菌麻毒素、霸乱弧菌、戊唑醇、特丁硫磷、三氯乙烯、烯菌酮
28	紫外线氧化氢	Ultraviolet Irradiation and Hydrogen Peroxide	UV/H₂O₂ 系统是一种高级氧化工艺（AOP），以生成羟基自由基（·OH），其具有氧化各种有机和无机污染物的能力	1,4-二氧六环、乙炔雌二醇、乙草胺、甲草胺、苯、吡嘧丹、氧化物、旋流体（RDX）、三嗪酮、乙拌磷、敌敌畏、马拉硫磷、灭草威、甲基叔丁基醚、异丙甲草胺、微囊藻毒、恶戊醇、全氟和多氟烷基物质、禾草敌、恶草酮、硝基苯、全氟辛烷磺酸、全氟辛酸、西玛津和西玛津降解物、三氯乙烯
29	紫外线和臭氧	Ultraviolet Irradiation and Ozone	高级氧化工艺（如 O₃/H₂O₂、UV/H₂O₂、UV/H₂O₂ 和 UV/O₃）可用于去除饮用水处理中的持久性污染物，其中一些污染物包括农药、汽油添加剂、味道和气味化合物以及药物化合物	1,4-二氧六环、甲草胺、涕灭威、苯、吡嘧丹、甲草胺、速灭磷、硝基苯、恶戊醇、全氟辛烷磺酸、全氟辛酸、士的宁、三氯乙烯

3. 坚持"节水优先"为前提的水量保障

2014 年 3 月 14 日，习近平总书记在中央财经领导小组第五次会议上，从全局和战略的高度，对我国水安全问题发表了重要讲话，明确提出"节水优先、空间均衡、系统治理、两手发力"的新时期治水工作思路。

作为城市供水行业企事业单位，水源管理并非属于其责任。本着对城市供水事业、对百姓和社会经济发展负责的态度，可主动向当地市政府及有关部门提出建议。一是对城市公共供水管网覆盖范围内的自备水井，应按照国家要求一律予以关停，但关停不是永久封存，应本着"优水优用"、优先供应人民生活用水的原则，交由城市供水主管部门作为应急备用水源统一管理。二是对于外调水源，应倡议当地加强节约用水并充分挖掘当地现有水源，坚持"以水定城、以水定地、以水定人、以水定产"的原则，量水而行、因水制宜，从而避免盲目实施大规模长距离跨流域调水。

8.3.2 加强水质安全管理

1. 强化设施建设改造等"硬件"能力

摸清设施资产底数、有序推进自来水厂与供水管网等设施建设改造、优选优用优质管网管材等设备材料、保证各项各类工程建设质量等，这在《住房和城乡建设部办公厅 国家发展改革委办公厅 国家疾病预防控制局综合司关于加强城市供水安全保障工作的通知》（建办城〔2022〕41 号）文件、行业内相关标准规范等政策制度中已经有明确规定且反复强调，在这里不再赘述。

在开展上述工作以提升城市供水系统"硬件"能力的时候，要考虑设施建设改造的系统性和灵活性。

一是关于城市供水设施的系统性，我们不能孤立地看待城市供水系统中的任何一段设施或任何一个构筑物。从水源取水后向用户供水，需要经历自来水厂（水质净化设施）、管网泵站（输配设施）等。对于城市供水行业设计师、工程师而言，不能片面地将自来水厂作为控制饮用水产品质量的唯一措施，不能错误地以出厂水符合生活饮用水卫生标准作为设计目的、将出厂水作为供水企业生产的"成品"。我们的任务应该是从设计阶段起，就系统地考虑这些设施的作用，必须将自来水厂视为城市供水系统多个环节步骤过程中的一个组成部分，考虑在将产品（自来水厂生产的水）从自来水厂送往用户的整个流程中，可能发生的水质变化，进而来设计水质净化设施，确保到达用户的"成品"符合产品质量标准。管网泵站等输配设施的设计建设改造亦是如此，要充分考虑每一个具体设施的建设改造可能对水质带来的影响。

二是关于城市供水设施的灵活性，我们要考虑或关注未来可能发生的新的变化。首先，是生活饮用水卫生标准的变化。随着我们对微量化学物质潜在影响人体健康的了解越来越深入，相关部门可能滚动修订甚至是随时修订生活饮用水卫生标准。城市供水行业除了满足当前的饮用水标准外，还必须尽可能地预测未来的潜在需求，以便进行完善来满足这些潜在要求。其次，是关注未来的新工艺或新技术。不仅仅是水处理与输配技术，还包括材料技术、信息技术、智能技术等，这些新工艺或新技术可能会使当前使用的工艺更加高效或经济。最后，是政府监管新的延伸。如与城市供水设施相关的环境问题，包括水厂废物管理、管网冲洗水的排放等。

2. 强化运行维护管理等"软件"能力

城市供水运行维护管理水平是城市供水行业一个永恒话题，其涉及设备开闭与检修、人员技术与管理水平、设备配置、资产管理、节能降耗等多方面。从加强水质检测监测、重视安全冗余管理两方面讨论提升城市供水企事业单位运行维护管理等"软件"能力。

一是加强水质检测监测。《城市给水工程项目规范》GB 55026—2022 要求，"2.2.17 水源、给水厂站和管网应设置保障供水安全和满足工艺要求的在线监测仪表，并应按规定对仪表进行检定和校准，留存记录""3.1.4 水源取水口、水厂出水口、居民用水点及管网末梢处必须根据水质代表性原则设置人工采样点或在线监测点。水源取水口、水厂出水口在线监测数据应实时传输至对应水厂的控制系统"。

城市供水企事业单位必须按要求开展水质检测监测，没有水质检测监测，就好比"盲人开车"，找不到设施运行维护管理方向。但是，水质检测监测本身并不是目的，其本质是内部质量控制，通过对生产过程的每一个步骤、每一个环节，甚至是每一个员工的控制，实现质量管理目标，水质检测监测人员不但要负责质检，还要有指导生产的职责。内部质量控制应做到不将自来水生产与输配中前端的小问题，延伸到后面的生产，甚至到用户处。因此，城市供水企事业单位不仅要配置水质检测监测设备，更重要的是要建立一套规范化的、标准化的水质检测监测制度，配备专业技术人员、科学合理部署水质检测点位、加强水质（在线）检测设备仪器的维护保养等，确保水质检测监测能够和生产紧密结合起来。

二是重视安全冗余管理。"冗余"一词有多余之意。所谓安全冗余，通常是指通过多重备份、多道防线或多余之举来增加系统的可靠性、稳定性，以避免或降低生产过程中的隐患带来的安全风险，进而确保产品质量安全。《城市给水工程项目规范》GB 55026—2022 "5.1.1 给水厂出水水质不得低于现行国家标准《生活饮用水卫生标准》GB 5749 的有关规定，同时应留有必要的安全冗余度。"

城市供水系统链条长，水在生产供应过程中，存在很多不确定性。为使龙头水水质达标，城市供水企事业单位应在自来水生产供应中引入安全冗余概念并重视安全冗余管理。首先，龙头水水质的生产目标本身就应该有一定的冗余度，若简单地以 GB 5749—2022 规定的指标限值作为龙头水水质的控制目标，那么链条中的任何突发或潜在隐患都可能导致龙头水水质不合格。实际操作中，龙头水水质应在关键指标（如浑浊度、余氯等）上设置一定的冗余空间。其次，在龙头水水质设置安全冗余空间基础上，以倒推方式，结合各地实际情况，分析梳理需要重点控制的关键部位、薄弱环节以及主要因素等，采取必要的管理措施和办法，强化过程管理，加强全过程中各质量控制点的安全冗余管理。对于给水厂出水水质，其必须"留有必要的安全冗余度"，为管网输配留有"冗余"，以保证龙头水水质安全。对于管网水质，要结合当地实际，分析管网输配过程中引起水质稳定变化的原因，包括出厂水中余氯不合适导致生物或化学稳定问题、给水厂中药剂反应不充分导致的再反应问题、多水源混合导致水质条件不稳定问题、管道材质不合格引起的电化学稳定问题、管网老旧引起的管材元素释放问题与余氯消耗问题、运行维护不到位导致的水力条件不稳定问题等，并提出针对性解决方案，提高管网输配过程中水质稳定的"安全冗余"管理水平。

8.3.3 落实信息公开责任

1. 公开工作信息

2020 年 12 月 7 日，国务院办公厅发布《关于印发〈公共企事业单位信息公开规定制定办法〉的通知》（国办发〔2020〕50 号），部署加强公共企事业单位信息公开制度建设，深入推进公共企事业单位信息公开，更好维护人民群众切身利益，助力优化营商环境；强调要重点推进具有市场支配地位、公共属性较强、直接关系人民群众身体健康和生命安全，以及与服务对象之间信息不对称问题突出、需要重点加强监管的公共企事业单位的信息公开。

作为具有市场支配地位、公共属性较强的城市供水行业，城市供水企事业单位要从企业层面构建通畅的公众参与机制。一是主动向公众公开城市供水企事业单位的发展情况，包括企业历史、企业为民服务感人事迹、民生工程实施情况、企业发展困境难题等工作开展情况，重点要公开城市供水企事业单位的职责范围界限，其与第三方（如物业企业等）之间的权责划分界限等，推动解决与服务对象之间信息不对称问题，让百姓了解企业的难处；二是引导人民群众走进自来水企业、了解自来水并支持城市自来水事业发展，欢迎百姓对城市自来水进行监督，共同维护自来水事业发展，激发人民群众对城市自来水事业的热爱。

2. 提升百姓信任度

2021 年 12 月 31 日，住房和城乡建设部发布《关于印发〈供水、供气、供热等公共企事业单位信息公开实施办法〉的通知》（建城规〔2021〕4 号），对城市供水企事业单位公开的信息内容、形式、责任等进行了详细规定。

城市供水企事业单位应按照建城规〔2021〕4 号要求，结合当地实际，进一步制定信息公开细则，明确各类水质信息公开内容、频率、时限、格式、方式等要求，保障人民群众的知情权、参与权、表达权、监督权，提升百姓对城市自来水的信心。

一是要明确告知消费者供水水质是否满足国家《生活饮用水卫生标准》GB 5749—2022。这有利于引导社会科学准确认识供水水质标准的具体要求，增加百姓对城市供水水质的信任，也避免当前所谓"直饮水"的炒作现象，混淆符合《生活饮用水卫生标准》GB 5749—2022 的水不能直饮。如日本东京自来水公司[①]，选取 131 个有代表性的龙头水，每天早上 9 点公布浑浊度、余氯、色度的具体检测数据，公众可以随时登录网站查询以了解水质安全性。

二是要建立与用户沟通水质情况的制度。在主动公开发布信息的同时，组织专业人士对水质信息进行科普解读，及时回应社会关切，引导人民群众科学认识自来水的水质变化、科学评价自来水、科学使用自来水。如美国每个供水单位每年均向消费者提供一份饮用水信息报告[②]，包括水源使用情况、水质达标情况、不达标情况下的饮水建议、供水单位为保障饮用水安全所做工作等。

8.3.4　确保设施安全运行

1. 安全运行是行业发展的前提

习近平总书记强调"要牢固树立安全生产的观念，正确处理安全和发展的关

---

① Bureau of Waterworks Tokyo Metropolitan Government.
② United States Environmental Protection Agency.

系，坚持发展决不能以牺牲安全为代价这条红线。经济社会发展的每一个项目、每一个环节都要以安全为前提，不能有丝毫疏漏。"安全是发展的前提，发展是安全的保障。《城市给水工程项目规范》GB 55026—2022 规定"2.2.1 城市给水工程建设和运行过程中必须满足生产安全、职业卫生健康安全、消防安全、反恐和生态安全的要求"。

城市供水设施具有链条长、工艺复杂、专业性强等特点，保障城市供水安全必须首先确保城市供水设施的安全。从流程系统上看，城市供水设施链条长、工艺复杂，包括水源系统、水厂及加压系统、输配水管网系统和末端加压调蓄系统 4 大环节，其中水厂包括预处理、混凝、沉淀、过滤、消毒等工艺设施。从空间布局上看，城市供水设施分布于城市建成区，只要有用水的地方，基本都有供水设施的布局，有集中建设的水厂，也有分布建设的管网、加压调蓄设施等。从专业技术上看，城市供水专业性极强，涉及知识广，包括水处理、管道流体力学、机电设备、土木工程、微生物学、卫生学、化学等，需要对设施进行专业性的巡查维护。因此，城市供水行业的有序健康发展，离不开设施的安全运行。

2. 安全运行应抓好内控与外防

确保城市供水设施安全应抓好内控与外防两个重要内容。

一是内控，指企业内部要确保设施自身的安全运转。解决城市供水设施安全运转方面存在的问题，可以理解为防控"内部风险"。城市供水企事业单位要做好城市供水设施自身的安全巡查、监测预警、应急处置等工作，要对城市供水设施实施全流程的安全管理，杜绝安全事故发生，保证供水单位（职工）、人民群众生命财产安全，确保"水量足、水质优、水压稳"。

二是外防，指确保不受外部攻击或干扰的安全防范。避免城市供水设施遭受外部干扰，可以理解为防范"外部风险"。城市供水企事业单位以及政府相关部门、社会相关责任主体应防止外部环境或干扰对城市供水设施带来破坏，引导全社会共同保护公共资产。一方面，要防范可能的自然灾害（如洪涝、地震等）和疫情风险。城市供水企事业单位要着力提高供水设施应对突发事件和自然灾害的能力，汛期、疫情期间应加强卫生状况、安全隐患的排查整治，防止雨水倒灌等，增强城市供水系统韧性。另一方面，要防范人为破坏风险。从发达国家经验和教训来看，城市供水设施安全防范重点在于防范恶意不法分子，甚至是恐怖主义分子的袭击和恶意破坏，尤其是在一些有影响力的重大活动期间。2002 年 6 月 12 日，美国联邦政府就颁布了《2002 年公共卫生安全和生物恐怖准备与应对法案》[①]（专栏 8-3），要求对所有水处理设施进行评估，评估是否容易受到恐怖袭击、可能造成的潜在损坏程度及处理过程可能带来的公众混乱问题；对供水设施实施较为严格的安全防范措施，并给予一定的财政资金予以支持。改革开放以来，我国经济、政治、文化各方面获得了长足的发展，国内外重大活动在我国举行的次数也越来越多。因此，城市供水企事业单位必须高度重视供水系统的安全防范、反恐怖工作，对城市供水设施中的公共供水厂、部分重要的特殊加压调蓄设施（设备）等重点目标进行有效监控，增加人防、物防、技防等措施，以保障城市供水设施安全。

专栏 8-3：美国《2002 年公共卫生安全和生物恐怖准备与应对法案》饮用水部分

第四篇——饮用水安全与安保

第 401 节 恐怖行为和其他故意行为

1. 脆弱性评估

（1）对于服务人口超过 3300 人的社区供水系统，都应进行脆弱性评估。评估该系统对严重破坏供水系统、影响安全可靠饮用水供应能力的恐怖袭击或其他故意行为的抵抗能力。脆弱性评估应包括但不限于以下内容：对输配管道、物理屏障、水收集、预处理、处理、储存和分配设施、公共供水系统使用的电子计算机或其他自动化系统、各种化学品的使用储存或处理设施等的审查，以及此类设施系统的操作和维护。在 2002 年 8 月 1 日前，各管理员在与联邦政府有关部门和机构以及州和地方政府协商后，应向社区供水系统提供进行脆弱性评估所需的基本信息，以确定哪些类型的恐怖袭击或其他故意行为可能威胁系统的安全可靠供水能力或其他方面的重大公共卫生问题。

（2）上述的每个社区供水系统应向管理员证明其已经按规定进行了脆弱性评估，并应向管理员提交一份书面评估副本。此项工作的截止时间为：2003 年 3 月 31 日前，对于服务人口为 100000 或以上的社区供水系统；2003 年 12 月 31 日前，对于服务人口为 50000 或以上但少于 100000 的社区供水系统；2004 年 6 月 30 日前，对于服务人口为 3300 以上但少于 50000 的社区供水系统。未经批准，不得对外披露证明和评估副本，擅自披露者，承担相应法律责任。

2. 应急响应计划

服务人口超过 3300 人的每个社区供水系统，都应编制或修订应急响应计划，该计划应吸纳已完成的脆弱性评估结果的内容。每个此类社区供水系统应在本节颁布后但不迟于第 1 小节规定的脆弱性评估完成后 6 个月内，尽快向管理员证明其已完成应急响应计划。应急响应计划应包括但不限于：计划、程序和设备，以备在恐怖分子或其他蓄意袭击公共供水系统的情况下可以实施或使用。应急响应计划还应包括行动、程序和设备，以避免或大幅减少恐怖袭击或其他故意行动对公共卫生以及向社区和个人提供的饮用水安全和供应的影响。在根据本小节编制或修订应急响应计划时，社区供水系统应尽可能与根据《应急规划和社区知情权法案》（42 U.S.C.11001 等）成立的现有地方应急规划委员会进行协调。

3. 记录维护

每个社区供水系统应保存一份根据第 2 小节完成的应急响应计划的副本，保存期限为该计划根据本节规定向管理员认证后的 5 年。

[①]　《Public Health Security and Bioterrorism Preparedness and Response Act of 2002》

4. 小型公共供水系统指南

管理员应就下述工作进行指导：如何进行脆弱性评估、制订应急响应计划，如何应对恐怖袭击或其他旨在破坏安全饮用水供应或严重影响公共健康或严重影响社区和个人饮用水安全或供应的故意行为的威胁。

5. 融资

(1) 有权为 2002 财年拨款不超过 160000000 美元，必要时为 2003～2005 财年同等拨款。

(2) 管理员可与州和地方政府协调，使用根据第 (1) 款提供的资金，向社区供水系统提供财政援助，以符合第 1 和 2 小节的要求，并向社区供水体系提供费用和合同，以解决对公共健康和饮用水供应具有关键重要性和重大威胁的基本安全增强问题（根据第 1 小节进行的脆弱性评估确定）。此类基本安全增强可能包括但不限于以下内容：1) 购买和安装用于检测入侵者的设备；2) 购买和安装围栏、门控、照明或安全摄像头；3) 人孔盖、消防栓和阀箱的防篡改；4) 重新锁门；5) 电子、计算机或其他自动化系统和远程安全系统的改进；6) 参与和恐怖袭击安全相关的培训计划，并购买培训手册和指导材料；7) 改进各种化学品的使用、储存或处理；8) 员工或承包商支持服务的安全检查。本小节项下用于加强基本安全的资金不应包括人事费或设施、设备或系统的监测、操作或维护费用。

(3) 当管理员认为这是紧急的安全需求时，管理员可从根据第 (1) 款提供的资金中使用不超过 5000000 美元的资金，向社区供水系统提供赠款，以帮助应对和缓解恐怖袭击或其他意图实质性破坏供水系统安全可靠供应饮用水能力的蓄意行为的脆弱性（包括此类系统的水源）。

(4) 管理员可从根据第 (1) 款提供的资金中使用不超过 5000000 美元的资金，向服务于人口少于 3300 人的社区供水系统提供赠款，用于根据第 4 款向此类系统提供的指导开展的活动和项目。

第 402 节　其他安全饮用水法案修正案

1434. 污染物预防、检测和响应

(1) 概述

管理员应与疾病控制中心协商，并在与联邦政府相关部门和机构以及州和地方政府协商后，审查（或签订合同或合作协议，规定审查）当前和未来的措施，以预防、检测并应对故意将化学、生物或放射性污染物引入社区供水系统和社区供水系统水源的行为。这种措施包括以下各项：

1) 监测和检测各种化学、生物以及放射性污染物或污染物指标，并降低此类污染物成功引入公共供水系统和饮用水源的可能性。

2) 充分通知公共供水系统运营商和此类系统服务的个人，化学、生物或放射性污染物的引入对公共卫生、饮用水安全和供应可能产生的影响。

3) 制订社区供水系统教育计划。

4) 防止受污染饮用水流向公共供水系统服务的个人所需的程序和设备。

5) 采取和采用可消除或减轻因将污染物引入饮用水中而对公众健康、安全和供应造成的有害影响的方法、手段和设备，包括检查各种饮用水技术在去除、灭活或中和生物、化学和放射性污染物质方面的有效性。

6) 利用生物医学研究可能通过恐怖分子或其他故意行为进入公共供水系统的各种化学、生物和放射性污染物对公共健康的短期和长期影响。

(2) 融资

关于执行本节的拨款授权，见第 1435 (5) 节。

1435. 供应中断预防、检测和响应

(1) 供应或安全中断

管理员应与联邦政府的相关部门和机构协调，审查（或签订合同或合作协议，规定审查）恐怖分子或其他个人或团体的破坏手段（包括破坏安全饮用水供应设施或对取水、预处理、处理、储存和分配设施采取其他行动以降低饮水安全性）。包括以下各项：

1) 破坏或以其他方式阻止公共供水系统中使用的管道和其他输配设施，使其无法提供满足适用公共卫生标准的充足饮用水的方法和手段。

2）破坏与公共供水系统连接的收集、预处理、处理、储存和分配设施，使其无法提供满足适用公共卫生标准的充足饮用水。

3）与公共供水系统相关的管道，其他输配设施，收集、预处理、处理、储存和分配系统可能被改变或受影响，从而使饮用水供应交叉污染的方法和手段。

4）与公共供水系统相关的管道、其他输配设施、收集、预处理、处理、储存和分配系统可以合理地防止恐怖袭击或其他旨在破坏供水或影响饮用水安全的行为的方法和手段。

5）恐怖分子或其他团体破坏社区供水系统的信息系统，包括过程控制、监督控制、数据采集和网络系统的方法和手段。

（2）替代来源

本节下的审查还应包括审查在公共供水系统遭到破坏、损害或污染的情况下提供替代饮用水供应的方法和手段。

（3）要求和考虑因素

在执行本节和第 1434 节时：

1）管理员应确保根据本节进行的审查反映了美国不同规模和不同地理区域的社区供水系统的需求；

2）管理员可考虑某一地区或服务区的脆弱性或被迫中断服务的可能性，包括向国家首都地区提供服务的社区供水系统。

（4）信息共享

根据本节或第 1434 节进行的审查经过评估后，管理员应在可行的情况下尽快通过信息共享和分析中心或其他适当的方式向社区供水系统传播（视情况而定）有关项目结果的信息。

（5）融资

有权在 2002 财年拨款执行本节和第 1434 节，不超过 15000000 美元，必要时在 2003～2005 财年同等拨款。

摘译自《Public Health Security and Bioterrorism Preparedness and Response Act of 2002》

8.3.5　明确企业权责界限

在实际生产经营过程中，城市供水行业出现了非常严重的供水单位责权不统一现象，直接影响供水安全水平、服务质量，部分供水单位还被以滥用市场主导地位为由受到了行政处罚，给行业造成较大负面影响，严重制约城市供水行业的健康可持续发展。

鉴于此，建议城市供水企事业单位要主动与用户、社会各相关方协商，依法依规强调责权对等，明确各相关方的权责范围界限，确保城市供水企事业单位承担的责任与权利范围、界限应持一致，即供水管理权限到哪里，责任也相应就到哪里，不应对其无管理权限的设施及其出现的问题负责。

一是关于工程建设质量。对于城市公共供水设施的建设改造，须经城市公共供水单位参与技术审查以及工程竣工验收。对于共有供水设施的建设改造，由其责任单位对工程质量进行把关，业主交由城市公共供水单位负责的，城市公共供水单位可通过招标投标方式确定设计施工单位、材料设备供应单位等，既保证工程质量，又避免产生滥用市场主导地位问题。

二是关于运行维护责任。当前，城市供水水价计量结算方式主要有两种：一种是以户表计量，由供水单位与用户直接结算；另一种是通过第三方转供，由供水单位与第三方结算，第三方再与用户结算。对于前者，城市供水企事业单位直接向用户收费，其应保证户表处供水安全，即城市供水企事业单位应该对户表前（城市公共供水厂至户表间）的设施安全进行负责，用户对户表后的设施安全自行负责。对于后者，城市供水企事业单位只对其与第三方结算表前设施安全负责，由第三方对结算表后设施负责，其管理不到位所造成的用户饮水安全问题由其负责。实际操作中，城市供水企事业单位应该主动与第三方、用户明确结算点位，由收费方负责相应计量结算表的安装、更换、维护，并以结算表所在位置为界进行权责划分，并按小区或用户向社会主动公开其权责界限。这也符合《中华人民共和国民法典》合同编第六百五十条"供用水合同的履行地点，按照当事人约定；当事人没有约定或者约定不明确的，供水设施的产权分界处为履行地点"及《中华人民共和国民法典》物权编第二百八十四条"业主可以自行管理建筑物及其附属设施，也可以委托物业服务企业或者其他管理人管理。对建设单位聘请的物业服务企业或者其他管理人，业主有权依法更换"等有关法律规定。

8.4 把握机遇，用好国家各项政策

全面贯彻落实《生活饮用水卫生标准》GB 5749—2022，离不开国家、地方各级政府支持。当前，国家已经"由上及下"向地方政府部署了各类利于城市供水行业发展的政策，关键在于城市供水行业企事业单位及从业者如何"由下至上"向当地政府说明城市供水行业重要性及特点，在贯彻落实 GB 5749—2022 之际，争取当地政府政策支持。本部分以城镇供水价格政策和全国统一大市场政策为例，希望能够做到抛砖引玉，引起行业足够重视，把握机遇、用好国家各项政策。

8.4.1 城镇供水价格政策

合理有序的城镇供水价格政策是保障城市供水企业健康可持续发展的基本保证、是保障城市供水服务的基本前提，其直接影响企业的经济效益，进而影响企业的生存、发展以及服务效率和能力。

从 1998 年《城市供水价格管理办法》起，国家相关部委提出了一系列有利于城市

供水行业发展的价格政策。这里只讨论 2020 年、2021 年印发的几项政策文件。

一是 2020 年 12 月 23 日。《国务院办公厅转发国家发展改革委等部门关于清理规范城镇供水供电供气供暖行业收费促进行业高质量发展意见的通知》（国办函〔2020〕129 号）发布。

该文件发布的背景是部分地方供水企业存在收费项目不合理、收费标准不透明等乱象，意在清理并规范相关收费。部分业内人士看到该文件后，简单把重点放在了"清理规范城镇供水行业收费"，认为文件内容为供水行业"堵了一扇门"；但其实该文件较大比例内容在阐述如何"促进行业高质量发展"，提出了一系列有利于行业发展的政策制度，为供水行业"开了多扇门"。

该文件提出明确目标，并要求各地因地制宜稳步实施。提出"到 2025 年，清理规范供水供电供气供暖行业收费取得明显成效，科学、规范、透明的价格形成机制基本建立，政府投入机制进一步健全，相关行业定价办法、成本监审办法、价格行为和服务规范全面覆盖，水电气暖等产品和服务供给的质量和效率明显提高"；要求"各地区要结合实际制订出台具体实施方案，深化细化实化改革措施，兼顾各方利益，充分评估可能出现的风险，制订应对预案，稳妥把握节奏和力度，合理设置过渡期，确保不影响正常生产生活"。

该文件提出坚持权责对等的原则。要求各地"科学界定政府、企业、用户的权责关系，实现主体明确、价费清晰、权责相符。按照'谁运营、谁负责''谁受益、谁付费'原则，明确投资、建设、运营、维护、使用、监管等主体责任，引导公用事业属性合理定位和成本合理分担。"

该文件提出了多项促进行业高质量发展的政策制度。首先，关于取消接入工程费用后的资金来源。从用户建筑区划红线连接至公共管网发生的入网工程建设，由供水供电供气供热公用企业承担的部分，纳入企业经营成本；按规定由政府承担的部分，应及时拨款委托供水供电供气供热公用企业建设，或者由政府直接投资建设。还要求各地落实主体责任，取消收费项目后属于公共服务范围的，应通过财政补贴、价格补偿等方式保障公共服务供给。其次，关于红线内设施相关费用。新建住房建筑区划红线内供水管线及配套设备设施的建设安装费用统一纳入房屋开发建设成本，投入使用后，可依法依规移交给供水供电供气供热企业实行专业化运营管理，相关运行维护等费用纳入企业经营成本；建筑区划红线内供水（含二次加压调蓄）设施依法依规移交给供水企业管理的，其运行维护、修理更新等费用计入供水成本。此外，还明确了可保留的收费项目，给予供水企业参与竞争的空间，如供水企业设施产权分界点以后至用水器具前，为满足用户个性化需求所提供的延伸服务等，应明确服务项目、服务内容，允许收取合理费用，实行明码标价。最后，关于城市供水价格的制订调整机制。要求加快建立健全以"准许成本加合理收益"为基础，有利于激励提升供水质量、促进节约用水的价格机制；在严格成本监审的基础上，综合考虑企业生产经营及行业发展需要、社会承受能力、促进全社会节水等因素，合理制订并动态调整供水价格。

二是 2021 年 8 月 3 日，国家发展和改革委员会、住房和城乡建设部联合印发《城镇供水价格管理办法》（国家发展和改革委员会 住房和城乡建设部令 第 46 号）与《城镇供水定价成本监审办法》（国家发展和改革委员会 住房和城乡建设部令 第 45 号）。

该文件充分总结 1998 年水价办法文件的实施经验、存在问题，体现了政策的延续性。如 1998 年的水价办法规定"制定城市供水价格应遵循补偿成本、合理收益、节约用水、公平负担的原则"，2021 年的水价办法规定"制定城镇供水价格应当遵循覆盖成本、合理收益、节约用水、公平负担的原则"，既保证合理收益，又设置收益上限。

该文件充分考虑了城市供水行业公益性特点和管理机制特点，体现了新时代治水新策略。第一，明确规定调价周期一般为 3 年，并要求经测算的准许收入和供水价格较上一监管周期变动幅度较大时，应该分步调整到位，这对于建立城镇供水行业水价调节机制、及时调整水价有很好的指导作用；第二，规定了由于价格调整不到位导致供水企业难以达到准许收入的，当地人民政府应当予以相应经济补偿，这在一定程度上减少了企业负担，保证了企业利益，调动了企业生产的积极性，有利于城镇供水价格的有序稳定；第三，明确加入了二次加压调蓄费用，这对于推动城镇供水企业统一运行维护二次加压调蓄设施，实现从源头到龙头的全过程管理具有重要的指导意义。

该文件充分考虑了城市供水行业的技术特点，体现了行业高质量发展方向。第一，明确水价与服务质量挂钩。《城镇供水价格管理办法》第十四条提出，"鼓励各地激励供水企业提升供水服务质量。核定供水价格应当充分考虑供水服务质量因素，将水质达标、用水保障、投诉处理情况等作为确定供水企业合理收益的重要因素。"第二，建立激励约束机制。如不以一刀切方式核算各地漏损水量。《城镇供水价格成本监审办法》规定"漏损率原则上按照《城镇供水管网漏损控制及评定标准》CJJ 92 确定的一级评定标准计算，漏损率高于一级评定标准的，超出部分不得计入成本"。《城镇供水管网漏损控制及评定标准》CJJ 92—2016（2018 年局部修订，以下简称《评定标准》）规定：综合漏损率为"管网漏损水量与供水总量之比"；漏损率为"用于评定或考核供水单位或区域的漏损水平，由综合漏损率修正而得"。《评定标准》5.2.3 节还明确规定，"修正值应包括居民抄表到户水量的修正值、单位供水量管长的修正值、年平均出厂压力的修正值和最大冻土深度的修正值"，并给出了总修正值的计算方法。据此，《评定标准》规定的"漏损率核算口径"应为综合漏损率减去总修正值。若当地"综合漏损率减去规定的总修正值"小于 10%，则当地供水管网的漏损控制水平达到了一级评定标准。因此，按一级评定标准来核算，核定漏损率应为 10% 与总修正值之和，这也避免了一刀切式的国家政策，考虑了各地差异，符合行业实际。

由上述可以看出，国家相关部委制定了利好城市供水行业的政策，为城镇供水行业"开了多扇门"，重点在于我们如何能利用好这些政策，如何"挤进门"。从各地落实城镇水价政策制度的情况来看，部分城市确实涌现出一些成功"挤进门"好经验好做法，行业内可加强交流学习；部分城市供水价格却无法完全按照相关政策进行调整到位，难以覆盖城市供水全成本，企业投入得不到应有回报，这导致供水设施得不到及时更新改造、影响城市供水企业正常运营，制约城市供水行业可持续发展。

为此，希望行业企业在做好城市供水企业成本核算与信息公开的基础上，共同呼吁、共同努力，推动提高供水价格政策的效力层级，纳入相关法律法规制度或纳入国务院督查范畴，强制实施城镇供水价格制订调整制度。

8.4.2　全国统一大市场政策

2022 年 3 月 25 日，中共中央 国务院印发《中共中央 国务院关于加快建设全国统一大市场的意见》，提出"加快建立全国统一的市场制度规则，打破地方保护和市场分割，打通制约经济循环的关键堵点，促进商品要素资源在更大范围内畅通流动，加快建设高效规范、公平竞争、充分开放的全国统一大市场"。

这对于推进城市供水企事业单位重组，建立城市供水行业统一大市场具有重要意义。事实上，近几年国务院及相关部委多项政策已经提出要建立城市供水行业全国统一大市场。

2017 年 5 月 25 日，经国务院同意，由住房和城乡建设部、国家发展和改革委员会联合发布《住房和城乡建设部 国家发展和改革委员会关于印发全国城市市政基础设施建设"十三五"规划的通知》（建城〔2017〕116 号），提出要"推动建立市政基础设施全国统一大市场，各地要开放市场，打破地域垄断，鼓励省域选择并支持若干家实力较强的省内外专业企业，采用并购、重组等方式，通过有效打包整合提升收益能力，提高投资效益，提高产业集中度。打破以项目为单位的分散运营模式，实行规模化经营；鼓励厂网一体、站网一体、收集处理一体、建设养护一体的投资建设运营"。2020 年 12 月 23 日，《国务院办公厅转发国家发展和改革委等部门关于清理规范城镇供水供电供气供暖行业收费促进行业高质量发展意见的通知》（国办函〔2020〕129 号）发布，提出要"深化供水行业体制机制改革，进一步放开市场准入限制，推动向规模化、集约化、跨地区经营方向发展，促进行业提质增效"。2022 年 7 月 7日，经国务院同意，由住房和城乡建设部、国家发展和改革委员会联合发布《住房和城乡建设部 国家发展和改革委员会关于印发"十四五"全国城市基础设施建设规划的通知》（建城〔2022〕57 号），再次提出要"推动向规模化、集约化、跨地区经营方向发展，促进行业提质增效"。

在供水行业，发达国家不乏有通过政府强制主导推进企业兼并重组的方式，提高供水行业的产业集中度。荷兰是成功典型案例（专栏 8-4），其目前全国供水企事业单位稳定在 10 家，规模效应明显，大幅提升了饮用水安全保障水平。

我国目前有近 300 个地级及以上城市、约 2500 家城市供水企事业单位，亟须响应国家政策，推进规模化、集约化、跨地区发展。希望行业能够共同呼吁，从以下两个方面推动统一大市场工作。一是强化业务统筹。呼吁各地在直辖市、地级市政府这一层级对市域内供水业务进行统筹，而不是简单地按行政区划分，各干各的，无法形成合力。试想，某直辖市内 A、B 两个区相邻，却规定 A 区的水不能供到 B 区；某地级市内每个县都按照自己的思路来建设改造城市供水设施、都配备一套检测设备、都建立一支队伍等。这恐怕是资源的浪费，也是效率的牺牲。二是逐步提高产业集中度。呼吁各地以地级市以上为事权单位推进供水产业适度集中，提高供水行业规模效益，既避免资源浪费，又利于提高供水综合安全保障水平，还有利于推动同一市域内实现均等服务。

专栏 8-4：荷兰供水产业集中度历史沿革

1938 年，荷兰供水公司数量为 231 家，公司小散乱的特点严重制约荷兰供水事业发展。荷兰供水产业集中度的提升，大致经历了两个阶段。

（1）企业自愿重组阶段。1957 年，荷兰第一部《饮用水供水法案》颁布实施。该法案明确了供水行业发展的规划方针，并对水质安全进行了规定。更为重要的是，为了迎接新的技术与商业模式的发展与变化，强化监管，更好保障饮用水安全，法案提出了对供水行业进行重组的要求。这一阶段是鼓励供水公司自愿重组并为具备一定规模的公司，最小公司规模为管网入户数超过 10 万个或每年饮水供应量要达到 500 万 m³。

（2）政府强制重组阶段。1975 年，政府对法案中关于重组的内容进行了修订，开始以行政强制的手段推进供水公司重组进程。要求各省政府承担一定的责任，明确规定省政府有义务、有必要引导供水公司开展重组工作，并要制订具有行政强制约束力的重组方案。

荷兰本土共 12 个省级行政区。自 2010 年至今，荷兰共有 10 个供水公司，覆盖了荷兰全域（包括城市和乡村）的饮用水供应。

荷兰自 1938 年以来供水公司数量演变情况如图 8-1 所示。

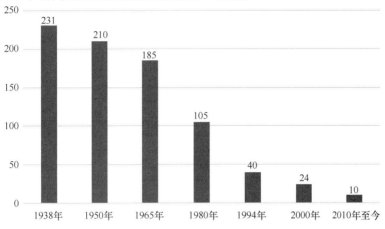

图 8-1　荷兰供水公司数量演变情况

注：内容编译自荷兰自来水处理厂协会年度统计数据。

8.5　结　　语

从长远战略来看，城市供水行业仍处于发展阶段，仍有很长的路要走。本文为笔者结合日常工作，对依法依规提升饮用水安全保障水平的思考，希望文中观点能为行业同仁提供些许启发。

在此，引用习近平总书记一段讲话作为结束语，谨以此与行业同仁共勉，相信行业明天会更好。

"在实现中华民族伟大复兴的征程上，我们要着眼长远战略，根据实际情况制定切实目标，选择正确技术路线，一茬接着一茬干，一件事接着一件事办好"。

——2022 年 9 月 30 日，习近平在会见 C919 大型客机项目团队代表并参观项目成果展览时的讲话。

第9章 我国饮用水消毒技术应用与发展

9.1 背 景 与 现 状

清洁饮用水是人类健康生活的基本要求之一。饮用水消毒是去除水中病原微生物，防止如霍乱、伤寒、痢疾等介水传染病传播的有效途径。消毒作为水厂净化过程的最后一个环节，是饮用水安全保障必不可少的工艺单元。饮用水消毒从 20 世纪初关注如何有效地灭活饮用水中病原体，确保饮用水的微生物安全性，到 20 世纪末对消毒副产物认识的不断深入，消毒的化学风险问题受到广泛关注和重视。进入 21 世纪，随着饮用水水质标准要求的提升，饮用水消毒仍然面临诸多重点和难点问题，因此，消毒仍旧是饮用水安全关注的热点。

9.1.1 饮用水消毒技术应用特点

现代饮用水消毒起始于 1897 年英国在管网中使用漂白液控制伤寒，至 1902 年比利时 Middelkerke 水厂使用漂白粉连续消毒，标志着氯消毒开始成为饮用水的常规处理工艺。20 世纪初为灭活水中病原体出现了臭氧、紫外线消毒工艺，20 世纪中期为消除酚味和嗅味先后出现了氯胺、二氧化氯消毒工艺，20 世纪 70 年代至今，为控制氯消毒副产物，除了应用二氧化氯、紫外、臭氧等替代消毒技术外，还采用了不同的组合消毒方式。当前，氯消毒依然是我国应用最广泛的消毒工艺。在氯消毒工艺中，氯气（液氯）和次氯酸盐（尤其是次氯酸钠）是最主要的消毒剂。我国饮用水消毒工艺应用经历了 3 个不同的阶段：

第 Ⅰ 阶段，20 世纪 70 年代之前以液氯消毒为主。随着我国氯碱工业的发展，液氯消毒因其消毒效果好，技术成熟、使用方便、综合成本低，操作管理较简单等优点，在我国水厂应用最为广泛。

第 Ⅱ 阶段，20 世纪 70 年代～2010 年，消毒工艺呈多元化发展。自从 20 世纪 70

年代发现氯消毒产生有"三致"作用的消毒副产物后,为控制氯消毒副产物对饮用水水质的影响,对替代消毒剂和消毒工艺进行了大量的探索,二氧化氯、臭氧、紫外线等消毒技术及应用得到了较快的发展,其中二氧化氯作为新型消毒剂,因其具有广谱杀菌效力,且不易产生三卤甲烷等有机副产物等优势,得到大力推广,我国《城市供水行业2000 年技术进步发展规划》将二氧化氯纳入替代消毒剂之列。臭氧和紫外消毒技术,具有比含氯消毒剂更好的消毒效果,很短接触时间即可达到灭菌目的,虽然没有持续消毒能力,但通过组合消毒工艺得以推广应用。根据统计,2009 年我国城镇水厂采用液氯、二氧化氯、次氯酸钠、氯胺、臭氧、紫外、氯-二氧化氯联合消毒、无消毒技术比例依次为 57.48%、32.8%、1.66%、0.6%、0.07%、0.04%、0.14%、7.2%,虽然液氯仍为应用最多的消毒剂,但是二氧化氯消毒在我国中小水厂得到了大量应用,成为除液氯外应用最为广泛的消毒剂,同时其他消毒方式也得到研究和应用。

第Ⅲ阶段,2010 年开始,消毒应用出现向次氯酸钠集中的趋势。随着我国城市化进程不断加快,原先处于城市边缘或郊区的水厂逐步成为城市的中心,液氯作为易挥发、易扩散、高毒性的化学品,运输和储存中的安全问题凸显,我国 2009 年颁布的《危险化学品重大危险源辨识》GB 18218—2009(现已被 GB 18218—2018 替代)规定,液氯储存量达到 5 t 就构成重大危险源。同时,2008 年北京奥运会和 2010 年上海世博会的召开也促进了消毒方式的转变。由于次氯酸钠与液氯具有相同的消毒机理和效果,各地水厂纷纷采用次氯酸钠替代液氯消毒。中国城镇供水排水协会科学技术委员会(以下简称"中国水协科技委")2022 年对 11 省(直辖市)192 座水厂进行调研发现,按照不同消毒方式水厂个数的占比,次氯酸钠成品 64.04%、次氯酸钠发生器 17.71%、液氯 9.90%,臭氧 0.01%,二氧化氯与氯混合发生器 5.73%,纯二氧化氯发生器 2.60%。可以看出消毒剂的应用在近 10 余年已经发生了显著变化,从2010 年到 2022 年,最常用的消毒剂已由液氯变为次氯酸钠,其中现场制备发生器主要集中在中小规模水厂应用。

综上所述,我国消毒工艺应用既受消毒技术发展的影响,同时也因国情具有自身的特点。

9.1.2　饮用水微生物安全保障目标基本实现

自《生活饮用水卫生标准》GB 5749—1985 颁布以来,我国的水质标准一直要求"生活饮用水应经消毒处理",考虑供水各个环节都存在致病菌污染的可能性,出厂水应经过消毒并保留余量的消毒剂，以预防在输配水过程中发生微生物二次污染。

2009 年，有关部门对 4457 个水厂进行了消毒工艺调查，调查涵盖了处理能力从 100m³/d 至 164 万 m³/d 的水厂，其中提供了消毒剂种类的水厂有 2844 个，总处理能力 1.84 亿 m³/d，使用地表水源水厂 1874 个，地下水源水厂 970 个，除少数偏远地区或水源较好的小规模水厂外，92.8%以上的水厂有消毒工艺。而根据中国水协科技委 2022 年对全国 11 个省（直辖市）192 家市政水厂的调研，这些水厂消毒工艺普及率已达到 100%。

由于水厂消毒工艺的全面普及，饮用水微生物安全性有了根本保障。根据对 2018 年城市和县镇供水统计年鉴的分析，29 个省（直辖市）595 个地级以上城市的供水公司（以下简称"水司"），管网水余氯总平均合格率为 99.5%，其中合格率达到 100%的占水司数量的 77.0%；细菌总数平均合格率为 99.9%，合格率达到 100%的水司占 92.0%；总大肠菌群总平均合格率接近 100%，合格率达到 100%的水司占 93.4%。县镇水司（厂）的水质情况略逊于城市，855 个水司（厂）剔除未提供消毒数据或未加氯的极少数水厂外，管网水余氯总平均合格率为 97.2%，细菌总数总平均合格率为 98.6%。可以看出，我国饮用水的微生物风险已经得到有效控制，饮用水消毒为预防介水疾病传播，保障人民生命安全作出了重大贡献。

尽管如此，我国县镇级小水厂依然存在不消毒或消毒不规范的现象，应进一步加大监督和管理力度，提高供水水质安全保障能力。同时，作为供水"最后一公里"的二次加压调蓄供水，依然存在较大的微生物安全风险，需要从多方面着力加以解决。

9.1.3　新国标提出消毒新要求

2023 年 4 月 1 日，城镇供水将全面执行《生活饮用水卫生标准》GB 5749—2022，相较于 GB 5749—2006，新国标对饮用水消毒工艺及消毒副产物管控提出了更高的要求。

首先，对消毒剂的投加要求更加严格。新国标虽然对微生物指标的限值没有变化，但是，基于消毒剂及其副产物对水质的感官及毒理性质的影响，降低了出厂水和末梢水中游离氯和总氯的上限值，游离氯由 3 mg/L 降低到 2 mg/L，总氯由 4 mg/L 降低到 3 mg/L。因此，为了达到灭活微生物的目标，并满足消毒剂余量上限的要求，要求消毒剂的投加更加精准，尤其对于采用次氯酸钠、二氧化氯等化学方法消毒的二次加压调蓄供水，由于二次加压调蓄供水水箱（池）流态的非稳定和非持续特点，一且管理不当，可能导致余量超标，因此对消毒设施运行管理提出了更高的要求。

同时新国标还针对目前饮用水常用的液氯、氯胺、臭氧和二氧化氯等消毒方式，提出了对出厂水和末梢水消毒剂余量的强制性检测要求，并对消毒剂余量指标提出了更加明确和严格的要求。比如采用复合二氧化氯消毒时，应检测二氧化氯和游离氯的含量，且两项指标均应满足限值要求，至少一项指标满足余量要求，对于检测和管理能力不足的水厂和水司，需要进一步提升相关的软件硬件实力。

其次，提升了对消毒副产物的管控要求。根据多部门联合的水质监测和调查结果表明，一氯二溴甲烷、二氯一溴甲烷、三溴甲烷、二氯乙酸、三氯乙酸和三卤甲烷 6 项指标在饮用水中检出情况相对较为普遍，检出率超过 60%，一氯二溴甲烷和二氯一溴甲烷更是达 90% 以上。鉴于氯化消毒仍是我国广泛采用的饮用水消毒方式，加之副产物在我国饮用水中检出率较高，且有较强的健康效应，因此新国标将这 6 项指标由非常规指标调整为常规指标，检测频率要求大幅提高。

在含氮有机物存在的水体中，采用氯胺消毒或原水中含有高浓度氨氮，可能产生亚硝基二甲胺（NDMA）消毒副产物 。有证据表明，含氮消毒副产物的毒性是含氯消毒副产物的数百倍，动物通过饮用水摄入 NDMA 会诱发癌症的产生，NDMA 在体内和体外均具有遗传毒性。当原水中含有碘离子时，在适当条件下经氯胺消毒可生成碘乙酸。有动物实验研究表明，碘乙酸具有致瘤性和内分泌干扰活性，遗传毒性极强，在我国沿海咸潮和内陆高碘地区存在碘乙酸高暴露隐患。基于目前 NDMA 和碘乙酸的健康效应和污染状况，新国标将其新增为水质参考指标，限值分别为 0.0001 mg/L 和 0.02 mg/L。

此外，强调对用户龙头水的水质要求。GB 5749—2006 的水质指标要求主要针对出厂水和管网水，而新国标明确规定末梢水是指出厂水经管网输配至用户龙头的水，因此，安全消毒应涵盖从源头到龙头的供水全过程。同时，上海、深圳、苏州、福州等城市相继提出了高品质水等概念，制定了地方水质标准，其中对微生物和消毒副产物的要求比国标更加严格。《二次供水设施卫生规范》GB 17051—1997 明确了监测菌落总数、总大肠菌群、余氯以及多种消毒副产物的要求，并明确要求二次加压调蓄供水水箱（池）应设置消毒装置。为了达到新标准要求，供水最后一公里的水质保障能力还有待进一步提升。

9.1.4　消毒副产物风险受到广泛关注

在消毒过程中，消毒剂与水中存在的天然有机物、人为污染物等前体物质反应时，会形成消毒副产物（DBPs）。自 1974 年 Rook 发现氯消毒后的自来水中含三氯甲烷以来，消毒副产物问题受到广泛关注，饮用水中被识别的消毒副产物已经达到 700 余种，识别出的消毒副产物很多都具有生物毒性，在人体中累积时，可能产生致癌、致畸和致突变的"三致"作用。

1. 有机消毒副产物

消毒副产物按其化学结构可分为有机副产物和无机副产物，有机副产物由于种类多，毒性大，影响因素复杂，引起了广泛关注。氯化有机消毒副产物是由含氯消毒剂与水中腐殖质、蛋白质、氨基酸以及藻类和微生物的代谢产物等前体物反应所产生，饮用水处理中能产生有机消毒副产物的消毒剂主要是氯气和次氯酸钠，采用复合二氧化氯消毒时，由于其中含有次氯酸钠，也存在产生有机副产物的风险。虽然已经被确认具有生物毒性的有机消毒副产物有 100 多种，我国现行《生活饮用水卫生标准》GB 5749—2022 的常规指标和扩展指标中只纳入了卤代烃、卤乙酸、氯酚等少数几种，对标准外的绝大多数有毒有害消毒副产物的形成机制、浓度水平以及控制技术仍缺乏深入研究和了解。

影响饮用水中有机消毒副产物浓度水平的因素比较复杂，主要包括水中消毒副产物前体物的种类和含量，消毒剂类型、剂量和投加方式以及 pH、温度等反应条件等。水中存在消毒副产物前体物是副产物形成前提，我国大部分地表水源受到人类活动污染，湖泊、水库普遍处于富营养化状态，因而消毒副产物前体物含量普遍较高。对太湖夏季原水三卤甲烷和卤乙酸生成势的检测发现，总三卤甲烷生成势最高达 300 $\mu g/L$ 以上，以三氯甲烷最高，总卤乙酸生成势接近 250 $\mu g/L$。西江总三卤甲烷生成势浓度最高达 142.5 $\mu g/L$，总卤乙酸生成势最高浓度为 112.9 $\mu g/L$。虽然前体物不会都转化为消毒副产物，但目前我国饮用水中普遍检测出三卤甲烷和卤乙酸副产物，报道的总三卤甲烷浓度范围为 0.8～107.0 $\mu g/L$，总卤乙酸浓度范围为 0.45～107.0 $\mu g/L$，都出现了超标的情况。标准外的含氮、碘代等新型消毒副产物，其毒性是氯代消毒副产物的数百倍。此外，消毒副产物往往是多种同时存在，相互之间毒性的协同作用，可能增加饮用水的安全风险。

2. 无机消毒副产物

饮用水的无机消毒副产物问题始于二氧化氯消毒剂的应用。在通常的水处理反应条件（pH 7.0～8.5）下，二氧化氯与水中有机物反应时，一般会被还原为亚氯酸，亚氯酸发生歧化反应形成氯酸，从而形成亚氯酸盐和氯酸盐副产物。

　　向水中投加的二氧化氯，50％～70％会转化为亚氯酸盐和氯酸盐，其中大部分是亚氯酸盐。如果原水污染严重，二氧化氯消耗量高，则产生的亚氯酸盐和氯酸盐也相应增加，因此一些国家对二氧化氯投加量做了不同的限制。我国现行生活饮用水标准对氯酸盐和亚氯酸盐的限值均为 0.7 mg/L，如果二氧化氯投加量太高，就会导致亚氯酸盐超标。虽然二氧化氯与水中有机物反应产生的氯酸盐比例低，但是我国大部分水厂采用以氯酸盐为原料的复合型发生器，原材料氯酸盐反应不完全而被带入处理水中的现象非常普遍。国家"十二五"水专项消毒课题组 2016 年～2017 年对全国 120余家中小水厂开展的消毒工艺及水质调查显示，氯酸盐和亚氯酸盐均存在超标情况，超标率分别约为 1.6％和 1.6％，规模较小的水厂（<5 万 m³/d）出厂水氯酸盐、亚氯酸盐超标率均达到了 2.5％。氯酸盐和亚氯酸盐超标问题，也是二氧化氯消毒工艺目前应用面临的痛点问题。

　　随着次氯酸钠消毒工艺应用的日益普遍，次氯酸钠消毒引起的氯酸盐水质问题引起了广泛的关注。从氯碱厂采购的成品次氯酸钠，其氯酸盐来自生产过程的副反应，以及和运输储存过程的歧化反应，食盐电解法现场制备的次氯酸钠氯酸盐副产物主要在电解过程中产生。采用次氯酸钠消毒时将氯酸盐带入饮用水中，势必影响水质安全。因此，新的生活饮用水卫生标准中，增加了采用次氯酸钠消毒的饮用水必须检测氯酸盐的要求。

　　此外，越来越多的水厂采用臭氧化工艺，当原水由于咸潮上溯等原因溴离子含量较高时，会氧化产生溴酸盐副产物。因此欧盟要求现场制备次氯酸钠的食盐中溴离子含量不超过 0.025％。由于溴酸盐具有致癌性和致突变性，我国饮用水标准中的限值为 0.01 mg/L。

9.2　问 题 与 挑 战

9.2.1　不同消毒方式均有局限性

1. 液氯消毒存在的问题

氯气水解产生次氯酸，二者均为强氧化剂，消毒过程在灭活病原微生物、提高水质微生物安全性的同时，也带来了氯化消毒副产物问题。氯化消毒副产物是氯消毒过程中消毒剂与水中存在的天然有机物反应的产物，主要为有机物。目前已经发现的消毒副产物多达数百种，按其结构可以分为五大类别，包括脂肪族 C-DBPs、脂肪族 N-DBPs、脂环族 C-DBPs、芳香族 C-DBPs 和芳香族 N-DBPs，其中检出频率最高，被关注最多的有脂肪族 C-DBPs 中的三卤甲烷、卤乙酸、卤乙醛，脂肪族 N-DBPs 中的亚硝胺、卤乙腈以及芳香族 C-DBPs 中的卤代苯酚等。由于这些消毒副产物具有不同程度的致癌、致畸、致突变的生物毒性和遗传毒性，因此，应采取有效措施，尽量减少消毒副产物的影响，在保障水质微生物安全性的同时，兼顾水质的化学安全性。

此外，安全管理问题也是制约饮用水液氯消毒工艺应用的最重要因素。近年来，国家对重大危险源的风险管控愈加严格，印发或实施了多个重要的指示文件。这些文件对重大危险源的风险管控提出了更高的要求。液氯属于危险化学品，生产、运输、储存和使用必须按照最严格的方式监管，从而制约了其应用。

2. 次氯酸钠消毒存在的问题

次氯酸钠的消毒机理与氯气基本相同。次氯酸钠在水中分解为次氯酸根并水解产生次氯酸。次氯酸与次氯酸根在水中的存在比例主要由 pH 决定，二者都有消毒作用，但次氯酸的消毒作用更强，因此次氯酸钠的消毒效果略逊于氯气。

次氯酸钠与氯气一样，也会产生三卤甲烷、卤乙酸等有机消毒副产物。有研究认为，次氯酸钠在水中不会像氯气一样产生游离态分子氯，从而在消毒过程中不会发生分子氯引发的氯代化合物反应，因此次氯酸钠的有机消毒副产物风险较液氯小。

次氯酸钠消毒除会产生有机消毒副产物外，还可能产生无机副产物高氯酸盐、氯酸盐和亚氯酸盐，通常含量最高的为氯酸盐副产物。由于近几年次氯酸钠消毒在饮用水消毒中异军突起，带来的氯酸盐消毒副产物问题也引起了比较广泛的关注和重视。水厂采用的次氯酸钠分为两类：一类是含量约 10% 的成品次氯酸钠溶液，另一类为通过食盐电解现场制备的 0.8% 低含量次氯酸钠溶液，如前所述，成品次氯酸钠和现场制备次氯酸钠中都存在氯酸盐副产物。

3. 二氧化氯消毒存在的问题

二氧化氯用于原水预氧化或饮用水消毒时，可能产生无机副产物亚氯酸盐和氯酸盐，对人体健康存在潜在危害。二氧化氯一般采用现场发生器制备，发生器根据其产物分为复合二氧化氯发生器和纯二氧化氯发生器，前者的产物除了二氧化氯，也有氯气，后者则主要是二氧化氯。目前国内使用较多的为复合二氧化氯发生器。

二氧化氯对微生物有良好杀灭效果，受水体 pH、温度等其他因素影响小，且几乎不与水中天然有机物发生氯代反应生成三卤甲烷等有机消毒副产物，但二氧化氯自身是无机副产物的前体物，一般亚氯酸盐浓度为二氧化氯消耗量的 $49\%\sim66\%$，氯酸盐为 $9\%\sim14\%$，具体转化量受原水水质影响。在原水水质较好的情况下，使用二氧化氯具有较好的生物和化学安全性，但对水质劣于地表水Ⅲ类，或受铁、锰、氨氮等污染严重的原水，为了避免消毒副产物超标，不宜单独采用二氧化氯消毒，因而大幅限制了二氧化氯消毒在饮用水消毒中的应用。

4. 非氯消毒工艺存在的工艺问题

臭氧和紫外线对病原体有很好的灭活效果，是高效的消毒技术。但是，由于臭氧和紫外线缺乏持续消毒能力，面对越来越发达的饮用水管网系统，单独使用臭氧或紫外线消毒难以保证在管网输配过程中饮用水的微生物安全，因此通常将臭氧、紫外线作为深度处理工艺联合氯消毒以保证管网水的水质。在饮用水处理中，臭氧化作为预氧化和深度处理工艺被广泛应用，但是应关注含有溴化物的水在臭氧化过程中可能产生溴酸盐和溴化有机副产物，此外，紫外线与含氯消毒剂协同产生副产物的问题也应引起重视。

综上所述，目前我国饮用水消毒主要采用含氯消毒剂，臭氧消毒和紫外消毒虽然有各自的优点，但是因为没有持续消毒能力，不能满足水质标准对消毒剂余量的要求，不能作为主消毒剂。

9.2.2　消毒设备设施质量有待提升

1. 次氯酸钠发生器质量参差不齐

次氯酸钠发生器是在水厂现场制备次氯酸钠的设备。近几年来，现场次氯酸钠发生器因阳极电极技术的突破极大提高了电极的耐腐蚀性和使用寿命，以及食盐原料安全且质量可控，低浓度次氯酸钠性能更稳定等优点，在水厂消毒中的应用得到迅速发展。但是，由于《次氯酸钠发生器》GB 12176—1990 标准已经废止，新的替代标准尚未出现，产品缺乏强制标准的约束和指导，准入门槛较低，导致一哄而上，因而次氯酸钠发生器的质量存在参差不齐的现象。

次氯酸钠发生系统由软水处理、盐水配制、电解槽、脱氢和次氯酸钠储罐等部件组成，其中次氯酸钠发生器是电解食盐溶液制备次氯酸钠溶液的电化学装置，一般由电解槽、电解阳极和电解阴极组成，其工作原理如图 9-1 所示。

（1）电极结构与材料影响设备性能和质量

电极是次氯酸钠发生器的核心部件，影响次氯酸钠发生器效率的主要因素为电极

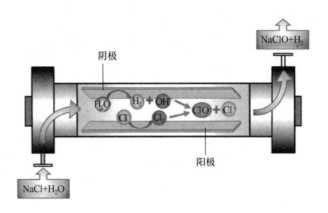

图 9-1　次氯酸钠发生器的工作原理

材料与极板间距。次氯酸钠发生器早期电极材料为石墨、二氧化铅，但石墨电极会发生氧化反应而剥落，二氧化铅电极容易产生铅污染，因此《次氯酸钠发生器安全与卫生标准》GB 28233—2020 禁用石墨与铅电极，而金属钛由于在很多介质中具有稳定性好、强度高、平衡电位低等优越性能，但其内阻较大、材料成本高，因此目前阳极电极材料以钛为基体，表面涂有钌、铱等贵金属氧化物涂层，阴极采用耐腐蚀性好的钛或钛合金电极。目前市场上次氯酸钠发生器的电极基本上是外购，有些厂家为了节约成本采用质量较差的电极，势必影响次氯酸钠发生器的质量和性能。

此外，当槽电压一定时，极板间距的减小将使极板间电阻减小，电流增大，电流效率上升，同时在极板上发生析氢、析氧反应将在板间起搅拌作用，减少浓差极化的影响，这种作用在极板间距小时尤为明显，但极间距过小将导致电解产热增加，促使氯气析出与副反应的发生，反而降低电流效率与增加盐耗。国内次氯酸钠发生器阴极多为纯钛阴极，其析氢过电位较高，随着电流密度升高，析氢过电位增大，同时国内多采用极间距 3 mm 左右，导致电极之间的溶液电阻也会增大，二者综合作用使槽压升高，电耗增大，不仅用电成本增加，同时整体的电解槽发热量也会变大，加快次氯酸钠分解速度，导致电流效率降低。

（2）电解过程中产生氯酸盐影响饮用水水质

现场次氯酸钠发生器均在不同程度上存在产生氯酸盐副产物的现象。不同发生器在同样的运行条件下产生的氯酸盐浓度差别很大，说明发生器的结构和性能影响氯酸盐形成。氯酸盐的产生途径为发生在阳极的副反应，一种是氯离子直接氧化为氯酸盐，另一种为次氯酸根氧化为氯酸盐。

温度对氯酸盐的影响在于温度升高将促进次氯酸钠生成氯酸钠反应的发生，温度过低通常会提高电极的电解电位，诱发氯离子的直接氧化、次氯酸氧化和次氯酸根氧化生成氯酸根的反应；温度过高也会促进氯酸盐副产物产生，通常最佳的电解温度控制在 20～40 ℃。电解时间也是影响氯酸盐形成的主要因素，研究表明，电解过程中氯酸盐浓度在 120 min 内会随电解时间线性上升，对于钌系涂层钛电极，氯酸盐浓度会随着电流密度的增大而逐渐上升。此外，极间距对氯酸盐的产生也会有一定影响，极间距缩小导致极板间电场强度增加，离子运动加快，次氯酸根更容易被氧化成氯酸盐，但极间距大会引起槽电压的上升，增加系统电耗。因此在电解操作中，低电流密度、较短的停留时间和适当的极间距有利于降低生成氯酸盐的浓度。对于电极材料，相同条件下电极的反应电位越低，有效氯浓度越高，氯酸盐生成浓度越低。因此未来采用现场制备次氯酸钠的方式，应在电解槽设计和电极材料选型方面降低副产物风险。

2. 二氧化氯发生器不同设备性能迥异

自 2000 年开始，二氧化氯作为预氧化和消毒药剂逐步在全国得到了一定程度的推广应用。目前化学法二氧化氯发生器主要有 5 种类型（表 9-1）。其中，应用最为广泛的是以氯酸钠和盐酸为原料的复合二氧化氯发生器，以及以亚氯酸钠和盐酸为原料或以氯酸钠、硫酸、过氧化氢为原料的产生纯度大于等于 95％的纯二氧化氯发生器。

国内化学二氧化氯发生器的主要类型　　　　　　　　　　　　表 9-1

按制备工艺	按产品
氯酸钠＋盐酸	复合二氧化氯发生器
亚氯酸钠＋盐酸 氯酸钠＋硫酸＋还原剂（过氧化氢、蔗糖、尿素等） 亚氯酸钠＋次氯酸钠＋盐酸 亚氯酸钠＋氯气	纯二氧化氯发生器

有研究发现，由复合二氧化氯发生器带入、二氧化氯歧化反应、与水体反应的氯酸盐分别占出水总氯酸盐的百分比为 43.39％～53.52％、10.06％～12.96％、36.41％～43.66％；纯二氧化氯发生器一般采用气体投加，不会造成氯酸盐副产物问题，因此对使用二氧化氯发生器的水厂，尤其是复合二氧化氯发生器，设备性能对出水水质也有较大影响。

由于二氧化氯发生原理简单、初期行业规范相对薄弱，目前国内二氧化氯发生器制造厂家多达 300 余家，各发生器间性能差异较大，致使发生器市场较为混乱。2017 年～2018 年，对国内 242 家二氧化氯发生器调研发现，复合二氧化氯发生器占比约

92.1％，且以氯酸钠和盐酸法为主；纯二氧化氯发生器占比约 7.9％，以氯酸钠、硫酸和过氧化氢法居多。调研市面上两类二氧化氯发生器原料转化率见表 9-2。

两类二氧化氯发生器原料转化率　　　　　　　　表 9-2

发生器类型	原料	原料转化率
纯二氧化氯发生器	氯酸钠、硫酸、过氧化氢	92.5％～93.2％
二氧化氯与氯混合消毒剂发生器	氯酸钠、盐酸	45.8％～85.6％

纯二氧化氯发生器与复合二氧化氯发生器之间原料转化率相差较大，同时，复合二氧化氯发生器设备之间的性能差异也很大，平均原料转化率为 67％。根据产品结构与加热方式，复合二氧化氯发生器经历了三代产品的发展，目前三代产品市场占有率分别为 11∶9∶1（第一代∶第二代∶第三代），各代复合二氧化氯发生器特点及原料转化率见表 9-3。

各代复合二氧化氯发生器特点及原料转化率　　　　表 9-3

产品	所处年份	反应釜材质	结构	加热方式	原料转化率
第一代	2003 年前	UPVC	单级	水浴传热	50％以下
第二代	2003 年～2010 年	聚四氟乙烯	单级	水浴传热	70％以下
第三代	2010 年至今	钛合金	3 级以上	干式加热	70％～88％

技术落后的第一代二氧化氯发生器仍在大量使用，其存在的副产物风险影响了饮用水消毒的安全性。因此，水厂在应用复合二氧化氯发生器时，应重视发生器选择与运行管理，避免带入氯酸盐副产物，同时考虑残液处理问题。

3. 二次加压调蓄供水消毒设施作用有限

二次加压调蓄供水是指单位将城市公共供水或自建设施供水经储存、加压，通过管道再供用户或自用的形式。由于二次加压调蓄供水存在储存这一过程，因此不可避免地增加了饮用水从出厂到用户水龙头的时间，再加上饮用水经过管网的长途运输，水中余氯量已经降低到危险水平，在存储过程中有微生物大量滋生的风险。贮水箱（池）一般作为稳压设备，内部水流相对较缓，并且因为一些其他原因可能存在密封不严和死水区的问题，这些因素无疑都导致了经过二次加压调蓄供水的饮用水会有更大的卫生风险，需要补加消毒剂以及定期消毒。许多城市都曾经做过二次加压调蓄供水单位中供水消毒的统计研究，发现二次加压调蓄供水消毒设施种类多、普及率及使用率不高、水质微生物指标超标风险大等问题。

根据二次加压调蓄供水规范，设置消毒装置即可，但未作具体要求，由于消毒装备种类繁多，技术要求也不一致，实际中使用的各类产品，维保能力未能与之匹配，精细维保存在一定困难。其次，由于部分城市水厂已经进行深度处理，出厂水质较好，新建小区的二次加压调蓄供水设施建设标准较高，水池（箱）内的水质情况较好，达不到启动条件，消毒设施处于闲置状态。在 2021 年对成都市主城区 1210 个有二次加压调蓄供水设备设施的居民小区实施普查，其中二次加压调蓄供水系统未安装消毒设施的居民小区占比 58.84%。深圳小区二次加压调蓄供水的消毒以紫外方式为主，全市 10%～15% 设施安装在线 pH、余氯和浑浊度监测，设置在余氯不达标时启动紫外消毒。实际运行中水质基本稳定达标，紫外消毒开启次数少，应用中存在紫外灯管使用周期短、未实现水质与设备运行有效联动等问题。

9.2.3　运行管理有待规范

1. 原料检测与质量管控体系亟须完善

（1）成品次氯酸钠

成品次氯酸钠一般为氯碱工业的副产品，由碱液吸收化工厂含氯尾气制得，有效氯浓度达到 10% 左右，饮用水处理中可稀释后投加。虽然成品次氯酸钠生产工艺均采用烧碱和液氯反应制备，但不同生产厂家的成品次氯酸钠质量参差不齐，由于一些生产厂家可能利用化工废酸废碱作为生产原料，产品价格也相差悬殊。成品次氯酸钠溶液浓度高，稳定性差，在运输和储存过程中均易发生歧化反应，使有效氯浓度下降，副产物氯酸盐增加，因此随时间变化，其有效氯浓度和副产物浓度可能存在较大差异，有效氯降低和副产物增加将影响投药准确性和水质安全，需要建立及时可靠的检测制度。

《次氯酸钠》GB/T 19106—2013 对消毒和水处理用次氯酸钠质量、采样、实验方法及检验方法作出了规定，其中检测的指标包括有效氯、游离碱、铁、锰、重金属和砷，对常见副产物氯酸盐没有作出规定，检验规则也只是针对生产厂家的出厂检验和型式检验，而出厂检验只要求检测有效氯和游离碱。因此，为保证进入水厂的次氯酸钠质量，水厂需要自行制订检测和质量控制制度，缺乏统一的规范要求，由于不同水厂检测能力、管理水平及重视程度的差异，难以及时发现产品的质量问题。因此，为了保证消毒剂的质量，采用成品次氯酸钠消毒的水厂应建立科学、合理的消毒剂质量控制体系并落实，完善成品次氯酸钠进厂前质量管控，以及增加储存和使用期间的药液检测频率，发现存在质量问题及时采取应对措施。

（2）现场制备次氯酸钠

次氯酸钠发生器原料为氯化钠与软化水，其中氯化钠应符合《食品安全国家标准 食用盐》GB 2721—2015，软化水应符合《生活饮用水卫生标准》GB 5749—2022的要求。通常饮用水厂次氯酸钠发生器前多采用树脂软化工艺生产配制氯化钠溶液的软化水，一般硬度应小于 10 mg/L（以 $CaCO_3$ 计），由于次氯酸钠发生器一般为连续工作，软化树脂可能随着使用时间增加而逐渐失效，导致部分钙、镁等金属离子进入电解槽导致极板结垢的发生，影响产液的有效氯浓度，从而影响消毒剂投加准确性和稳定性。因此，一方面需要建立原料食盐的质量检测制度，同时还需要建立次氯酸钠产品的质量检测制度，并重点关注有效氯和氯酸盐两个指标，采取措施优化设备运行管理，确保次氯酸钠溶液质量稳定可靠。

（3）二氧化氯

由于目前的自动检测设备难以将氯酸盐、二氧化氯、氯气等组分区分开，使用国标中五步碘量法测定虽然能明确区分各组分浓度，步骤复杂，耗时长，具有明显的滞后性，因此对于水厂运行管理提出了更高的要求。无论纯二氧化氯发生器还是复合二氧化氯发生器，所使用的原料如氯酸钠、亚氯酸钠虽然在国标中对纯度有相关规定，但是在一般水厂检测较为困难，也同样存在滞后性。对于二氧化氯发生器本身，目前技术无法对产生的二氧化氯含量进行实时监测，只能通过原料流量进行估算，而且不同厂家的设备、不同加热方式以及反应条件对于原料转化率和二氧化氯产率都极大地影响估算的准确性，只能通过消毒后水中的二氧化氯浓度进行反馈控制，存在滞后性。此外，目前市面上二氧化氯发生器产品众多，不同厂家的不同产品在产率、有效氯、副产物及使用条件上参差不齐，缺少统一的相关规范约束，这些问题在实际应用中与运行成本、管理难度息息相关。

2. 消毒工艺运行管理水平有待进一步提升

（1）水厂消毒工艺运行管理水平有待进一步精细化、智慧化

地、县、镇及村级水厂普遍采用"混凝—沉淀—过滤—消毒"的常规水处理工艺，有的工艺设施建成使用已有 40 余年，构筑物结构老化，水处理效果不佳，检测发现有的水厂滤后水浑浊度高达 4 NTU，严重影响后端消毒工艺。

消毒设备未按照标准选择、消毒设备运行状态不稳定、维护不及时是影响消毒效果的直接因素。2012 年《二氧化氯消毒剂发生器安全与卫生标准》GB 28931—2012颁布时，中国水协科技委与设备委调查发现，水厂中使用的复合二氧化氯发生器约

50％以上存在设备性能参数不符合标准的现象，部分偏远地区未取得涉水批件的产品也在小水厂中使用。2017 年对中小水厂消毒工艺调研中发现，对于现场制备的二氧化氯发生器设备，大多数水厂在实际生产运行过程中，存在发生器使用年限过长，调研中 61.29％二氧化氯发生器使用年限大于 5 年，时间最长 12 年；发生器运行参数不合理，发生器反应温度等参数控制不当占比 74.19％，发生器缺乏定期维护检查、易损配件未及时更换、96.88％无发生器残液处理、对副产物无厂级检测能力等问题。

水厂自动化水平不断进步，但在药剂精准投加、加氯量优化等工艺过程参数控制方面仍有较大提升空间，尤其在技术力量不足的县镇小水厂，加药等工艺过程控制仍比较粗放，导致较大药耗的同时更带来消毒副产物等水质风险。根据 2017 年《城市供水统计年鉴》统计数据换算，消毒剂平均投加浓度高达 6.24mg/L。为实现精准投药及全流程工艺管控，除自动化水平提升外，智能化将是后续发展的目标，现阶段，经济发达地区水厂开始尝试智慧水厂建设，在智慧化平台设计中充分考虑各单独工艺及其相互之间的影响，预留设施设备接口，增加在线监测等仪器仪表，构建孪生智慧水厂系统。

配套检测能力不足、操作人员不具备相关技能也是影响消毒效果的管理因素。中小水厂调研结果显示，具备二氧化氯副产物检测能力的水厂仅 14.52％，氯代副产物厂级无检测能力，仅依靠防疫站的检测，无法起到预防突发状况的作用；同时，水厂运行操作人员对相关消毒知识十分欠缺，不能准确判别消毒设备性能状态或消毒药剂质量，也易导致消毒效果不佳及消毒副产物超标。

（2）二次加压调蓄供水运行保障能力有待加强

按相关要求，水池（箱）清洗要求为每年不少于 2 次，但是楼宇立管未作相关要求，在设计时也未预留冲洗口，因此实际工作中楼宇管道难以进行冲洗，二次加压调蓄设施清洗维护不到位。此外，部分生消合用的水池（箱）由于维护不善，分隔水池（箱）连通管阀门损坏或其他原因，不能及时进行分隔清洗，也会影响生活用水水质。部分地下或半地下老旧住宅的生活泵房环境较差，阴暗潮湿，容易滋生细菌，不利于水质的防污染控制。

同时，储水设备的定期清洗消毒存在清洗消毒程序执行不认真不规范现象，例如：清洗药剂不注意浓度和保质期、清洗消毒周期不固定、清洗消毒流程执行不完全等；其次是在清洗消毒后对于清洗效果的检查验收，大多数取样点是在清洗消毒后的储水设备中取样，无法准确反映用户用水水质情况；最后，不同单位的水质检测指标有所区别，有些单位并未涵盖全部《二次供水设施卫生规范》GB 17051—1997 规定中的必测项目，不利于及时发现水质卫生安全问题。

根据《建筑给水排水设计标准》GB 50015—2019 的要求，已经明确建筑物内生活水池（箱）与消防水池（箱）分开设置，但小区内生活水池（箱）和消防水池（箱）未强制要求分开设置，实际中部分城市仍采用此方式。生活和消防用水采用合用水池（箱），节约了建筑面积，虽然标准做了相应水质保障措施，但实际消防水平时几乎不使用，消防管道上的止回阀损坏或操作不当易将消防管道内的水回灌至合用水池（箱），造成生活用水水质污染。因此，合用水池（箱）水质存在隐患。

3. 生产安全管理力度仍需加强

（1）液氯运输、储存管理更加严苛

液氯的采购、运输根据《氯气安全规程》GB 11984—2008 等相关要求，购买液氯需要向公安部门申请办理准购证，液氯供应商委托具备运输资格的物流公司进行运输，物流公司向公安部门申请办理准运证，并按照指定时间和规定的行车路线进行运输，严禁在人口密集区域、高热等场所停靠。危化品运输车辆的押运员和驾驶员应持证上岗，熟悉液氯的物理、化学性质和安全防护措施，了解装卸的有关要求，具备处理异常情况的能力。同时，需完善液氯装卸作业规程，规范液氯充装、卸车作业行为，对运输汽车的各项装置进行全面检查，确保无缺陷，才可充装。在气瓶搬运过程中，应戴好瓶帽、防震圈，不应撞击。在重大节日和重要活动液氯禁运期间，提前采购使液氯储量达到满蓄，并做好应急投加次氯酸钠等其他消毒剂方案。

液氯储存严格落实《危险化学品重大危险源辨识》GB 18218—2018 的规定，储存液氯的储罐或仓库组成相对独立的区域，以罐区防火堤或独立库房（独立建筑物）为界限划分为独立的单元。氯库设置相对独立的空瓶存放区，加氯间、氯库和氯蒸发器间设置泄漏检测仪、报警设施、漏氯吸收处理装置。液氯储罐、汽化器、装卸（包括充装，下同）等设备设施设置专用控制室的，控制室应尽可能远离储存装卸区域，面向储存装卸区域的一侧应为无门窗孔洞的实体墙。完善液氯泄漏的吸收装置，液氯的储存（包括储罐和钢瓶）、装卸和气化装置，按照《废氯气处理处置规范》GB/T 31856—2015 配套建设事故氯吸收装置。

（2）液氯使用管理措施有待提升

部分水厂存在对国家法律法规相应条款不熟悉，液氯使用管理制度和措施未严格按照标准制定，存在管理漏洞，难以有效预防事故的发生。安全生产教育与理念落实不到位，未深刻吸取液氯事故的教训，思想上对液氯的危险性认识不够。责任人划分不明确，管理人员以及作业人员安全责任意识淡薄，存在侥幸心理。对液氯使用人员的液氯安全生产知识培训和考核不到位，没有全面掌握液氯特种设备安全管理、设备设施改造提升、泄漏后应急处置的方法措施，导致实际操作设备时不规范、防护措施不到位，存在较大安全隐患。液氯泄漏应急预案的制订常常忽略实际情况，停留在纸面上，实际演练较少，与相关部门未建立有效的联动处理机制，相关人员处置突发事件的实际处理能力存疑。

（3）成品次氯酸钠管理措施有待提升

虽然成品次氯酸钠生产工艺均采用烧碱和液氯反应制备，但由于一些生产厂家可能利用化工废酸废碱作为生产原料，使市场中的成品质量参差不齐。10%的成品次氯酸钠溶液属于危险品，具有较强的腐蚀性，运输时具有一定危险性；运输需要具有相关资质的专门危险品车辆，如遇重大会议活动等特殊期间，危险品禁运或者生产厂家停产，货源难以有效保证。

10%的成品次氯酸钠溶液可能由于 ClO^- 发生歧化反应生成副产物氯酸盐，每日可达 5%的衰减率，温度越高、浓度越大则有效氯浓度损失越多，导致消毒能力下降。因此，10%成品次氯酸钠一般建议稀释到 5%左右保存。

与液氯消毒相比，次氯酸钠消毒时，消毒副产物的产生量有一定改善，但作为氯化消毒剂，与液氯消毒一样在预氧化或消毒时，可能会产生嗅味、消毒副产物等问题。《生活饮用水卫生标准》GB 5749—2022 也对相应指标作出了明确规定。

（4）次氯酸钠发生器存在安全隐患

次氯酸钠设备运行过程中，由于极板发生析氢反应，在生产次氯酸钠的同时，也会产生氢气，泄漏后会迅速向高处扩散，漏气上升滞留屋顶不易排出，遇火源即会引起爆炸。因此在生产空间和生产过程中应确保氢气的检测和报警设施的正常运行，并及时排除安全隐患。

9.2.4　中小水厂消毒仍然存在水质安全风险

消毒工艺选择及效果受水厂规模、处理工艺、设施设备、运行管理、水质等多方面综合影响。根据《城市给水工程项目建设标准》建标 120—2009，将水厂按规模分为 3 类：Ⅰ类 30 万～50 万 m^3/d，Ⅱ类 10 万～30 万 m^3/d，Ⅲ类 5 万～10 万 m^3/d。据不完全统计，供水规模小于等于 10 万 m^3/d 水厂占城镇水厂总数的 79.96%，供水量占城镇供水总量的 30.97％，服务人口约 4.3 亿，是我国城镇供水重要组成部分。

1. 消毒风险普遍存在，小水厂尤其严重

国家"十二五"水专项消毒课题组 2016 年～2017 年选取全国 120 余家代表性中小水厂开展消毒工艺及水质调研，400 余批次水样结果显示，出厂水水质：氯消毒水厂出厂水菌落总数、三氯乙醛、三氯甲烷、三氯乙酸均存在超标情况，超标率分别为 1.6％、2.4％、0.4％、0.4％，调研样本批次不合格率为 7.0％；二氧化氯消毒水厂出厂水菌落总数、氯酸盐和亚氯酸盐均存在超标情况，超标率分别为 2.5％、1.6％和 1.6％，调研样本批次不合格率为 9.9％。其中，规模较小的水厂（<5 万 m^3/d），消毒副产物超标现象更严重，氯消毒出厂水中三氯甲烷、三氯乙酸和三氯乙醛的超标率分别为 0.8％、2.4％、0.8％；二氧化氯与氯混合消毒出厂水中氯酸盐、亚氯酸盐超标率分别为 2.5％、2.5％，纯二氧化氯消毒分别为 0％、2.1％。小规模水厂具有较高的水质风险。

2. 消毒工艺与水质不匹配问题依旧存在

消毒副产物与水源水质、水源类型及季节等因素关系显著。氯消毒水厂受水体中消毒副产物前体物影响较大，二氧化氯消毒受二氧化氯投加量和原水浑浊度、铁、锰等影响较大。在地表水、地下水及地表水/地下水等水源水中，氯及二氧化氯消毒副产物超标现象一般只在以地表水为水源时出现，且夏季生成水平普遍较高。因此在消毒工艺选择时要关注原水水质特点。

小水厂工艺选择往往未考虑原水水质因素，而是以经济性、管理便捷性为主，部分水厂消毒工艺与水质不匹配，易造成消毒效果不佳及副产物风险。小水厂消毒工艺类型主要为氯（含次氯酸钠）及二氧化氯消毒，规模小于 5 万 m^3/d 水厂复合二氧化氯发生器使用比例更高。一般纯二氧化氯消毒仅产生无机副产物风险，氯消毒主要生成有机副产物，次氯酸钠药剂储备不当或采用电解次氯酸钠发生器运行不当，也可能造成无机副产物污染。

3. 高氨氮、高有机物原水缺乏适宜的消毒技术

由于现有消毒方式的局限性，单一的消毒技术不能解决所有水质的消毒问题，尤其是对于复杂水质的原水，如高氨氮、高有机物原水，采用液氯或次氯酸钠消毒，可能导致有机副产物超标，采用二氧化氯消毒时，可能导致亚氯酸盐等无机副产物超标，采用氯胺消毒时存在亚硝胺等含氮高毒性消毒副产物风险，因此，需要结合前端水处理工艺与消毒协同，构建多级屏障安全消毒体系，达到水质保障目标。

9.2.5　公共卫生事件下的微生物安全风险

长期以来，世界各国均将控制饮用水的生物风险作为饮用水安全保障工作的重中之重。水中病原微生物主要包含病原菌、病毒和原生动物（原虫及蠕虫）。病原菌主要包含大肠埃希氏菌、军团菌、伤寒杆菌、霍乱弧菌等；病毒主要包含肠道病毒、腺病毒、甲型肝炎病毒、诺如病毒、轮状病毒等；原生动物主要包含隐孢子虫、贾第鞭毛虫、痢疾阿米巴虫、麦地那龙线虫、血吸虫等。病原微生物对环境有一定的抵抗能力，可在自然环境中存活几天、几个月甚至更长时间，经水传播进入人体，达到致病剂量时，可导致胃肠炎、腹泻、痢疾、肝炎、霍乱、伤寒等多种疾病。

2019年来，霍乱弧菌和诺如病毒在国内部分地区曾引发聚集性疫情，北京、天津、浙江发生过诺如病毒引起的急性胃肠炎聚集性疫情；2022年7月，武汉市武汉大学曾出现一例感染性腹泻病例，经诊断为霍乱。

近几年来，新型病毒不断出现。2002年～2003年，严重急性呼吸系统综合征（SARS）在中国、加拿大、新加坡等32个国家暴发流行，截至目前，SARS冠状病毒的来源、病毒传播途径及感染机制等尚不十分清楚；2020年初，新冠肺炎（COVID-19）疫情陆续在全世界传播，新冠病毒（SARS-COV-2）传染力远大于同类冠状病毒（如SARS，MERS等），目前水处理行业还没有针对去除/灭活新冠病毒的相关研究报道，世界卫生组织认为其在饮用水中的健康风险还不确定或尚缺乏证据，国内尚无对应规范或指南。

《生活饮用水卫生标准》GB 5749—2022中微生物常规指标为总大肠菌群、大肠埃希氏菌均不得检出，菌落总数限值为100（MPN/mL或CFU/mL），扩展指标隐孢子虫、贾第鞭毛虫均为小于1个/10L，参考指标肠球菌和产气荚膜梭状芽孢杆菌均不得检出，未对包括病毒在内的其他微生物指标进行说明。经研究，冠状病毒属于有包膜的亲脂类病毒，按照目前人类认知的微生物对消毒处理的抗力大小，有包膜的病毒相对容易被消毒剂灭活，SARS冠状病毒在污水中对消毒剂的抵抗力比大肠杆菌8099和大肠杆菌f2噬菌体都低，冠状病毒相比大肠菌群更易被消毒剂灭活。

目前供水企业尚不具备检测水中冠状病毒的能力，当水质检测中大肠菌群结果为未检出，我们可以判断消毒剂也将冠状病毒灭活，即《生活饮用水卫生标准》GB 5749—2022中微生物指标能对冠状病毒灭活起到指示作用。

9.3　措　施　与　对　策

9.3.1　因地制宜选择水厂消毒工艺，升级改造老旧消毒设施

1. 选择适宜的消毒工艺

消毒效果与水质、水处理工艺、运行管理等密切相关，在水厂设计或评估中，应充分结合原水水质、水厂工艺情况，选择适宜的消毒工艺，同时也要综合考虑药剂运输、安全管理等问题。

消毒工艺的选择可以通过原水水质中前体物详细分析，结合工艺及控制去除效果，考虑经济性、安全性等进行消毒工艺综合比选。

原水中消毒副产物前体物含量较低，在满足消毒需求的氯气投加剂量下，卤代烃、卤乙酸等氯消毒副产物的含量及相关水质指标能达到《生活饮用水卫生标准》GB 5749—2022 的要求，或者采取措施后上述水质指标能够达标的水厂，可选择氯气消毒，对安全要求较高的中心城区，可采用次氯酸钠消毒。

使用氯气消毒的水厂应满足相关安全与管理要求。使用次氯酸钠的水厂可选择次氯酸钠发生器现场制备或购买次氯酸钠成品，宜对成品和现场制备两种方式进行经济、技术、安全、运行管理等方面的综合比选。次氯酸钠发生器宜选择盐水电解低浓度型发生器（0.8%），次氯酸钠成品宜选择有效含量约 10% 的水溶液。采购成品次氯酸钠消毒时，应选择市场上质量稳定可靠的成熟产品，并对每批次产品进行氯酸盐含量检测，不具备检测条件的水厂可委托检测。

原水水质较好，在满足消毒需求的二氧化氯投加量下，消毒副产物亚氯酸盐和氯酸盐含量能满足《生活饮用水卫生标准》GB 5749—2022 的要求，水厂供水范围内的配水管网没有大面积采用 PE 管道，可采用二氧化氯消毒。

采用二氧化氯消毒时，应使用二氧化氯发生器现场制备，可根据原水水质和现场条件选择复合二氧化氯发生器或纯二氧化氯发生器。可采用 30 min 耗氯（二氧化氯）量作为原水污染程度的分类标准，据此判断水厂二氧化氯消毒发生器的选型。（1）30 min 耗二氧化氯量不超过 1.0 mg/L，符合地表Ⅰ类或Ⅱ类的微污染原水宜单独采用纯二氧化氯发生器；（2）30 min 耗二氧化氯量 1.0~2.0 mg/L，且稳定优于地表水Ⅲ类的中污染原水宜单独采用二氧化氯与氯混合发生器，发生器应采用钛材、结

构在 3 级以上；（3）30 min 耗二氧化氯量在 2.0 mg/L 以上，劣于地表水Ⅲ类，有铁、锰、氨氮等冲击性水质污染的重污染原水不宜单独采用二氧化氯发生器，但可采用二氧化氯发生器用于预氧化，配套副产物控制设备，或应用于联合消毒中，减少二氧化氯投加量。

原水存在贾第虫和隐孢子虫等难以被含氯消毒剂灭活的病原微生物的水厂，可采用紫外线消毒或臭氧消毒，原水溴离子浓度高时，不宜采用臭氧消毒。紫外线或臭氧消毒后，还应投加含氯化学消毒剂，且消毒剂余量应符合相应的水质标准。

紫外线消毒可选择低压高强灯管或中压灯管。可根据水厂实际情况，在对占地、能耗、维护及寿命等进行综合评价后选择，小规模水厂可采用中压灯管，大型水厂宜采用低压高强灯管。紫外消毒应设在砂滤池或活性炭池之后。采用常规净水工艺的水厂，臭氧的投加点宜设在原水进口处，并在其后设粉末活性炭投加点；采用深度处理的水厂，臭氧投加点可以设在原水进口处，也可设在活性炭池之前。

选择氯胺消毒工艺时，可结合消毒副产物生成势、统一生成势等指标判断前体物浓度，重点关注含氮新型副产物。统一生成势可参照 EPA 的统一生成条件测试方法进行改进，在 1 d 后余氯为（1.0±0.2）mg/L、pH 为 7.0±0.2、水温为 25±2 ℃避光条件下，水样氯化培养前后消毒副产物浓度差即为 1 d 的消毒副产物生成量，更能表示消毒副产物的风险值，具有工程意义。

同时，水厂消毒工艺设计时应考虑配备次氯酸钠或二氧化氯等备用的消毒措施。当水厂由于供水范围过大或管网水停留时间过长导致管网水大面积余氯不足时，宜通过加氨进行氯胺消毒，或采用二次补加消毒剂的方式以保障水质。

2. 优化消毒工艺设计

在选定消毒工艺后，为优化消毒效果，减少消毒副产物，可从清水池优化设计与改造提升、消毒剂投加优化方面进一步改善。

2018 年发布的《室外给水设计标准》GB 50013—2018 强调，为了强化化学消毒的效果以及保障清水池的调蓄容积能力，提倡专设消毒接触池，提出了长宽比要求"兼用于消毒接触的清水池，内部廊道总长与单宽之比宜大于 50"。新建水厂基本能满足此要求，但在标准颁布前建成的水厂，存在清水池水力条件不佳，出现短流、停留时间不满足要求等影响消毒效果的情况，一方面可通过按照标准改造实施，另一方面也可以利用流体力学模拟等方式，优化现状清水池进水口和出水口布水堰设置、隔板设置等参数，提升混合消毒效果。

同时，可通过对消毒剂投加点位、投加量或联合投加方式采用模型或试验分析，确定优化的消毒工艺设计参数，也能一定程度降低水厂消毒副产物风险，相应投加方式优化调整均取得较好的工程应用效果。

在智能控制建模或模型优化设计过程中，应考虑（包括但不限于）水量、进出水水质、消毒药剂种类和 Ct（消毒剂剩余浓度和接触时间的乘积）、管网末梢消毒剂余量、消毒副产物指标、国家标准和内控指标等相关因素，制订最优的消毒环节解决方案及综合策略。

3. 升级改造老旧消毒设施

对于目前市面上使用的消毒设备二氧化氯消毒器，虽然《二氧化氯消毒剂发生器安全与卫生标准》GB 28931—2012 规定了发生器产物的要求，但目前水厂仍有大量老旧消毒设备在用，其性能偏低，外加运行维护不当，可能对消毒造成不利影响。

结合国家标准和水厂二氧化氯发生器使用过程中的问题及管理要求，国家"十二五"水专项消毒课题建立了二氧化氯与氯混合消毒发生器的性能评估方法，主要从技术指标（$NaClO_3$ 转化率、二氧化氯收率、ClO_2/Cl_2 的质量比值等）、安全指标（泄压装置、控制保护等）、经济指标（电耗、药耗等）、可操作指标（原料泵调节、温度调节等）和卫生指标 5 个方面评估发生器性能，指导水厂改造或更换二氧化氯消毒设备，提高设备效率，减少因消毒设施造成的水质消毒风险。

设备技术指标风险一般与反应釜材质或加热方式有关，建议直接升级消毒设备；对于运行条件造成的性能值不高，可调整反应器反应温度，维持在 $60\sim70℃$，调整进料投加比使酸进料比略大于氯酸盐；同时，对二氧化氯与氯混合发生器可采用气液分离或内回流等方式改造优化，提高投加至水体的二氧化氯纯度，减少无机副产物带入。设备安全等问题通过泄压阀更换或自动化设置调整进行升级。

9.3.2 提升消毒设备设施质量

1. 次氯酸钠发生器

（1）优化次氯酸钠发生器的电极结构

限制次氯酸钠发生器推广使用的主要问题是阳极材料的使用寿命短、电耗高、维修较为困难等。因此目前多采用涂覆氧化涂层电极构成的尺寸稳定阳极（Dimensionally Stable Anode，DSA），DSA 电极的出现对次氯酸钠发生器的推广应用起到了积极的作用。其中涂覆惰性氧化物作为阳极稳定剂，以及涂覆活性氧化物作为阳极的催化剂，可发挥氧化物的协同作用，目前阳极材料的发展方向主要集中在钛材料的多元氧化涂层方向，旨在提升阳极的电极析氢的电流效率、抗腐蚀性和稳定性，阴极材料的研究方向主要为开发内阻更小，抗腐蚀性更强的合金材料，因此，次氯酸钠发生器的结构依赖于材料、电子和电化学反应控制理论与技术等领域的发展，研制出电流效率高、耐久性好、产率高的电解设备结构是次氯酸钠发生器研发领域的重点方向。

（2）开发耐受性更强的离子膜次氯酸钠发生器

市场上的板式次氯酸钠发生器即离子膜次氯酸钠发生器，具有效率高，副产物相对无隔膜式更少的优点，然而用于氯碱工业的隔膜式次氯酸钠发生器，其离子膜则有可能受到氯气的氧化破坏，用于现场制备次氯酸钠的发生器，离子膜在发生器进液流量过大、过小或变化过于频繁时常发生膜的机械损伤，以及电解液软化处理不达标时，盐水中钙、镁离子则可能附着在离子膜表面形成难溶物，影响电解效率等。因此，未来应着力于开发耐受性强、抗冲击的离子膜。

（3）规范排氢系统设备及安装要求

氢气由于其爆炸极限低，燃烧温度低等特点，作为次氯酸钠发生器主要副产物应严格进行规范化处理，保障生产安全。每套次氯酸钠发生器均应配有独立的排氢系统；氢气收集、稀释和排放装置应满足密封的设计要求；气液分离装置应选用防腐性能好及拉伸强度高的材质；排放管路宜选用 HDPE 等防腐性能好、使用寿命长的材质；排氢风机宜采用防爆风机，排风量应根据发生器的产量确定，满足将氢气稀释到1%以下排放；电解槽的出液管路应有向上坡度，且坡度不应小于1%，管路上不得设置阀门；氢气收集、稀释和排放管路的设计和布置，应保证次氯酸钠发生系统所在区域内无氢气积聚；次氯酸钠发生器所在建筑物不可设置吊顶，顶内平面应平整，防止氢气在顶部凹处积聚，氢气有可能积聚处或氢气浓度可能增加处应设置固定式氢气检测和报警探头，氢气报警应与次氯酸钠发生器和排气系统联动。

2. 二氧化氯发生器

（1）优化二氧化氯发生器结构及性能指标

传统的复合二氧化氯发生器一般采用 UPVC、聚四氟乙烯等作为反应釜材质，且应用间接加热的方式，单级反应，导致反应的温度达不到设计要求，发生器转化率不高、二氧化氯产量低。采用钛材作为反应釜的多级反应二氧化氯发生器，通过直接加热方式，优化发生器反应设计及条件，可达到国家标准《二氧化氯消毒剂发生器安全与卫生标准》GB 28931—2012 要求的产出物性能，相关设备厂家也在进一步研发提高原料转化率及二氧化氯与氯气质量比的稳定性设备，比如控制最优反应变化幅度不超过±1℃等。

（2）确保原料质量与精确控制

水厂使用二氧化氯发生器要求其原料满足《二氧化氯消毒剂发生器安全与卫生标准》GB 28931—2012 中质量与品质要求，同时安全储存。水厂应严格把控发生器原料的质量，采用自动化方式进行原料稀释混合，同时应采用智能化手段精确药剂投加与比例，比如进料采用隔膜泵，可控制精度±5％。

（3）强化系统设计和安全保障

水厂使用二氧化氯应进行系统设计，主要包括原料供应、二氧化氯制备、投加、控制和安全保护等；应配备原料间、设备间和控制室，并配套稳定的压力水，设置流量、压力、消毒剂余量等计量、检测仪表，确保二氧化氯发生器稳定使用与监测维护。在水射器出口管道上应设置采样口和检修阀，便于检测发生器投加药剂成分；在二氧化氯设备控制系统包含不同功能等级，配置发生器标准通信接口，有条件水厂接入水厂中央控制，实现中控对设备的监控、与水处理其他工艺及水质预警的联动。同时，系统应具有安全防护措施和故障连锁自动保护功能，包括水压、液位、温度、泄漏报警、压力异常报警与保护措施等。发生器应具有可靠的安全释压及自动复位装置，宜设置在线压力监测装置。

（4）推进残液问题解决

二氧化氯发生器应用中存在残液处置问题，复合二氧化氯发生器残液中含有高浓度的氯酸盐，纯二氧化氯发生器残液中含有较高浓度的硫酸盐。目前水厂常用的残液分离器，一般将残液外运至有资质的单位处理；也有研究采用中和、离子交换、铁粉还原法等进行去除；对发生器采用内回流形式使残液再次反应也是一种方式，但尚未大范围大规模采用。因此应从技术上和政策上推进二氧化氯发生器残液处理的落实。

3. 二次加压调蓄供水消毒设施

目前在二次加压调蓄供水中使用的消毒工艺有二氧化氯、次氯酸钠、紫外和臭氧。其中二氧化氯和次氯酸钠作为常用的水处理消毒剂在水厂已经具备成熟的投加工艺，但在二次加压调蓄供水中由于投加量较少并且一般缺少专业人员值守而管理困难，因此应研究开发适合二次加压调蓄供水应用的运行管理简便，智慧化程度高的化学消毒剂投加设施。

臭氧和紫外可以在较短的接触时间中达到较好的消毒杀菌效果，虽然缺少持续消毒能力，由于应用在二次加压调蓄供水设备中，到达用户水龙头的时间较短，也能够满足饮用水供水安全要求，但是应健全二次加压调蓄供水紫外和臭氧设备的质量标准及运行效果评估。对于消毒剂余量不足的二次加压调蓄供水，如果采用这两种消毒设备，应在二次加压调蓄供水水质评价标准方面做出妥协。

9.3.3　强化过程监控，提高水厂消毒工艺运行管理水平

1. 加强中小水厂消毒工艺运行管理

如前所述，我国中小水厂消毒工艺主要是二氧化氯消毒和氯消毒，其中复合二氧化氯消毒占比为 49.32%，高纯二氧化氯占比为 28.83%，氯消毒占比为 21.85%。为了提高运行管理水平，首先应依托供水行业协会等组织，加大对从业人员的培训力度，提升水厂消毒技术水平、管理水平和检测能力；同时，根据水厂的实际情况，指导选择合适的消毒工艺、消毒药剂，制订完善的消毒工艺管理制度。水厂应充分考虑原水水质、工艺、出水水质的关系，重点关注对出水中消毒副产物和消毒剂含量的控制，必要时升级消毒工艺及设备。使用二氧化氯的水厂，需重点考虑升级针对二氧化氯及副产物的检测设备、二氧化氯发生器残液无害化处理设备。此外，对于消毒副产物和消毒剂，建立相应的厂级监测系统，除常规消毒副产物以外，将监测结果及时反馈至生产管理部门，指导消毒剂的投加。对于检测能力有限的水厂，可考虑与专业的检测机构合作，进行委托检测。

2. 提高液氯安全运行管理水平

持续加强安全培训，提高思想认识。完善安全管理队伍建设，增强管理人员安全责任意识，培养安全管理的核心团队。水厂建立加氯系统、漏氯回收系统相应的运行班组巡检制度，规定巡检内容、巡检频次和责任人。氯气使用、储存作业人员须按照国家有关规定经专门安全作业培训，取得相应资格，方可上岗作业。配备相应个人劳动防护用品，上岗作业必须正确穿戴个人劳动防护用品，氯气使用人员应熟练掌握工艺过程及设备性能，并具备氯气事故处理能力。除自检以外，聘请专业的第三方安全中介机构与检测检验单位定期检查液氯区域的相关设备是否符合规范，如所有压力容器、压力管道及其安全附件、液氯储罐安全阀、吸风和事故氯气吸收处理装置等。制定加氯设备、漏氯回收设备操作规程，规程中应包含安全注意事项，设备操作应严格

执行规程中安全注意事项的规定。水厂应根据周边环境、实际装置设施及风险评估结果，修订完善液氯重大危险源应急预案和液氯泄漏现场处置方案，每年组织液氯泄漏应急处置预案培训，与管理单位或者应急单位建立相应的应急联动机制。氯气等危化品关键装置和重点部位应配备报警装置和必要的应急救援设备、设施，并显著标明安全撤离的通道、路线，保证安全通道、出口的畅通。

3. 精准控制消毒剂余量

水厂应做到可精准控制消毒剂投加系统，保证消毒剂投入量的精确性和准确性。建立完善的监测系统，根据消毒剂种类，建立原水水质指标，及水处理工艺全流程及供水管网各重要节点余氯、总氯、二氧化氯指标的持续监测机制。首先，开展针对原水相关指标的监测，如水温、有机物、氨氮等；其次，在水厂处理中，精准测定覆盖水处理工艺全流程的消毒剂余量（包括余氯、总氯、二氧化氯）；最后，在供水管道中，监测不同点位的余氯、二氧化氯含量。

对于水厂的生产过程，合理设置消毒剂投加点位，研究消毒剂投加点位与水体混合反应时间，基于原水水质、水量、各环节消毒剂消耗量等大数据分析，建立原水水质、消毒剂投加量、消毒剂余量、反应时间等因素之间的定量关系或数据库，科学确定消毒剂消耗量、投加量及投加点布置。此外，应重点研究使用活性炭、臭氧等预处理方式对消毒剂消耗量及投加参数的影响。输配管网中，余消毒剂往往存在衰减过快的现象，主要问题是水中的氯会与管壁材料或管壁附近的物质反应，引起消毒剂的损耗，特别是在旧钢管和铸铁管中，因此可选用更为合适的管材替换，或对现有管材进行冲洗或者换衬，以便水厂准确评估消毒剂投加量与末梢水消毒剂含量之间的关系。同时，还应当根据监测数据，必要时在管网上设置补加氯点。

4. 建立消毒副产物风险预警预防系统

消毒副产物与水体中消毒前体物关系密切，通过对原水水质指标监测，可提前预判消毒副产物风险，起到预警预防作用。对于氯消毒副产物可采用消毒前后的紫外吸光度差值进行判断，一般采用 UV_{254}、UV_{265} 等，也可结合水温作为辅助预警指标；二氧化氯消毒采用以 UV_{254}、叶绿素 a、亚铁、二价锰离子等为指标的亚氯酸盐生成模型，预测无机副产物亚氯酸盐风险。

除通过快速或在线的原水水质检测预警消毒副产物风险外，氯消毒可采用荧光光谱和色谱定性定量一体化技术识别前体物，二氧化氯消毒可采用二氧化氯消耗量试验判定前体物，氯胺等消毒可结合消毒副产物生成势、统一生成势等指标判断前体物，分析掌握水源中具体前体物的变化趋势。

除原水水质信息预警外，消毒药剂和设备也应纳入预警范畴，定期开展消毒剂质量检测、发生器性能及产物稳定性分析，实现预警联动，在发生器故障或药剂不达标时，采用备用设备或应急药剂方案。

9.3.4 规范二次加压调蓄供水消毒设计与水质监管

1. 多点加氯控制消毒副产物

在管网输配过程中，消毒剂残余量随着管网的长度及停留时间增长而不断衰减，为保证供水管网和二次加压调蓄供水端消毒剂残留量达到标准限值要求、保障终端饮用水微生物安全，供水企业可采用多点加氯方式保障饮用水安全，包括水源加氯、水厂前加氯、水厂消毒加氯、加压泵站补氯、二次加压调蓄供水补氯等。通过全流程多点加氯，合理控制各节点加氯量，在保障饮用水微生物安全前提下，避免因一次加氯量过多而造成消毒副产物的升高，确保供水水质安全。

2. 强化二次加压调蓄供水消毒管理

（1）规范二次加压调蓄供水设施清洗消毒

针对二次加压调蓄供水设施清洗消毒，管理单位应严格执行有关的管理法规，做到定期清洗、规范操作。供水设施包括用户家用管材管件、环境等因素均会影响用户水质，用户对水质消毒效果的体验均来自管网末端水龙头的出水。受二次加压调蓄供水管网材料以及用户家用管材管件等因素影响，有可能水箱内取样检测合格，而用户水龙头的取样水却不合格。因此，建议清洗消毒过程结束后，应到离水箱最远的管网末端水龙头检测出水的消毒指标。建议相关部门根据使用二次加压调蓄供水设施的实际情况，分析可能发生水质污染的情况及可能指示水质污染的敏感性水质检测指标，同时要求设施管理单位和清洗消毒单位开展针对性的管理和检测。

（2）建立消毒全过程信息化管理系统

为全面掌握生活泵房水池（箱）消毒状态，可以通过搭建二次加压调蓄供水消毒全过程的信息化管理系统来解决，系统主要内容包括市政管网水质信息系统、二次加压调蓄供水末端水质信息化管理平台、泵房内水池（箱）消毒系统。通过系统建立消毒监测、预警及自动运行一体化发展，实现无人化操作，实现对二次加压调蓄供水消毒系统全过程掌握，对生活水池（箱）内的水质进行全流程监管。

（3）推进数据治理与应用工作

二次加压调蓄供水消毒系统建立完善后，及时开展消毒系统数据收集与治理工作，以水质数据质量为方向，保证数据的完整性、准确性，为精细化运营奠定数据基础，最终形成有效的数据库。根据已评估的可能影响水质安全的风险点，生成个性化的"一小区一方案"，形成二次加压调蓄供水全流程风险识别、监控和控制模式，从而指导开展智慧消毒。

3. 优化二次加压调蓄供水消毒系统设计

目前二次加压调蓄供水消毒系统是依据《建筑给水排水设计标准》GB 50015—2019进行方案、施工设计，但随着用户对水质要求越来越高的呼吁，以及通过近年来发生水质问题工单的原因分析，除了水池（箱）安装消毒装置以外，还有一些可提升的措施，如生消分离的探索。按照目前相关政策要求，二次加压调蓄供水设施维护主体逐渐由物业转为供水企业，合用设施权责不清，不利于职责分工。进行维修、清洗等工作时，合用水池（箱）需在满足临时消防要求后才可以放空，实现有一定难度；以及合用水池（箱）水龄相对较高，不利于水质保障。综合考虑，合用水池（箱）弊大于利。因此，建议将生活水池（箱）和消防水池（箱）分开设计，从源头上进行分离，便于管理和维护。

9.3.5 公共卫生事件下饮用水消毒的安全保障

1. 消毒安全评价及病毒灭活要求

经研究《生活饮用水卫生标准》GB 5749—2022、WHO饮用水水质准则、美国饮用水水质标准以及欧盟等国家和地区饮用水水质标准及其相关资料，其中美国环保局（USEPA）饮用水水质标准对肠道病毒微生物指标进行了限定，要求病毒的削减率不低于 4 lg（即 99.99％）。

水中微生物的削减一般通过处理工艺的去除和后续消毒工艺的灭活来实现，常规处理工艺中当滤后水浑浊度低于 0.3 NTU 时，USEPA 认可病毒的去除率为 2 lg（即 99％），处理工艺之后残留的病毒通过控制消毒工艺 Ct 来实现灭活。

微生物检测结果虽可以表明新冠病毒被有效去除，但因微生物检测耗时长，至少需 24 h，无法实现连续监测，检测结果的滞后给饮用水质安全带来风险。为此，在水厂生产过程中，可以通过控制 Ct 实现对微生物的灭活，达到消毒效果，Ct 与微生物类型、消毒剂类型和有效浓度、有效接触时间、水温和 pH 等密切相关，见表 9-4、表 9-5。

不同消毒剂病毒灭活的 *Ct* 和剂量　　　　　　　表 9-4

消毒剂种类 病毒灭活率	自由氯 (mg/L·min)	氯胺 (mg/L·min)	二氧化氯 (mg/L·min)	臭氧 (mg/L·min)	紫外 (mJ/cm²)
2 lg(99%)	5.8	1243	8.4	0.9	100
3 lg(99%)	8.7	2063	25.6	1.4	143
4 lg(99.99%)	11.6	2883	50.1	1.8	136

注：表 9-4 中前 4 种消毒剂针对肠道病毒，紫外针对腺病毒，水温为 1℃。根据 USEPA《Long Term 2 Enhanced Surface Water Treatment Rule：Toolbox Guidance Manual》整理得出。

USEPA 不同温度和 pH 范围游离氯灭活病毒 *Ct*（mg/L·min）　　　表 9-5

温度(℃)	对数灭活率					
	2 lg		3 lg		4 lg	
	pH		pH		pH	
	6~9	10	6~9	10	6~9	10
0.5	6	45	9	66	12	90
5	4	30	6	44	8	60
10	3	22	4	33	6[a]	45
15	2	15	3	22	4	30
20	1	11	2	16	3	22
25	1	7	1	11	2	15

注：表 9-5 数据是在宽 pH(6~9)下的 *Ct*，没有再做细化，根据 USEPA 文献可知此表中的 6[a] 为余氯浓度小于或等于 0.4 mg/L 下的结果。

2. 提高病毒消减率应对措施

（1）新冠病毒

1）强化病毒消减要求

以武汉市水务企业为例，2019 年疫情期间，将微生物安全作为首要水质安全目标，明确疫情高风险期间供水厂的消毒要求即病毒消减要求为：滤后水浑浊度低于 0.2 NTU，确保病毒去除率可达 99%（2 lg），清水池消毒效果即 *Ct* 达到病毒的灭活率不低于 4 lg（即 99.99%），使得最终病毒通过去除和灭活的总削减率为 6 lg（即 99.9999%）；为最大程度避免人们因饮食或饮水安全发生疾病就医的情况，出厂水菌落总数限值要求为不得检出，同时把管网水菌落总数限值提升为 20 CFU/mL，尽可能提高微生物安全性。

2）强化水源应急保障措施

加强水源地巡查：各水厂加强对水源保护区的巡查，取水人员加强点检巡视力度，切实做好一级保护区的日检。

增加原水余氯值及水源全分析检测：各水厂在常规监测的基础上，增加原水余氯值及水源的 109 项全分析检测，密切关注水质指标的变化情况。

加强与上游供水公司和环保、水务部门联动：与环保、水务等部门形成联防联动机制，原水水质异常时及时通报信息并启动应急处置方案。

3) 强化水厂应急保障措施

① 严控出厂水浑浊度

关注絮凝剂投加流量变化，确保投加过程可控、稳定；严格监控滤池正常运行及反冲洗阶段各个阀门的工作状态，确保滤池工作正常，滤后水浑浊度一般控制在 0.2 NTU 以内；为保障出厂水消毒的效果，出厂水浑浊度严格控制在 0.3 NTU 以内。

② 确保消毒效果

以次氯酸钠消毒为主的常规工艺水厂：疫情期间由于供水厂水量大幅下滑且游离氯消毒余氯量同比处于一个较高范围，Ct 同比明显偏大，应保证 Ct 在合适的范围，既确保消毒灭活病毒效果又保证消毒副产物达标。

武汉市中心城区供水企业经对相关水厂开展试验后，设定以长江为水源的供水厂在疫情高风险期清水池 Ct 上限为 300 mg/L·min，清水池停留时间不低于 30 min，出厂水余氯控制在 1.0～1.2 mg/L 之间，消毒 Ct 不低于 30 mg/L·min。同时实时在线监控水温、pH、水位、水量、出厂余氯等来参与计算调控供水厂清水池 Ct，使其既满足 4 lg 病毒灭活率又降低消毒副产物风险。

臭氧—活性炭深度处理工艺水厂：实现多级屏障消毒，确保臭氧投加系统正常稳定运行，控制消毒剂有效接触时间，确保消毒效果。

暂停排泥水回用：为应对微生物在沉淀池及滤池中富集的风险，特殊时期暂停对絮凝沉淀池排泥水、滤池反冲洗水的回收利用，减少微生物富集的风险，并经过消毒等安全处理后排放。

4) 强化水龄风险

疫情期间由于封城管控、企业停工停产、商场歇业造成工业用水量和公共设施用水量减少，武汉市当年水厂供水量较常规期间平均减少 10%～25%；各水厂供水量减少幅度与供水服务区域内居民人口的数量变化、工业企业和定点医院的分布，以及生活用水量和工业用水量的占比相关，极端情况下的水厂供水量较常规期间平均减少达 40%。在高温情况下如叠加长期疫情封控，供水企业应合理评估水龄对余氯的消耗，合理设定出厂水余氯，常规工艺水厂更应严格控制清水池 Ct，避免高温期间消毒副产物超标风险。

5）强化水质管理

重视水厂出水浑浊度和消毒效果的管理，最大限度减少水质安全风险，强化三级水质监测和三级水质管理体系。通过在线仪表监测、基层化验监测、集团水质监测中心的三级监测体系和职能管理部室、所属二级制供水单位及其基层单位的三级管理体系，对原水、生产过程水、出厂水和管网水质实行 24 h 实时监测，实现从源头到龙头的全方位、全流程监管。

（2）霍乱弧菌、诺如病毒等

1）强化溯源分析

重点监测可能存在造成水污染的相关因素，如水管破损、维修，降雨量增加等情况；有二次加压调蓄供水区域，重点调查二次加压调蓄供水的方法、频次等；检测疫情范围内水质情况，重点检测余氯、氨氮、微生物等指标，分析病毒来源。

2）强化应急处置

当确定水质异常时，应立即停止供水并查明原因，待污染源消除后，消毒并冲洗供水管道（含二次加压调蓄供水设施），卫生检测合格后方可恢复供水，并建议安装在线余氯和浊度计，进行持续 1 周观察期后，跟踪、评估措施执行的效果和有关环境信息后方可停止应急处置。

9.3.6 加快推进消毒新技术新产品的研究与应用

1. 加快消毒衍生新兴水质问题控制技术研究

消毒副产物（DBPs）是指饮用水消毒中氯消毒剂与天然有机物（NOM）反应生成的小分子卤代有机物，他们具有"三致"毒性，对人体健康存在长期危害。我国一项包含 46 个城市的研究显示，膀胱癌发病率较高的地区，自来水的 DBPs 水平普遍偏高（$p < 0.01$）。自 Rook 于 1974 年发表第一篇关于 DBPs 的论文至今，已发现的 DBPs 类型已超过 700 多种。通常后续发现的 DBPs 比早期研究的 DBPs 毒性更大，例如 2000 年后逐步研究的碘代副产物 I-DBPs 比同类的氯代和溴代 DBPs 的毒性要大得多。近两年来发现的新型 DBPs 主要为三大类：（1）卤代以及非卤代芳香族 DBPs，包括含苯环的卤代多肽，水杨酸等及其衍生物，卤代苯乙腈等和杂环类 DBPs，如卤代吡啶等；（2）卤代脂环族 DBPs，如卤代环戊烯二酮；（3）新型卤代脂肪族 DBPs，

如卤代甲磺酸等和卤代烯烃酸。这些新型 DBPs 的检测识别不仅进一步揭示了 DBPs 健康风险，更进一步展现了 DBPs 生成路径与生成机制的多样性。然而，至今在所有已识别的 DBPs 中，超过 50％在氯化消毒中形成的总有机卤（TOX）仍不清楚。随着疫情在全球范围的持续，饮用水消毒面临着生物风险和 DBPs 风险的双重压力，识别新的 DBPs，探索 DBPs 的生成机制进而有效控制其生成将是饮用水消毒长期的目标与命题。

近年来，饮用水消毒产生的新型化学物质，如有机氯胺等引起了较多关注。有机氯胺是水中溶解性有机氮类物质经氯（胺）化消毒后，其氨基上的 H 被 Cl 取代后生成的一类消毒衍生物。由于有机氯胺结构（R-NHCl、R-NCl$_2$ 或 R1-NCl-R$_2$）与无机氯胺（NH$_2$Cl、NHCl$_2$ 和 NCl$_3$）类似，在采用传统的 DPD 分光光度或滴定法检测出厂水和管网水总氯浓度时，有机氯胺也会与 DPD 试剂发生显色反应，无法与无机氯胺进行有效区分，从而被当作总氯的一部分被检出。而与无机氯胺相比，有机氯胺的氧化杀菌能力很差，因此它的存在将导致氯（胺）消毒后的水中实际有效的消毒剂浓度被高估，使得后续输水过程面临因有效消毒剂余量不足而出现致病微生物滋生等生物安全风险。此外，有机氯胺也是一种氯（胺）化消毒过程中的中间产物，其进一步氯（胺）化分解将产生其他毒性更大的 DBPs，特别是高毒性含氮消毒副产物（N-DBPs）。

嗅味问题已成为与饮用水质量相关的普遍问题。除了由藻类或微生物引起的典型异味问题外，饮用水消毒产生的异味也是重要的原因之一。例如，卤代苯甲醚具有强烈的霉味，且嗅阈值（OTC）极低（0.05～10 ng/L）。形成途径主要包括饮用水处理过程中卤代酚前体的生物甲基化以及氯化过程中原水中的苯甲醚前体衍生出各种卤代苯甲醚。水中的一些小分子蛋白质如异亮氨酸、亮氨酸和苯丙氨酸在氯消毒中会生成具有消毒剂或漂白粉气味的 N-氯代亚胺(N-chloroaldimines)等物质，主要包括 N-氯异丁亚胺（OTC=0.2 μg/L）、N-氯-2-甲基丁亚胺（OTC=0.25 μg/L）和 N-氯化物-3-甲基丁亚胺（OTC=0.25 μg/L），半衰期可达 50 h。I-THMs 具有强烈的药味，气味强度随着结构中碘原子数的增加而增加。卤代酚也是具有酚类和药用气味的气味污染物之一，研究表明，它们在浓度为 0.1 μg/L 时即会产生异嗅味。

饮用水中消毒副产物、有机氯胺、嗅味与口感等消毒衍生问题，直接制约了饮用水的品质和消费者对饮用水的采纳度。围绕这几个消毒衍生问题的检测方法、风险识别、评价标准，控制手段等方面均有较大的知识欠缺，亟待开展进一步的研究。

2. 兼顾消毒工艺生物安全性和化学安全性研究

经过近几十年的研究，消毒过程中微生物的灭活以及消毒副产物的生成等已经获得了一定的认识。然而，由于微生物的多样性、水质条件的复杂性、消毒副产物生成的不确定性，目前，在生物风险和化学风险的控制方面仍然需要进一步深入研究。

在生物风险方面，近年来饮用水中的机会病原体和耐药微生物问题等，已被证明是传统消毒的严峻挑战。机会病原体（OPPPs）易在建筑给水系统中潮湿、温暖、周期性停滞的环境及消毒剂残留量低的环境中生存，它们在传统粪便指示菌的监测方式之外，因此对检测和监测提出了重大挑战。常见的 OPPPs 包括细菌种类，如嗜肺军团菌、非结核分枝杆菌和铜绿假单胞菌，以及原生动物，如棘阿米巴属和福氏耐格里阿米巴原虫。由于 OPPPs 是目前饮用水相关疾病暴发的重要来源，因此迫切需要可靠的检测和监测策略。饮用水中出现的抗生素抗性细菌和抗性基因也引起了广泛的关注，据报道，氯化消毒过程可能促进抗性基因在细菌种群中的水平转移。

在化学风险方面，当消毒工艺与不同的前端处理工艺组合或耦合时，DBPs 的前体物和生成机制将发生很大变化。例如，各类预氧化技术（预氯化、高锰酸钾、臭氧）在饮用水处理工艺中广泛应用，DBPs 的前体物也将发生显著变化，影响后续消毒过程中 DBPs 的生成规律。同时，高级氧化体系中的自由基反应过程也可能会直接生成 DBPs，如溴酸盐、氯酸盐等。未来的研究应考虑全流程水处理工艺中 DBPs 的生成过程。

未来饮用水水质提升的研究，应在保证疫情背景下饮用水的生物风险控制基础上，兼顾水中化学物质导致的毒理学问题，关注基于复合污染效应的水质安全与健康评价。

3. 新国标下新型/联合消毒技术的研发与探索

新国标的指标由 106 项调整为 97 项，把消毒和毒理指标放在重要位置，增加了新兴污染物，消毒副产物等新指标；将检出率较高的一氯二溴甲烷、二氯一溴甲烷、三溴甲烷、三卤甲烷、二氯乙酸、三氯乙酸 6 项 DBPs 指标从非常规指标调整到常规指标，以加强管控；将土嗅素，2-MIB 调整至正文指标，出厂水及末梢余氯上限也作出了调整。这些调整，标志着新国标更加注重居民的感官体验和饮水健康，突出"末梢水"达标保障的理念。在此背景下，应聚焦新兴污染物环境赋存和迁移转化规律，针对新兴污染物污染控制过程中存在的问题，开展新型/联合消毒技术研究。

例如，近年来研究较多的紫外发光二极管（UV-LED）技术具有可定制波长和波长组合、低功率要求、装置体积小、不含汞等优势。研究表明，标称 $255 \sim 285$ nm UV-LED 诱导大肠杆菌灭活速率常数为 $0.15 \sim 0.81$ mJ/cm^2。不同的波长紫外可以针对不同的关键细胞成分（即蛋白质与核酸），因此多波长结合的 UV-LED 灭活效率更高。

短时氯消毒加一氯胺的顺序消毒，可以利用游离氯对微生物的快速灭活和氯胺的 DBPs 产量低、保持时间长的优势，因此能有效且经济地实现对微生物和 DBPs 的控制。该工艺可降低三卤甲烷产率 $35.8\% \sim 77.0\%$ 和卤乙酸产率 $36.6\% \sim 54.8\%$。将 ClO_2、Cl_2 联合使用，ClO_2 用于替代 Cl_2 进行预氧化处理，可减少 Cl_2 的使用量和 DBPs 的生成量；由于水中余氯的存在使得 ClO_2^- 被氧化生成 ClO_2，这样不仅能够减少 ClO_2^- 的产生量，并且增加了水中剩余 ClO_2 量。先 UV 后氯化的顺序消毒，UV 可以杀灭部分病原体，因此降低了加氯量和 DBPs 生成；在低氯氮比投加量下能有效去除氨氮，还可控制 N-DBPs；还可以提高对一些有机污染物的降解效率。由于 UV 对病原微生物的消毒作用，破坏了一些自身修复和耐氯的功能，因此在后续的氯（胺）化过程中可以获得更有效的病原体灭活。

其他新型消毒方式，如电化学氧化（还原）体系、紫外/氯高级氧化体系、类芬顿体系、物理破坏协同化学氧化体系、膜消毒技术等，拥有广阔的技术应用前景。面对饮用水中的生物风险、化学风险、饮用水口感和味感的提升等一系列关键问题，研发和探索更多高效的新型消毒技术将发挥重要作用。

主要参考文献

[1] 陈宏源，赵奇特，张凯风 . 次氯酸钠用于饮用水消毒时副产物风险和控制[J]. 中国给水排水，2021，37(20)：34-40.

[2] 楚文海，肖融，丁顺克等 . 饮用水中的消毒副产物及其控制策略 [J]. 环境科学，2021，42(11)：5059-5074.

[3] 姜巍巍，胡涛，金磊，等 . 中小水厂消毒工艺优化及副产物控制技术[J]. 净水技术，2019，38(10)：1-7.

[4] 刘丽君，周娅琳，阮建明等 . 次氯酸钠消毒剂的分解特性及氯酸盐副产物形成规律探讨[J]. 给水排水，2019，45(6)：54-58.

[5] 吕佳，岳银玲，张岚 . 国内外饮用水消毒技术应用与优化研究进展[J]. 中国公共卫生，2017，33(3)：428-432.

[6] 文刚，吴戈辉，万琪琪，常宝春，徐源源，黄廷林 . 丝状真菌——城镇供水系统生物风险和安全

保障的新挑战[J]. 净水技术，2022，41(03)：1-11＋19.

[7]　徐卿源，程曦，郑全兴，丛海兵. 液氯和次氯酸钠在供水管网消毒对比研究[J]. 给水排水，2022，58(08)：13-18.

[8]　中国城镇供水排水协会. 2018 年城市供水统计年鉴[R]. 北京. 2018 年.

[9]　中国城镇供水排水协会. 2018 年县镇供水统计年鉴[R]. 北京. 2018 年.

[10]　BECK S E，RODRIGUEZ R A，HAWKINS M A，et al. Comparison of UV-induced inactivation and RNA damage in MS2 phage across the germicidal UV spectrum[J]. Applied and environmental microbiology，2016，82(5)：1468-1474.

[11]　JIN M，LIU L，WANG D，et al. Chlorine disinfection promotes the exchange of antibiotic resistance genes across bacterial genera by natural transformation[J]. The ISME journal，2020，14(7)：1847-1856.

[12]　LAU S S，ABRAHAM S M，ROBERTS A L. Chlorination revisited：Does Cl-serve as a catalyst in the chlorination of phenols? ［J］. Environmental science & technology，2016，50（24）：13291-13298.

[13]　LIU，M，GRAHAM N，WANG，W et al. Spatial assessment of tap-water safety in China[J]. Nature Sustainability，2022，5：689-698.

[14]　ZHANG T Y，LIN Y L，XU B，et al. Identification and quantification of ineffective chlorine by NaAsO$_2$ selective quenching method during drinking water disinfection[J]. Chemical Engineering Journal，2015，277：295-302.

[15]　ZHANG X Y，LU Y，DU Y，et al. Comprehensive GC×GC-qMS with a mass-to-charge ratio difference extraction method to identify new brominated byproducts during ozonation and their toxicity assessment ［J］. Journal of hazardous materials. 2021，403：124103.

第10章 我国城镇供水行业应急能力建设的进展与展望

10.1 概 述

供水是城市生命线工程之一。由于历史原因造成的工业布局不合理、企业和个人非法排污、安全生产事故和交通运输事故频发，以及自然灾害的次生影响等原因，导致我国供水行业经常面临水源受到严重污染、超出正常处理能力、缺乏针对性的应急技术和设施的问题，最终造成供水水质超标或者被迫中断的情况，引发供水突发事件。

供水突发事件是我国城镇供水行业面临的巨大挑战，对正常的生产生活秩序和人民群众的身体健康影响巨大，需要积极预防，快速响应，妥善应对。党和国家对做好应急工作有重要部署。2019年1月21日，习近平总书记在省部级主要领导干部坚持底线思维着力防范化解重大风险专题研讨班开班式上指出："维护社会大局稳定，要切实落实保安全、护稳定各项措施，下大气力解决好人民群众切身利益问题，全面做好就业、教育、社会保障、医药卫生、食品安全、安全生产、社会治安、住房市场调控等各方面工作，不断增加人民群众获得感、幸福感、安全感。"

2005年11月发生的松花江水污染事件造成了极大的社会影响。建设部、环保部、科技部、水利部、卫健委等部委随后纷纷加大了对供水和环境应急研究和实践的支持力度。为了解决应急方面的迫切技术需求，国家水体污染控制与治理科技重大专项（以下简称"水专项"）、科技部"863"计划和"科技支撑"计划、住房和城乡建设部科技项目、环保部公益项目、"松花江水污染事件专项"和"汶川地震环境安全评估专项"中均部署了多个与应急供水相关的课题。对于供水行业的供水应急能力建设要求纳入了"水污染防治行动计划"（水十条），并在《中华人民共和国水污染防治法》《城市供水条例》等法律法规中予以强化。

经过十几年的研究和实践，相关高校、科研院所、供水企业合作完成了大量的技术研究、设备开发、管理升级、工程实践和制度建设工作，取得了一系列成果：已经建立了较为系统全面的应急净化处理技术体系，形成了与应急供水相关的多项标准规范，在《室外给水设计标准》GB 50013—2018 中明确了应急设施的建设要求与技术标准；各地供水企业大力开展应急供水能力建设，建立了供水应急监测预警体系、应急水源与应急供水调度系统、应急净水设备与设施、应急组织管理体系和应急预案体系。上述成果显著提升了行业的应急供水能力，从根本上扭转了在初期面对突发污染事件时出现水质超标或者被迫停水的被动局面，降低了供水突发事件的发生率和影响程度，大幅提高了城市供水安全保障水平。

本章是对我国供水行业开展的应急供水研究和实践工作的概括介绍，以期为相关部委、地方政府及主管部门、供水企业、配套产业、相关研究机构提供参考。

10.2　我国城镇供水突发事件统计分析

为了深入了解我国城镇供水突发事件的时空分布特征和影响因素，梳理了相关论文和书籍资料，收集了各大新闻媒体和网站中报道的城镇供水突发事件，对 2002 年～2018 年期间公开的城镇供水突发事件进行了分析，可为有关部门和供水企业指导供水突发事件风险防控和应急处置工作提供参考。

10.2.1　我国城镇供水突发事件时间分布及污染物特征分析

2002 年～2018 年间，公开报道的我国城镇供水突发事件的发生频次在 1～21 次之间，整体上呈现出先上升后下降的趋势，见表 10-1。其中 2006 年发生频次最高，推测其主要原因是 2005 年松花江水污染事件之后各地加强了对类似事件的报告和处理处置。在此之前的 2002 年～2004 年，城镇供水突发事件报道较少，可能原因是地方政府对类似事件的处理处置力度小，公开报道不多。随后，国家加强了生态环境保护工作，突发污染事件明显下降。但是，由于我国长期以来形成的工业产业布局，化学品的生产、使用和运输量大面广，突发污染事件仍难以避免，城镇供水突发事件时有发生。

报道的我国城镇供水突发事件的年际变化　　　　　　　　　表 10-1

年份	突发事件频次	年份	突发事件频次
2002	1	2011	5
2003	1	2012	3
2004	1	2013	1
2005	5	2014	10
2006	21	2015	4
2007	10	2016	3
2008	8	2017	1
2009	5	2018	3
2010	3	—	—

图 10-1 总结了 2002 年～2018 年我国城镇供水突发事件的月度分布情况。不同月份之间城镇供水突发事件发生频次存在较大差异，6 月最高，3、5、11 月次之，分别占 2002 年～2018 年城镇供水突发事件总数的 12.94%、10.59%、10.59%、10.59%。10 月最低，占总频次的 4.71%，整体上呈现出较为明显的季节变化趋势。

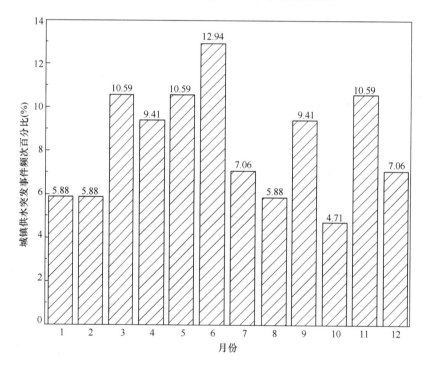

图 10-1　2002 年～2018 年我国城镇供水突发事件的月度分布情况

由图 10-1 可知，春、夏季节（3 月～6 月）城镇供水突发事件发生频次明显高于其他月份，分析其原因可能是：

（1）春、夏季节我国大部分地区降雨量增加，河流、湖泊等水体水量增加，污染物易被稀释，且下雨期间不易被人察觉，部分企业趁机违法排污。例如，2011 年 6 月，浙江省临安青山工业园区浙江金质丽化工有限公司趁下雨之际向苕溪排放生产废水，污染了下游杭州市余杭区余杭水厂、瓶窑水厂取水口，导致水质发生异常。

（2）春、夏季节暴雨、台风等极端天气增多，容易造成洪涝灾害，还可能引发次生环境问题，并导致城镇供水突发事件。例如，2016 年 7 月，受强降雨影响，山洪携带大量泥沙和漂浮物进入石家庄市主要饮用水源地——岗南水库、黄壁庄水库库区，造成水库原水浑浊度急剧升高。7 月 21 日 11 时，石家庄市供水公司下属水厂的进厂水浑浊度达 16000 NTU 以上，远高于其水厂的处理能力，导致水厂滤池堵塞，供水中断，对城市正常生产生活秩序造成严重影响。

（3）春、夏季节气温回升，工作人员易出现困乏、注意力不集中等情况，进而引起违章操作以及疲劳驾驶等状况，增加了生产安全事故以及交通运输事故的风险，会带来次生污染事故，提高了城镇突发供水事件发生的概率。例如，2007 年 5 月 29 日 13 时 40 分，在湖南省隆回县发生油罐车翻车事故，约 2 t 汽油泄漏至当地一条小溪后流入辰河，然后进入资江隆回段。事发地距隆回县城自来水公司取水口约 10 km，由于天降暴雨，泄漏油污很快到达取水口，当地自来水公司于晚 10 点 30 分停止供水，约有 10 万人饮用水受到影响。

10.2.2　我国城镇供水突发事件空间分布特征分析

统计分析了 2002 年～2018 年我国城镇供水突发事件的区域分布情况，如图 10-2 所示。发生频次由高到低的区域排序为：华东地区、华中地区、西南地区、华南地区、西北地区、华北地区、东北地区。不同区域城镇供水突发事件发生频次存在明显差异的主要原因是不同区域之间存在地理位置、河流密度、水文条件、气候条件、矿产资源等自然因素上的巨大差异，当地社会发展水平、产业类型、企业数量及密度、人口数量及密度等社会经济因素上也存在明显差异。

华东地区为城镇供水突发事件发生频次最高的地区。由于该区域工业发达，涉污和环境风险企业相对较多，大量涉污企业及化学品仓库沿水分布，使得华东地区环境风险与隐患众多，突发污染事件的发生概率也相对较高。同时，华东地区内有长江、淮河、钱塘江三大水系，河网密布，内河航运与海运发达；境内高速公路、国道里程长，车流量和危险化学品运输量大，交通运输过程中所伴生的溢油、化学品泄漏等事故的风

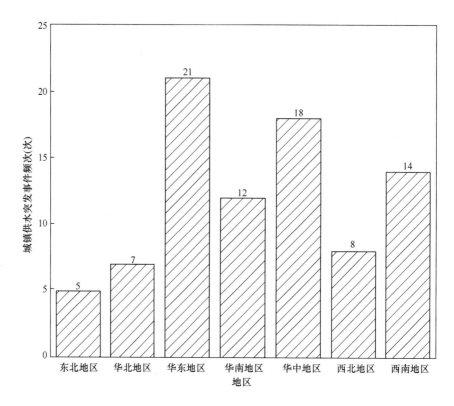

图 10-2　2002 年～2018 年我国城镇供水突发事件的区域分布情况

险也相对更高，对水环境安全造成了巨大的威胁。此外，该区域的自来水厂大多使用地表水作为水源，容易受到上游水污染事故造成的影响，造成次生的供水突发事件。

　　进一步分析不同地区城镇供水突发事件特征污染物分布情况，分析结果见表 10-2。各区域城镇供水突发事件涉及的特征污染物主要包括有机污染物、重金属污染物、石油类污染物、无机污染物以及藻类暴发产生的污染物。

2002 年～2018 年我国城镇供水突发事件特征污染物区域分布情况　　　　表 10-2

地理分区	特征污染物
华东地区	酚类、硫醚类、卤代烃等有机污染物，33.3%
	砷、镉、铊等重金属，23.8%
	石油类，4.8%
	藻类污染，4.8%
	其他，33.3%
华中地区	苯系物、有机硫化合物、农药等有机污染物，33.3%
	镉、砷、铁、锰等重金属，27.8%
	石油类，16.7%
	藻类污染，5.6%
	氨氮等无机污染物，5.6%
	其他，11.0%

地理分区	特征污染物
西南地区	苯系物、酚类、农药等有机污染物，28.6%
	砷、锰等重金属，28.6%
	石油类，28.6%
	氨氮等无机污染物，7.1%
	其他，14.3%
华南地区	农药类、酚类、漆等有机污染物，25%
	砷、镉等重金属，33.3%
	亚硝酸盐等无机污染物，16.7%
	其他，25%
西北地区	苯系物等有机污染物，25%
	铅等重金属，12.5%
	石油类，25%
	氨氮等无机污染物，12.5%
	其他，25%
华北地区	氨氮、亚硝酸盐等无机污染物，28.6%
	大肠杆菌、沙门氏菌等微生物污染，14.3%
	其他，57.1%
东北地区	苯胺、酚类等有机污染物，40%
	尾矿废水，20%
	其他，40%

10.2.3　我国城镇供水突发事件起因分析

通过对我国城镇供水突发事件影响因素进行分析，发现其事故起因主要包括：生产安全事故、交通运输事故、企业或个人违法排污、自然灾害及水利调度、其他因素等，结果如图 10-3 所示。

由图 10-3 可知，企业或个人违法排污是引发城镇供水突发事件的最主要原因，其次为生产安全事故，分别占事件总频次的 35.3%、31.8%。此外，自然灾害和水利调度以及交通运输事故也是引发城镇供水突发事件的重要起因。

对于企业或个人违法排污引发的城镇供水事件，应加强对企业及个人的环境监管力度，普及违法排污造成的严重

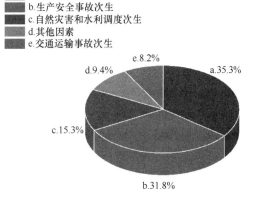

图 10-3　2002 年～2018 年期间我国城镇供水突发事件的起因分析

后果，提高企业环境应急管理能力建设水平。人的不安全行为、物的不安全状态以及管理和环境上的缺陷均是造成生产安全事故的直接主要原因。此外，在各种事故造成的化学品泄漏处置过程中，由于救援人员缺乏相关知识，也存在消防尾水泄漏进入水体继而引发次生城镇供水突发事件的潜在风险。

10.2.4 城镇供水突发事件类型及应对情况

根据 2002 年～2018 年期间我国城镇供水突发事件统计结果，城镇供水突发事件主要类型及事件的应对主要可分为以下 5 种情况。

1. 外部事故灾难造成水环境污染事故，继而导致停水或造成进厂水污染，形成供水突发事件

由于违法排污、生产和运输事故、自然灾害等外部事故灾难造成水环境污染事故，造成停水或进厂水污染，是形成城镇供水突发事件的主要来源。这些事件又可进一步细分为有毒有害化学品、病原微生物引起的水环境污染事故次生供水突发事件以及感官指标超标次生供水突发事件等类型。

针对不同类型原因引起的供水突发事件，可根据污染物质种类采取不同的应急处理技术对其进行应急处置。同时，供水企业一般采取加强水质检测、通知可能受影响地区停止供水、启用备用水源、水车送水等举措进行应对。典型案例包括吉化"11·13"特大爆炸事故引起的松花江特别重大水污染事件、2007 年无锡太湖水危机事件以及广西龙江河"1·15"镉污染事件。

（1）吉化"11·13"特大爆炸事故引起的松花江特别重大水污染事件

2005 年 11 月 13 日，位于吉林市的中石油吉林石化公司双苯厂一车间发生爆炸，共造成 5 人死亡、1 人失踪，近 70 人受伤。爆炸发生后，约 100 t 硝基苯、苯等污染物随消防尾水流入松花江，造成了严重污染，哈尔滨市被迫于 11 月 23 日 23 时起停水 4 天，全市 400 多万居民的生活受到严重影响。针对以上情况，国务院派出多个专家组赶赴现场指导事件处理。其中，建设部专家组在哈尔滨市经紧急试验和讨论，确定了以取水口处投加粉末活性炭为主的应急净水方案，在水源水中硝基苯超标数倍情况下，经粉末炭处理后自来水厂出水中的硝基苯未检出，于 11 月 27 日晚开始恢复哈尔滨市的市政供水。11 月 29 日，建设部专家组赶赴下游达连河镇，指导了哈尔滨气化厂（达连河）的应急供水工作，成功应对了 10 余倍超标的原水，保证了供水水质，实现了不中断供水的目标。实践证明，所采取的原水中投加粉末活性炭、强化混凝沉

淀、改造炭砂滤池等应急措施有效可靠，粉末活性炭起到了去除硝基苯的主要作用。

（2）2007 年无锡太湖水危机事件

2007 年 5 月底，太湖暴发大面积的蓝藻水华，藻类死亡后导致腐败变臭，严重污染了无锡市的饮用水源地。由于原水的异常水质超出了水厂自身的处理能力，导致自来水存在明显的腥臭味，全市近 200 万居民陷入了严重的水危机。水危机爆发后，无锡市政府和供水企业在第一时间采取了多项应急措施。在专家组指导下，无锡市自来水公司迅速实施了以取水口处投加高锰酸钾氧化除臭为主的应急处理工艺，在水厂进厂处投加粉末活性炭还原过量氧化剂和吸附有机物，并通过多种在线仪表加强对波动原水水质的监测，及时调整加药剂量，迅速恢复了出厂水水质。

（3）广西龙江河"1·15"镉污染事件

2012 年初，广西壮族自治区河池市某企业利用溶洞恶意排放高浓度镉污染物的废水，造成龙江河河池段 100 多千米河道重金属严重超标，沿河村屯生活井水镉含量超标，220 多名村民依靠政府送水生活，并危及下游柳州市饮水安全。针对以上情况，根据国务院领导的批示精神，有关部门和地方政府组成了龙江河镉污染事件联合工作组，督促、指导、协调广西方面做好各项应急处置工作，并开展龙江河镉污染事件的各项调查处理工作。环境专家组采用调水稀释、在河道中实施碱性化学沉淀法进行降污处理，将水源水中镉污染物控制在较低水平。同时，住房和城乡建设部派出的专家组指导柳州市自来水公司对全市自来水厂进行紧急改造，在水厂建立碱性化学沉淀工艺来处理剩余的镉污染物，并做好启动备用水源的准备。经各部门通力合作，有效保障了柳州市居民的用水安全。

2. 供水构筑物工程事故等内部事故灾难造成停水或水污染，形成供水突发事件

针对此种情况，当地人民政府及相关主管部门一般采取对供水构筑物工程进行抢修、维护，同时向人民群众、重点单位送水等措施保障供水。典型案例包括 2010 年发生的郑州市柿园水厂爆管停产事件、2015 年河北省新河县城区供水管网末端水质污染事件。

（1）郑州市柿园水厂爆管停产事件

2010 年 11 月 17 日 10 时 40 分许，郑州市郑上路、西环路立交桥南侧引桥下，一条直径 800 mm 的供水主干管突然爆裂，喷出的水倒流回地下供水泵房，造成供水能力 37 万 m^3/d 的柿园水厂因电机烧毁被迫全线停产，进而导致郑州市大面积停水，约 80 万市民无水可用，多个小区内的供暖热交换站关停。事件发生后，郑州市自来

水总公司管网处抢修人员迅速赶至事发地点，郑州市委、市政府迅速成立抢险指挥部，启动送水车，向学校、医院等重点机关、单位送水，同时从其他水厂向西区调水，加大补压井的出水量。郑州市自来水总公司工作人员 44 h 连续作业，17 日傍晚水厂 1 台供水泵恢复工作，18 日上午又有 5 台供水泵恢复正常，到 19 日上午供水全部恢复正常。

（2）河北省新河县城区供水管网末端水质污染事件

2015 年 3 月 26 日，由于当地一家企业自备井的压力罐止回阀故障，在检修时管道布置不合理，使化工产品回收塔、冷凝水、锅炉站除尘脱硫废水回流至自备井，且由于企业自备井水和城区自来水管网相连，造成相连的新河县城区供水管网末端水质受到污染。事故导致新河县自来水厂 26 日停止取水和供水约 3 h，83 户居民饮水中断，11 人住院观察治疗 3 d。新河全县于 3 月 26 日 13 时停止供水，并通知群众清洗管道，放掉自来水。直到 16 时左右大部分城区恢复供水，于 21 时恢复全面供水。此次事故涉及群众 2000 余人。

3. 自然灾害次生水环境污染事件或工程事故，进而形成供水突发事件

针对此种情况，当地人民政府及相关主管部门一般采取取样检测、更换备用或应急水源地、利用灾区已有水源并进行简单加工、采用送水等措施保障居民日常生活用水等举措进行应对。典型案例包括"5·12"地震后川西化工物资有限公司污染地下水事件、舟曲特大山洪泥石流造成的供水问题。

（1）"5·12"地震后川西化工物资有限公司污染地下水事件

2008 年 6 月 2 日，都江堰市岷江 4 号桥指挥部施工单位井水（8 m 深地下水）出现农药气味，经排查，确定 300 m 外的川西化工物资有限公司为污染物来源。该企业在"5·12"地震后停产检修，5 月 27 日擅自恢复生产，在未完善环保治污设施的情况下，违规生产排污，导致含苯的炉渣、尾料油泄漏造成地下水污染，造成约 220 人饮用水受影响。查明原因后，成都市环保局当即要求该企业停产整改，处理污染物，同时开展应急监测，加强环境安全隐患排查，改用新水源，并联系某企业捐赠了反渗透净水器，保障群众安全饮水。

（2）舟曲特大山洪泥石流造成的供水问题

2010 年 8 月 7 日，舟曲特大山洪泥石流灾害发生后，舟曲县 3 处饮用水源地遭严重破坏，被泥石流冲毁或掩盖，已不具备供水能力。供水来源主要依靠部队用卡车从外地运水、提供瓶装水、取用山泉水 3 个渠道解决。住房和城乡建设部紧急调派了日净化水 300 m³ 的移动饮用水应急保障车。经多方努力，舟曲县城 5 万余人的饮用水得到基本

保障。

4. 公共卫生事件引起的供水突发事件

当发生水源受含病原微生物的废水废物污染后，当地相关主管部门一般采取紧急停水、取样检测、加强消毒处理、更换备用或应急水源地、采用送水等措施保障居民日常生活用水等举措进行应对。典型案例包括 2009 年内蒙古赤峰市自来水受污染事件、2020 年武汉水务集团应对新冠疫情的应急供水工作。

(1) 内蒙古赤峰市自来水受污染事件

2009 年 7 月 23 日，内蒙古自治区赤峰市新城区发生强降雨，大量雨污水淹没了九龙供水公司的九号水源井，引起自来水污染事件，井水总大肠菌群、菌落总数严重超标，同时检出沙门氏菌。事件导致该市 18 个小区 2622 人门诊就医、59 人住院观察。事件发生后，当地立即启动突发公共事件应急预案，将患者指定多家医疗机构免费诊治，并邀请相关医学专家到赤峰指导救治工作。同时把老城区自来水引入新城区，并组织消防部门调配 7 台消防水车，从 7 月 28 日开始向新城区 18 个居民小区定时供应老城区洁净生活用水。

(2) 武汉水务集团应对新冠疫情的应急供水工作

在 2020 年初武汉市因突发新冠疫情封城之后，武汉市水务集团采取了加强水厂管理、优化净水工艺、加密水质监测、保障物资供给、加大员工关怀等一系列措施，确保了武汉市的供水安全。其中，为了确保新冠疫情控制期间自来水厂的微生物安全性要求，武汉市水务集团通过理论研究和工程实践，确定了消毒效果影响因素和新冠疫情期间外部需求对净水工艺的影响。在确保出厂水浑浊度小于等于 0.3 NTU（满足混凝－沉淀－过滤工艺对病毒 2 lg 去除率）基础上，实时调整清水池 Ct 在适宜范围内，既满足消毒工艺对病毒 4 lg 灭活率又降低消毒副产物的风险，最终使供水厂处理工艺达到 6 lg 以上的病毒削减率，满足疫情期间饮用水生物安全性要求并留有充足余量。

5. 社会安全事件引起的供水突发事件

针对人为投毒等社会安全事件引起的供水突发事件，当地人民政府及相关主管部门一般采取紧急停水、启用备用水源、加强应急监测、对供水构筑物工程进行清洗或维护以及向重点机关、单位送水等措施保障供水。典型案例包括广东高州水库人为投放含溴氰菊酯饵料致供水中断事件、江西省九江市都昌县毒鱼导致龙腾水厂停水事件。

(1) 广东高州水库人为投放含溴氰菊酯饵料致供水中断事件

2010 年 3 月 11 日 20 时左右，广东省茂名市鉴江流域水利工程管理局人员在对高州水库巡逻中发现，有人在石骨库区三叉塘坝段撒施不明液体。为确保群众饮用水安全，该水利工程管理局于 12 日凌晨 1 时左右关闭水闸，停止向高州自来水厂供水。随后环保部门负责水质监测，发现水中毒性指标氰化物、砷、汞、镉、铅、铬、苯系物、挥化酚不超过二类水质标准。农业部门负责农药项目检测，发现甲氰菊酯、氯氰菊酯、溴氰菊酯、氰戊菊酯等农药未检出。公安部门负责案件的侦破，迅速抓获 5 名作案嫌疑人，经审讯，当事人供认是违法在库区进行投饵捕鱼虾，投饵物为敌杀死（主要成分为溴氰菊酯）和粒状阿托品，投放量分别约为 80 mL 和 100 g。该次投毒事件未对高州水库水质造成明显影响，当地于 12 日 17 时左右全面恢复供水。

（2）江西省九江市都昌县毒鱼导致龙腾水厂停水事件

2016 年 8 月 3 日，不法分子在江西省九江市都昌县龙腾水厂水源地上游约 1 km 处的港汉河里投毒药鱼，造成龙腾水厂出水水质超标，水厂紧急停水，停水时间长达 5 d，约 1700 户当地居民受到影响。事发后，当地人民政府及相关主管部门对自来水开展多次抽样检测，通知当地居民启用自备水井，并对龙腾水厂构筑物及水管进行净化处理后恢复供水。

10.3 供水行业应急能力建设

10.3.1 应急水源建设

早年发生的一系列重大突发污染事件揭示出单一水源在面对突发污染事件存在很大的脆弱性。因此，《中华人民共和国水污染防治法》中要求单一水源供水城市应当建设应急水源或者备用水源，水量应满足不低于 7 d 供水量要求。当常规水源遭遇突发状况，应急水源或备用水源能够快速启动以解决城市供水需求，保障城市正常的生产生活秩序。

为了避免单一水源受污染造成供水突发事件再次发生，很多城市均积极投资建设第二水源、备用水源或应急水源。例如，在 2005 年松花江水污染事件之后，哈尔滨市投资 50 多亿元新建磨盘山水库和配套水厂，并将原先采用松花江原水的水厂转为"热备"，大幅加强了哈尔滨市的供水安全保障水平。在 2007 年无锡太湖水危机后，无锡市启动了 6699 行动，先后投资数百亿元加强太湖保护，对以太湖为水源的自来水厂工艺进行应急和深度处理改造，还新建了以长江为水源的锡澄水厂，实现了"江湖并举、南北对供"的局面，大幅加强了无锡市的供水安全保障水平。在 2012 年广西龙江河镉污染后，柳州市投资约 10 亿元新建古偿河水库和配套水厂，并加强了对龙江河的水质检测。在 2014 年兰州自来水苯超标事件后，兰州市投资约 50 亿元实施了兰州第二水源地建设工程，采用全封闭有压隧洞和管道结合等方式，将刘家峡水库优质水自流引水至兰州城区，并配套建设两座新水厂。

10.3.2　突发事件水质监测预警

针对多起供水突发事件中暴露出来的污染风险识别不及时、不准确的问题，有关单位开展了适应突发污染风险管理的原水水质风险识别与监管配套制度研究，建立了基于污染物存在水平、健康影响与去除能力的水源突发污染风险识别与监测管理方法，在南京、兰州、镇江、株洲 4 个城市的自来水公司进行了试点。

该研究将饮用水短期暴露健康影响因素纳入水源风险评估，建立了污染物的识别、评估、监测、退出机制，将"常规指标与非常规指标"的简单划分监测方式提升为"一物一策、根据风险评估结果实施监管"的风险防控监测方式，为城镇供水单位提供了对水源风险监测管理的技术参考。根据毒理学指标、一般化学指标、感官性状指标的各自特点，将饮用水短期暴露水质安全浓度值（10 d 值，见附录 10.1）、近 3 年内发生突发风险事件次数、对应水厂净水工艺去除能力的 3 方面协同效应作为污染指标风险等级的评价依据，为城镇供水单位提供了水源日常水质监测和管理的技术依据。

该研究将以往"企业自检为主"提升为"信息共享和水质监测"相结合的方式以及时获取必要信息，并根据供水突发事件影响时间和饮用水短期暴露水质安全浓度，增加"周检"频率，以及时发现风险。对于信息共享，指明了信息来源与分工。对于水质监测管理，基于现有的实验室、在线、现场等监测方法与自动监控、人工巡查的管理方法，分别对不同类别水质指标的监测频率和方式进行了优化。在现行标准规定的每日、每月、半年与每年等频率的基础上，对于短期暴露健康风险（10 d 值）较高的风险指标，若历史检测中发现该指标检出率和浓度较高，增加了"每周不少于 1 次"的监测频率，提升了水质监测指标与频率的针对性。

对于多年检出频率和浓度较低的指标，则可以降低其监测频率。另外，对于检出频率和浓度存在规律性波动的污染物，还可以根据其高发期或者容易诱发的检修期、水源切换期加密其监测频率。

10.3.3 应急技术研发和应用

有关单位研究建立了城市供水应急处理技术体系，包括应对可吸附有机污染物的活性炭吸附技术、应对金属/类金属污染物的化学沉淀技术、应对还原性/氧化性污染物的化学氧化/还原技术、应对微生物污染的强化消毒技术、应对挥发性污染物的曝气吹脱技术、应对藻类暴发的综合应急处理技术。这些处理技术具有处理效果显著；能与现有水厂常规处理工艺相结合；便于建设，能够快速实施，易于操作；费用成本适宜，技术经济合理等特点，适合在应急过程中使用。研究人员对饮用水相关标准涉及的各种有毒有害污染物，逐一开展了大量的应急处理技术研究测试，通过实验室研究确定适宜应急处理工艺和参数，并编制相关技术指南。

1. 应对可吸附有机污染物的活性炭应急吸附技术

粉末活性炭具有对非极性、弱极性有机物的良好吸附性能和快速启动、易于实施的特点，适合处理突发有机污染物。研究人员对饮用水标准中 70 余种有机污染物全部进行了研究和测试，包括活性炭吸附动力学、吸附容量、竞争吸附等应急特性，确定 61 种有机污染物适宜用粉末活性炭吸附处理（表 10-3），给出了应急工艺参数和应用细则。同时，研究确定有 10 种污染物难以被活性炭吸附、氧化、吹脱等应急处理技术去除，一旦这些污染物在水源水中超标则水厂无法应对，建议生态环境部门在水源地上游区域内严格加强对这些污染物的监管。该技术在 2005 年松花江水污染事件、2010 年陕西渭河柴油泄漏事件、2013 年山西长治苯胺泄漏事件等 10 余起突发有机污染事件中发挥了重要作用。

粉末活性炭吸附技术可应对的有机污染物清单　　　　　　　　表 10-3

污染物类别	农药	芳香族	其他有机物
可吸附去除有机物	滴滴涕、乐果、甲基对硫磷、对硫磷、马拉硫磷、内吸磷、敌敌畏、敌百虫、百菌清、莠去津（阿特拉津）、2,4-滴、灭草松、林丹、六六六、七氯、环氧七氯、甲草胺、呋喃丹、毒死蜱	苯、甲苯、乙苯、二甲苯、苯乙烯、一氯苯、1,2-二氯苯、1,4-二氯苯、三氯苯（以偏三氯苯为例）、挥发酚（以苯酚为例）、五氯酚、2,4,6-三氯酚、2,4-二氯苯酚、四氯苯、六氯苯、异丙苯、硝基苯、二硝基苯、2,4-二硝基甲苯、2,4,6-三硝基甲苯、硝基氯苯、2,4-二硝基氯苯、苯胺、联苯胺、多环芳烃、苯并（a）芘、多氯联苯	五氯丙烷、氯丁二烯、六氯丁二烯、阴离子合成洗涤剂、邻苯二甲酸二(2-乙基己基)酯、邻苯二甲酸二丁酯、邻苯二甲酸二乙酯、石油类、环氧氯丙烷、微囊藻毒素、土臭素、二甲基异莰醇、双酚A、松节油、苦味酸
数量	19 种	27 种	15 种
难吸附有机物	二氯乙酸、三氯乙酸、卤乙酸总量、三氯乙醛、甲醛、乙醛、丙烯醛、丙烯酸、丙烯腈、丙烯酰胺		

2. 应对金属/类金属污染物的化学沉淀技术

化学沉淀法是通过投加化学试剂，使污染物形成难溶解的物质从水中分离的方法。研究人员针对重金属污染事故时常发生、超标倍数高、多种金属（如铊、锑、钛、钴等）鲜有研究报道等难题，开发了碱性化学沉淀、硫化物沉淀、氧化/还原—沉淀组合处理技术，对饮用水标准中全部 20 余种重金属、类金属和无机污染物进行了测试，确定 20 种污染物分别适用不同的化学沉淀技术处理（表 10-4），并给出了应急工艺参数和应用细则。该技术在 2005 年广东北江镉污染事件、2008 年贵州都柳江砷污染事件、2010 年广东北江铊污染事件、2012 年广西龙江河镉污染事件、2015 年川陕甘锑污染事件、2016 年江西新余重金属复合污染事件等 10 余起突发重金属污染事件中发挥了重要作用。

化学沉淀技术可应对的污染物清单　　　　　　　　表 10-4

化学沉淀技术	金属与类金属	数量合计
碱性化学沉淀法	银、铍、镉、铜、汞、锰、镍、铅、锌、钒、钛、钴	20 种
硫化物沉淀法	银、镉、铜、汞、镍、铅、锌	
铁盐沉淀法	砷（V）、锑（III）、硒	
组合或其他沉淀法	铊（I）、砷（III）、锑（V）、铬（VI）、银、钡、总磷	

3. 应对还原性/氧化性污染物的化学氧化/还原技术

化学氧化/还原技术主要采用强氧化剂去除还原性污染物，或者采用还原剂去除氧化性污染物。研究人员针对部分污染物超标倍数高、公众敏感（如氰化物）、标准限值低、研究测试困难、部分污染物（如硫醇硫醚）鲜有研究，缺乏应急工艺等难题，对饮用水标准中 20 余种污染物指标进行了测试，确定其中 17 种分别适用不同的化学氧化/还原技术处理（表 10-5），给出了应急工艺参数和应用细则。限于水厂现有条件，用于饮用水应急处理的氧化剂主要为高锰酸钾、氯（液氯或次氯酸钠）、过氧化氢等。设有臭氧、二氧化氯设备的水厂还可以考虑采用臭氧或二氧化氯氧化法，但需要注意控制其剂量，避免副产物超标。其他氧化方法，包括高级氧化技术，如臭氧/紫外联用、臭氧/过氧化氢联用、芬顿（Fenton）试剂等，因为需要增加大型设备，建设周期长，在应急处理中一般难于采用。该技术在 2015 年天津港火灾爆炸事故导致氰化物泄漏等多起还原性污染物泄漏事件中得到了成功应用，发挥了重要作用。

化学氧化/还原技术可应对的污染物清单   表 10-5

类别	金属	无机离子	有机物	消毒副产物	数量
氧化技术	锰	硫化物、氰化物、氨氮（<2mg/L）、亚硝酸盐	微囊藻毒素、甲硫醇、乙硫醇、甲硫醚、二甲二硫、二甲三硫、水合肼	氯化氰	13 种
还原技术	铬（Ⅵ）				1 种
与沉淀组合技术	砷（Ⅲ）、铊（Ⅰ）、锑（Ⅲ）				3 种

4. 应对微生物污染的强化消毒技术

强化消毒技术是去除水中病原微生物的有效手段。例如，在发生含病毒、病原菌的生活污水、医疗废水污染水源水时，可以增加消毒剂的投加量，以确保病原微生物能够被完全灭活。研究人员针对微生物灭活试验工作量大，操作烦琐，系统研究较少等难题，通过试验测试和文献调研，获得了常用消毒剂对多种病原微生物的灭活方程和 Ct（表 10-6）。该技术指导了 2008 年汶川地震灾区各供水企业建立应对微生物风险的强化消毒工艺、2020 年武汉市水务集团应对新冠疫情的安全保障工作，并在多起水源受病原微生物、"红虫"污染事件中得到了成功应用，发挥了重要作用。

5. 应对挥发性污染物的曝气吹脱技术

曝气吹脱技术利用水和气两相界面的相间传质过程，将挥发性的污染物从水相转移入气相排出。研究人员针对挥发性卤代烃等污染物性质稳定、极性强、分子量小、不适合用活性炭吸附、化学氧化去除，缺乏应急处理技术等难题，开发了曝气吹脱去除卤代烃等污染物的应急处理技术，填补了以往无法应对挥发性污染物的空白；建立了曝气吹脱过程的理论方程，与试验结果高度吻合，获得了 10 余种卤代烃的吹脱工艺参数（表 10-7）。该技术在某城市受石化企业排污影响的地下水厂中得到了应用，通过在清水池中增加曝气吹脱设施，成功解决了因水源污染导致出厂水四氯化碳超标的问题。

6. 应对藻类暴发的综合应急处理技术

藻类暴发时的典型水质特点是藻类浓度很高，对水处理工艺产生不利影响；而且藻类生长代谢产生的藻毒素具有健康风险；土臭素、二甲基异莰醇等代谢产物的嗅阈

表 10-6

强化消毒可应对的微生物指标清单

微生物	自由氯		氯胺		二氧化氯		应急可行性
	灭活方程	$Ct_{99\%}$	灭活方程	$Ct_{99\%}$	灭活方程	$Ct_{99\%}$	
大肠埃希氏菌	$\lg(N/N_0)=-1.18Ct$	1.69	$\lg(N/N_0)=-0.55Ct$	3.64	$\lg(N/N_0)=-12.9Ct$	0.16	3种消毒剂均可应对
粪肠球菌	$\lg(N/N_0)=-0.66Ct$	3.03	$\lg(N/N_0)=-0.52Ct$	3.85	$\lg(N/N_0)=-9.72Ct$	0.21	3种消毒剂均可应对
产气荚膜梭菌	$\lg(N/N_0)=-5.07Ct$	0.39	$\lg(N/N_0)=-0.26Ct$	7.69	$\lg(N/N_0)=-3.12Ct$	0.64	3种消毒剂均可应对
产黏液分枝杆菌	$\lg(N/N_0)=-0.078Ct$	25.6	$\lg(N/N_0)=-0.0019Ct$	1053	$\lg(N/N_0)=-0.29Ct$	6.9	Cl_2、ClO_2可应对
甲基杆菌	$\lg(N/N_0)=-0.26Ct$	7.7	$\lg(N/N_0)=-0.035Ct$	57.1	$\lg(N/N_0)=-0.57Ct$	3.5	Cl_2、ClO_2可应对
鞘氨醇单胞菌	$\lg(N/N_0)=-0.121Ct$	16.5	$\lg(N/N_0)=-0.04Ct$	50	$\lg(N/N_0)=-0.636Ct$	3.1	Cl_2、ClO_2可应对
贾第虫		69		1230		15	需与强化过滤或紫外联用
隐孢子虫		3700~10000		70000		829	需与强化过滤或紫外联用
其他	细菌总数、总大肠菌群、粪大肠菌群为混合微生物指标，无法开展独立的灭活试验，根据实践经验，强化消毒可应对						

曝气吹脱技术可应对的污染物清单   表 10-7

应急处理技术	短链氯代烃	消毒副产物	数量
曝气吹脱法	氯乙烯、二氯甲烷、1,2-二氯乙烷、1,1-二氯乙烯、1,2-二氯乙烯、四氯化碳、三氯乙烯、四氯乙烯、1,1,1-三氯乙烷、1,1,2-三氯乙烷	三氯甲烷、一溴二氯甲烷、二溴一氯甲烷、三溴甲烷、三卤甲烷总量	15 种

值仅为 10 ng/L；藻类死亡后还会生成硫醇硫醚类恶臭物质，是造成 2007 年 5 月底无锡水危机中恶臭的主要成分。研究人员针对藻类暴发时水质情况十分复杂、各种污染物的应急处理技术之间存在冲突等难题，采用高锰酸钾预氧化和粉末活性炭吸附的顺序处理工艺，在复杂水质条件下有效去除高浓度硫醇硫醚类恶臭物质并实现了水质的全面达标。该技术在 2007 年无锡太湖水危机、2007 年秦皇岛水源土臭素严重超标事件、2016 年江西修水水源土臭素严重超标事件等应急供水事件中发挥了重要作用。

10.3.4 应急处理工程的规范化建设

1. 应急处理工程的标准化设计

针对城市供水行业缺乏应对突发性水污染事故的规范化应急处理设施的现状，相关设计单位完成了粉末活性炭投加系统、化学沉淀药剂投加系统、化学氧化-还原药剂投加系统等各类应急处理设施的设计方案与工程实施关键技术，包括应急处理工程的系统组成、用地指标、设备装置（包括取水口处、水厂内应急处理药剂的投加设备装置）、构筑物（包括处理构筑物和辅助构筑物）、应急材料储备等，形成应急处理工程的有关设计规范、设计指南、工程图纸、系列设备、水厂运行规范（与水厂现有工艺的衔接与调整措施）等。上述研究和设计成果已经纳入《室外给水设计标准》GB 50013—2018，指导了全国数十座城市的应急处理设施建设。

2. 应急设备研发和应用

为解决应急供水工艺挑战性强、小试试验难以直接放大的难题，有关单位开发了一种移动式应急处理导试水厂。该设备主体净水能力为 1 m³/h，主体工艺为预处理—混凝—沉淀—过滤—臭氧—活性炭的全流程处理工艺，由工艺单元系统、药剂配制投加系统、臭氧投加系统、供气系统、自动取样巡检系统、自动控制系统、在线水质监测系统、小型实验室系统、集装箱装载系统、备用电源系统等组成，具有可移动、自动化、高度集成等优点。该设备可通过投加污染物，模拟一些突发性水污染事故，开发针对性的城市供水应急处理技术，完善应对突发事件的技术保障措施。当发生重大事故或水源突发性污染事故时，可为水厂的运行提供应急技术指导；当设计新的水厂时，可进行中试试验研究，验证所设计的水处理工艺，优化设计参数，提供科学的设计依据；在日常运行时，可为水厂技术改造提供技术支持。导试水厂还具有移动应急的特点，可以作为小型应急给水设施使用，按 10 L/(人·d) 基本饮水计算，可解决 2400 人每天的饮水问题。

移动式应急处理药剂投加系统是一种高度集成、具有多种功能、可移动、全自动控制的移动式应急药剂投加系统。该系统面向中小型水厂的应急需求，将粉质药剂（如粉末活性炭、高锰酸钾等）、液体药剂（酸、碱等）投加系统等集成于集装箱内，方便在不同水厂间移动，水厂仅须提供必要的电缆和连接管道即可运行，可根据需要便捷地运送到指定位置进行投加。其中，移动式粉质药剂溶解投加装置可投加粉末活性炭、高锰酸钾、混凝剂、固体氢氧化钠、石灰粉等粉质药剂。投加粉末活性炭、高锰酸钾的最大投加量分别为 20～40 mg/L、1～3 mg/L，单台可服务 5 万～20 万 m³/d 及以下水厂。移动式液体药剂投加系统可投加浓硫酸、浓盐酸、液体氢氧化钠、次氯酸钠溶液等液体药剂，单台可服务 5 万 m³/d 的水厂，氢氧化钠和浓硫酸投加量均为 20 mg/L，加药点各 2 个。

3. 典型应急处理工程案例

基于应急技术和工程设计成果，各地供水企业均建设了应急药剂投加设施，比较典型的包括：北京市自来水集团有限责任公司"龙背村取水口应急药剂投加系统"、天津市自来水集团有限公司"凌庄水厂应急药剂投加系统"、广州市自来水有限公司"西部水厂应急药剂投加系统"、无锡市自来水有限公司"太湖水源水厂应急药剂投加系统"、成都市自来水有限责任公司"第六水厂应急药剂投加系统"、济南市玉清水厂"鹊华水厂应急药剂投加系统"。

镇江市征润州水源地水质安全保障工程是一个综合采用多种应急供水理念和措施的示范工程。该工程取水规模 60 万 m³/d，调蓄池容积 30 万 m³，工程估算总投资 8234 万元，2014 年 11 月 18 日开工，2015 年 12 月 20 日竣工并投入使用，被列为 2015 年镇江市 10 项为民办实事项目之一。该工程采用"以空间换时间，以时间保安全"的理念，充分利用取水口附近的地形地貌，将取水口附近一段废弃的古河道改造成为 U 形调蓄池，可提供 12 h 以上的水力停留时间，配合新建的水质检测站，可在原水进入水厂的送水泵站之前发现水质问题。该工程集成了多种应急处理技术体系和工程设施，在识别出水质污染问题后，可及时投加处理各类污染物的应急药剂，可应对超标数倍至数十倍的各类超标污染物，包括有机物、重金属、还原性污染物、挥发性污染物等。双向取水泵站在平时从长江中抽取好水，若发生极端的突发污染事件超过应急能力时，可将调蓄池中的受污染水外排。随后启动附近的金山湖水体作为备用水源，实现在长江主水源受污染时保障供水系统不停水，并将进入调蓄池的污水向外推排。此外，该项目还配套建设了导试水厂，可以快速进行中试规模的应急净水措施的验证和工艺评估，评估现有应急技术能否应对来水中的污染成分，判断是否需要启动备用水源。

10.3.5　国家供水应急救援能力建设

为了能够全面应对全国或所在区域内的各种突发污染风险，住房和城乡建设部在全国东北、华北、华东、华中、华南、西北、西南 7 个大区及新疆分区设置国家级应急监测机构（国家供水应急救援中心），从实验室应急检测能力和现场应急救援监测能力建设两方面加强应急监测能力，建设应急供水专业队伍，配置应急监测装备。

依托"国家供水应急救援能力建设项目"，住房和城乡建设部已在辽宁抚顺、山东济南、江苏南京、湖北武汉、广东广州、陕西西安、四川绵阳、新疆乌鲁木齐 8 个城市建立国家应急供水救援中心。项目实现了区域内绝大部分地区在救援装备出发后 12 h 内、偏远地区 18 h 内和极端偏远地区 24～30 h 内到达应急地点的目标。

该应急救援项目在多次重大供水突发事件中投入实战，发挥了重要作用。2020年 7 月，湖北省恩施州清江上游发生滑坡，致使清江水源地受泥石流影响，城区供水中断。7 月 21 日晚，由国家供水应急救援中心华中基地始发的 7 台应急救援车，连夜从武汉驶抵恩施，于 22 日 8 时开展应急供水救援，经过 12 h 奋战，已于当晚 8 时40 分开始向居民供水。2022 年 9 月 5 日，四川省泸定县发生 6.8 级地震，造成供水系统受损。9 月 6 日，国家供水应急救援中心西南基地派出 7 台救援车、19 名技术人员，赶赴泸定灾区展开应急供水救援，顺利完成了任务。

10.4　供水企业应急组织管理

应急组织管理指可以预防或减少突发事件及其后果的各种人为干预手段。应急管理可以针对突发事件实施，从而减少事件的发生或降低突发事件作用的时空强度；也可以针对承灾载体实施，从而增强承灾载体的抗御能力。应急组织管理体系建设的核心是"一案三制"。"一案"就是制订和修订应急预案,"三制"是指建立健全应急管理体制、机制和法制。供水企业应急管理的重点在于掌握对突发事件和供水设施紧急施加人为干预的适当方式、力度和时机,从而最大限度地阻止或控制突发事件的发生、发展,减弱突发事件的作用和/或减少对供水系统的影响甚至破坏。

应急组织管理是发挥供水企业应急能力、遂行应急供水目标的重要环节。供水企业的应急组织管理一方面体现在机构建设和运行机制方面,另一方面体现在应急预案建设方面。自从2005年松花江水污染事件以来,在住房和城乡建设部、中国城镇供水排水协会的指导下,全国供水行业开展了大量应急组织管理方面的研究和实践。这些应急研究和实践为全国供水行业提供了很好的参考和借鉴。

10.4.1　应急预案体系

预案一般包括总体预案和技术预案两部分。总体预案主要包括事件分类分级以及相关部门的职责等对于不同类型的供水突发事件可作统一要求的内容。其中,《国家突发公共事件总体应急预案》是全国范围内各种各类总体预案可以参照的范本。该总体预案包括6章,分别是总则、组织体系、运行机制、应急保障、监督管理、附则。

专项预案则是根据不同突发事件、不同场景而预先制订的应急工作流程、技术措施和实施细则。一般供水企业往往需要编制应对不同水源水质问题、安全生产、自然灾害、公众安全等几大类数十个专项技术预案,常用的专项应急预案包括如下:

(1)水源突发污染事故的监控预案,主要包括水源地巡查和采样、水源水质检测、不明污染物的排查、工艺过程水的监测指标及频次、水质异常报告等几部分内容。

(2)水源不明嗅味物质污染的发现及研判预案,主要针对水厂经常会遇到的嗅味污染物,制订其分析识别方面的技术预案。

(3)供水企业应对水源突发污染事故的通用技术预案,主要包括应急启动、备用水源的启用、应急处置流程、应急净水材料的质量控制、应急处置方案确定、小样试验、确定各单元工艺的水质目标、合理调度、信息报告等方面的内容。

(4)供水企业应对水源突发污染事故的专项技术预案,包括应对水源突发有机物、重金属、还原性/氧化性污染物、病原微生物、挥发性污染物、藻类暴发事故的各种突发污染场景的专项技术预案。

供水企业还建立了应对各种自然灾害、事故灾难、公共卫生事件、社会安全事件的应急预案。其中，自然灾害包括台风、洪水、暴雨雷电、高温干旱、低温冰冻等；工程事故包括供水管道或设施意外损毁、氯气泄漏、液氧泄漏、工程质量事故、设备老化等；社会因素意指群体性事件、大范围传染性疾病等；人为因素包括恐怖袭击、蓄意破坏、技术操作失误等。

10.4.2 应急预案编制

应急预案是供水企业在实施应急供水工作的重要技术文件。根据修正后的《中华人民共和国水污染防治法》第七十一条、第七十九条，市、县级人民政府和饮用水供水单位都要编制饮用水安全突发事件应急预案。各地供水企业应该根据自身情况，针对水源风险以及其他可能影响饮用水安全的突发事件，编制应急预案，并定期开展应急演练。

好的供水应急预案应具备全面、系统、规范、科学和可操作性强等特点。"全面"一般是指预案要能覆盖各种类型的突发事件，不留死角；"系统"一般是指预案要成体系化，不能过于松散凌乱；"规范"一般是指编制预案要符合一定的体例、模式，便于不同企业和部门之间的沟通，不能自说自话；"科学"一般是指预案要满足基本的技术原理，有试验、生产数据和案例支持，具有技术可行性；"可操作性"一般是指预案详细具体，将工作分解为具体的操作，件件有着落、人人有明确的任务。

城市供水应急预案的编制应满足《中华人民共和国突发事件应对法》《中华人民共和国水污染防治法》的要求，并遵循国家总体应急预案、住房和城乡建设部城市供水应急预案的基本框架，一般包括成立编制工作组、现状调研、风险评估、应急能力调查、风险应对、预案编制和评审、发布等程序。

供水企业的应急预案编制工作应由企业主要负责人抓总，由安全管理部门牵头，成员应覆盖企业的安全、生产、化验、信息管理等各部门，编制工作组应制订工作方案，确定部门人员分工，落实经费保障，明确进度安排，建立统筹协调机制。

现状调研应及早规划，制订好工作计划，通过资料收集、现场调查、行业考察、座谈交流、专家咨询等多种方式，重点收集整理城市自然地理、社会经济、水资源规划、水源上游和周边的污染源信息、供水构筑物设计资料、至少3年的水质检测数据（包括原水、工艺水、出厂水、龙头水）、用水现状、突发事件历史资料、法律法规、标准规范、应急资源储备等方面的资料。

风险评估的重点是筛查对供水系统可能造成影响的上游城市、农业、工厂、仓储、交通运输等各种各类污染源，提出外部风险源清单；并查找饮用水水源地及水源水、原水输送、净水厂、配水管网等供水系统存在的内部风险；分析归纳诱发风险的条件、可能性、影响范围、严重程度、潜在的后果等，建立风险源清单。

应急能力调查则是根据上述风险筛查结果，全面梳理供水企业第一时间可以调用的事故处置所需的应急能力，包括工程抢修能力、水源调度与配水管网调度能力、水厂应急净水能力、应急监测能力、应急保障能力 5 个方面，指导应急措施的制订。调查结束后，可编制应急能力调查报告，调查报告包括现状能力、差距分析、应急能力完善计划等。

风险应对是根据风险筛查和应急能力调查结果，应采取一项或多项措施尽可能预防、消除、降低供水突发事件风险的影响。执行风险应对措施过程中，要跟踪、评估措施执行的效果和有关环境信息，并对措施执行后引起的风险变化进行再筛查，必要时重新制订风险应对措施。

预案的编制和评审是应急预案最终的成文、定稿过程。预案编制过程中应多方征求意见建议，做好与城市政府有关应急预案及其他相关应急预案的衔接。编制工作结束后，首先要对预案进行内部审核，然后进行外部评审。重点审查应急预案与相关预案的衔接，应急指挥机构的构成、运行机制是否明确、合理，具备可操作性，风险评估是否全面、合理，应对措施是否可行、有效，应急资源调查是否全面、结果是否可信。

最终经过评审的应急预案应发布供水企业各部门执行，并按照上级主管部门的要求上报备案。编制的应急预案还应按要求定期组织演练，包括桌面演练和实际操作演练。

10.5　供水突发事件应急处置

10.5.1　与应急供水相关的法律法规要求

法律是一切社会活动的准绳，为保障应急供水安全，我国陆续颁布了《中华人民共和国突发事件应对法》《中华人民共和国水污染防治法》《城市供水条例》等一系列法律法规（图 10-4），具体明确了应急供水的要求，强化了各级政府、行业主管部门以及供水企业在应急供水方面的职责，为各项制度措施实施奠定了坚实的法律基础。

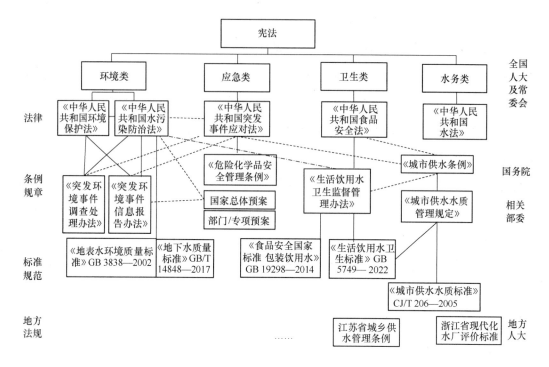

图 10-4　我国与应急供水相关的法律法规

为了加强供水安全应急管理，提高城市应急供水能力，《中华人民共和国水污染防治法》于 2017 年新增规定市、县级人民政府应当组织编制饮用水安全突发事件应急预案，完善应急监测与预警机制、应急事件处理流程、信息发布规范以及危机结束和善后等一系列标准化响应程序。

《中华人民共和国水污染防治法》在提出国家建立水环境质量监测和水污染物排放监测制度的基础上，于 2017 年新增了统一规划国家水环境监测站（点）以及监测数据共享机制的要求。设置在水源地和上游的水质监测站在应急状态下，可及时提供污染物种类、浓度以及变化趋势等重要信息，各方水质监测数据共享为面对突发情况时，多部门单位联动开展应急供水工作提供了坚实的保证。

供水单位作为保障水质安全的重要单位，近年来法律不断强化了其保障饮用水安全的职责，《中华人民共和国水污染防治法》规定饮用水供水单位应当做好取水口和出水口的水质检测工作。发现取水口水质不符合饮用水水源水质标准或者出水口水质不符合饮用水卫生标准的，应当及时采取相应措施，并向所在城市、县级人民政府供水主管部门报告。供水主管部门接到报告后，应当通报环境保护、卫生、水行政等部门。饮用水供水单位应当对供水水质负责，确保供水设施安全可靠运行，保证供水水质符合国家有关标准。该条款同时赋予了供水企业在面对水源或出水水质不合格情况下的应急处置权，有利于供水企业在今后的严重突发污染事件中及时果断地采取应对措施，尽可能地减少突发污染对公众健康的危害。对于污染事件发展态势不明、污染物种类不清、危害后果不明确的，还需政府组织环保、卫生、水利、城建等部门共同会商以确定具体措施。

为了加强企业应急管理能力以有效应对突发污染事故，《中华人民共和国水污染防治法》规定饮用水供水单位应当根据所在地饮用水安全突发事件应急预案，制订相应的突发事件应急方案，报所在地市、县级人民政府备案，并定期进行演练。饮用水水源发生水污染事故，或者发生其他可能影响饮用水安全的突发性事件，饮用水单位应当采取应急处理措施，向所在地市、县级人民政府报告，并向社会公开。有关人民政府应当根据情况及时启动应急预案，采取有效措施，保障供水安全。该条款要求各地企业应该根据自身情况，针对水源风险以及其他可能影响饮用水安全的突发事件，编制应急预案，并定期开展应急演练。

10.5.2　应急停水的决策

在发生突发事件会影响供水水质时，如何进行应急供水决策，是地方政府、主管部门、供水企业负责人最为关注的重点任务之一。在发生水源突发污染事件时，现有的管控办法是"自来水超标就停水"。但是饮用水标准中，很多污染物的限值是根据长期暴露影响来确定的，短期饮用对健康并没有影响。按现有的管理办法，对于短期暴露没有健康影响的水源突发污染事件，就采取全面停水的措施，实际上扩大了污染事件对社会的负面影响。另一方面，在个别已经严重影响健康的污染事件中，由于缺乏超标污染物危害的判别依据，造成决策迟缓，未能对事件果断采取措施。之前出现的个别案例中存在因水源突发污染导致自来水水质超标的情况，造成了不良影响，引起了行业的高度关注。

在"十二五"水专项研究中，设立了"突发事件供水短期暴露风险与应急管控技术研究"课题，由中国疾病预防与控制中心环境健康所、清华大学和中国城市规划设计研究院3家单位共同承担。

饮用水中污染物短期暴露风险研究部分由中国疾病预防与控制中心环境健康所负责进行。该项研究确定了污染物健康风险评估技术与方法，综合了国际上大量的毒理学实验数据，并对其中常见的污染物开展了毒理学实验验证，最终确定了饮用水中污染物的短期饮水安全浓度。中国疾病预防与控制中心环境健康所编写的《饮用水污染物短期暴露健康风险与应急处理技术》一书已经由人民卫生出版社出版，其中的主要结果数据见附录10.2。以上成果为地方政府、卫生和供水主管部门判断应急供水事件对人体健康的影响和进行应急决策提供了技术支持。

对于水源突发污染应急处置的响应等级与应对措施，应根据水源突发污染事件中特征污染物对人体健康的影响而确定；对于短期饮用超标自来水即可能对人体健康造成损害的，应紧急停止供水；对于自来水的某些指标仅轻微超标，短期饮用不会对人体健康造成损害，且大多数公众尚可接受的，是否停止作为饮水应谨慎决定。在判别水源突发污染事件对城镇供水影响时，主要考虑的因素包括水源污染发展态势、特征污染物对饮水安全的影响、城市供水系统应急调度能力及水厂净化能力。据此，该项目基于污染物短期暴露对健康的影响程度，确定了针对性的管控对策，为政府主管部门制订应急供水管理办法提供了技术支持，把应急管理从"不合格就停水"的质量控制决策体系，提升到"按影响确定停水对策"的风险控制决策体系。

根据水源突发污染事件对城市供水水质的影响，可以按照从重到轻的次序，将城市供水的预警等级分为"红色""橙色""黄色"和"蓝色"4个等级，并配合相应的应急响应措施。

1. 红色等级

因水源突发污染，自来水厂的出厂水已经严重超标，短期饮用即可能对人体健康造成损害，或是水质已经超出了公众的可接受程度。发生的水源污染事件为红色等级时，由政府在最短时间内发布停水公告。

2. 橙色等级

水源的污染团将在短时间内到达自来水厂取水口，预计水厂的出厂水将会严重超标，短期内饮水可能对人体健康造成损害，或是水质将会超出公众的可接受程度，事件的严重程度属于严重。发生的水源污染事件为橙色等级时，由卫健部门会同供水行业主管部门向地方政府提出建议，当地政府决策后发布停水公告。停水公告必须在出厂水严重超标前发出。

3. 黄色等级

因水源突发污染，致使自来水厂出厂水某些指标超标，但短期内饮用尚不会对健康造成损害。发生的水源污染事件为黄色等级，由卫健部门会同供水行业主管部门向地方政府提出处置建议，由当地政府决策是否停止作为饮水。对于超标问题较严重的，应停止作为饮水。对于只是轻微超标、浓度远低于短期饮水健康参考值的情况，是否停止作为饮水应谨慎决定，在保障公众健康的前提下，尽可能降低突发污染事件对社会正常秩序的影响。

4. 蓝色等级

因水源突发污染，致使自来水的某些感官性状和一般化学指标轻微超标，但大多数公众尚可接受。在蓝色等级情况下，城市供水可以不停水照常饮用。根据《生活饮用水卫生标准》GB 5749—2022的 4.3 条款（当发生影响水质的突发性公共事件时，经风险评估，感官性状和一般化学指标可暂时适当放宽），一般由卫健部门会同供水行业主管部门向地方政府提出建议，由地方政府确定是否发布公告。

对于因水源突发性污染，造成或将会造成自来水含有不明成分的污染物或缺少饮水安全判别依据的污染物，影响饮水安全的事件，按照对人民饮水安全负责的原则，提出了处置办法：水厂停止从污染水源取水，启动应急备用水源，水厂采取应急净水措施，或是停止向城市供水。以上成果可用于指导地方城市供水主管部门在发生突发性水源污染时针对是否停水，作出正确处置决策。

对信息发布、恢复供水、城镇供水事件的解除以及上报省级和国家主管部门等事项，研究报告中也给出了具体的处置方法和规程。

10.6　供水应急能力建设展望

从 2005 年松花江水污染事件以来，应急供水工作得到了国内供水企业和高等院校、科研院所的高度重视，相关研究和实践大幅推动了供水行业在紧急情况下提供安全供水的能力，已经基本建立了饮用水应急净化处理技术体系，开展了规范化的应急处理设施建设。根据当前的应急需求和工作部署，我国供水行业的应急能力建设将在以下方面取得进展：

1. 进一步完善应急处理技术体系

已有的应急处理技术研究主要是针对饮用水标准中的 100 多种污染物开展了验证试验，而在标准之外的有毒有害化学品种类成千上万。为了保障供水安全，维护社会稳定，现有应急处理技术体系的覆盖范围需要进行扩展，基于计算化学和人工智能技术的应急预测模型将能快速确定新污染物的应急处理特性。同时，水厂应用中也发现了一些不足，如何提高应急处理技术的适用性、经济性和设备材料配套方面存在很多需求。

2. 加强针对应急供水的资源支撑体系的建设

应急供水对单一企业而言是小概率事件，但是对于跨区域水务集团乃至全国供水行业而言就是需要常备不懈的工作。因此，供水行业在药剂、设备、技术队伍、信息、专业人员等资源支撑能力体系方面存在很大需求，以应急处理设备、材料、监控系统和工程咨询为主体的应急产业将在今后逐渐形成，急需加强对应急资源支撑体系建设的指导。

3. 加强应急供水处理处置的信息化、智能化建设

要充分利用水处理理论、物联网、大数据和人工智能等先进手段进行应急供水事件的早期识别预警，加强水厂实体导试系统和数字孪生系统对应急工作的仿真和指导作用，分析事故形成机理和演化规律，开展精准、快速、高效的应急组织管理，完善提升用于综合管理、辅助决策的信息汇聚、数据分析能力。

4. 完善国家层面的针对应急供水的管理体系

应急供水工作不是供水行业自身可以独立解决的问题，往往还涉及地方政府、住建、环保、水利、卫生、应急管理等部门。另外，在应急工作中可能会出现经济和法律纠纷，产生损害赔偿、责任认定等敏感或棘手问题。在应急预案和应急相关的法制、体制和机制方面，还有很多方面需要加强制度建设，进一步提升应急工作的效率和规范性。

附录10.1 《生活饮用水卫生标准》GB 5749—2022 中毒理指标的短期暴露水质安全浓度

为了加强对城市供水系统应对水源发生突发性污染事件的指导，提高城市供水停水处置决策的科学性，在相关部委指导和"十二五"水专项支持下，由中国疾病预防与控制中心环境健康所牵头，相关单位开展了突发事件下应急停水决策依据的研究工作，通过收集大量文献资料并开展了动物实验，编制了《生活饮用水卫生标准》GB 5749—2022中毒理指标的短期暴露水质安全浓度，详见表10-8。

《生活饮用水卫生标准》GB 5749—2022 中毒理指标的短期暴露水质安全浓度　表 10-8

国标序号	指标	单位	我国饮用水标准	1d暴露水质安全浓度	10d暴露水质安全浓度	10d暴露水质安全浓度与我国饮用水标准的比值
4	砷	mg/L	0.01	——	——	——
5	镉	mg/L	0.005	——	0.04	8

国标序号	指标	单位	我国饮用水标准	1d 暴露水质安全浓度	10d 暴露水质安全浓度	10d 暴露水质安全浓度与我国饮用水标准的比值
6	铬（六价）	mg/L	0.05	—	1	20
7	铅	mg/L	0.01	—	—	—
8	汞	mg/L	0.001	—	0.002	2
9	氰化物	mg/L	0.05	—	0.2	4
10	氟化物	mg/L	1	—	—	—
11	硝酸盐（N）	mg/L	10	—	100	10
12	三氯甲烷	mg/L	0.06	—	4	67
13	一氯二溴甲烷	mg/L	0.1	0.6	0.6	6
14	二氯一溴甲烷	mg/L	0.06	1	0.6	10
15	三溴甲烷	mg/L	0.1	5	0.2	2
16	三卤甲烷	mg/L	各比值之和不超过1	—	—	—
17	二氯乙酸	mg/L	0.05	—	3	60
18	三氯乙酸	mg/L	0.1	—	3	30
19	溴酸盐	mg/L	0.01	0.2	—	—
20	亚氯酸盐	mg/L	0.7	—	0.8	1.1
21	氯酸盐	mg/L	0.7	—	—	—
46	锑	mg/L	0.005	—	0.01	2
47	钡	mg/L	0.7	—	0.7	1
48	铍	mg/L	0.002	—	30	15000
49	硼	mg/L	1.0	—	3	3
50	钼	mg/L	0.07	—	0.08	1.1
51	镍	mg/L	0.02	—	1	50
52	银	mg/L	0.05	—	0.2	4
53	铊	mg/L	0.0001	—	0.007	70
54	硒	mg/L	0.01	—	—	—
55	高氯酸盐	mg/L	0.07	—	—	—
56	二氯甲烷	mg/L	0.02	—	2	100
57	1，2-二氯乙烷	mg/L	0.03	—	0.7	23
58	四氯化碳	mg/L	0.002	4	0.2	100
59	氯乙烯	mg/L	0.01	—	3	300
60	1，1-二氯乙烯	mg/L	0.03	2	1	33
61	1，2-二氯乙烯	mg/L	0.05	4	3	60
62	三氯乙烯	mg/L	0.02	—	—	—
63	四氯乙烯	mg/L	0.04	2	2	50

续表

国标序号	指标	单位	我国饮用水标准	1d暴露水质安全浓度	10d暴露水质安全浓度	10d暴露水质安全浓度与我国饮用水标准的比值
64	六氯丁二烯	mg/L	0.0006	—	0.3	500
65	苯	mg/L	0.01	—	0.2	20
66	甲苯	mg/L	0.7	20	2	3
67	二甲苯(总量)	mg/L	0.5	—	40	80
68	苯乙烯	mg/L	0.02	20	2	100
69	氯苯	mg/L	0.3	—	4	13
70	1,4-二氯苯	mg/L	0.3	—	11	37
71	三氯苯(总量)	mg/L	0.02	—	0.1	5
72	六氯苯	mg/L	0.001	—	0.05	50
73	七氯	mg/L	0.0004	—	0.01	25
74	马拉硫磷	mg/L	0.25	—	0.2	0.8
75	乐果	mg/L	0.006	—	—	—
76	灭草松	mg/L	0.3	—	0.3	1
77	百菌清	mg/L	0.01	—	0.2	20
78	呋喃丹	mg/L	0.007	—	—	—
79	毒死蜱	mg/L	0.03	—	0.03	1
80	草甘膦	mg/L	0.7	—	20	29
81	敌敌畏	mg/L	0.001	—	—	—
82	莠去津	mg/L	0.002	—	—	—
83	溴氰菊酯	mg/L	0.02	—	—	—
84	2,4-滴	mg/L	0.03	1	0.3	10
85	乙草胺	—	—	—	—	—
86	五氯酚	mg/L	0.009	1	0.3	33
87	2,4,6-三氯酚	mg/L	0.2	—	—	—
88	苯并(a)芘	mg/L	0.00001	—	—	—
89	邻苯二甲酸二(2-乙基己基)酯	mg/L	0.008	—	—	—
90	丙烯酰胺	mg/L	0.0005	1.5	0.3	600
91	环氧氯丙烷	mg/L	0.0004	—	0.1	250
92	微囊藻毒素-LR	mg/L	0.001	—	—	—

续表

国标序号	指标	单位	我国饮用水标准	1d暴露水质安全浓度	10d暴露水质安全浓度	10d暴露水质安全浓度与我国饮用水标准的比值
附录指标						
A6	六六六（总量）	mg/L	0.005	—	—	—
A7	对硫磷	mg/L	0.003	—	—	—
A8	甲基对硫磷	mg/L	0.02	—	0.3	15
A9	林丹	mg/L	0.002	—	1	500
A10	滴滴涕	mg/L	0.001	—	—	—
A11	敌百虫	—	—	—	—	—
A18	甲醛	mg/L	0.9	10	5	6
A19	三氯乙醛	mg/L	0.01	—	—	—
A20	氯化氰	mg/L	0.04	—	0.05	1.3
A23	1，1，1-三氯乙烷	mg/L	2	100	40	20
A26	乙苯	mg/L	0.3	30	3	10
A27	1，2-二氯苯	mg/L	1	—	9	9

注：1. 在本专业领域，短期饮水摄入污染物对人体健康影响的效应采用短期暴露水质安全浓度表示，其数值是参考大量的毒理实验获得的。

2. 短期暴露水质安全浓度是指在一定饮水期间，没有预期的非致癌性的健康影响的饮水污染物浓度的上限。短期暴露期设有 1 d 和 10 d 2 种。敏感人群的代表选用 10 kg 体重的儿童，每天饮水 1 L，污染物的饮水贡献率为 100%。

3. 表中短期暴露水质安全浓度数据空白的表示目前暂缺结论。表中数据将根据研究成果不断更新。

4. 表中短期暴露水质安全浓度的主要参考来源为美国环保署（USEPA）发表的《Drinking Water Standards and Health Advisories》（2012 年、2018 年版），并参考世界卫生组织（WHO）编著的《Guidelines for Drinking-Water Quality》（第 2 版、第 3 版、第 4 版）。

附录 10.2 《生活饮用水卫生标准》GB 5749—2022 中感官性状与一般化学指标在突发事件中停止作为饮水的建议限值

说明：

《生活饮用水卫生标准》GB 5749—2022 中的第 4.3 条规定"当发生影响水质的突发性公共事件时，经风险评估，感官性状和一般化学指标可暂时适当放宽"。为了指导地方在水源突发污染事件中实施这一条款，根据这些指标在不同浓度时的影响，提出了《生活饮用水卫生标准》GB 5749—2022 中感官性状和一般化学指标在突发事件中停止作为饮水的建议限值，见表 10-9。

《生活饮用水卫生标准》GB 5749—2022中感官性状与一般化学指标
在突发事件中停止作为饮水的建议限值　　　　　　表10-9

水质标准中序号	指标	单位	国标	标准制定依据	突发事件中停止作为饮水的建议限值
22	色度	铂钴色度单位	15	1. 将水放在玻璃杯中，多数人能够觉察大于15度（真色单位TCU）的颜色，低于15度的水通常可为消费者所接受，大于30度的不可接受（《饮用水水质准则》第3版）； 2. 小型集中式和分散式供水的限值为20度	20
23	浑浊度	NTU	1	小型集中式和分散式供水的水源与技术限制时为3NTU	5
24	臭和味		无异臭、异味	0级——强度"无"，无任何臭和味； 1级——强度"轻微"，一般饮用者甚难察觉，但臭、味敏感者可以发觉； 2级——强度"弱"，一般饮用者刚能察觉； 3级——强度"明显"，已能明显察觉； 4级——强度"强"，已有很显著的臭或味； 5级——强度"很强"，有强烈的恶臭或异味	2级
25	肉眼可见物		无		
26	pH		6.5～8.5	1. 国外许多水厂出厂水pH超过9.0； 2. 对消费者没有直接影响，却是水质操作上最重要指标之一，最适宜pH常要求在6.5～9.5范围内（《饮用水水质准则》第3版）； 3. 小型集中式和分散式供水的pH的范围为6.5～9.5	6.5～9.5
27	铝	mg/L	0.2	1. 以健康为基础的每周耐受摄入量为0.9 mg/L（《饮用水水质准则》第4版）； 2. 正常情况下水中低浓度铁不会引起问题，但在有铝存在时，铁会导致水色度明显上升（《饮用水水质准则》第2版）	0.5
28	铁	mg/L	0.3	1. 铁大于0.3 mg/L可以察觉到味道，可使洗涤的衣物染上颜色（《饮用水水质准则》第3版）； 2. 小型集中式和分散式供水的限值为0.5 mg/L	0.5

续表

水质标准中序号	指标	单位	国标	标准制定依据	突发事件中停止作为饮水的建议限值
29	锰	mg/L	0.1	1. 锰大于 0.1 mg/L 可以察觉到味道，可使洗涤的衣物染上颜色； 2. 毒理指导值 0.4 mg/L（《饮用水水质准则》第 3 版）； 3. 小型集中式和分散式供水的限值为 0.3 mg/L	0.3
30	铜	mg/L	1	铜大于 1 mg/L 可使洗涤的衣服染色，大于 2 mg/L 使人产生急性胃肠道反应，大于 2.5 mg/L 时水有不可接受的苦味（《饮用水水质准则》第 3 版）	2
31	锌	mg/L	1	水中锌浓度超过 3 mg/L 会带来令人不快的涩味，消费者将不能接受。超过 3～5 mg/L，水会呈现乳白色，煮沸时会形成油膜（《饮用水水质准则》第 3 版）	2
32	氯化物	mg/L	250	1. 超标后有咸味； 2. 小型集中式和分散式供水的限值为 300 mg/L	300
33	硫酸盐	mg/L	250	1. 超标后有味道，1000～1200 mg/L 产生缓泻效应； 2. 小型集中式和分散式供水的限值为 300 mg/L	300
34	溶解性总固体	mg/L	1000	小型集中式和分散式供水的限值为 1500 mg/L	1500
35	总硬度	mg/L（以 CaCO$_3$ 计）	450	总硬度在 350 mg/L 以上，公众的意见就已经较为强烈	
36	耗氧量	mg/L	3，水源限制、原水耗氧量大于 6 mg/L 时为 5		5
37	氨氮	mg/L	0.5	1. 氨在水中的嗅阈浓度大约为 1.5 mg/L； 2. 对健康没有直接影响（《饮用水水质准则》第 3 版）	1.0
93	钠	mg/L	200	超标会产生难以接受的味道（《饮用水水质准则》第 3 版）	参考臭和味指标

续表

水质标准中序号	指标	单位	国标	标准制定依据	突发事件中停止作为饮水的建议限值
94	挥发酚类（以苯酚计）	mg/L	0.002	超标水加氯消毒后会因生成氯酚产生强烈嗅味，氯酚类的味阈值和嗅阈值都非常低。饮水中的 2-氯酚、2，4-二氯酚和 2，4，6-三氯酚的味阈值为 0.1 μg/L、0.3 μg/L 和 2 μg/L；其嗅阈值分别为 10 μg/L、40 μg/L 和 300 μg/L（《饮用水水质准则》第 4 版）	参考臭和味指标
95	阴离子合成洗涤剂	mg/L	0.3	超过 0.5 mg/L 会产生泡沫和有异味（《饮用水卫生与处理技术》）	0.5

主要参考文献

[1] 张晓健. 松花江和北江水污染事件中的城市供水应急处理技术 [J]. 给水排水，2006，32（6）：6-12.

[2] 崔福义，李伟光，张悦，赵志伟，姜殿臣，韩雪东，吕德全，牛玉梅，张振宇. 哈尔滨气化厂（达连河）供水系统应对硝基苯污染的措施与效果 [J]. 给水排水，2006，32（6）：13-17.

[3] 张晓健，张悦，王欢，张素霞，贾瑞宝. 无锡自来水事件的城市供水应急除臭处理技术 [J]. 给水排水，2006，33（9）：7-12.

[4] 张晓健，陈超，李伟，程进，陈宇敏，齐宇，张金松，周圣东，贾瑞宝. 汶川地震灾区城市供水的水质风险和应急处理技术与工艺 [J]. 给水排水，2008，34（7）：7-13.

[5] 张晓健，张悦，陈超，王欢，张素霞. 城市供水系统应急净水技术指导手册 [M]. 北京：中国建筑工业出版社，2009.

[6] 环境保护部环境应急指挥领导小组办公室. 突发环境事件典型案例选编（第一辑）[M]. 北京：中国环境科学出版社，2011.

[7] 张晓健，陈超，米子龙，王成坤. 饮用水应急除镉净水技术与广西龙江河突发环境事件应急处置 [J]. 给水排水，2013，39（1）：24-32.

[8] 陈超，张晓健，董红，顾军农，陈国光，董玉莲，卢益新，周圣东，冯桂学，韩宏大，纪峰，陈宇敏，盛德洋，孙增峰. 自来水厂应急净化处理技术及工艺体系研究与示范 [J]. 给水排水，2013，39（7）：9-12.

[9] 环境保护部环境应急指挥领导小组办公室. 突发环境事件典型案例选编（第二辑）[M]. 北京：中国环境科学出版社，2015.

[10] 潘正道，聂瑶，董理腾，陈超，张晓健. 应对突发污染事故的城市供水应急处理工程的成本效益

分析初步研究 [J]. 给水排水，2015，41（10）：14-21.

[11]　张晓健，陈超，谢继步，胡坚，陈义春，陈爱民，戴盛，顾炜，朱永林，刘柳. 自来水厂原水的调蓄与水质控制 [J]. 中国给水排水，2016，32（22）：14-19.

[12]　陈超，刘扬，林朋飞，张晓健. 新"水污染防治法"在保障供水安全方面的法制化建设成果 [J]. 中国给水排水，2017，33（20）：11-19.

[13]　张悦，张晓健，陈超，董红. 城市供水系统应急净水技术指导手册（第二版）[M]. 北京：中国建筑工业出版社，2017.

[14]　中国疾病预防控制中心环境与健康相关产品研究所. 饮用水污染物短期暴露健康风险与应急处理技术 [M]. 北京：人民卫生出版社，2020.

[15]　张杰，邱文心，陈超，鲍洁. 新冠疫情控制期间供水厂消毒效果影响因素及其控制范围 [J]. 中国给水排水，2021，37（24）：1-5.

第11章 西北地区村镇污水治理及其低碳运行

11.1 背景和意义

西北地区是我国"两屏三带"国家生态安全战略的重要组成部分,也是生态恢复的重点地区。西北地区地广人稀,区位特点是高原、寒冷、干旱,人均水资源量偏低,村镇污水处理率低于全国平均水平。

近年来,随着乡村振兴战略的实施,西北地区各省(区)加快推进村镇污水治理,村镇污水治理水平不断提升。通过国家美丽乡村建设进程的加速推进,西北地区农村污水治理相关技术体系、标准政策相对较为完善,治理模式、资金保障与监督管理方式也逐步完善。但乡镇污水治理的机制尚未构建,存在照搬城市污水处理标准及东部发达省份乡镇的治理经验等问题,未与本区域特点有效衔接。相对而言,西北地区乡镇经济发展仍较为落后,尚未形成与城市或东部发达地区乡镇类似的聚落体系,其呈现状态与本区域农村聚落及其体量较为相似。因此,西北地区村镇污水治理应强化依托现有污水治理体系,构建村镇污水治理协同增效体制机制,有序提升区域污水治理水平。

总体来看,西北地区村镇污水治理的区域发展仍不平衡,与全国平均治理水平还存在较大的差距。"十四五"期间,西北地区村镇污水治理水平将有快速提升,对于适宜的污水治理技术、模式及保障体系都有迫切的需求,市场很大,难度也很大。

本文针对西北地区独特的自然地理与气候特点,基于村镇污水治理状况调研数据和相关研究成果,分析西北地区村镇生态系统承载力及污水治理过程的物质流与碳排放特征及存在的问题,通过对西北地区村镇污水治理典型案例的深入解读,归类总结西北地区村镇污水治理现有技术与模式,以可持续发展为目标,按照"科学治污、精准施策、系统设计、低碳运行"的原则,提出西北地区与生态系统结合的村镇污水分质分类分级治理策略及低碳路径,并结合西北地区村镇现状提出政策保障、技术模式及资金与管理保障等相关建议，对于促进西北地区村镇污水治理体系发展、提升污水治理的有效性具有积极意义，对于其他地区同类条件的村镇污水治理也具有借鉴价值。

11.2　西北地区村镇污水治理现状

11.2.1　西北地区村镇概况

1. 环境条件

西北地区主要位于我国地势的第二级阶梯，平均海拔在 1500m 以上，从东到西的地形地貌大致可分为黄土高原、戈壁沙滩、荒漠草原、戈壁荒漠，整体以高原、盆地和山地为主。地面植被由东向西为草原、荒漠草原、荒漠、石质戈壁、沙丘内陆河、内陆湖、绿洲。

2. 经济状况

（1）产业结构

西北地区经济结构以资源型工业和传统农业为主。其中，工业结构以煤炭开采、石油开采和有色金属冶炼为主，农业结构以灌溉农业、绿洲农业和畜牧业为主。煤炭开采、石油开采主要分布于新疆，灌溉农业主要分布在宁夏和内蒙古巴彦淖尔的河套地区，绿洲农业主要分布在甘肃省河西地区、新疆天山山麓，畜牧业主要分布在青海、宁夏和新疆。青海和新疆是全国重要的畜牧业基地，宁夏和新疆是全国重要的糖料作物产地，新疆更是全国重要的温带水果产地。

（2）人均 GDP

近年来，西北各省（区）经济取得了迅猛发展，人均 GDP 获得了显著提高，但地区发展水平差异较大，人均 GDP 表现出巨大的差异。2020 年内蒙古四盟市、陕西、甘肃、青海、宁夏、新疆人均 GDP 分别为 109711 元、66292 元、35995 元、50819 元、54528 元和 53593 元，其中内蒙古四盟市人均 GDP 最高，甘肃人均 GDP 最低。

11.2.2　西北地区村镇污水治理现状

1. 村镇水环境现状

西北地区除黄河流域流入渤海、额尔齐斯河注入北冰洋外，河流多为内陆河。其中，塔里木河为我国最大的内陆河。此外，还包括车尔臣河、伊犁河、开都河（孔雀河）、疏勒河（党河）、黑河（弱水）、石羊河、洮河、清水河、大黑河、渭河、泾河（马莲河）、北洛河（洛水）、无定河（红柳河）和湟水（大通河）等。

西北地区湖泊总体较少，多为内陆湖，主要包括青海省的青海湖、扎陵湖、鄂陵湖、托素湖、察尔汗盐湖，新疆维吾尔自治区的博斯腾湖、罗布泊（已干涸）、阿克赛钦湖、赛里木湖、艾比湖、乌伦古湖、艾丁湖（中国陆地最低点），甘肃省的刘家峡水库，内蒙古的乌梁素海等。

2021年，西北地区地表水监测国考断面中Ⅰ-Ⅲ类水质断面（点位）占比93%以上，优于全国平均水平（84.9%），其中西北诸河水质为优，黄河水质为良好。

2. 村镇污水治理现状

（1）乡镇污水治理现状

近年来，西北地区各省（区）加快推进乡镇污水处理设施建设，处理能力快速增长，收集处理体系不断完善，但与全国平均治理水平还存在一定的差距。据《城乡建设统计年鉴》2021年中公布的数据，西北地区有2337个建制镇，建制镇污水处理率除宁夏（93.33%）和新疆生产建设兵团（93.10%），其他省（区）为25.92%～51.85%，均低于全国建制镇平均水平（67.96%）；乡污水处理率除宁夏（56.32%）和陕西（44.44%）高于全国平均水平（36.94%），其他省（区）乡污水处理率为10.69%～33.43%。

（2）农村污水治理现状

西北各省（区）的农村生活污水治理率处于12%～43%，其中，陕西、新疆和宁夏处理率分别为43%、31%和26%，高于全国平均水平的25.5%；而甘肃、内蒙古和青海分别为21%、16.85%和12%，相对滞后。整体而言，西北地区仍有超过70%的农村污水尚未得到有效治理。

（3）现场调研结果与分析

为了解西北地区村镇生活污水治理现状及设施运行情况，对西北5省（区）及内蒙古自治区西部四盟市进行了调研，调研范围涵盖27个市（盟、州），涉及60个县（旗、区）149个乡镇291个村庄。陕西、甘肃、青海、宁夏、内蒙古西部区调研村庄个数分别为20、20、136、3和112。结果显示，64%的村庄开展了污水收集工作，以重力流管道收集和沟渠收集为主，分别占比为49%和15%，部分村庄存在户管与村落主干管不衔接的问题，且开展污水收集的村落中有36%的村落污水未进行处理；农村污水处理模式主要分为纳管处理、村集中处理、分户处理，分别占污水处理村庄数的 37%、36% 和 27%。村镇污水处理以生物工艺为主，其中化粪池、A^2O（A/O）和生物接触氧化法占比分别为 54%、26% 和 11%，其余有生物滤池与生态塘等。西北村镇污水处理设施出水去向以农业灌溉回用为主，但排放标准往往参照国家一级 B 甚至一级 A 标准，导致运行费用偏高，同时损失了农业可利用的 N 和 P 等营养元素。

通过对内蒙古西部地区 41 个 20 m³/d 及以上的村镇生活污水处理设施调研，发现处理规模 20～300 m³/d 的污水处理设施占比 73.2%，300～1000 m³/d（不含 300 m³/d）设施占比 26.8%，其中 37 处处理设施执行《农村生活污水处理设施污染物排放标准（试行）》DBHJ/001—2020 二级标准，其余 4 处执行 DBHJ/001—2020 三级标准。此外，开展监测的 37 个村镇生活污水处理设施，主要监测指标为 COD、氨氮、总磷、悬浮物，结果发现，有 7 处污水处理设施出水水质超标，处理设施达标率为 81%。

11.2.3　存在问题

1. 政策标准

（1）现有政策标准

近年来，西北各省（区）先后发布农村生活污水处理排放标准、县域农村污水治理专项规划及相关实施方案和指导意见等（表 11-1）。特别是宁夏回族自治区先后出台一系列农村污水治理相关指南和规范。

西北各省（区）发布的村镇污水治理相关标准　　　　表 11-1

序号	标准/指南编号	标准名称	发布部门/主编单位	实施日期
1	DB62/4014—2019	农村生活污水处理设施水污染物排放标准	甘肃省生态环境厅，甘肃省市场监督管理局	2019.9.1
2	DBHJ/001—2020	农村生活污水处理设施污染物排放标准（试行）	内蒙古自治区生态环境厅，内蒙古自治区农牧业厅，内蒙古自治区住房和城乡建设厅	2020.4.1
3	DB63/T 1777—2020	农村生活污水处理排放标准	青海省市场监督管理局	2020.7.1
4	DB61/1227—2018	农村生活污水处理设施水污染物排放标准	陕西省生态环境厅，陕西省市场监督管理局	2019.1.29
5	DB65 4275—2019	农村生活污水处理排放标准	新疆维吾尔自治区生态环境厅，新疆维吾尔自治区市场监督管理局	2019.11.15

序号	标准/指南编号	标准名称	发布部门/主编单位	实施日期
6	DB64/700—2020	农村生活污水处理设施水污染物排放标准	宁夏回族自治区生态环境厅，宁夏回族自治区市场监督管理局	2020.5.28
7	DB63/T 1685—2018	青海省农牧区生活污水处理工程建设导则（试行）	青海省住房和城乡建设厅，青海省质量技术监督局	2018.9.28
8	DB63/T 1389—2015	农牧区生活污水处理技术指南	青海省质量技术监督局	2015.9.30
9	DB61/T 1273—2019	农村人居环境污水治理管理规范	陕西省市场监督管理局	2019.10.29
10	DB64/T 873—2013	农村畜禽养殖污染防治项目投资指南	宁夏回族自治区质量技术监督局	2013.9.16
11	DB64/T 710—2011	农村集中式饮用水水源地保护工程技术规范	宁夏回族自治区环境保护厅，宁夏回族自治区质量技术监督局	2011.11.28
12	DB64/T 868—2013	农村生活污水分散处理技术规范	宁夏回族自治区环境保护厅，宁夏回族自治区质量技术监督局	2013.9.16
13	DB64/T 875—2013	农村生活污水处理工程投资指南	宁夏回族自治区环境保护厅，宁夏回族自治区质量技术监督局	2013.9.16
14	DB64/T 869—2013	农村生活污水处理设施运行操作规范	宁夏回族自治区环境保护厅，宁夏回族自治区质量技术监督局	2013.9.16
15	—	农村生活污水处理技术指南	宁夏回族自治区环境保护厅，沈阳环境科学研究院	—
16	DB64/T 1518—2017	农村生活污水处理工程技术规程	宁夏回族自治区住房和城乡建设厅，宁夏回族自治区质量技术监督局	2018.2.28

（2）政策标准方面的不足

目前，西北地区村镇的污水收集与处理设施整体水平不高，针对村镇污水治理的政策和标准（包括规范、规程、指南等）体系尚不完善，特别是有关乡镇污水治理的政策标准几近空白。基于西北地区经济欠发达，村镇污水治理基础薄弱的客观现实，西北地区村镇污水治理的政策系统性仍需加强。

1）农村生活污水治理项目施工建设及验收缺少指导性政策，导致部分项目设施使用寿命很难达到预期使用效果。

2）乡镇污水治理大多套用城市标准，与乡镇特点不适应，导致设计规模偏大、技术模式选择不合理、侧重集中处理达标排放而忽视资源化利用的现象较为普遍。

3）对西北村镇污水从收集、处理到排放或利用全过程的规划、设计、建设、验收及运维等标准体系也需要进一步补充完善。

4）在已发布的技术指南中，有些发布时间较早，对资源化利用、低碳及环境效益等方面考虑不足，技术落地性较差，有待进一步修订和更新完善。

2. 技术

（1）收集系统不合理，工程造价成本高

由于地域广阔、人员分散，村镇污水收集和处理设施的单个工程规模小，建设与管理的难度大、成本高、经济效益低。西北地区仍有约一半的农村尚未对污水进行有效收集，调研结果显示，已经敷设有污水收集管道的农村大多采用城镇排水方案，即以管径为 200～300 mm 的 HDPE 重力流排水管道作为支管，以 300～500 mm 的钢筋混凝土重力流排水管道作为干管收集污水。收集系统建设成本高，占整个农村排水系统造价的 70% 以上，导致许多欠发达地区因资金问题无法进行污水收集系统的建设。因此，低成本、高可靠性的污水收集技术的缺乏是制约西北地区农村污水治理成效关键因素之一。

（2）技术工艺选择不合理，实地深入调研不足

1）对镇、乡、村污水处理基础设施的通盘考虑程度明显不足。虽然目前农村污水普遍按"水十条"要求，采用以县级行政区域为单元，实行污水处理统一规划、统一建设、统一管理，但一些技术和工艺选择缺乏科学的决策系统支撑。

2）盲目照搬城市模式，套用城市标准、估算系数、技术工艺参数等，未充分考虑村镇特点，导致设计规模偏大、建设成本偏高。调查发现，一些已建污水处理设施存在实际处理水量显著小于设计规模的情况，造成设施运行不正常，主要原因一方面是设计水量取值与当地实际情况不符，另一方面是管网不配套，污水收集率低。

3）技术模式选择不合理，侧重集中处理达标排放，忽视资源化利用，不在环境敏感地区却选用高排放标准，选取工艺无法达到排水水质要求。对于已经完成农村污水治理的地区，大部分仅采用化粪池进行处理，其出水的污染物浓度仍然很高，对周边水体的污染危害仍然存在。除化粪池外，西北地区较为常用的农村污水处理技术是活性污泥法，该方法虽然技术成熟、处理效果较好，但其运维要求较高，特别是对进水水量和水质的平稳性要求较高。而西北地区村镇排水水量水质普遍波动较大，且冬季水温往往在 10 ℃以下，处理设施不正常运转的情况时有发生。

（3）运维技术力量薄弱，运维成本高

1）地域广阔、村落分散，导致污水处理运维成本过高。一些地区村镇污水处理

设施的管理方式和管理手段较落后，运维管理难度大，专业力量不足，部分运维人员缺乏污水设施管理专业技能培训。

2）设施质量参差不齐，第三方服务期满后运维移交难。西北地区冬季低温期时间长，设施正常运行率低，处理效率难保障，部分设施存在建成后无法正常运行现象。

3）西北地区村镇污水治理运维经费缺口大的问题比较常见，运维成本过高和资金保障难成为制约大部分地区村镇污水治理工作推进的重要因素。

3. 管理

（1）缺乏多部门协调联动机制

与全国的情况大致相似，西北地区农村污水治理与乡镇污水治理大多分属于不同职能部门管辖。在推进农村污水治理和改厕过程中，经历过管理主体在多部门之间的转换，农村污水治理管理口径不一，管理模式多样化，管理体制与机制不健全，对农村污水治理工作的推进造成一定的难度，改厕与污水处理的有效衔接也有待加强。乡镇污水治理多以水务部门或住建部门管理，管道建设由住建部门进行管理，管理职能很难完全划分，造成底数不清、运维困难等问题。

（2）缺乏长效运维机制

西北地区村镇污水处理的运维管理机制不健全，主要表现在：

1）从收集管理角度来看，普遍缺乏对于村镇污水收集系统的管理，很多地区缺乏有效的排水管网巡检和定期清理的管理体系，往往是收到管网发生堵塞投诉之后才采取疏通措施进行管网运维，管道渗漏、变形、破损等结构问题也没有得到有效的管理和维护。对于收集系统管理的缺位，造成污水收集输送不畅，产生污水外溢等卫生问题，也间接造成污水处理系统收水不正常，影响村镇污水的治理成效。

2）从运维管理角度来看，村镇污水治理的管理工作主要集中于处理设施，主要有3种模式：第三方专业运维、建设单位运维和村民自行管理。其中，第三方专业运维管理的成效相对较好。目前许多小规模的村镇污水处理设施的运维管理仍然不到位，设施不正常运转甚至停运的现象还时有发生。

（3）缺乏有效监管机制

在管理成效落实方面，不少地区县域农村污水治理规划多由县级政府等机关单位下发，而当地乡镇政府则联合村委会组织开展村庄规划实施工作。由于西北地区地广人稀且部分村镇处于偏远地区，在上级文件精神层层落实传达的过程中，其核心要义的落实效果往往呈递减状态，影响污水治理工作的有效推动。同时，由于常规的污水生物处理设施对供电要求较高，为保障系统供电稳定，通常采用接入市电的方式维持电力供应，供电成本较高。有的农户为了节约电费，私自停运了污水处理设施，导致污水处理设施中的微生物系统崩溃，短期内难以恢复到正常的处理效果。

4. 资金保障

（1）缺乏科学决策与评估

设施运维的直接成本包括电费、人工费、药剂费、检测费、维修费、管理费及污泥处理处置等费用。其中，电费、人工费占比最大，两者一般占成本的 60% 以上。调研发现，各地设施运维成本差异较大，处理运维成本从 0.2~12 元/m³ 不等，即使同一工艺类型，在不同地区，每立方米水的运维费用也可能相差几倍。村镇生活污水处理设施运维成本在不少地区仍然很难清算，相比资金短缺的普遍困境，算清运维"成本账"，搞清差异产生的背后原因，也是亟待解决的问题之一。

（2）资金来源单一

当前运维资金来源单一且有限，西北村镇生活污水处理相关文件中大多未明确运维资金来源，污水处理设施运维资金主要依靠政府各级财政的支持，且大多是以县级财政投入为主。同时，由于新冠肺炎疫情及经济下行影响，当前县级财政普遍困难，大部分地区均受到影响，村镇污水处理设施运维资金仅仅依靠区县基层财政难以保障持续稳定，不利于设施的长效稳定运行。

（3）开源节流制度不健全

对污水处理设施运维资金的管理，多数地区重"外源"资金筹措而轻"内源"成本管控。西北地区甘肃省、内蒙古自治区制定了专门针对农村生活污水处理设施运行维护的相关文件，其余几个省（区）相对滞后，但相关要求也仅是强调"外源"成本总量的投入，基本没有开展"内源"运维成本控制。仅强调加大资金投入总量而忽视成本管控，不能保证设施的长效持续运维。

11.3　适合西北地区村镇污水治理的低碳策略与路径

11.3.1　村镇生态系统特征与污水资源化途径分析

1. 西北地区村镇生态系统

（1）地区生态特征

西北地区横跨三大自然地理区，导致其气候、降水、生态系统差异较大：①季风湿润区，气候温和，降水量充沛，生态系统结构复杂；② 青藏高寒区，海拔高，气温低，降水少，生态系统结构简单，生态环境抗干扰能力弱；③ 内陆干旱区，因受大兴安岭、阴山、贺兰山、乌鞘岭、巴颜喀拉山和昆仑山围绕，终年受大陆性气团控制，气候异常干旱，降水量稀少。

西北地区盐渍地，沙漠较多，荒漠化严重，加之常年大风，因此当地生态系统以草地、农田生态系统为主，森林、城镇生态系统为辅，再加以独特的高原高寒湿地生态系统共同构成。

西北地区水域生态系统主要包括河流、湖泊、水库、沼泽等类型。由于当地气候干旱、降水稀少、蒸发旺盛等特殊的自然条件和其地理位置，决定了西北地区水域生态脆弱，水资源严重短缺。

（2）村镇生态系统

1）按照自然地理特点：① 陕西大部及甘肃和宁夏部分地区为季风湿润区，属温带季风气候，该地区村镇的环境特点为温暖湿润、四季分明、光照充足、雨量充沛，周围河流水域较多。② 青海与新疆南部为青藏高寒区，此区域村镇周边的生态系统较为脆弱，易受人为因素影响。③ 其他区域为内陆干旱区，当地环境特点是气候干燥，气温日差较大，光照充足，太阳辐射强，并且干旱缺水，年降雨量少，多大风天气。村镇周边地表植被为荒漠、草原，植被覆盖率低，造成强烈的风蚀、水蚀和次生盐渍化。

2）生态系统分布特点如下：

① 草地生态系统主要分布在黄土高原北部、内蒙古西部、新疆北部和青藏高原西北部等地区，该生态系统由多年生耐旱、耐低温、以禾草占优势的植物群落构成。草地生态系统具有防风、固沙、保土、调节气候、净化空气、涵养水源等生态功能。

② 农田生态系统主要分布在关中平原、河套平原、甘肃和宁夏的黄河流域附近以及新疆中北部等地区。西北村镇主要属于旱作农田生态系统，其特点为粗放经营、功能脆弱、可持续发展基础较为薄弱。

③ 森林生态系统主要位于陕西省秦岭和甘肃省祁连山一带，该系统可涵养水源、阻挡风沙，为大量生物提供栖息地。此区域附近的村镇生态系统较为稳定，是环境保护的重点区域。

④ 城市生态系统主要位于西北地区主要中心城市附近，此区域附近村镇的生态主要受人为支配，是不完全开放的生态系统。

⑤ 高寒湿地生态系统主要位于青藏高原一带，是一种独特的生态系统，水草丰美、物种资源丰富、种类繁多是该生态系统的主要特征。此生态系统附近的村镇环境状况较为敏感脆弱，需要重点保护。

（3）村镇水资源

根据资料分析，西北各村镇地区内陆河流域的人均、亩均水资源量并不算少，但由于水资源与村镇人口、耕地地区分布极不均衡，有相当大一部分水资源分布在地势高寒、自然条件较差的人烟稀少地区及无人区，而自然条件较好、人口稠密、经济发达的绿洲地区水资源量十分有限。如黄河流域河川径流具有地区分布不均、年际变化大及连续枯水等特点。内陆河流的水资源主要以冰雪融水补给为主，年内分配高度集中，汛期径流量可占全年径流量的 80%，部分河流汛期陡涨，枯季断流，开发利用的难度较大。由于西北地区村镇多处都是黄土高原区，植被覆盖率小，水土流失严重，导致部分湖泊和水库淤泥严重，湖泊水库逐渐萎缩，矿化度升高，减弱水利工程对水资源的调配能力，甚至导致水库报废，最终减小了西北各村镇地区对水资源在年内年际间的调配能力，不利于水资源的合理有效利用。

2. 村镇污水资源化途径分析

（1）西北地区不同农业背景下的物质循环特点

西北地区农村传统社会是一种自给自足的"小农"自然经济社会，农业生产和居民生活方式较为简单，以农户家庭为基本的生产生活单位，以土地集约利用、较高劳动投入的精耕细作为特征。从物质循环代谢的角度来看，小农自然经济模式下的农业生产和农村生活之间的物质循环，遵循了"整体－协调－循环－再生"的基本原理，通过物质循环和能量流动实现了农村物质的闭路代谢循环（图 11-1）。

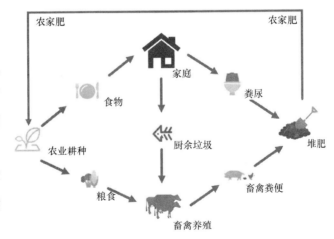

图 11-1　西北地区传统农业循环机制

随着市场经济和城镇化的快速发展，西北地区农村青壮年劳动力逐渐向城镇转移，劳动密集型的"精耕细作"的小农生产方式逐渐解体，农业生产系统和农户生活系统之间的物质循环代谢模式被打破，农户生活系统不再自给自足，农业生产变成了更依赖外在资源输入和讲究规模经济的"工业化"农业。农户家庭生活方式也向城市生活方式靠拢。在此过程中，农业物质循环模式在传统的物质闭路循环代谢模式的基础上，增加了"资源—产品—废物"的物质单向循环模式，城镇化发展促生了大量的非农产业物质代谢模式（图11-2）。

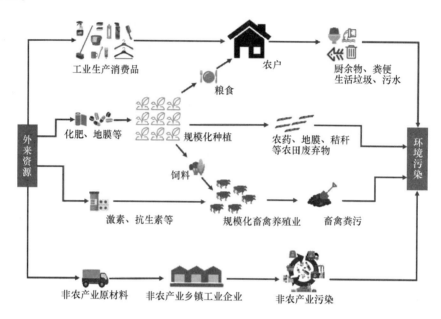

图 11-2　西北地区现代农业循环机制

（2）村镇污水治理典型工艺过程物质流分析

结合西北地区气候干旱、生物多样、人口分布分散、农村污水量少、波动大的特点，目前适宜的村镇污水处理工艺大致可分为厌氧处理、生化处理、生态净化。其中，厌氧处理主要通过厌氧微生物的代谢过程将污水中的各种有机物或无机物转化成甲烷、二氧化碳和水从而使污水得到净化，如化粪池；生化处理主要是利用微生物作用降解、吸附污水中的有机物，主要技术包括 A^2O 工艺、氧化沟、SBR、MBR 等；生态净化主要是构建具有复杂食物代谢链网和天然自净能力的生态处理系统，如稳定塘、生态滤池、人工湿地和土地处理系统等。

以村镇污水处理典型的 A^2O 工艺为例，剖析污水处理过程中的 C、N、P 物质流变化，对整个 A^2O 工艺进行物质流分析（以下数据通过文献调研实际污水处理厂及软件模拟得到）：

碳的物质流一般用 COD 的物质流表示，在 A^2O 工艺中，进入系统的 COD 最终有 3 个去向，即 ① 71.3％通过氧化代谢、反硝化作用以 CO₂ 的形式逸出；② 19.56％随剩余污泥排出；③ 6.61％随二沉池出水流出。

氮的物质流过程中，污水中的总氮经 A²O 工艺后最终有 3 个去向：① 42％随出水流出（包括溶解在水中的 N₂）；② 14％随剩余污泥排出；③ 44％通过反硝化作用以 N₂ 的形式逸散到空气中。

磷的物质流过程中，污水中的总磷主要通过 2 种途径离开系统：① 16％随出水流出；② 84％随剩余污泥排出。

3. 适应村镇污水资源化途径的物质流调控策略

（1）村镇污水资源化途径

村镇生活污水含有较高的氮磷等营养元素，直接排入自然水体会导致其富营养化，处理出水要达到较高的直排水体标准，需要配备复杂的处理设备，成本高且要求有专业的运行管理人员，对于经济条件相对落后的西北地区村镇难以承受。另外，西北地区深居内陆，降水较少，大部分地区都存在水资源不足问题，可将村镇污水处理后作为非常规水源进行资源回用。根据不同的水源水质、不同回用用途，选择适宜的处理方法，以提高水资源利用率、减少水体污染、降低处理成本。

通过就近农田利用方式，将污水中所含有的氮磷等营养元素充分利用起来，充实农田、菜园和果园的养分，可净化水质、改善土壤结构。若能将污水中的 COD、BOD 处理到灌溉标准，出水进行农用灌溉和林地浇灌可以让污水变成资源，不仅能控制水体氮磷污染，还能减少化肥投入，从而实现生产与环境的双赢。因此，在选择污水处理工艺的过程中，主要考虑去除 COD、BOD、SS 等污染物，而对于氮磷等营养盐元素应尽量保留。

（2）村镇污水资源化物质流调控策略

物质流调控具有多维度特征，设计调控方案时需要结合污水处理过程中的物质投入、污水回用途径、村镇污水营养物质循环等因素。由于村镇污水独有的特性，在处理过程中不仅需要考虑如何减少物质消耗及提高养分利用率以降低环境风险，同时也应结合当地的自然社会条件因地制宜选择最优调控方案。基于西北地区村镇污水资源化利用的可能性和重要性，根据不同的回用目的进行工艺选择及运行调控。

1）当处理后的污水回用于生活杂用或农田和生态用水时，应着重考虑污水处理工艺对 COD 的去除，氮磷可作为肥料进入农田参与自然物质循环无须过多考虑，且作为非直接接触用水时，不会对人体造成潜在风险。污水厌氧生物处理技术将有机物转化为沼气等有价值的产物可实现污水的资源化利用，同时也有助于实现污水处理过程碳减排。

2) 当污水回用途径对碳氮磷都有要求时，可采用相应的组合工艺技术，在去除污染物的同时尽可能实现资源回收。考虑西北乡镇地区土地资源丰富，可首先采用厌氧生物处理实现大量有机碳的回收利用，并采用好氧生物处理或生态处理方式对污水进一步处理。而当污水回用于生态景观环境时，其水质要求与污水排放要求无太大差异，可采用常规的组合工艺；当污水用于补充地下水时，在常规的脱氮除磷工艺外，应对污水进行深度处理以保证地下水水源安全。

基于村镇污水处理特征，村镇污水处理过程中产生的污泥产量小，农用潜力大，且具有高度的分散性，村镇污泥的处理处置主要方向为卫生化、稳定化和就地土地资源化利用，具体处理处置技术选择应因地制宜、考虑村镇自然经济条件与生态环境容量。

11.3.2 适合村镇污水治理与资源化的技术模式

1. 与市政管理相适应的城乡统筹模式

对于西北地区距离城镇市政污水管网较近且符合市政管网接入要求的村庄，可采用与城镇统筹的处理技术模式，重点完善村内雨污分流管网建设工作，将污水收集后纳入邻近的城镇或工业集中区的生活污水处理厂集中处理。该模式的特点就是无须建设村庄污水处理站，具有较高的经济性，而且处理效果较好。但这种模式的适用也有一定的局限，即对村落的地理位置等条件具有较高的要求。根据调研发现，城镇污水管网延伸的半径一般在 5 km 左右，超出范围则成本太高。对于部分地形复杂区域，管网延伸半径则应缩小到 3 km 左右。实施农村生活污水的城乡统筹模式，需要考虑乡镇周边农村的空间分布，离城镇的距离是否在合理的范围之内，城镇污水处理能力以及地方财政能力等情况。将城镇污水管网延伸到周边农村，需要财政支撑，否则将带来一系列的后续问题。

2. 与农田利用相适应的资源化模式

西北地区气候干燥、蒸发量大，通过将污水无害化处理与高效农业灌溉整合，可实现污水资源化利用。与城市生活污水资源化利用方向不同，农业利用是村镇生活污水最佳的资源化利用途径。但是未经处理的生活污水直接灌溉会对土壤、农作物等带来不利的影响，而经过适度处理后可消除污染因素，有助于农作物的生长。在与农业结合的农村生活污水资源化利用过程中，应充分考虑污水排放与农业用水需求不平衡的问题。同时，在资源化利用过程中，应重视潜在风险，增设环境风险控制单元，做好防范措施。通过实地调研，适用于西北地区不同条件的污水资源化利用的 3 种模式分别是农田利用模式、水质调控按需排放模式及黑灰水分质资源化利用模式。

（1）农田利用模式。其特点是工艺简单，维护管理难度低，建设及运行费用少，出水只需满足《农田灌溉水质标准》GB 5084—2021 即可，在出水排放要求较高的地区需要增设蓄水池或深度处理单元，避免过量污水造成二次污染。在该模式下，污水经预处理后，进入生态处理系统，出水用于农业灌溉。根据设施所在地区的实际情况，生态处理可选择稳定塘、人工湿地、沼气净化池和土地渗滤等技术。

（2）水质调控按需排放模式。根据农业用水季节性的特点，通过调控污水处理设备的运行频率、曝气强度、污泥回流量等工艺条件，控制污染物的去除率，实现出水水质可调的目的。该模式在灌溉季节满足种植业用水需求，在非灌溉季节满足达标排放要求，解决污水排放与农业用水需求不平衡的问题。该模式适用于有季节性灌溉需求、人口密集、污水排放相对集中、对排放水质要求较高的村镇。

（3）黑灰水分质资源化利用模式。基于源分离和分质处理的理念，将生活污水在源头进行分离，后续分别处理利用。黑水排放量少、污染物浓度高，更容易实现资源化；灰水排放量高，但污染物浓度低，处理工艺相对混合污水可适度简化，建设和运行费用降低。该模式通过源头减量，实现最大限度的污水资源与能源回收，特别适合我国西北村镇生活污水分散处理的实际需求。

西北地区地广人稀，土地贫瘠，资源化利用与就近自然处理是首选模式，而当村庄位于饮用水源保护区、或者自然保护区、风景名胜区等环境敏感点时则需根据实际需求进行污水集中高标准收集处理。对于村镇污水资源化的选择须因地制宜，针对居住分散和已展开"厕所革命"的地区黑灰水分离模式较为适宜，但对于有季节性灌溉需求、人口密集、污水排放相对集中、对排放水质要求较高的村落应选择按需调控的污水治理模式。针对西北地区农田回用模式，应注意当地生态环境本底状况，加强生态系统冬季保温等措施。

3. 与"厕所革命"相结合的人居环境改善模式

长期以来，西北地区农村厕所大多以旱厕为主要形式，包括一些乡镇的公共厕所也采用旱厕。对于人口密度小、人口少、远离环境敏感地域、采用传统旱厕的村庄，主要修建卫生厕所。西北各省卫生厕所普及率为全国最低，仅有 66.7％。同时在陕西、宁夏等缺水地区存在水冲式厕所不规范使用的情况，选用厕所技术与自然条件不匹配，其比例高于60%。目前，适合于西北农村地区的厕所模式主要包括真空排导厕所技术与厌氧堆肥厕所模式、现有厕所改良技术模式两类。

（1）真空排导厕所技术与厌氧堆肥厕所模式

这种技术模式属于微水冲式厕所技术。进行技术集成以后，解决在单独使用真空排导技术中资源化环节缺失的同时，也解决了使用厌氧堆肥技术时产生的恶臭问题。真空排导技术只使用微量的水进行冲厕，并且真空泵房可以保证温度；厌氧堆肥技术无需高温环境，所以该种厕所技术模式具有防寒、节水特征，符合西北地区特点。

（2）现有厕所改良技术模式

现有厕所改良技术模式主要包括改良型粪尿分集式厕所技术、改良型完整下水道水冲式厕所技术、改良型三格化粪池厕所技术3类。其中，改良型粪尿分集式厕所技术是将尿液和粪便分别收集，然后分别处理的技术。改良型完整下水道水冲式厕所对传统的水冲式厕所进行改良，使用泡沫封堵技术，极大地减少了水的用量，且进一步对臭味进行了吸收去除，该技术模式适用于具备完善市政给水排水设施的西北农村地区。改良型三格化粪池厕所对传统的三格化粪池厕所技术进行改良，对化粪池材料进行改良，解决池体易受粪污腐蚀渗漏问题，并且增加其防冻性，将储水池和三格化粪池的第一池合并，深埋冻土层以下，借助地温保持水温。

11.3.3 村镇污水治理低碳运行策略

1. 村镇污水治理低碳路径

通过对污水处理过程中的碳排放的分析可知，目前可行的有效降低污水治理碳排放的路径主要包括：污水及其营养物质的资源化循环利用（路径一）和降低工艺对传统化石能源依赖性（路径二）。

（1）污水及其营养物质的资源化循环利用路径

总体思路是，将水质净化与能源、资源利用相结合，根据广大西北地区村镇的实际情况，结合农村厕所革命和沼气技术的应用，基于村镇周边的农业及生态用水需求调控物质流过程，分区分级制定处理标准，推进污水能源资源的生产和就近利用与处理技术充分结合。基于此，提出如图11-3所示的村镇污水处理集群式的绿色、低碳生态技术路径选择。

在确定具体处理工艺单元及其组成的处理系统时，须高度重视生活污水量日变化

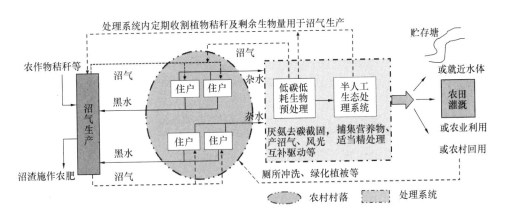

图 11-3　污水处理及营养物质的循环利用路径

规律的特性以及黑水分离后水质特性的变化。黑水分离后，所排灰（杂）水中的致病微生物的数量将大幅降低，由此不仅降低了处理难度，也提高了处理出水的卫生健康安全性。

采用生物-生态处理系统相结合的处理技术，将成为集群式村镇生活污水低碳绿色处理与利用的适宜工艺。其生物和生态处理之功能分工明确。生物处理段作为碳转化及固体截留（产沼气）的前处理工艺，并使其具有相当的水量贮存调节与保温功能，可为后续处理系统提供有利的条件保障（水量、温度的稳定性，减缓或消除堵塞，减轻有机负荷，杀灭病原菌等）。其后续的半人工生态处理系统功能则是有效捕集污水中氮、磷等营养物，并实现进一步的精处理，以达到水质净化和资源利用双重目标。同时，生物处理过程中的厌氧处理（以有机底物的转化为主）所产生的沼气，可根据实际情况（处理规模大小等）并入沼气利用系统；生态处理系统的植物收割，可以作为农村沼气生产的原料，进行循环利用。

（2）降低工艺对传统化石能源依赖性

西北地区自然能本底优势突出，为污水资源化电耗过程提供了有利条件。鉴于村镇污水排放特征与太阳光照强度的日变化规律相似，即白天排水量较大，夜间较小，使用太阳能、风能等清洁能源驱动污水处理设施可以减少化石能源消耗，是污水处理低碳运行的有效途径之一。此外，小型站点通过无蓄电池的风光互补发电驱动模式；大型站点通过风光互补结合余点上网的模式，通过波峰波谷电价差，还可进一步节省大量的运行成本。具体应用计算见专栏 11-1。

专栏 11-1

基于一个处理量为 1 m³/d 的 MBBR 处理工艺的农村污水处理厂站的运行数据，以 25 年为全生命周期，对比其不同驱动模式下的碳排放水平。

含有蓄电池的风光互补发电驱动模式、无蓄电池的风光互补发电驱动模式和传统市电驱动模式的全生命周期碳排放量分别为 6733.42 kg CO_2 eq、6223.39 kg CO_2 eq 和 22680.73 kg CO_2 eq。由此可见，传统市电驱动模式碳排放量显著高于利用风光互补发电驱动模式。

---

2. 村镇污水治理全过程资源循环利用技术与模式

西北地区春夏秋冬四季分明，农业耕种主要集中于春季，秋季收割。因此，在西北村镇生活污水治理及资源化利用过程中应充分考虑与当地耕作规律、生态系统本底季节性变化规律的耦合性。据此，提出了冬储夏用与多目标双情景两种模式。

（1）冬储夏用模式

在冬季，西北地区环境温度较低，污水处理设备中的功能菌属活性降低，处理效果难以保证，出水水质下降。而盲目通过电热等方式进行保温又会无形中增加能耗与温室气体排放量。加之西北地区冬季无大型规模化农业种植，数量有限的温室大棚消纳能力有限，无法将每日处理出水进行资源化利用。同时，冬季低温期村镇居民的用水量也显著下降，有时甚至无法保证污水处理厂（站）的进水需求。

基于此，考虑采用冬储夏用、跨季储存的模式对西北地区的农村污水和水量较小的乡镇污水进行资源化利用。西北地区冬季低温的特征也可一定程度上保证储存水水质，避免水质恶化引起不必要的潜在风险。但在此过程中应针对跨季储蓄水温变化过程导致的水质变差、病原菌复活特征及风险等问题，开发具有稳定水质及抑菌功能的污水就地资源化循环利用设备，为西北地区村镇污水冬储夏用模式提供技术支撑。内蒙古自治区西部鄂尔多斯市部分项目也使用冬储夏用模式，具体案例见专栏 11-2。

专栏 11-2

内蒙古自治区鄂尔多斯市伊金霍洛旗红庆河镇位于鄂尔多斯市伊金霍洛旗西部，全镇总面积 445.5 km²，辖 14 个行政村，总人口 11050 人。经济收入以种植和畜牧业为主，人均年收入约 2 万元。地势平坦，房屋分布规整集中，环境基础设施较为完善，已完成管网铺设与水厕改造。

红庆河镇污水处理项目由政府专项资金投资建设，处理规模 100 m³/d，服务人口为 1500 人，污水处理厂占地 2000m²，总投资 351.62 万元。采用 HEMBR 处理工艺（A²O+浸没式超滤），污水经两级处理后达到《城镇污水处理厂污染物排放标准》GB 18918—2002 中的一级 A 标准。出水用于镇区园林绿化和道路降尘，蓄水池容积大，出水冬储夏用。

红庆河镇污水处理项目由第三方企业内蒙古蓝天碧水环境科技工程有限公司负责运维，采用"远程监控+现场巡检"模式，运维费用由政府出资，年运维费用约 11 万元。

冬储夏用模式适用于经济条件良好、区域分布较分散、分别组织运行维护成本较高的地区。

（2）多目标双情景模式

多目标双情景模式是指将系统以高标准排放（准Ⅳ类）和灌溉回用两种情景模式进行优化，优化目标包括出水水质、能耗（设备投入）、碳排放量、出水氨氮浓度以及富营养化风险。针对高标准排放情景，在保证出水水质的同时，以较少的温室气体排放和较低的能耗（更少的设备投入）作为评价标准；针对灌溉回用情景，在满足《农田灌溉水质标准》GB 5084—2021 的前提下，尽可能多地保留出水中可被作物直接利用的氮磷营养成分。与此同时，还应考虑出水中氮磷元素可能通过土壤径流导致的水体富营养化风险；温室气体排放水平和能耗水平也将被考虑到此场景的评价体系中。

从运筹学的角度，通过多目标优化计算方法对高标准排放和灌溉回用两种情景的运行模式进行优化。针对不同季节对出水的水质要求和资源化应用需求调整最优运行参数，实现西北村镇生活污水的高效资源化循环利用。该模式目前已完成实验与可行性分析，但大规模推广仍在探索中，需要进一步进行较大规模的应用优化。

11.3.4　实现西北地区村镇污水治理低碳运行的路径

1. 村镇污水治理过程碳排放

污水处理过程中产生的碳排放主要以碳源和碳汇形式存在，对碳源和碳汇的分析来源于 IPCC（联合国政府间气候变化专门委员会）目前用于界定碳排放核算边界的主要界定方法。目前，国内外用于界定碳排放核算边界的方法最常用的有碳源和碳汇界定方法，以及碳足迹界定方法。从理论上来说，碳源和碳汇的界定标准和范围较为清晰，其他界定方法具体到不同的领域会存在一定的不足。全面考虑碳源和碳汇，可以完整地反映一个行业或领域的碳排放现状，也能够比较精确地找到碳排放的核算主体，有助于提高减排措施的针对性。

碳源即处理过程中产生的直接碳排放和间接碳排放，而碳汇则是指处理过程中减少的碳排放，如沼气、热能回用等。直接排放主要以 CO_2、CH_4 和 N_2O 等温室气体的形式存在，而间接排放则考虑在直接排放过程中能源生产设施、电力设施等运行所产生的能耗，以及处理过程中药剂投加所产生的外加碳源。为应对日益加剧的温室气体效应，人类已开始采取一系列控制措施。在 IPCC 最新发布的《IPCC 国家温室气体清单指南》中，特别提到废弃物处理、处置碳排放计算方法。该"指南"有关污水处理温室气体排放计算方法仅涉及污水、污泥处理/处置过程 CH_4 和 N_xO 的直接排放，以及处理/处置过程中能源和物质投入所造成的间接碳排放。对于污水处理/处置过程中产生的 CO_2 直接排放，"指南"认定为生物成因，即属于"生源性"排放，故不纳入碳排放总量范畴。

2. 村镇污水治理低碳运行路径

根据上述污水处理过程中的碳排放来源，可将碳减排路径分为两类：① 通过清洁能源替代传统化石能源降低碳排放量；② 通过设置多目标排放情景，在农田利用、资源回收过程中，通过降低处理标准，简化处理过程与工艺来降低系统碳排放量。

目前，西北地区村镇生活污水处理主要以乡镇级 A^2O 工艺和村级 MBBR 工艺为主。乡镇级 A^2O 工艺的直接碳排放量基本是每处理 $1 m^3$ 污水排放 10.49 g CO_2，占总碳排放量1.60%；间接排放则包括设备运行电耗和污水处理环节输送过程能耗以及药剂投加产生的外加补充碳源，如反硝化过程中由于碳源不足在缺氧池投加甲醇、污水消毒处理投加氯等，基本是每处理 $1 m^3$ 污水排放 645.09 g CO_2，占总碳排放量 98.40%。

村级 MBBR 工艺碳排放量主要包括 CH_4、N_2O、能耗碳排放和药剂碳排放。其中 CH_4 和 N_2O 属于直接碳排放，直接碳排放量占总碳排放量的 47%，吨水碳排放量为 384 g/m^3（以 CO_2 计）；能耗与药耗属于间接碳排放量，间接碳排放量占总碳排放量的 53%，吨水碳排放量约为 429 g/m^3。

通过资源回收的方式，降低对处理出水的标准要求，进一步降低设备能耗和药耗，也可一定程度降低农村生活污水的碳排放量。根据实际示范工程应用研究，对于日处理量 $1 m^3$ 的 MBBR 农村污水处理工艺，当出水标准由国家二级降低为农田灌溉水质标准时，直接碳排放量降低 48.87%，间接碳排放量降低 51.33%。

在村镇污水处理厂（站）运行过程中，污水处理设备运行消耗传统化石能源，造成间接碳排放。西北地区是太阳能和风能资源丰富的地区，可以使用分散或微网风光自然能源发电系统对村镇污水处理系统供电，将极大程度上降低污水处理厂（站）运行过程中的间接碳排放量。与此同时，针对农田利用处理水的资源化运行模式，也可进一步削减西北地区村镇污水治理的碳排放量。

11.4　建　议

西北地区村镇污水治理，不仅要加快设施建设，更要保证工程质量和后期运行维护效果，否则不能产生预期的效果。为此，需要相应的技术与管理体系的支撑。结合目前存在的问题，对完善西北地区村镇污水治理保障体系方面，提出如下建议。

11.4.1　政策保障

在国家政策层面，中共中央办公厅、国务院办公厅以及各相关部委近两年印发了一系列关于推进村镇污水治理与资源化的政策文件，村镇污水处理迎来了良好的政策机遇，村镇污水处理市场也进入了迅速发展期。为此，迫切需要尽快制订和完善西北地区村镇污水治理政策与标准体系。

1. 建立村镇污水治理配套政策和机制

针对西北地区村镇污水治理中的需求，以可持续为目标，总结当地成功经验，借鉴国内外同类型先进经验，综合考虑"处理出水水质环境可承载、建设与运行成本经济可承受、运行维护效果长期可持续"等要求，建立"分区分类实施、分级管控"的适合西北地区村镇污水治理体系，制定配套政策。

探讨与农村污水规模相似的乡镇污水执行农村污水标准的可行性，构建村镇污水治理协同增效体制和机制，有序提升区域污水治理水平，不断提高投资效益和环境效益。

2. 完善村镇污水治理标准体系

经过多年的发展，村镇污水治理逐步实现规范化、标准化，形成新的运营模式。为此，迫切需要尽快制订和完善西北地区村镇污水处理及配套管网建设的技术指南、设施运行与维护技术规程等系列标准，指导各地因地制宜地制订和实施村镇污水处理规划、设施建设和运管，引导、规范和推动村镇水务行业健康发展。

对早期发布的技术指南，在总结近年来当地成功案例的基础上，进一步修订和更新完善；对西北村镇污水从收集、处理到排放或利用全过程的规划、设计、建设、验收及运维等标准体系也需要进一步补充完善。

11.4.2　技术模式

西北地区经济发展不平衡，不同村镇差别较大，加之长期以来形成的居住方式、生活习惯等差异，生活污水水质和排放规律、治理模式、污水收集与处理方式及排放要求与城市不同，且同一地区因人口、季节、时序等因素差异很大，应根据村镇现状、特点、风俗习惯以及自然、经济与社会条件，因地制宜地采用多元化的污水处理技术模式。

结合对西北地区居住分散度、经济条件与村镇基础环境设施建设水平提出 5 种治理模式（图 11-4）。具体实施时，应基于各村镇污水处理水质、水量、排放方式及处理技术进行系统调研，科学选择适宜的生活污水治理技术模式。

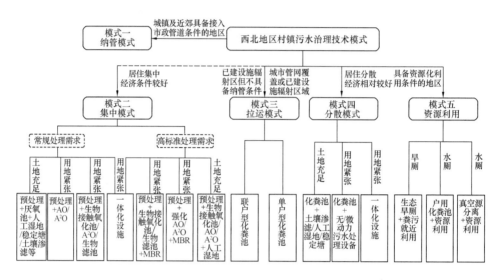

图 11-4 西北地区村镇污水治理技术模式

（1）纳管模式

纳管模式是指村镇生活污水通过管网收集输送到城镇污水处理厂统一处理的治理方式，适合用于城镇及近郊区的农村，能直接接入市政污水管道的生活污水，可选择纳入城镇污水管网，进行统一集中处理。具体案例见专栏 11-3。

专栏 11-3

巴拉亥光伏新村位于鄂尔都斯市杭锦旗呼和木独镇，现有常住户数 325 户，人口 1084 人。经济水平良好。村落地势平坦，房屋分布较集中，环境基础设施较为完善，已全部完成道路硬化、管网铺设与水厕改造。

该村污水接入呼和木独镇区污水处理站，该站以政府投资为主，吸收社会资本为辅，占地约 560 m²，项目总投资约为 1318.9 万元。共敷设污水管网 4.9 km，污水站采用"A/O+MBR 一体化"装置，设计处理规模 50 m³/d，实际处理规模 30 m³/d，主要用于收集镇区及周边村庄生活污水。设施运行正常，出水满足《城镇污水处理厂污染物排放标准》GB 18918—2002 一级 A 标准，出水用于镇区绿化和除尘。共敷设污水管网 4.9 km。

纳管模式适用于距离市政污水管网较近、符合高程接入要求的村庄，以及经济基础较好、房屋分布集中、具备实现农村污水治理由分散治污向集中治污、集中控制转变条件的农村地区采用。

（2）集中处理模式

集中处理模式是针对生活污水无法纳入城镇污水处理厂的村庄，将单个或多个自然村农户的生活污水进行统一收集，再排至村级污水独立处理设施进行处理的污水收集模式。该模式主要适合用于离城镇或园区较远（大于 3 km）且人口聚集程度高，经济相对发达区域，对环境要求较高的村庄，结合排水去向和处理规模，宜选取集中处理模式。具体案例见专栏 11-4。

专栏 11-4

石头梁社区污水处理站位于陕西省商洛市山阳县高坝店镇石头梁社区人口集中区，共包含 7 个自然组，居住人口 810 户 3200 人。

高坝店镇石头梁社区污水处理站采用 A²O 一体化污水处理工艺，设计处理规模 120 m³/d，项目总投资 90 万元，目前共覆盖 2 个自然组，服务人口 2000 人，目前实际日处理污水 80 m³ 左右。处理后出水水质达到《城镇污水处理厂污染物排放标准》GB 18918—2002 中的一级 B 标准。

该项目对于建成的村级生活污水处理站全部委托第三方公司进行运维，年运行费用 9.76 万元。

集中处理模式适用于经济条件较好，地形平坦，居住集中的村镇地区。

（3）户收集拉运模式

在一些村庄存在常住人口少、住户较分散、生活污水产生总量少的特点，宜采取户收集拉运模式。户内收集污水汇入村内支管网，进而收集至收集罐（池），收集罐（池）内污水定期拉运至城镇污水处理厂集中处理。具体案例见专栏 11-5。

专栏 11-5

李良子村地处甘肃省庆阳市五蛟镇南部，共辖 6 个村民小组 348 户（已搬迁户 45 户）1354 人。李良子村结合村民居住特点、生产生活习惯，统筹衔接改厕工作，采用集中拉运＋分散治理的模式。

该村日均生活污水排放量约为 54.16m³/d。该村农户居住区分为集中居住区、川区和偏远山区。其中多数农户采用拉运模式。

集中居住的 100 户农户及 43 家个体门店，采取管网＋收集池（100 m³）收集后，集中拉运至五蛟镇污水处理站处理，处理后达到《城镇污水处理厂污染物排放标准》GB 18918—2002 一级 A 标准。

完成水冲式厕所改造的 97 户农户，黑水（水冲厕）经化粪池无害化处理后由专业队伍抽运至农田利用，灰水就近进入小菜园、小果园消纳利用。

（4）分散处理模式

分散处理模式指对单户或多户农村住户产生的生活污水就近处理。这种方式主要适用于无法集中铺设管网或集中收集处理的村庄，特别是人口居住相对分散，对环境有一定要求的区域宜选择分散式处理模式。具体案例见专栏 11-6。

专栏 11-6

龙活音扎巴村又名龙虎渠村，位于内蒙古自治区鄂尔多斯市伊金霍洛旗，地处成吉思汗陵景区内，常住户数 621 户，人口 1384 人。村落地势起伏，房屋分片集中，环境基础设施较为完善，已完成分片区管网敷设与 160 户水厕改造。冬季寒冷，极端最低气温−31.4 ℃。

该村联户型分散式污水处理设施投资成本 3 万元/套，采用 BIOROCK 公司研发的 ECOROCK 净化罐技术主体为多级 A/O＋生物滤池工艺，主要用于处理村庄及民宿日常生活污水，单套处理规模 7 m^3/d，共建 8 套，服务约 1250 人。设施运行正常，出水满足《农田灌溉水质标准》GB 5084—2021，全年稳定达标，用于周边农田灌溉。

设施建成运行后无需日常维护，每年由设备厂家派售后技术人员现场检查一次，费用厂家承担，运维费用几乎为零。由当地环保部门对运维情况进行监管。

分散处理模式适用于居住分散或分片集中，冬季严寒，有地势落差，区域管网覆盖，土地资源短缺，高地下水位地区。

（5）资源利用模式

资源利用模式是指从农业生产和生态环境需要出发，将各类污水和厕所粪污经适当无害化处理后用于农业或其他生态植被生长，减少常规水资源和化肥的使用量。具备资源化利用条件的地区宜优先考虑资源利用模式。对于经济较好的地区，可探索采用源分离的方式开展资源化利用；经济相对一般的地区，宜根据群众意愿和当地实际，有效衔接"厕所革命"，优先考虑就地就近就农资源化，其中采用生态旱厕的农户粪污宜就农就近资源利用，采用水冲厕所农户可利用房前屋后小菜园、小果园、小花园等实现就地就近回用。具体案例见专栏 11-7 。

专栏 11-7

李良子村地处甘肃省庆阳市五蛟镇南部，共辖 6 个村民小组 348 户（已搬迁户 45 户）1354 人。李良子村结合村民居住特点、生产生活习惯，统筹衔接改厕工作，采用集中拉运＋分散治理的模式。

该村日均生活污水排放量约为 54.16 m^3/d。该村农户居住区分为集中居住、川区和偏远山区。部分农户采用粪污资源化利用模式。

完成水冲式厕所改造的 97 户农户，黑水（水冲厕）经化粪池无害化处理后由专业队伍抽运至农田利用，灰水就近进入小菜园、小果园消纳利用。

使用旱厕的 106 户农户，粪污无害化后由农户自行还田利用，灰水就近进入小菜园、小果园就地就近消纳。

资源利用模式适合位于黄土高原丘陵沟壑、川塬相间的地貌的村庄，气候特点为干旱缺水，村庄社会经济发展阶段为欠发达。

11.4.3　资金保障

1. 拓展投融资渠道

研究制订开拓资金渠道，落实村镇污水治理设施建设与运维资金保障的政策措施。充分发挥绿色金融作用，加大对村镇生活污水治理的中长期信贷支持，以市场化方式推动项目融资模式创新。利用国家重点生态功能区转移支付资金，设立专项用于支持村镇污水治理或村镇人居环境改善的资金。整合地方政府专项资金支持西北村镇环境治理，将村镇污水治理优先纳入财政预算予以保障。

加强解决村镇污水治理资金筹措困难问题，在进一步加大政府、村集体和村民投入的同时，出台系列的资金保障政策，如甘肃省近期出台融资政策，印发了《关于推进农村生活污水治理项目融资支持的通知》，运用"金融活水"助推治理"村镇污水"，以市场化方式推动项目融资模式创新。

2. 加强资金监督管理

通过制订科学化的计划，不断加强管理力度，对经费进行合理分配，逐步开展对环保专项资金的监督与核算力度。在资金使用过程中，通过加强资金监管，强化绩效评估考核，着力解决当前生态保护和环境治理中的突出问题，应不断加大资金监督管理力度，督促资金使用单位加快项目实施进度，完善项目资料，及时向施工单位进行结算支付，确保资金尽早形成实际支出。积极开展项目绩效管理，对绩效目标从实现程度和预算执行进度实行"双监控"，不断提高资金使用效益，促进了西北村镇生态环境和人居环境的进一步改善。

3. 优化模式节约开支

探索村镇统筹、供水排水协同等多种模式，构建村镇供水排水综合服务体系，可以有效降低成本，提质增效。自来水普及率对村镇污水的排放量与水质具有重要的影响，实行供水排水协同，有利于建立科学、完善的费用征收机制。在对环保专项资金流向进行控制的基础上，开展宏观资金调控工作，以不断达到节约支出的目标。

11.4.4　监督管理

1. 注重统筹管理

建议西北地区县级人民政府发挥统筹协调作用，加强规划管理，组织相关部门共商共治，合理安排包括生活污水治理在内的美丽乡村建设各项工作任务，将村镇生活污水治理与人居环境整治、村庄规划、村镇水系综合整治、村镇光伏发电产业等互相衔接、统筹推进，以完善西北村镇污水治理服务管理一体化，提高村镇污水治理的综合服务能力。建议各部门共同制订"一村一策"，相关部门加强沟通协作，共同协商确定村镇生活污水优先治理村庄名单，安排好工期时序，提高建、管两端统筹性，避免重复施工等造成不必要的浪费。

2. 加强监督指导

建议国家或地方层面尽快明确村镇生活污水资源化利用的定义、判定标准与监管要求，创建试点示范，引导地方将村镇污水治理与农业绿色发展有机结合起来。尤其是对于缺水、少水地区，鼓励就地就近开展污水资源化利用，杜绝一味建管网、上设施。建议各地在深入调研、充分论证的基础上，审慎建设污水处理设施。同时，尽快完善污水处理设施改造及退出机制，对于不能正常运行、工艺选取不合理的设施改造一批、退出一批，及时更正不合适的治理模式或工艺。细化建设标准要求，指导地方严选施工单位，对施工资质、工程监理资质、项目规范管理、施工安全卫生以及农村生活污水处理构筑物、管道、设备材料和施工标准等严格把控，做好污水处理的前端工程，为后端设施长期、稳定、有效运行提供保障。

3. 强化管理支撑

政策引导各地科学合理选取运维模式，培育良好的社会化服务市场环境。对于规模较大、工艺相对复杂且对运维管理水平具有一定要求的设施，鼓励以县为单位，优先选择专业化运维机构，各乡镇应积极借鉴农村已有运维模式，探索乡镇与农村结合、大规模与小规模结合的"肥瘦搭配"运维模式，将城镇污水处理设施管护资源逐步向村镇延伸。非生态环境敏感区内规模较小、分布零散、工艺简单的设施，可由乡镇（街道）人民政府负责运维管理，但应加强对运维人员的培训指导。建议各地污水主管部门积极协调有关部门制定更加细化、有效的设施用电政策，推动有利政策尽快落地落实。同时，充分借助西北地区乡村振兴战略和新能源发展的契机，鼓励运维企业或村集体将光伏发电作为替代设施用电的重要抓手，以此缓解电费压力。

11.5 应 用 案 例

目前，西北地区的一些村镇已经建设了污水处理设施，本文根据调研结果选取了不同条件及模式的村镇污水治理应用案例列于表11-2，以期为后续同类地区开展污水治理及相关的技术和管理人员提供参考。

西北地区村镇污水治理应用案例汇总

表11-2

序号	治理模式	案例特点	自然地理特征	经济特征	工艺类型	核心工艺	规模	服务范围	执行标准	运维成本	地点
1	集中处理	达标排放	气候适宜、居住集中	较好	生化处理+生态净化	厌氧池+立体生物转盘+人工湿地	200 m³/d	涝村镇幸福家园小区约1000人	《黄河流域（陕西段）污水综合排放标准》DB61/224—2011第二类污染物最高允许排放浓度中的一级标准	县财政统筹	陕西省渭南市富平县淡村镇
2	集中处理	高标准排放	气候适宜、居住集中	较好	生化处理	四沟式氧化沟+沉淀反应+过滤	实际规模2000 m³/d	瓜坡镇区及310国道以南、新秦西路以西、南环西路以北、华山路以西区域，服务人口约2.2万人	《城镇污水处理厂污染物排放标准》GB 18918—2002 一级A标准	—	陕西省渭南市华州区瓜坡镇
3	集中处理	达标排放	气候适宜、居住集中	一般	生化处理	小型预处理+氧化塘	设计规模50 m³/d，运行规模48 m³/d	安吴镇安吴青训班片区安吴村服务人口约1400人	陕西省《农村生活污水处理设施水污染物排放标准》DB61/1227—2018二级标准	0.96万元/年	陕西省咸阳市泾阳县安吴镇
4	集中处理	清洁能源/高标准排放	太阳能资源丰富	较好	生化处理	多级生物接触氧化反应器	50 m³/d	普化镇宝兴寺一、二组村民产生的生活污水。服务人口815人	《城镇污水处理厂污染物排放标准》GB 18918—2002 一级A标准	电耗0.19元/m³	陕西省西安市蓝田县宝兴寺村
5	集中处理	出水回用	冬季寒冷地区居住集中	较好	生化处理+生态净化	A²O+人工湿地	设计规模380 m³/d，运行规模300 m³/d	金台村、胜利村，西府老街商户生活用水，服务人口在571户左右	陕西省《农村生活污水处理设施水污染物排放标准》DB61/1227—2018	—	陕西省宝鸡市中山路街道办事处胜利村

序号	治理模式	案例特点	自然地理特征	经济特征	工艺类型	核心工艺	规模	服务范围	执行标准	运维成本	地点
6	集中处理	达标排放	气候适宜、居住集中	较好	生化处理	A²O一体化污水处理设施	设计规模120 m³/d，运行规模80 m³/d	高坝店镇石头梁社区陕南移民安置点和周边公路沿线村民，覆盖2个自然组，服务人口2000人	《城镇污水处理厂污染物排放标准》GB 18918—2002 一级 B 标准	9.76万元/年	陕西省商洛市山阳县石头梁村
7	户收集拉运至乡镇污水处理资源化利用	拉运至乡镇污水处理站	干旱缺水、村落地势高低起伏，居住呈中大分散以及偏远山区	较差	拉运及资源利用模式	—	12 m³ 一体化吸污清洗车一辆	6个村民小组348户（已搬迁45户）1354人，其中100户拉运至乡镇污水处理站，203户农田资源利用	—	0.55~0.8万元/年	甘肃省庆阳市五蛟镇李季良子村
8	集中处理	出水回用	地势平坦，居住集中	一般	生态净化	功能型精准人工湿地	设计规模40 m³/d，夏季运行10 m³/d，冬季运行30 m³/d	金山镇崖湾社区175户725人	甘肃省《农村生活污水处理设施污染物排放标准》DB 62/4014—2019 三级标准	—	甘肃省武威市凉州区金山镇崖湾社区
9	集中处理	高标准排放	高原气候、周边有敏感水体	较好	生化处理	预处理+A²O工艺+二沉池+深度处理工艺	40000 m³/d	多巴新城全部城区及共和镇、拦隆口镇、西堡镇、李家山镇（除葛一村、葛二村）约30万人	《城镇污水处理厂污染物排放标准》GB 18918—2002 一级 A 标准	—	青海省西宁市多巴镇

续表

序号	治理模式	案例特点	自然地理特征	经济特征	工艺类型	核心工艺	规模	服务范围	执行标准	运维成本	地点
10	集中处理	高标准排放	土地资源短缺	较好	生化处理	BioComb一体化装备	170 m³/d	服务人口 5300 人	《城镇污水处理厂污染物排放标准》GB 18918—2002 一级 A 标准	—	宁夏回族自治区农垦集团暖泉农场
11	集中处理	达标排放	冬季寒冷地区且面积广阔	较好	生化处理	土壤覆盖型微生物氧化处理技术	12 m³/d	服务户数约 160 户	新疆维吾尔自治区《农村生活污水处理排放标准》DB 65 4275—2019 一级标准	0.48 万元/年	新疆维吾尔自治区昌吉玛纳斯县乐土驿镇上庄子村
12	集中处理	冬储夏用/高标准排放	昼夜温差大	较好	生化处理	改良型 A²O+MBR	100 m³/d	服务人口约 1500 人	《城镇污水处理厂污染物排放标准》GB 18918—2002 一级 A 标准	11 万元/年	内蒙古自治区鄂尔多斯市伊金霍洛旗红庆河镇
13	分散处理	出水回用	冬季寒冷、有地势落差、居住分散且分片集中、土地资源短缺	较好	生化处理	多级 A/O＋生物滤池	8 套 7 m³/d	服务人口约 1250 人	《农田灌溉水质标准》GB 5084—2021	—	内蒙古自治区鄂尔多斯市伊金霍洛旗龙虎营活扎巴村

续表

序号	治理模式	案例特点	自然地理特征	经济特征	工艺类型	核心工艺	规模	服务范围	执行标准	运维成本	地点
14	集中处理＋户收集拉运	冬储夏用/高标准回用	干旱缺水、林草面积大	较好	生化处理	"A²O＋MBBR＋沉淀＋消毒"一体化处理	设计规模100 m³/d，运行规模60~70 m³/d	服务常住户数380户；常住人口1000人	《地表水环境质量标准》GB 3838—2002三类标准	11万元/年	内蒙古自治区鄂尔多斯市准格尔旗公益盖村
15	纳入城镇管网	纳管	居住集中且距离污水处理厂较近	较好	纳管收集至镇污水处理站	—	纳入管网	服务常住户数325户；常住人口1084人	《污水排入城镇下水道水质标准》GB/T 31962—2015	—	内蒙古自治区鄂尔多斯市杭锦旗巴拉亥光伏新村
16	集中处理	出水回用	地势平坦、居住集中	一般	生化处理＋生态净化	多功能降解池＋复合生物滤池＋人工湿地	8 m³/d	服务50户138人	内蒙古《农村生活污水处理设施污染物排放标准（试行）》DBHJ/001—2020三级标准	—	内蒙古自治区巴彦淖尔市五原县复兴镇庆生四杜移民新村

314

主要参考文献

[1]　常志州，黄红英，靳红梅，马艳，叶小梅，薛利红，杨林章．农村面源污染治理的"4R"理论与工程实践——氮磷养分循环利用技术[J]．农业环境科学学报，2013，32(10)：1901-1907.

[2]　陈瑶，许景婷．村镇污水处理的适当技术与管理模式分析[J]．南京工业大学学报(社会科学版)，2018，17(6)：10.

[3]　崔继红，张照录，吴忠东，曹俊杰，丁东业．农村城镇化进程中物质代谢模式的变迁及环境响应[J]．湖北农业科学，2016，55(17)，4608-4611.

[4]　邓辉清．基于不同地区的农村污水治理模式差异化分析和治理技术的选择[J]．农村实用技术，2020，(06)：180-181.

[5]　房艳．关于西北农村污水处理工艺及运营问题分析[J]．甘肃农业，2020，(03)：118-120.

[6]　付永虎，刘俊青，魏范青，宗婷，姚莹莹．基于物质流调控的集约化农区可持续土地利用模式设计理论研究[J]．上海农业学报，2019，35(05)：123-130.

[7]　高意，马俊杰．西北地区农村生活污水处理研究——以黄陵县为例[J]．地下水，2011，33(03)：73-76.

[8]　计文化，王永和，杨博，张静雅，辜平阳，高晓峰．西北地区地质、资源、环境与社会经济概貌[J]．西北地质，2022，55(03)：15-27.

[9]　李鹏峰．我国农村污水处理现状问题分析及治理模式探讨[J]．给水排水，2021，57(12)：65-71.

[10]　沈耀良．我国农村生活污水处理：技术策略路径．苏州科技大学学报(工程技术版)，2021，34(04)，1-16.

[11]　孙靖越，张莉红，张琦，李杰，王亚娥，魏东洋，谢慧娜．西北黄土沟壑区农村生活污水治理模式探讨．兰州交通大学学报，2021，40(02)：114-120.

[12]　闫凯丽，吴德礼，张亚雷．我国不同区域农村生活污水处理的技术选择[J]．江苏农业科学，2017，45(12)：212-216.

[13]　张奇誉，刘来胜．农村分散式生活污水源分离技术现状与发展趋势分析[J]．中国农村水利水电，2020，(08)：20-24.

[14]　周文理，我国村镇生活污水治理技术标准体系构建的探讨[J]．给水排水，2018，54(02)：9-14.

[15]　周荣忠，李文．村镇污水处理设施运行管理新探索[J]．中国资源综合利用，2020，38(11)：186-188.

第12章 面向城乡统筹区域协调发展的村镇供水模式及其适宜性

12.1 背景和意义

12.1.1 背景

改革开放40多年来，我国始终遵循坚持和发展中国特色社会主义道路，工业化和城镇化进程快速推进，城乡人民生活水平日益提高，经济社会发展取得了举世瞩目的伟大成就。40多年来，城乡生活饮用水的供水安全保障能力和服务功能不断增强，逐步探索出适宜于不同条件的多种模式的城乡统筹区域协调发展的村镇供水。

党的十六大以后，"三农问题"提上议事日程，绘就了加快形成城乡统筹和区域协调的城乡经济社会发展一体化新格局的宏伟蓝图，提出了通过工业反哺农业、城市支持农村、以工促农、以城带乡，建设社会主义新农村、走中国特色农业现代化道路、增加农民收入的战略任务。党的十九大报告进一步指出现阶段我国社会主要矛盾已经转化为人民日益增长的美好生活需要和不平衡不充分的发展之间的矛盾，这里的"不平衡"中最大的就是城乡发展不平衡。《中华人民共和国国民经济和社会发展第十四个五年规划和2035年远景目标纲要》，对于今后一个时期实现城乡统筹和区域协调的发展路径，更进一步明确聚焦于基础设施建设领域，要求"健全城乡基础设施统一规划、统一建设、统一管护机制，推动市政公用设施向郊区乡村和规模较大中心镇延伸，完善乡村水、电、路、气、邮政通信、广播电视、物流等基础设施，提升农房建设质量。"

"城乡统筹"是在我国新四化统筹发展、区域协调发展背景下，以实现城乡发展双赢为目标的发展格局。"城乡统筹区域供水"就是新时期围绕新格局、新战略、新要求，面向城乡统筹区域协调发展的村镇供水新模式，要统筹谋划、优化布局、提升技术和创新机制，打破历史遗留下来的以城乡户籍区别管理为基础的、以城乡行政区划为分离界限的城乡供水二元结构藩篱，通过城乡基础设施共建共享、城市管网延伸服务、镇村集中连片供水、提升技术装备、供水技术支援等不同方式和推进部门协同、优化经济政策、改进运营机制等综合措施，大力改善村镇供水状况，着力解决城乡基本公共服务均等化方面目前尚存在的显著差距，实现村镇供水与城市供水在水质、管理和服务等方面同标准，为满足人民群众对美好生活的向往提供饮用水安全保障。

12.1.2 意义

（1）推动城乡供水专业化、规范化、规模化和高质量发展，助力国家新四化建设

党的十八大提出了推进"新四化"的要求，强调统筹新四化发展，提高城镇化质量，提高内在承载力，走集约、节能、生态的新路子。城乡统筹区域供水就是要顺应经济社会发展规律，以城市供水支持、引领、带动、融合村镇供水发展，构建与城乡融合发展相适应的城乡供水保障体系，为实施乡村振兴战略提供供水保障，从根本上解决村镇生活饮用水水质不优、水量不足、保证率不高的民生难题，推动城乡供水专业化、规范化、规模化和高质量发展，助力国家新四化建设。

（2）形成城乡统筹协调的饮用水安全保障体系，助力提升村镇居民高品质生活

城乡统筹区域供水，打破城乡二元结构界限，改变区域分割供水局面，以市或者区（县）为单元统一规划，统筹建设，建管一体，全面加强水源统筹、系统运行和水质监测，从供水机制上形成城乡统筹协调的饮用水安全保障体系，让广大农村居民告别以往农村地区水缸、水池、水窖存水等"靠天吃水"的生活方式，喝上更加放心、更加安全的水，助力提升村镇居民高品质生活。

（3）提升供水行业产业集中度

村镇传统供水大多以村甚至几户集聚点为单元，主要依靠自然水源和简易设施供水，近年来建设的水厂通过水利站代管、租赁经营、村集体自管等方式维持运行，难以解决普遍存在的设施质量差、运行效率低、水质风险大等问题。另一方面，村镇用水需求总量很大，但单一供水设施规模很小，难以通过市场机制获得资金、技术和管理等要素资源。通过城乡统筹区域供水，推动制水规模小、工艺简易落后、运行管理专业化程度低的供水主体融入城乡统筹供水体系，供水水源得到了合理配置，供水设施得到有效利用，促进技术、经济、环境及管理等要素资源集约。如江苏省在实施区

域供水之前，全省有 7000 多座小水厂，实施区域供水之后，对乡镇小水厂实行关停并转，目前全省供水厂已全部集约合并到 160 座城市公共供水厂。

12.2 国内外经验与启示

12.2.1 概述

中国最早的城市自来水于晚清洋务运动时期的 1881 年 8 月 1 日通水，这是上海的杨树浦老水厂，但其后具有专业化管理的公共自来水长期发展缓慢。中华人民共和国成立后特别是改革开放以来，随着城镇化高速发展，城市公共供水在城市供水中的比例迅速提升，1995 年底超过了 50%，2010 年底县城以上城镇公共供水普及率已经超过了 90%，目前已达到了 97% 以上。2015 年，"水十条"（《水污染防治行动计划》）提出"未经批准的和公共供水管网覆盖范围内的自备水井，一律予以关闭。"标志着城市自建设施供水模式将退出历史舞台。

相当长历史时期，村镇饮用水处于自发自为状态，靠农民自行解决，饮用水水质完全依赖水源质量，好在那时农村环境总体上没有受到明显污染，水质基本没有成为饮用水安全中的突出问题。近年来，水环境问题日益显现，如同《全国地下水污染防治规划（2011—2020 年）》所揭示，水污染"由点状、条带状向面上扩散，由浅层向深层渗透，由城市向周边蔓延"，村镇饮用水水质安全面临严重威胁。像城市自建设施供水发展趋势一样，村镇自发自为的供水状态也必将难以为继，而最终必然代之以城乡统筹区域供水的新型供水模式。

20 世纪 70～90 年代，解决农村饮水问题开始列入政府工作议事日程，国家采取以工代赈的方式和在小型农田水利补助经费中安排专项资金等措施支持村镇解决饮水困难。国务院于 1984 年批转了《关于加快解决农村人畜饮水问题的报告》以及《关于农村人畜饮水工作的暂行规定》，逐步规范了农村饮水解困工作。20 世纪 90 年代，解决村镇饮水困难问题正式纳入国家规划，国家 1991 年制定了《全国农村人畜饮水、乡镇供水 10 年规划和"八五"计划》，同年水利部在西安召开"全国人畜饮水、乡镇供水工作会议"，提出了要实行规划引导，并且从单一解决农村饮水供水问题转变为城乡兼顾统筹安排的设想。

为解决工业化进程中产生的地下水超采、水环境污染、地面沉降交叉等复合性问题，江苏省政府 1996 年印发《关于加强苏锡常地区地下水资源管理的通知》（苏政发〔1996〕74 号），要求在环太湖的苏锡常地区对地下水实行计划开采和严控开采，"在地下水严重超采区，凡在供水管网范围内的工业企业原则上一律停止开采地下水，封闭原有水井。"2000 年，江苏省人民代表大会常务委员会出台了《江苏省人民代表大会常务委员会关于在苏锡常地区限期禁止开采地下水的决定》。为从根本上解决该地区区域城乡供水问题，经江苏省政府同意，由江苏省建设厅牵头，江苏省水利厅、计委、物价局、环保厅、国土资源厅等部门共同参与，2001 年按照"打破城乡二元分割体制，推进城乡供水基础设施共建共享"的原则，组织编制了《苏锡常地区区域供水规划》，并由省政府办公厅发布实施。常熟市隶属该地区的苏州市，是 1983 年由县改市的县级市，早在 1996 年就谋划开展了区域城乡供水，1997 年完成与附近 10 个村镇水厂的联网供水，2002 年全市所有村镇 30 个水厂全部实现市—镇—村统一联网供水。2004 年 5 月 12 日，建设部在常熟市召开"全国城乡统筹发展区域供水现场会"，全国各地建设主管部门和供水单位的 130 多名代表到常熟考察学习经验。会上首次提出了"坚持城乡统筹、发展区域供水""在有条件的地区，突破行政区划的限制，实现基础设施共建共享"。

2005 年建设部发布《城市供水行业 2000 年技术进步发展规划及 2020 年远景目标》，把常熟的做法概括为设市城市的"区域供水"，要求设市城市发展区域供水的，区域供水范围内的城乡供水水质应当执行该规划。在其后的实践过程中，这种做法逐步概括为"城乡统筹区域供水"。2020 年中国城镇供水排水协会发布《城镇水务 2035 年行业发展规划纲要》，提出"积极推进城乡统筹区域供水，扩大公共供水范围""有条件的地区可以开展区域联网供水，可以采取城镇供水管网延伸，实施城乡统筹供水。"水利部 2021 年 9 月印发的《全国"十四五"农村供水保障规划》也明确"十四五"期间提升农村供水保障水平的任务之一就是以县域为单位，统筹规划城乡供水工程建设，有条件的地区推进城乡供水一体化和千吨万人供水工程建设，实现城乡供水统筹发展和规模化发展。

从管理体制上讲，住房和城乡建设部与水利部在城乡供水方面有着清晰的分工。根据"三定方案"，住房和城乡建设部指导城市供水、节水、市政设施等工作；水利部指导水利行业供水和乡镇供水工作、农村饮水安全工程建设管理工作、节水灌溉有关工作，但是在准确把握我国所处的发展阶段，遵循经济社会发展的客观规律，通过城援乡、城带乡方式的城乡统筹区域供水逐步实现城乡供水一体化的认识上，始终与党中央保持着高度的一致。城乡统筹区域供水与城乡供水一体化，不是对问题的不同表述，而是分别表述了不同的方面，后者表述的是发展目标，而前者是达到发展目标的实现途径。2020年中央一号文件对村镇供水提出了明确要求："统筹布局农村饮水基础设施建设，在人口相对集中的地区推进规模化供水工程建设。有条件的地区将城市管网向农村延伸，推进城乡供水一体化。中央财政加大支持力度，补助中西部地区、原中央苏区农村饮水安全工程维修养护。加强农村饮用水水源保护，做好水质监测。"

12.2.2　国内典型地区城乡统筹区域供水情况

本专题研究重点选择城乡统筹区域供水模式发源地江苏省、国家中心城市，介绍分析其城乡统筹区域供水情况。

1. 江苏省

我国城乡统筹区域供水模式最早出现在江苏省的苏锡常（苏州、无锡、常州）地区，有其必然性。苏锡常地处长江三角洲，地理区位优越，是近现代中国经济文化最发达的地区之一。苏锡常地区传统的供水模式是一个城市设一个自来水公司，一个镇建一个水厂，一个村有一个供水点，分别隶属于城市建委、镇政府和村委。20世纪80年代后随着苏南村镇企业的兴起和大量工业废水排放，导致内河水源普遍受到污染，村镇水厂被迫关闭。同时，长期过量开采地下水，使地下水水位持续下降，形成了周边约5500 km² 的降落漏斗。在严重超量开采区，水位下降速率大于3 m/a，部分地方已进入疏干开采阶段。苏锡常三市累计沉降大于600 mm的面积分别达到80.4 km²、60.0 km²、43.0 km²，累计最大沉降量大于1 m。在地面沉降严重的地区，桥梁净空减少，城市地下管线和建设物遭到损坏，房屋严重开裂，并威胁铁路和高速公路等重要基础设施。

1996年，江苏省政府发布《江苏省政府关于加强苏锡常地区地下水资源管理的通知》（苏政发〔1996〕74号）；2000年，江苏省人民代表大会常务委员会通过了《江苏省人民代表大会常务委员会关于在苏锡常地区限期禁止开采地下水的决定》。同年，全省城市工作会议上，江苏省委、省政府强调要"加强区域性市政公用基础设施的前期研究，编制规划和实施方案，加大推进力度。苏南及沿江地区要重点发展城乡区域供水。"根据江苏省委、省政府要求，针对江苏人口高度密集，城市化发展迅速的特征，江苏率先在全国实施城乡统筹区域供水，统筹优化城乡供水水源、水厂布局，撤并规模小、管理差、供水不安全的镇村小水厂，推进集约化、规模化发展供水设施；打破城乡分隔，将城市供水管网向农村延伸,实现农村供水与城市同源、同网、同质;突破行政区划界限,实现不同区域供水互联互通,保障供水安全;推进供水行业市场化、社会化,实现区域供水设施共建共享、共用共管。江苏省建设厅 2001 年牵头组织编制了《苏锡常地区区域供水规划》,通过在全省实施城乡联网供水,让当地农村居民彻底改变其历史上一直就地依靠井水或河塘水的饮水习惯。2003 年底,苏锡常地区已成功将城市居民饮用的自来水输送到当地 211 个乡镇和 2379 个行政村,惠及乡镇及农村居民 560 多万人,占乡镇和村总人口的 69.8%。2004 年 5 月,建设部在江苏常熟召开的“坚持城乡统筹,发展区域供水”现场会议,对江苏实施区域供水的成效给予充分肯定,认为区域供水的做法、经验值得推广。在取得经验后,江苏省继续组织开展了《宁镇扬泰通地区区域供水规划》和《苏北地区区域供水规划》的编制和实施工作。2007 年,江苏省政府在盐城大丰召开“宁镇扬泰通和苏北地区环境基础设施建设推进会”,省政府委托省建设厅与各市县政府签订了目标责任状,明确推进区域供水设施建设的目标任务。2011 年 9 月,江苏省委省政府召开全省城乡建设工作会议,明确“十二五”时期将城乡统筹基础设施建设作为“美好城乡建设行动”的重要内容,继续加大工作力度。这是江苏在新的发展阶段推进城乡发展一体化的又一个里程碑。江苏省城乡统筹区域供水得到社会广泛认同,于 2012 年获得“中国人居环境范例奖”。

截至 2021 年底,全省建成供水管网总长度 103493 km(管径 75 mm 以上),供水总服务人口约 8100 万人(其中建成区供水服务人口约 3360 万人,乡镇受益人口约 4740 万人),城乡统筹区域供水覆盖率在 2016 年已经基本达到 100%(图 12-1)。城

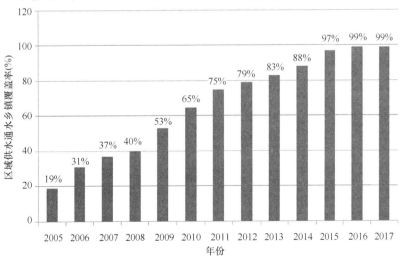

图 12-1　江苏省城乡统筹区域供水通水村镇覆盖率(2005 年～2017 年)

乡统筹区域供水发展，还带动了管理能力的快速提升，如水质检测管理方面，2021年全省水质实验室具备 106 项检测能力并通过 CMA 认证的实验室有 10 家，具备 92 项以上检测能力的实验室有 11 家，72 项以上检测能力的实验室有 11 家，42 项以上检测能力的实验室有 43 家；水质监管方面，开发了"江苏省城市供水水质上报和监控系统"，实现全省水质检测数据在线上报和网上预警，重点流域试点城市的原水、出厂水和管网水在线监测数据实时传输。

江苏省的城乡统筹区域供水就是将城市供水管网向村镇和农村逐步覆盖。江苏省下辖 13 个设区城市，55 个区（包括市辖区、县级市、县）中，在城乡统筹区域供水运营模式的选择方面，35 个区实行集中供水和统一管理模式，20 个区实行分级供水和分级管理模式，其中后者又可分为 4 种不同类型（图 12-2），包括三级趸售（即城市自来水公司→供水公司→镇水厂→用水户（如昆山））、城—县（市、区）二级趸售（即城市自来水公司→县、市、区自来水公司→用水户（如南通））、城-镇二级趸售（即城市自来水公司→镇水厂→用水户）以及制供分离二级趸售（即城市自来水公司→供水公司→用水户（如扬州））。

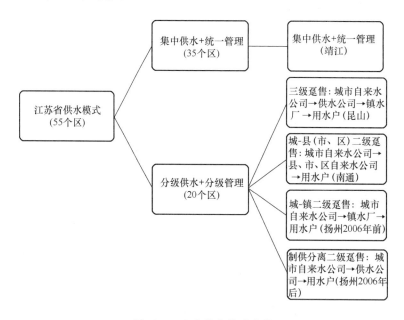

图 12-2　全省供水模式分类

2. 国家中心城市

国家中心城市是全国城镇体系的核心城市，是居于国家战略要津、肩负国家使命、引领区域发展、参与国际竞争、代表国家形象的现代化大都市。根据《全国城镇体系规划（2010 年～2020 年）》，国家中心城市有北京、天津、上海、广州、重庆。这些城市城乡统筹区域供水的具体实施方式，往往预示着相似地区未来的发展方向。

北京平原地区、上海以及天津大部分区域农村集约化供水水平都比较高。北京市位于华北平原西北边缘，地势西北高、东南低，西部、北部分别为太行山脉和燕山山脉，山区占全市总面积的 62%，平原约占 38%，2020 年底全市常住人口 2189 万人，其中村镇人口约 414 万人。目前北京市供水分区系统为 $1+1+9+N$（即 1 个中心城区供水系统、1 个城市副中心供水系统、9 个郊区新城供水系统、N 个镇与村庄供水系统），2021 年底全市供水总能力达到 926 万 m^3/d。北京市自来水集团下辖水厂 37 座，供水能力 509 万 m^3/d，管网总长 15137 km，供水范围 1207 km^2，承担中心城区、通州副中心和大兴等 7 个郊区新城的供水任务，供水量在北京市城镇公共供水中约占 90%。中心城区的丰台河西、海淀山后区域以及石景山区等 2 个郊区新城供水管网相对独立。中心城区农村集中供水率（农村集中供水受益人口占农村供水人口的比例）为 92%，城市副中心及拓展区农村集中供水率为 71%，其他平原地区农村集中供水率达 67%。北京市大部分村庄由中心城区管网延伸、新城自来水厂和村镇集中供水厂供水，其余村庄由村级供水站供水。

上海位于中国华东地区，地处太平洋西岸，亚洲大陆东沿，长江三角洲前缘，东濒东海，南临杭州湾，西接苏浙，北接长江入海口。全市下辖 16 个区，总面积 6340.5 km^2。截至 2020 年末，常住人口 2487 万人，城镇化率为 89.3%，城镇化率居 5 个中心城市之首。作为上海市主要供水企业，上海城投水务（集团）有限公司拥有 18 座自来水厂，制水能力达 885 万 m^3/d，管线长度约 1.83 万 km，为上海市约 1600 万人口提供自来水供水服务，服务面积约 1710 km^2。上海郊区水厂于 2002 年根据全市统一规划，累计关闭中小水厂 175 座，合并为 28 个水厂并按中心城区净水工艺进行提标改造，同步进行管网更新改造，2018 年全面完成。市区和郊区水厂的水源由原水公司统一供应，水源为金泽、青草沙、陈行和东风西沙 4 座水库，取水口位于《上海市饮用水水源保护条例》明确的 4 大水源地保护区内。水源地集中保护、原水统筹供应，减少了原水污染风险，保障了水源安全。

天津地处太平洋西岸，华北平原东北部，海河流域下游，东临渤海，北依燕山，西靠首都北京，是海河五大支流的汇合处和入海口，平原占总面积 94%，山地仅占 6%。截至 2020 年末，全市下辖 16 个区，总面积 11966.45 km^2，常住人口 1387 万人，其中村镇人口约 293 万人。天津水务集团是天津城市水务统一运营平台和责任主体，下辖水厂 7 座，城市供水业务涵盖全市 12 个行政区域，供水管网长度 1.54 万km，供水面积 3581 km²，覆盖人口 1019 万人，2020 年自来水产水总量 6.97 亿 m³。天津市城乡供水系统的总体布局采取以行政区为单元统筹规划供水布局。除蓟州北部山区以及特别边远地区仍维持单村集中供水外，均采用城市自来水延伸方式为村镇供水。到 2020 年底，天津市辖区内的城乡已经全部实现集中供水，其中城市公共供水服务人口达到 95％以上。

重庆和广州随着城市区划的不断调整，城乡供水格局也在不断发生着变化，尤其重庆这样的山城，城乡统筹区域供水和北京、天津、上海的做法势必有所不同。重庆地处长江上游，位于中国东部经济发达区和西部资源富集区的结合部，区位优势和战略地位十分重要。由于三峡工程建设，1996 年 9 月正式代管万县、涪陵、黔江"两市一地"，1997 年 3 月重庆正式直辖，直辖后的重庆由过去辖 21 个区县（市）、2.3余万 km²、1500 余万人口，增加到辖 43 个区县（自治县、市）、8.2 余万 km²、3002万人口，截至 2021 年末全市人口为 3212 万人。重庆有"山城"之称，北有大巴山，东有巫山，东南有武陵山，南有大娄山。地势由南北向长江河谷逐级降低，西北部和中部以丘陵、低山为主，东南部靠大巴山和武陵山两座大山脉，坡地较多。受地形条件的限制和河流的分割，重庆市中心城区水厂供水范围相对独立，城乡供水"能集中则集中、宜分散则分散，有条件的区域积极推进城乡供水一体化"。主城都市区大力推进城乡统筹区域供水和农村供水规模化发展，渝东南、渝东北按照"建大、并中、减小"原则，以规模化为主，以标准化小型集中供水工程建设改造为辅，构建西南山地农村供水保障体系。

广州，作为国家重要的中心城市和门户城市，地处广东省中南部、珠江三角洲中北缘，是西江、北江、东江三江汇合处。中华人民共和国成立之后，广州的行政区划有历次变化。20 世纪 70 年代广州周边的 6 个县先后划归广州管辖，20 世纪 80 年代广州下辖 8 个县，后龙门划归惠州，新丰回到韶关，清远升级为地级市，广州只剩下4 个县。20 世纪 90 年代广州市 4 县撤县转市，进入无县时代，共辖 8 区 4 市。后经过撤市转区，成为我国 16 个只设市辖区的城市之一。截至 2021 年末，广州市常住人口为 1881.06 万人，城镇化率为 86.46％。广州属于丘陵地带，地势东北高、西南低，背山面海。根据行政区划分，全市存在 6 个供水系统：中心城区供水系统、番禺区供水系统、南沙区供水系统、增城区供水系统、花都区供水系统和从化区供水系统。目前，广州市共有 1144 个行政村，其中白云区、黄埔区的村镇供水由中心城区自来水全覆盖，近郊农村由城镇水厂通过延伸市政供水管网供水，远郊和其他农村采用小型集中式供水设施供水。远郊和其他农村现有小型集中式供水设施共 545 处，涉及 186 个村，服务总人口约 23.58 万人，集中在花都、从化、增城等北部山区。

总结上述 5 个国家中心城市的普遍经验和具体实践，基本可以概括为 4 个要点：一是行政区内城乡供水必须统一规划；二是城乡供水基础设施必须按城市供水设施标准高质量建设；三是城乡供水在平原区能集中则集中，在山区该分散则分散；四是集中供水片区应该考虑基于经济运行和高效管理的适宜规模，并且要适当照顾不同城区的历史脉络。

12.2.3　发达国家农村饮用水供水方式

1. 美国

美国是从 1776 年建立的一个北美洲联邦共和立宪制国家，由 50 个州、华盛顿特区及多个海外岛屿组成，总面积 937 万 km², 2021 年总人口约为 3.33 亿人，其中农村人口约为 4600 万人。根据美国 1950 年人口普查，自来水供给系统在农村家庭的覆盖率不足 70%，世界卫生组织的数据显示，这一比例在 2000 年已达到 98%，并在 2020 年超过 99%。这与美国联邦政府的扶持、行业协会等非政府组织的推动等密不可分。尽管如此，美国农村供水系统仍面临设施老化、资金短缺、服务质量相对较低等问题与困境，2022 年《美国潜在水资源危机的经济影响》报告显示，美国超过 157 万居民仍缺少冲水厕所或水龙头等基础设施，造成每年 85.8 亿美元的经济损失。

（1）农村供水方式

美国供水机构组成多元，公共供水系统运营企业为主要供水机构。美国环保署规定公共供水系统一年至少服务 60 d、服务人口规模不小于 25 人或至少有 15 个接入点。公共供水系统服务人口规模约占总人口的 88%，其中大型公共供水系统数量较少、服务人口多、多为政府所有；小型公共供水系统数量较多、服务人口少，所有制多为公私合作（PPP）或私有。在美国，约 11% 的人口通过家庭自建设施独立供水。

在农村地区供水服务模式可分为以下 3 种：（1）家庭自建设施供水：通常家庭独立建设供水设施为自己供水，主要水源为地下水，这依旧是美国农村供水的重要组成部分。（2）社区集中供水：指向以一个小镇、村庄为单位的社区独立供水的模式，其供水系统为公共供水系统。社区集中供水系统多为公有市政设施,由社区地方政府成立董事会进行管理。有些社区集中供水系统由非营利性公司负责运营管理,负责为该社区及其周围的居民企业供水。(3)城镇管网延伸服务:这里的延伸区域是指城乡接合部和连片农村地区。通过城市管网延迟,并对沿途小型供水机构进行整合,实现对城市区划边界外农村地区的用户进行供水。此类模式下的供水机构多为非营利性公司,如农村水务合作社等。

(2)资金筹措方式

美国农村供水系统的建设资金主要由环保署和农业部牵头负责,两个联邦机构分别设有专项资金为农村供水提供资金保障。行业协会也发挥重要作用,为农村供水单位提供信息,协助其申请相关补助和贷款。通过政府多部门、多层级的协调保障机制,为农村供水系统建设和更换维修等提供资金保障。

① 美国环保署(EPA)的专项资金计划

美国环保署的水务办公室管理着两个独立但相关的基金项目:用于污水设施的清洁水国家循环贷款基金(CWSRF)和用于饮用水设施的饮用水国家循环贷款基金(DWSRF)。这两个基金于1988年设立,以"种子"循环贷款基金形式,向符合条件的社区提供低息贷款,推进污水或供水设施的建设和改造。社区贷款的还款将返给循环基金,并借给其他社区形成流转。

美国环保署国家周转基金可通过国会立法的形式接受注入资金,例如2021年拜登政府推出的《两党基础设施法案》(Bipartisan Infrastructure Law),拟向环保署饮用水国家循环贷款基金注入117亿美元,为水处理和管网系统的扩建、饮用水系统的提标改造、老旧管网改造等方面的项目提供低息贷款。这其中涵盖了农村供水设施的新扩建项目。2009年奥巴马政府也颁布类似的法案注入资金。

同时,作为国家周转基金的补充,美国环保署在1997年设立农村社区困难补助金计划(Hardship Grants Program for Rural Communities),照顾难以负担低息贷款费用的贫困农村社区。补助金计划为向居住人口规模小于3000人的困难农村社区提供资金,帮助其解决污水处理的需求。与国家周转资金不同,农村社区困难补助金计划下发资金至州政府,由其直接向农村社区拨款。

② 美国农业部(USDA)的专项资金计划

美国农业部长期设立水与环境专项计划(Water and Environmental Program),由农村发展处(USDA RD)和农村公用事业服务处(USDA RUS)负责统筹,向人口不足 1 万人、经济困难的农村社区提供资金，支持饮用水、污水和垃圾处理设施的建设，并提供技术支援与培训。专项计划包含为农村社区供水排水设施建设与改造提供资金支持的供水排水贷款与补助项目（Water and Waste Disposal Loans & Grants）、为农村社区供水排水管道延伸建设和提升修复提供资金支持的周转基金项目（Revolving Fund Program）和为农村供水单位的运营、财务、管理工作提供技术援助的巡回驻场项目（Circuit Rider Program）等多个子项目。

除长期设立的专项计划，美国农业部会开展一些一次性拨款的计划，用于解决针对性的问题，如 2022 年 6 月 30 日，农业部宣布，将投入 1300 万美元用于扩大农村供水基础设施覆盖范围，同时为农村偏远地区、原住民聚居地等的居民创造就业机会；2022 年 8 月 24 日，农业部宣布了 1.21 亿美元的投资计划，用来资助 289 个项目，帮助气候脆弱的农村地区提升关键基础设施，使其应对气候变化。

③ 其他机构资助项目

除环保署和农业部外，住房和城市发展部、商务部经济发展管理局也基于促进就业和经济发展等，设立相关资助项目。

美国住房和城市发展部（HUD）的配套资助项目：美国住房和城市发展部设立社区发展一次性拨款计划（Community Development Block Grant Program），按计划向州、县、城镇提供年度拨款，资金资助范围包括饮用水、污水处理设施和经济发展项目。同时，通过资助为中低收入人群提供就业机会、促进当地的经济发展，也是该拨款计划的目的之一。

美国商务部经济发展管理局（CEDA）的配套资助项目：设立公用事业和经济调整援助计划（Public Works and Economic Adjustment Assistance programs），为经济困难的社区和地区的建设项目提供资助，为当地创造就业机会、增加私人投资、推进创新、提高当地的制造能力、提供更多劳动力发展机会。农村社区供水、污水处理设施建设的相关项目作为提供就业机会和发展劳动力的项目，可进行申请。

（3）存在的问题与困境

① 设施老旧问题普遍存在，但更新改造资金紧张

美国环境保护署估计，在未来几十年中，更新全国农村供水排水系统设施将需要 1900 亿美元投资，这些供水排水系统服务人口较少，大多数都低于 1 万人，这笔资金来源尚未得到明确结果。

农村供水机构主要通过向个人用户收取的水费获得营收（家庭在饮用水上的支出

仅占其可支配收入的 1.0％～2.5％），同时由于美国区域经济和人口结构的变化，不少农村地区的人口存在流失，当地老旧的供水系统实际付费人口趋于减少，进一步加剧了财务负担。因此，美国农村供水机构普遍存在营收无法完全覆盖其运行成本的情况。

2019 年美国标准协会报告显示，针对此问题，很多专家提议推进农村地区公用设施私有化程度或加大 PPP 模式开展力度。但此类模式能否推行尚不明确，主要问题是在收入远低于全国平均水平的农村小型社区，此类模式情景下用户需多年承担高于公共供水系统用户 2～3 倍的水费以支持投资方收回成本。

② 农村供水系统服务质量较低，违规情况频繁

美国农村供水系统的人均运行成本明显高于城市供水系统。由于用户较少，难以形成规模效应，农村供水系统的人均供水管线长度、营收中住宅用户消费占比等量化指标更高。高品质的供水服务需要资本持续投入并有专业技术能力作为支撑，同等条件下，农村用户得到的供水服务质量会更低。违规情况，包括水质不能达标和不按规定进行水质检测等时有发生。其原因包括缺乏技术支撑、易受到周边特定的污染源影响，也与资金紧缺、系统故障和管网腐蚀有关。

2. 英国、日本和韩国

由于其他国家的系统化资料不足，现对英国英格兰和威尔士地区、日本和韩国的情况，从不同角度进行简要介绍。

（1）英格兰和威尔士地区基本情况

英国供水排水体制较其他发达国家发展历史悠久，其主要特点包括以立法为核心的建设推动机制，领土组成部分的体制机构多样化，其供水排水体系可按行政区域分为英格兰和威尔士、苏格兰、北爱尔兰 3 个部分，各区域拥有各自独立的监管机构和供水排水机构。

英格兰和威尔士区域的人口最多，2020 年人口普查数据显示，英格兰和威尔士人口共计约 6000 万，根据 2020 年英格兰环境、食品和农村事务部的有关材料，英格兰农村人口约为 950 万，约占人口的 17 ％。目前，英格兰和威尔士区域共设有 10 个区域水务公司（开展供水和排水业务）和 14 个更小的供水公司（只开展供水业务）。政府设有水务监管办公室（Ofwat）负责监管水务公司运行、服务和财务等；环境局（EA）负责水环境的监管；饮用水督察局（DWI）负责饮用水水质的监管。英格兰和威尔士的市政基础设施发展较早，统计数据显示，在 1944 年，供水管道设施在城市

和农村的覆盖率已分别达到 100% 和 70%，世界卫生组织的数据显示，在 2000 年，这两个比例均已达到 100%。

英格兰和威尔士的水行业发展最早可追溯到 19 世纪早期，其快速发展始于 20 世纪中叶二战后的人口快速增长时期，经过早期资源整合、体制的重塑和水务企业制度改革等几个阶段，如今已较为完善。在英格兰和威尔士，水行业的发展通过一系列的法案颁布来推动，可以说，现在其体制机制是基于立法的产物。在农村供水保障、城乡供水一体化建设过程中，立法也起到重要的推动作用。20 世纪中叶的英国正处于二战后的人口快速增长时期，城镇/乡村用水量快速增长。此时期供水排水机构多为小型的地方机构，中央政府希望通过整合地方机构使供水体系运行管理能力提升，并为供水系统和服务向农村社区延伸制定条文。

1944 年，议会颁布了《农村供水排水法案》（The Rural Water Supplies and Sewerage Act）鼓励供水和污水处理服务向农村社区延伸，并由政府提供相应资金支持。此时，英格兰和威尔士的供水管道设施在农村家庭覆盖率约 70%，在该法案颁布后，该比例在 1951 年提高至 80%。这个时期，水务公司的改革尚未开始，供水单位主要为地方水务执行机构（Local authority undertaker），由地方政府负责管理，数量较多不利于统筹管理。在 1945 年议会颁布《水法案》，鼓励地方水务执行机构合并形成联合委员会［Joint（water）boards］，以提升跨地区边界的供水管理和协调能力。在法案指导下，1950 年～1970 年期间，英格兰和威尔士的地方供水机构一直在进行整合，地方执行水务机构数量大幅减少，整合结果多为形成联合委员会。同时，1963 年《水资源法案》（Water Resource Act 1963）的颁布促进了水资源协同使用和管理。

1973 年《水法案》的颁布，标志着英国水务行业改革迈入新的阶段，此时 10 个新的区域水务机构成立，这些区域水务机构合并了所管辖区域的水务联合委员会、供水执行机构等单位，负责统筹管理水资源、供水和排水的业务。同时，继 1944 年的《农村供水排水法案》，1976 年颁布的《土地排水法案》（Land Drainage Act）设置的相关专项资金，对于供水排水系统向农村地区延伸的相关建设项目进行资助，由这些区域水务机构负责落实。1991 年颁布的《水工业法案》，规定了不同情形的供水管线延伸服务的责任主体。

（2）日本

日本位于太平洋西岸，是一个由东北向西南延伸的弧形岛国。陆地面积约 37.8

万 km²，包括北海道、本州、四国、九州 4 个大岛和其他 6800 多个小岛屿。2022 年人口普查，总人口约 1.25 亿，其中农村人口约 1000 万，只占到总人口的 8%。

第二次世界大战之前，日本的公共供水设施仅在城市中心区域存在。二战以后，日本进入了高速的城市化进程中，日本政府顺应经济社会发展的潮流，积极推进日本城乡一体化建设，其中供水系统等公共服务设施在乡村的推广，大幅提升了日本的城乡一体化水平。20 世纪 60 年代，日本的供水设施覆盖范围有一个快速的增长，新建供水设施和原有城市中心区域的供水设施快速向乡村和超大城市的未有供水设施的新增人口地区延伸。在没有供水设施的小城镇和乡村，特别是从已有供水设施延伸供水比较困难的，新发展的供水设施以小型公共供水设施为主，供水服务人口多在 5000 人以下。供水设施在农村和山区得到发展的同时，城市郊区的供水设施也得到了发展。

当前阶段，日本的供水设施呈现出设施老化、小型供水设施能力弱的问题。在供水设施的规模上，供水服务人口小于 5 万人的设施占设施总数量的 96.5%。这些小型供水设施存在管理成本较高、人才缺乏的缺点。为了应对这些问题，日本政府启动了全国性的"供水设施前景计划"，并着手对小型供水设施进行合并，以提高供水设施的服务水平。

（3）韩国

韩国位于亚洲大陆东北部朝鲜半岛南半部，国土总面积为 10.33 万 km²，2021 年人口约为 5100 万，人口密度较高，其中农村人口约 962 万，约占总人口的 19%。

韩国农村的供水条件曾经十分落后，普遍存在供水水质不达标问题。为改善农村供水，韩国政府尝试在部分农村建立简易的管道供水系统，实践表明该系统对于改善农村供水水质十分有效。1971 年，韩国计划在全国范围内对该做法加以推广，但财政困难阻碍了计划的实施。直到 1976 年，借助"世界食物计划"又推进了该项目，1979 年共完成了 8874 处管道系统建设，单一系统的服务对象为 20 户以上家庭及附近具有较好水源的村庄。然而，直到 20 世纪 90 年代，韩国农村和岛屿地区的自来水供应率仍然只有 30%。为此，从 1994 年开始，韩国政府投入了 22 亿美元改善中小城市、岛屿、农业和渔业区的供水设施，并实施了旨在消除自来水供应差别的中长期投资计划，这些措施最终使得农村地区的自来水普及率达到了目前的 70% 左右。

12.2.4　经验与启示

1. 政府主导发挥关键性作用

一是立法保障。如江苏省人民代表大会常务委员会先后出台《江苏省城乡供水管理条例》《江苏省人民代表大会常务委员会关于加强饮用水源地保护的决定》《江苏省人民代表大会常务委员会关于在苏锡常地区禁止开采地下水的决定》，将城乡统筹区域供水作为解决农村饮水安全的模式予以确认，把全省城乡统筹区域供水议题列为重点督办件（案）进行跟踪督办推进。各地人大、政府将区域供水作为民心工程，列为年度为民办实事工程重点实施项目，组成政府主要领导亲自挂帅、各有关部门参加的工程实施领导小组，推进区域供水设施建设。英国早在 1944 年就陆续开始《农村供水排水法案》《水法案》《水资源法案》《土地排水法案》《水工业法案》等立法，鼓励供水和污水处理服务向农村社区延伸，并由政府提供相应资金支持，推动地方水务执行机构合并和水资源协同管理，明确不同情形的供水管线延伸服务的责任主体等。

二是规划引导。充分发挥城乡规划的引领、调控和保障作用，推进区域融合和城乡共荣，妥善筹划城乡供水安全保障体系。首先是规划区域能大则大，如北京、上海等 5 个国家中心城市，由城市供水主管部门负责供水规划统一编制，对全市域进行统筹，各区（县）不能各自为政、各行其是。其次规划指引要因地制宜分类指导，如江苏省《苏锡常地区区域供水规划》《宁镇扬泰通区域供水规划》和《苏北地区区域供水规划》等片区规划的编制工作，三大规划基本覆盖了全省，并经江苏省政府组织论证、批准实施，科学指导各地有序推进区域供水，保证了其科学性、严肃性和可操作性。最后是规划要把可持续作为重要原则，吸取国内外教训，做到未雨绸缪，如美国低起点发展造成的设施维护资金难以为继，私有化造成供水服务质量较低、违规情况频繁等。

三是资金支持。如江苏省政府在批准区域供水规划时，将其列为省重点建设项目，在土地、税收、水价等方面给予一定的优惠政策。江苏省住房和城乡建设厅与省物价局共同出台了《苏锡常地区区域供水价格管理暂行办法》，实行有利于推进区域供水的水价政策。《省政府办公厅转发省住房城乡建设厅等部门关于加快推进城乡统筹区域供水规划实施工作意见的通知》（苏政办发〔2012〕93 号）进一步明确了城乡统筹区域供水工程相关税费减免政策。江苏省财政厅联合省住房和城乡建设厅制订了城镇基础设施建设引导专项资金，对苏中、苏北地区区域供水实行"以奖代补"，其中对苏北地区通乡镇主管网补助比例达到 36%，2007 年～2012 年累计补助金额达 16.7 亿元，同时还争取到中央预算内资金 10 亿元用于区域供水工程建设。截至 2015 年底，江苏省实施区域供水工程累计达 500 亿人民币，其中公共财政投入 130 亿元人民币，其余以银行贷款、企业自筹等形式融资。再如美国，联邦政府不但以立法形式设立饮用水国家循环贷款基金，农业、建设、商务等部门也在各自职责范围内筹措资金，各州政府也都有专门资金投入饮用水设施建设。在奥巴马执政时期，美国联邦政府每年用于饮用水设施建设的预算投资每个州约 5000 万美元，拜登政府在 2021 年更是推出了两党基础设施方案，共签署资金超过 1 万亿美元，其中包括向环保署饮用水国家循环贷款基金注入 117 亿美元，用于为饮用水系统扩建和改造等水处理项目低息贷款。值得一提的是，特朗普执政时期削减联邦政府资金投入的逆势操作，在当时即受到包括奥巴马在内的政要批评和社会诟病。

2. 因地制宜是决定性的成败法则

一是在供水系统布局上，要摒弃简单一张网的"同网供水"，要充分考虑地形特点、水源分布、人口密度、水质安全和经济运行等具体条件和影响因素，规划管网合理服务半径，划分不同供水服务区域，实行不同供水方式。如北京"1+1+9+N"、上海"1+28"、重庆"能集中则集中、宜分散则分散""建大、并中、减小"、福建省实行的区域联网供水/乡镇规模供水/单村集中供水相结合等。

二是在运行管理方面，要摒弃管源头就要管龙头的"一体化供水"，坚持建管结合、水质优先和高质量发展基础上的高效能原则。如江苏省在大多实行以中心城市供水企业为依托的集中供水和统一管理模式外，全省还有约 40% 的行政区选择了实行不同具体形式的分级供水和分级管理模式。这里有规模化效应的边际效益因素，也有漏损控制、水质保障、服务便捷和责任机制等方面的考量。

三是在具体实施上，要摒弃不顾客观条件强行推进"全覆盖"，要把城乡安全供水置于城乡协调发展的总体布局中。如美国，他们在农村推动的是"自来水"，而不是纯粹公共供水，他们不鼓励年运行时间小于 60 d、服务人口规模低于 25 人或接入点需求不足 15 个的用水需求建设一个公共供水系统，所以他们至今仍然有约 11% 的人口通过家庭自建供水设施进行供水。

3. 要充分发挥多方面的积极性

一是要形成部门合力。如江苏省组织编制的《苏锡常地区区域供水规划》等推进城市统筹区域供水的几个专项规划，都是由江苏省建设厅牵头，江苏省水利厅、计委、物价局、环保厅、国土资源厅等部门共同参与。部门合力还体现在用地、水价、税收和财政等政策方面。再如美国，除 EPA 作为供水主管部门负有主要责任外，农业、建设、商务等行政主管系统也基于自己的动力机制参与村镇供水。

二是要引入市场机制。按照"谁投资谁受益"的原则，多渠道筹集建设资金，广泛吸纳包括外资和社会资本在内的各种资金，以合资、参股、控股以及 BOT 等多种方式参与区域供水设施建设。在实施过程中，一些地方组建了供水股份公司、有限责任公司等多种形式的法人实体，负责城乡统筹区域供水设施的筹资、建设和运营管理。

三是发挥行业协会作用。如美国行业协会在村镇供水中，协助供水单位向政府部门申请资金援助、为建设项目提供技术咨询、为村镇供水项目提供巡回服务、对村镇供水运行人员进行运行维护技术培训等。

12.3　主要模式总结及适宜性分析

12.3.1　主要模式及类型

按照建设形式及运维模式等不同，目前国内城乡统筹区域供水可以分为城市管网覆盖服务、城市管网延伸服务、城市供水转供服务、镇（建制镇）带村集中连片供水、城市供水企业接管运营 5 种基本类型。

1. 城市管网覆盖服务

城市管网覆盖服务，也被称为城乡一体化供水，适合于国内特大城市和超大城市如北京、上海、天津、广州的中心城区以及无锡市等人口密度高度集中、城市与农村仅有城乡户籍差别，而经济社会交往已经融为一体的所谓"城乡接合部"区域。这是有利于供水企业提高供水设施利用效率、有利于近郊村镇提高供水水质的双赢模式，是国内所有城市在发展过程中自发性形成的普遍形态，适合城市供水就近连管方便的所有城乡接合部。

2. 城市管网延伸服务

城市管网延伸型主要是依托大城市中心城区，在供水服务满足本区域仍有结余的前提下利用市政管网向城乡接合部和近郊农村地区供水。国内很多地区如北京市中心区、江苏部分地区中心城市通过市政管网延伸实现了向周边近郊村镇供水。如北京市中心城区主要由第九水厂、第十水厂、田村山水厂、郭公庄水厂进行供水，其中第九水厂是北京市最大的地表水厂，该水厂供水能力为 170 万 m^3/d，2000 年已全部建成投产，水厂供水量占全市公共供水量的 20%，供水范围除中心城区，还辐射了昌平和清河的部分区域，以及海淀山后等近郊区域。江苏部分地区中心城市实行分级供水分级管理的，也属于这种类型。这种类型的供水服务，其特点是中心城市供水企业负责制水和输水，通过枝状管网向村镇输水，管网末端的村镇用户具体服务委托村镇经济组织，大多带有趸售特征，适合村镇聚落具有一定规模、用水需求比较稳定、距离中心城区不太远且地形较为平坦的平原地区。

3. 城市供水转供服务

如江苏省江阴市的区域供水模式，主要采用"市建水厂、镇建管网、市供水到镇、镇转供到村"的转供水模式，即由江阴自来水公司负责制水、售水至供水有限责任公司，镇水厂再以趸售价向供水有限责任公司买水后，转售给村镇用水户。其中，供水有限责任公司由受益镇政府共同出资组建，有利于调动村镇政府的积极性，做到风险共担、利益共享。同时，江阴市自来水公司以技术入股，委派相关人才任经理、总会计师、技术人员等，负责具体的业务管理工作，有利于加强企业管理、降低成本、技术的进步。

4. 镇带村集中连片供水

镇带村集中连片供水是指依托县城等建制镇的供水系统，向建制镇、多个村、乡（集）镇用户供水，其主要有村镇集中、跨村、联村、连片等形式，一般通过新建、改建或扩建现有水厂，通过同一供水系统向用户或集中供水点供水，具有一定规模，供水安全程度较高。镇带村集中供水主要针对镇村地理位置联系紧密、镇有较好的供水条件，能够实现供水管网向村镇延伸，实现镇村集中供水的类型。

5. 城市供水企业接管运营

如扬州，2006 年前扬州是城—镇二级趸售供水模式，2006 年扬州市自来水公司出资 2200 万元注册成立江源供水有限责任公司，由其作为法人主体全面收购、兼并和经营、管理村镇水厂。扬州市自来水公司负责制水，以及建设、管理、维护市区至村镇计量水表前的所有供水管道和设施并承担其运行费用；江源供水有限责任公司负责建设、管理计量水表和村镇内部的供水管道及设施，其下属村镇供水公司向扬州市自来水公司购水后再向村镇用户零售，批零差价作为村镇供水公司的运营空间，主要用于人员工资、管网维护、经营管理等方面的费用。

12.3.2　影响因素及适宜性分析

城乡供水发展路径或者说一个时期的具体模式，必然受到当地自然禀赋、城乡经济社会条件、供水行业技术、管理体制机制等客观因素的巨大影响（表 12-1）。

1. 地形地貌特征：农村供水工程的模式选择应重点考虑地理特征因素，平原、山区、丘陵或沙漠等地貌特点决定了该地区的村民居住分散程度和供水形态，将影响供水工程的水源设置、净水策略、输配水设置和运维特点等，对供水工程的供水成本和规模有决定性的作用。

2. 水资源环境：水源的水质和承载能力也是农村供水工程模式选择的重要参考因素。水质良好、水量充沛、开采后不影响原有功能的地表水源，或不影响地下水水位持续下降、水质恶化或地面沉降的地下水源，可以作为大中型农村集中供水工程的水源；对于水源、水质、水量不能满足要求的，需要更换或增加水源，增加调蓄工程或实施跨区域调水时，此时大规模地集中供水极可能增加投资与增加供水成本。

3. 经济社会发展：农村供水工程模式选择还应考虑当地经济发展水平，充分利用原有设施，避免浪费，同时也可以避免或者减少给原有供水工程经营者造成损失。

4. 技术经济合理性：由于引入了市场机制，社会资本和私人资金都可以成为农村供水工程的投资主体，因此其供水模式的选择应着重考虑经济合理性，即供水成本。供水总成本主要包括水源地工程成本、制水成本、输配水成本和其他费用。研究表明，供水半径的增加将导致水价上升和基准收益率下降，因此存在最佳供水范围。另外，巨额的投资往往需要贷款和利用外资解决，还本付息和供水初期无法立刻达到设计供水能力的经济压力，容易使企业陷入经济困境。此外技术进步也会影响供水规模边际化成本。

5. 管理机制：目前大多农村小型集中供水工程采用"非专业人员驻厂＋专业人员定期巡检"的运管模式。大量农村供水工程由村委会直接管理，一线人员多为村干部或临时雇佣的非专业人员，应对工艺运行状况改变能力明显不足。此外，生产设备自动化程度低、用水计量体系建设亟待完善、水价机制尚不成熟、信息化管理水平低、社会资本参与农村供水程度较低、"源头到龙头"水质监测体系尚未形成。目前各地也在不断探索新的管理机制，进一步细化工作任务，强化属地管理责任，强化绩效考评，将年度农村饮水安全情况纳入对区县级政府、村镇级政府绩效考评的关键指标，使考核制度真正成为保障村镇供水安全的重要手段。此外，新标准的提高也将有力推动供水行业设施设备改造,强化供水行业的检测能力与应急能力建设,促进供水行业的高质量发展。尤其是对经济欠发达地区、水源条件不好、管理水平较差的中小型水厂形成较大的压力,也会助推各地尤其是村镇供水模式更趋于城乡统筹。

城乡供水模式影响因素及适宜性分析   表 12-1

模式	影响因素				
	地形地貌	水资源环境	经济社会发展	技术经济合理性	管理机制
城市管网覆盖服务	以平坦地形为主,便于供水管网延伸铺设	水资源充沛,可以满足区域用水需求	一般依托经济发达的特大及超大型城市或者人口密度高度集中的苏南地区	促进区域城乡协调发展、区域内村镇地区持续高质量发展,为实现共同富裕提供支撑	须整合服务面积内的多级供水单位,进行统一管理,存在管理区域跨多个行政划区的情况,较为复杂
城市管网延伸服务	以平坦地形为主,便于供水管网延伸敷设	水资源充沛,可以满足区域用水需求	城市应具有良好经济基础,供水基础设施能力有冗余,与延伸区域社会经济交往密切	合理配置城市过剩供水产能,促进区域城乡协调发展	将城市供水管理机制与管网同步延伸,对于有一定基础的城市结构比较简单
城市供水转供服务	对于地形要求相对较低,适合地形条件一般及较差区域	对集中水资源的要求不高	适用于由于地形条件差等原因导致管网无法辐射区域,以及社会经济交往不紧密的区域	支援方单位应具有一定技术和人员储备,输出技术应符合援助地区当地实际情况	风险共担,利益共享,管理机制需明确各方职责和利益
镇带村集中连片供水	镇与村相连区域地形平坦,适合管网连接	镇区集中水源水量充沛	区域内无较大城市,镇供水基础设施能力应有一定冗余,镇村社会经济交往密切	促进村镇区域融合发展	以镇原有管理机制为基础向外延伸,取决于镇原有管理水平
城市供水企业接管运营	地形条件要求不高	水资源相对充沛,供水水源相对集中	城市经济发达,具有辐射带动功能	通过规模化供水提升规模效应,减少供水的成本	须建立整合供水单位的统一管理体系,需上级政府参与制定规则

12.4 结 束 语

社会发展到一定程度以后,具有集约化特点的城乡统筹区域供水就成为解决村镇饮用水安全问题的主要供水方式。在具体的建设过程中,应严格按照国家的政策,对城乡供水的现状进行充分分析,建立完善的城乡供水设施,解决农村居民的饮水安全问题，保证供水的可靠性，从根本上提高农村居民的生活质量，实现城乡居民共同富裕的美好愿景。城乡统筹区域供水，要充分考虑以下几个主要问题：

1. 坚持城乡统筹，促进城乡协调发展。发展城乡统筹集约供水需要对农村供水的现状进行进一步调查和评估，针对农村供水中存在的问题进行认真分析。结合国家统一部署、集约化发展、标准化建设、市场化运作、专业化管理、完善城乡统筹区域供水的长效机制，以满足城乡居民不断提高的用水需求。

2. 坚持因地制宜，遵循自然经济规律。要充分考虑自然条件、经济社会条件、技术资源情况，立足自身特点，顺应城乡经济社会发展不同阶段要求，因地制宜选择适合地区发展的村镇供水模式，避免简单粗暴生硬照搬，切忌采取一刀切推进方式。

3. 坚持统筹兼顾，协调好多方面关系。注重协调发展，强调中心城市的带动作用，明确县城是联系城乡的重要载体，同时充分调动村镇内生动力，形成城区—县城—村镇逐级统筹的城乡供水体系，避免出现小马拉大车的问题。同时要注意协调政府和企业、部门与部门之间的关系，使得政府主导与市场资源配置相结合，建立合作机制形成部门合力，调动各方面的积极性。

4. 坚持质量第一，实现建管结合。村镇供水管网大部分呈树状分布，管道距离长，地形复杂，加压、减压点比较多，如果发生爆裂等诸多问题，人工巡查艰难，检修成本高、效率低。供水管网建设作为供水工程中保障供水效率和水质安全的重要环节，是当前村镇供水面临的一项艰巨任务。村镇地区管网建设要提高标准，实现管网的规范化运维，真正做到建管统一，避免建设标准低、质量差、管理粗放等原因造成村镇地区供水管网漏损严重。

5. 坚持智慧引领，提升管理技术。建立供水信息管理系统，充分利用移动互联、物联网以及 GIS 等多种先进的技术手段，建立供水信息管理平台，植入专家决策支持系统，实现远程运维监控，提高城乡供水的管理水平。

附　　录

附录1　住房和城乡建设部办公厅 国家发展改革委办公厅关于加强公共供水管网漏损控制的通知

（建办城〔2022〕2号）

各省、自治区住房和城乡建设厅、发展改革委，直辖市住房和城乡建设（管）委（城市管理局）、水务局、发展改革委，海南省水务厅，新疆生产建设兵团住房和城乡建设局、发展改革委：

随着城镇化发展，我国城市和县城供水管网设施建设成效明显，公共供水普及率不断提升，但不少城市和县城供水管网漏损率较高。为进一步加强公共供水管网漏损控制，提高水资源利用效率，现就有关事项通知如下：

一、总体要求

（一）工作思路。

以习近平新时代中国特色社会主义思想为指导，坚持人民城市人民建、人民城市为人民，按照建设韧性城市的要求，坚持节水优先、尽力而为、量力而行，科学合理确定城市和县城公共供水管网漏损控制目标。坚持问题导向，结合实际需要和实施可能，区分轻重缓急，科学规划任务项目，合理安排建设时序，老城区结合更新改造抓紧补齐供水管网短板，新城区高起点规划、高标准建设供水管网。坚持市场主导、政府引导，进一步完善供水价格形成机制和激励机制，构建精准、高效、安全、长效的供水管网漏损控制模式。

（二）主要目标。

到2025年，城市和县城供水管网设施进一步完善，管网压力调控水平进一步提高，激励机制和建设改造、运行维护管理机制进一步健全，供水管网漏损控制水平进一步提升，长效机制基本形成。城市公共供水管网漏损率达到漏损控制及评定标准确定的一级评定标准的地区，进一步降低漏损率；未达到一级评定标准的地区，控制到一级评定标准以内；全国城市公共供水管网漏损率力争控制在9%以内。

二、工作任务

（一）实施供水管网改造工程。

结合城市更新、老旧小区改造、二次供水设施改造和一户一表改造等，对超过使用年限、材质落后或受损失修的供水管网进行更新改造，确保建设质量。采用先进适用、质量可靠的供水管网管材。直径 100 毫米及以上管道，鼓励采用钢管、球墨铸铁管等优质管材；直径 80 毫米及以下管道，鼓励采用薄壁不锈钢管；新建和改造供水管网要使用柔性接口。新建供水管网要严格按照有关标准和规范规划建设。

（二）推动供水管网分区计量工程。

依据《城镇供水管网分区计量管理工作指南》，按需选择供水管网分区计量实施路线，开展工程建设。在管线建设改造、设备安装及分区计量系统建设中，积极推广采用先进的流量计量设备、阀门、水压水质监测设备和数据采集与传输装置，逐步实现供水管网网格化、精细化管理。实施"一户一表"改造。完善市政、绿化、消防、环卫等用水计量体系。

（三）推进供水管网压力调控工程。

积极推动供水管网压力调控工程，统筹布局供水管网区域集中调蓄加压设施，切实提高调控水平。供水管网压力分布差异大的，供水企业应安装在线管网压力监测设备，优化布置压力监测点，准确识别管网压力高压区与低压区，优化调控水厂加压压力。供水管网高压区，应在供水管网关键节点配置压力调节装备；供水管网低压区，应通过形成供水环网、进行二次增压等方式保障供水压力，逐步实现管网压力时空均衡。

（四）开展供水管网智能化建设工程。

推动供水企业在完成供水管网信息化基础上，实施智能化改造，供水管网建设、改造过程中可同步敷设有关传感器，建立基于物联网的供水智能化管理平台。对供水设施运行状态和水量、水压、水质等信息进行实时监测，精准识别管网漏损点位，进行管网压力区域智能调节，逐步提高城市供水管网漏损的信息化、智慧化管理水平。推广典型地区城市供水管网智能化改造和运行管理经验。

（五）完善供水管网管理制度。

建立从科研、规划、投资、建设到运行、管理、养护的一体化机制，完善制度，提高运行维护管理水平。推动供水企业将供水管网地理信息系统、营收、表务、调度管理与漏损控制等数据互通、平台共享，力争达到统一收集、统一管理、统一运营。

供水企业进一步完善管网漏损控制管理制度，规范工作流程，落实运行维护管理要求，严格实施绩效考核，确保责任落实到位。加强区域运行调度、日常巡检、检漏听漏、施工抢修等管网漏损控制从业人员能力建设，不断提升专业技能和管理水平。鼓励各地结合实际积极探索将居住社区共有供水管网设施依法委托供水企业实行专业化统一管理。

三、组织实施

（一）强化责任落实。

督促城市（县）人民政府切实落实供水管网漏损控制主体责任，进一步理顺地下市政基础设施建设管理协调机制，提高地下市政基础设施管理水平，降低对供水管网稳定运行的影响。城市供水主管部门要组织开展供水管网现状调查，摸清漏损状况及突出问题，制定漏损控制中长期目标，确定年度建设任务和时序安排，提出项目清单，明确实施主体，完善运行维护方案，细化保障措施。供水企业要落实落细直接责任，狠抓建设任务落地，积极实施供水管网漏损治理工程；加强绩效管理，改革经营模式，实施水厂生产和管网营销两个环节的水量分开核算，取消"包费制"供水，坚决杜绝"人情水"。省级住房和城乡建设主管部门会同省级发展改革部门指导行政区域内供水管网漏损控制工作。住房和城乡建设部会同国家发展改革委等有关部门，将漏损控制目标制定及落实情况纳入有关考核。

（二）加大投入力度。

供水企业要统筹整合相关渠道资金，加大投入力度，加强供水管网建设、改造、运行维护资金保障。地方政府可加大对供水管网漏损控制工程的投资补助。鼓励符合条件的城市和县城供水项目发行地方政府专项债券和公司信用类债券。鼓励加大信贷资金支持力度，因地制宜引入社会资本，创新供水领域投融资模式。鼓励符合条件的城市和县城供水管网项目申报基础设施领域不动产投资信托基金（REITs）试点项目。各地要根据财政承受能力和政府投资能力合理规划、有序实施建设项目，防范地方政府债务风险。

（三）推进激励机制建设。

建立健全充分反映供水成本、激励提升供水水质、促进节约用水的城镇供水价格形成机制，开展供水成本核定及供水企业成本监审时，明确管网漏损率原则上按照一级评定标准计算，管网漏损率大于一级评定标准的，超出部分不得计入成本。依托国家、地方科技计划（专项、基金）等，支持供水管网漏损控制领域先进适用技术研发和成果转化。各地要进一步研究制定激励政策，对成效显著的供水管网漏损控制工程给予奖励和支持。

（四）推广合同节水模式。

鼓励采用合同节水管理模式开展供水管网漏损控制工程，供水企业与节水服务机构以签订节水服务合同等形式，明确节水量或降低漏损率等指标，约定工程实施内容和商业回报模式。鼓励节水服务机构与供水企业在节水效果保证型、用水费用托管型、节水效益分享型等模式基础上，创新发展合同节水管理新模式。推动第三方服务市场发展，完善对从事漏损控制企业的税收、信贷等优惠政策，支持采用合同节水商业模式控制管网漏损。

四、中央预算内投资支持开展公共供水管网漏损治理试点

国家发展改革委会同住房和城乡建设部遴选一批积极性高、示范效应好、预期成效佳的城市和县城开展公共供水管网漏损治理试点，实施公共供水管网漏损治理工程，总结推广典型经验。试点城市和县城应制定公共供水管网漏损治理实施方案，明确目标任务、项目清单和时间表。中央预算内资金对试点地区的公共供水管网漏损治理项目，予以适当支持。

住房和城乡建设部办公厅

国家发展和改革委员会办公厅

2022 年 1 月 19 日

附录 2 住房和城乡建设部 国家发展改革委 水利部关于印发"十四五"城市排水防涝体系建设行动计划的通知

(建城〔2022〕36 号)

"十四五"城市排水防涝体系建设行动计划

为深入贯彻习近平总书记关于防汛救灾工作的重要指示批示精神，落实《国务院办公厅关于加强城市内涝治理的实施意见》（国办发〔2021〕11 号）任务要求，进一步加强城市排水防涝体系建设，推动城市内涝治理，制定本行动计划。

一、全面排查城市防洪排涝设施薄弱环节

（一）城市排水防涝设施。排查排涝通道、泵站、排水管网等排水防涝工程体系存在的过流能力"卡脖子"问题，雨水排口存在的外水淹没、顶托倒灌等问题，雨污水管网混错接、排水防涝设施缺失、破损和功能失效等问题，河道排涝与管渠排水能力衔接匹配等情况；分析历史上严重影响生产生活秩序的积水点及其整治情况；按排水分区评估城市排水防涝设施可应对降雨量的现状。（住房和城乡建设部牵头指导，城市人民政府负责落实。以下均需城市人民政府落实，不再逐一列出）

（二）城市防洪工程设施。排查城市防洪堤、海堤、护岸、闸坝等防洪（潮）设施达标情况及隐患，分析城市主要行洪河道行洪能力，研判山洪、风暴潮等灾害风险。（水利部）

（三）城市自然调蓄空间。排查违法违规占用河湖、水库、山塘、蓄滞洪空间和排涝通道等问题；分析河湖、沟塘等天然水系萎缩、被侵占情况，植被、绿地等生态空间自然调蓄渗透功能损失情况，对其进行生态修复、功能完善的可行性等。（住房和城乡建设部牵头，水利部参与）

（四）城市排水防涝应急管理能力。摸清城市排水防涝应急抢险能力、队伍建设和物资储备情况，研判应急预案科学性与可操作性，排查城市供水供气等生命线工程防汛安全隐患，排查车库、建筑小区地下空间、各类下穿通道、地铁、变配电站、通

344

讯基站、医院、学校、养老院等重点区域或薄弱地区防汛安全隐患及应急抢险装备物资布设情况。加强应急资源管理平台推广应用。（住房和城乡建设部、应急管理部牵头，交通运输部等参与）

二、系统建设城市排水防涝工程体系

（五）**排水管网和泵站建设工程。**针对易造成积水内涝问题和混错接的雨污水管网，汛前应加强排水管网的清疏养护。禁止封堵雨水排口，已经封堵的，应抓紧实施清污分流，并在统筹考虑污染防治需要的基础上逐步恢复（住房和城乡建设部）。对排水管网排口低于河道行洪水位、存在倒灌风险的地区，采取设置闸门等防倒灌措施。严格限制人为壅高内河水位行为。对存在自排不畅、抽排能力不足的地区，加快改造或增设泵站，提高强排能力（住房和城乡建设部、水利部按职责分工负责）。提升立交桥区、下穿隧道、地铁出入口及场站等区域及周边排涝能力，确保抽排能力匹配、功能完好，减少周边雨水汇入。（住房和城乡建设部牵头，交通运输部参与）

（六）**排涝通道工程。**评估城市水系蓄水排水能力，优化城市排涝通道及排水管网布局。完善城市河道、湖塘、排洪沟、道路边沟等排涝通道，整治排涝通道瓶颈段。强化涉铁路部门和地方的协调，加强与铁路交会的排水管网、排涝通道工程建设规划、施工和管理的衔接；鼓励由城市排水主管部门实行统一运行维护，同步考虑铁路场站线路等设施的排水防涝需求，确保与城市排水防涝设施体系衔接匹配。（住房和城乡建设部、交通运输部、中国国家铁路集团有限公司按职责分工负责，国家铁路局参与）

（七）**雨水源头减排工程。**将海绵城市建设理念落实到城市规划建设管理全过程，优先考虑把有限的雨水留下来，采用"渗、滞、蓄、净、用、排"等措施削减雨水源头径流，推进海绵型建筑与小区、道路与广场、公园与绿地建设。在城市更新、老旧小区改造等工作中，将解决居住社区积水内涝问题作为重要内容。（住房和城乡建设部牵头，国家发展改革委、财政部参与）

（八）**城市积水点专项整治工程。**定期排查内涝积水点，及时更新积水点清单，区分轻重缓急、影响程度，分类予以消除。系统谋划，制定"一点一策"方案，明确治理任务、完成时限、责任单位和责任人，落实具体工程建设任务，推进系统化治理；暂时难以完成整治的，汛期应采取临时措施，减少积水影响，避免出现人员伤亡事故和重大财产损失。（住房和城乡建设部）

三、加快构建城市防洪和排涝统筹体系

（九）**实施防洪提升工程。**立足流域全局统筹谋划，依据流域区域防洪规划和城市防洪规划，加快推进河道堤防、护岸等城市防洪工程建设。优化堤防工程断面设计和结构型式，因地制宜实施堤防建设与河道整治工程，确保能够有效防御相应洪水灾害。根据河流河势、岸坡地质条件等因素，科学规划建设河流护岸工程，合理选取护岸工程结构型式，有效控制河岸坍塌。（水利部）

（十）**强化内涝风险研判。**结合气候变化背景下局地暴雨时空分布变化特征分析，及时修订城市暴雨强度公式和城市防洪排涝有关规划，充分考虑洪涝风险，编制城市内涝风险图。城市新区建设要加强选址论证，合理布局城市功能，严格落实排水防涝设施、调蓄空间、雨水径流和竖向管控要求。（住房和城乡建设部、水利部、中国气象局按职责分工负责）

（十一）**实施城市雨洪调蓄利用工程。**有条件的城市逐步恢复因历史原因封盖、填埋的天然排水沟、河道等，扩展城市及周边自然调蓄空间。充分利用城市蓄滞洪空间和雨洪调蓄工程，提高雨水自然积存、就地消纳比例。根据整体蓄排能力提升的要求、低洼点位积水整治的实际需要，因地制宜、集散结合建设雨水调蓄设施，发挥削峰错峰作用。缺水地区应加大雨水收集和利用。（住房和城乡建设部牵头，水利部参与）

（十二）**加强城市竖向设计。**对于现状低洼片区，通过构建"高水高排、低水低排"的排涝通道，优化调整排水分区，合理规划排涝泵站等设施，综合采取内蓄外排的方式，提升蓄排能力；对于新建地块，合理确定竖向高程，避免无序开发造成局部低洼，形成新的积水点。严格落实流域区域防洪要求，城市排水管网规划建设要充分考虑与城市内外河湖之间水位标高和过流能力的衔接，确保防洪安全和排涝顺畅。（住房和城乡建设部牵头，水利部参与）

（十三）**实施洪涝"联排联调"。**健全流域联防联控机制，推进信息化建设，加强跨省、跨市、城市内的信息共享、协同合作。统筹防洪大局和城市安全，依法依规有序实施城市排涝、河道预降水位，把握好预降水位时机，避免"洪涝叠加"或形成"人造洪峰"。（住房和城乡建设部、水利部按职责分工负责）

四、着力完善城市内涝应急处置体系

（十四）**实施应急处置能力提升工程。**建立城市洪涝风险分析评估机制，提升暴雨洪涝预报预警能力，完善重大气象灾害应急联动机制，及时修订完善城市洪涝灾害

综合应急预案以及地铁、下穿式立交桥（隧道）、施工深基坑、地下空间、供水供气生命线工程等和学校、医院、养老院等重点区域专项应急预案，细化和落实各相关部门工作任务、预警信息发布与响应行动措施，明确极端天气下停工、停产、停学、停运和转移避险的要求。（住房和城乡建设部、应急管理部牵头，水利部、交通运输部、中国气象局、教育部等参与）

（十五）**实施重要设施设备防护工程。**因地制宜对地下空间二次供水、供配电、控制箱等关键设备采取挡水防淹、迁移改造等措施，提高抗灾减灾能力。加强排水应急队伍建设，配备移动泵车、大流量排水抢险车等专业抢险设备，在地下空间出入口、下穿隧道及地铁入口等储备挡水板、沙袋等应急物资。（住房和城乡建设部牵头，交通运输部、应急管理部参与）

（十六）**实施基层管理人员能力提升工程。**加强对城市供水、供电、地铁、通信等运营单位以及街道、社区、物业等基层管理人员的指导和培训，提升应急处置能力，组织和发动群众，不定期组织开展演练，增强公众防灾避险意识和自救互救能力。在开展管网维护、应急排水、井下及有限空间作业时，要依法安排专门人员进行现场安全管理，确保严格落实操作规程和安全措施，杜绝发生坠落、中毒、触电等安全事故。（住房和城乡建设部牵头，交通运输部、应急管理部参与）

五、强化实施保障

（十七）**完善工作机制。**落实城市人民政府排水防涝工作的主体责任，明确相关部门职责分工，将排水防涝责任落实到具体单位、岗位和人员。抓好组织实施，形成汛前部署、汛中主动应对、汛后总结整改的滚动查缺补漏机制。加强对城市排水防涝工作的监督检查，对于因责任落实不到位而导致的人员伤亡事件，要严肃追责问责。（国家发展改革委、住房和城乡建设部、水利部、应急管理部按职责分工负责）

（十八）**落实建设项目。**各城市在编制城市排水防涝相关规划、内涝治理系统化实施方案时，应明确城市排水防涝体系建设的时间表、路线图和具体建设项目。城市人民政府有关部门应将排水防涝体系建设项目列入城市年度建设计划或重点工程计划，加强项目储备和前期工作，做到竣工一批、在建一批、开工一批、储备一批；要严格把控工程质量，优化建设时序安排，统筹防洪排涝、治污、雨水资源利用等工程，实现整体效果最优。省级住房和城乡建设部门应会同同级发展改革、水利等部门及时汇总各城市建设项目，依托国家重大建设项目库，建立本行政区域内各城市的项目库，并做好跟踪和动态更新。各地应于每年2月底前向住房和城乡建设部、国家发展改革委、水利部报送上年度城市排水防涝体系建设实施进展情况。（住房和城乡建设部牵头，国家发展改革委、水利部、应急管理部参与）

（十九）**加强排水防涝专业化队伍建设。**建立城市排水防涝设施日常管理、运行维护的专业化队伍，因地制宜推行"站、网、河（湖）一体"运营管理模式，鼓励将专业运行维护监管延伸至居住社区"最后一公里"。落实城市排水防涝设施巡查、维护、隐患排查制度和安全操作技术规程，加强对运行维护单位和人员的业务培训和绩效考核。在排查排水管网等设施的基础上，建立市政排水管网地理信息系统（GIS），实行动态更新，逐步实现信息化、账册化、智慧化管理，满足日常管理、应急抢险等功能需要。（住房和城乡建设部）

（二十）**加强资金保障。**中央预算内投资加大对城市排水防涝体系建设的支持力度，将符合条件的项目纳入地方政府专项债券支持范围。城市人民政府利用好城市建设维护资金、城市防洪经费等现有资金渠道，支持城市内涝治理重点领域和关键环节。城市排水管网和泵站运行维护资金应纳入城市人民政府财政预算予以保障。（国家发展改革委、财政部、住房和城乡建设部、水利部按职责分工负责）

附录3 住房和城乡建设部 国家发展改革委关于印发城乡建设领域碳达峰实施方案的通知

（建标〔2022〕53 号）

城乡建设领域碳达峰实施方案

城乡建设是碳排放的主要领域之一。随着城镇化快速推进和产业结构深度调整，城乡建设领域碳排放量及其占全社会碳排放总量比例均将进一步提高。为深入贯彻落实党中央、国务院关于碳达峰碳中和决策部署，控制城乡建设领域碳排放量增长，切实做好城乡建设领域碳达峰工作，根据《中共中央 国务院关于完整准确全面贯彻新发展理念做好碳达峰碳中和工作的意见》、《2030 年前碳达峰行动方案》，制定本实施方案。

一、总体要求

（一）指导思想。以习近平新时代中国特色社会主义思想为指导，全面贯彻党的十九大和十九届历次全会精神，深入贯彻习近平生态文明思想，按照党中央、国务院决策部署，坚持稳中求进工作总基调，立足新发展阶段，完整、准确、全面贯彻新发展理念，构建新发展格局，坚持生态优先、节约优先、保护优先，坚持人与自然和谐共生，坚持系统观念，统筹发展和安全，以绿色低碳发展为引领，推进城市更新行动和乡村建设行动，加快转变城乡建设方式，提升绿色低碳发展质量，不断满足人民群众对美好生活的需要。

（二）工作原则。坚持系统谋划、分步实施，加强顶层设计，强化结果控制，合理确定工作节奏，统筹推进实现碳达峰。坚持因地制宜，区分城市、乡村、不同气候区，科学确定节能降碳要求。坚持创新引领、转型发展，加强核心技术攻坚，完善技术体系，强化机制创新，完善城乡建设碳减排管理制度。坚持双轮驱动、共同发力，充分发挥政府主导和市场机制作用，形成有效的激励约束机制，实施共建共享，协同推进各项工作。

（三）主要目标。2030 年前，城乡建设领域碳排放达到峰值。城乡建设绿色低碳发展政策体系和体制机制基本建立；建筑节能、垃圾资源化利用等水平大幅提高，能源资源利用效率达到国际先进水平；用能结构和方式更加优化，可再生能源应用更加充分；城乡建设方式绿色低碳转型取得积极进展，"大量建设、大量消耗、大量排放"基本扭转；城市整体性、系统性、生长性增强，"城市病"问题初步解决；建筑品质和工程质量进一步提高，人居环境质量大幅改善；绿色生活方式普遍形成，绿色低碳运行初步实现。力争到 2060 年前，城乡建设方式全面实现绿色低碳转型，系统性变革全面实现，美好人居环境全面建成，城乡建设领域碳排放治理现代化全面实现，人民生活更加幸福。

二、建设绿色低碳城市

（四）优化城市结构和布局。城市形态、密度、功能布局和建设方式对碳减排具有基础性重要影响。积极开展绿色低碳城市建设，推动组团式发展。每个组团面积不超过 50 平方公里，组团内平均人口密度原则上不超过 1 万人/平方公里，个别地段最高不超过 1.5 万人/平方公里。加强生态廊道、景观视廊、通风廊道、滨水空间和城市绿道统筹布局，留足城市河湖生态空间和防洪排涝空间，组团间的生态廊道应贯通连续，净宽度不少于 100 米。推动城市生态修复，完善城市生态系统。严格控制新建超高层建筑，一般不得新建超高层住宅。新城新区合理控制职住比例，促进就业岗位和居住空间均衡融合布局。合理布局城市快速干线交通、生活性集散交通和绿色慢行交通设施，主城区道路网密度应大于 8 公里/平方公里。严格既有建筑拆除管理，坚持从"拆改留"到"留改拆"推动城市更新，除违法建筑和经专业机构鉴定为危房且无修缮保留价值的建筑外，不大规模、成片集中拆除现状建筑，城市更新单元（片区）或项目内拆除建筑面积原则上不应大于现状总建筑面积的 20％。盘活存量房屋，减少各类空置房。

（五）开展绿色低碳社区建设。社区是形成简约适度、绿色低碳、文明健康生活方式的重要场所。推广功能复合的混合街区，倡导居住、商业、无污染产业等混合布局。按照《完整居住社区建设标准（试行）》配建基本公共服务设施、便民商业服务设施、市政配套基础设施和公共活动空间，到 2030 年地级及以上城市的完整居住社区覆盖率提高到 60％以上。通过步行和骑行网络串联若干个居住社区，构建十五分钟生活圈。推进绿色社区创建行动，将绿色发展理念贯穿社区规划建设管理全过程，60％的城市社区先行达到创建要求。探索零碳社区建设。鼓励物业服务企业向业主提供居家养老、家政、托幼、健身、购物等生活服务，在步行范围内满足业主基本生活需求。鼓励选用绿色家电产品，减少使用一次性消费品。鼓励"部分空间、部分时间"等绿色低碳用能方式，倡导随手关灯，电视机、空调、电脑等电器不用时关闭插座电源。鼓励选用新能源汽车，推进社区充换电设施建设。

（六）**全面提高绿色低碳建筑水平。**持续开展绿色建筑创建行动，到 2025 年，城镇新建建筑全面执行绿色建筑标准，星级绿色建筑占比达到 30％以上，新建政府投资公益性公共建筑和大型公共建筑全部达到一星级以上。2030 年前严寒、寒冷地区新建居住建筑本体达到 83％节能要求，夏热冬冷、夏热冬暖、温和地区新建居住建筑本体达到 75％节能要求，新建公共建筑本体达到 78％节能要求。推动低碳建筑规模化发展，鼓励建设零碳建筑和近零能耗建筑。加强节能改造鉴定评估，编制改造专项规划，对具备改造价值和条件的居住建筑要应改尽改，改造部分节能水平应达到现行标准规定。持续推进公共建筑能效提升重点城市建设，到 2030 年地级以上重点城市全部完成改造任务，改造后实现整体能效提升 20％以上。推进公共建筑能耗监测和统计分析，逐步实施能耗限额管理。加强空调、照明、电梯等重点用能设备运行调适，提升设备能效，到 2030 年实现公共建筑机电系统的总体能效在现有水平上提升 10％。

（七）**建设绿色低碳住宅。**提升住宅品质，积极发展中小户型普通住宅，限制发展超大户型住宅。依据当地气候条件，合理确定住宅朝向、窗墙比和体形系数，降低住宅能耗。合理布局居住生活空间，鼓励大开间、小进深，充分利用日照和自然通风。推行灵活可变的居住空间设计，减少改造或拆除造成的资源浪费。推动新建住宅全装修交付使用，减少资源消耗和环境污染。积极推广装配化装修，推行整体卫浴和厨房等模块化部品应用技术，实现部品部件可拆改、可循环使用。提高共用设施设备维修养护水平，提升智能化程度。加强住宅共用部位维护管理，延长住宅使用寿命。

（八）**提高基础设施运行效率。**基础设施体系化、智能化、生态绿色化建设和稳定运行，可以有效减少能源消耗和碳排放。实施 30 年以上老旧供热管网更新改造工程，加强供热管网保温材料更换，推进供热场站、管网智能化改造，到 2030 年城市供热管网热损失比 2020 年下降 5 个百分点。开展人行道净化和自行车专用道建设专项行动，完善城市轨道交通站点与周边建筑连廊或地下通道等配套接驳设施，加大城市公交专用道建设力度，提升城市公共交通运行效率和服务水平，城市绿色交通出行比例稳步提升。全面推行垃圾分类和减量化、资源化，完善生活垃圾分类投放、分类收集、分类运输、分类处理系统，到 2030 年城市生活垃圾资源化利用率达到 65％。

结合城市特点，充分尊重自然，加强城市设施与原有河流、湖泊等生态本底的有效衔接，因地制宜，系统化全域推进海绵城市建设，综合采用"渗、滞、蓄、净、用、排"方式，加大雨水蓄滞与利用，到 2030 年全国城市建成区平均可渗透面积占比达到 45％。推进节水型城市建设，实施城市老旧供水管网更新改造，推进管网分区计量，提升供水管网智能化管理水平，力争到 2030 年城市公共供水管网漏损率控制在 8％以内。实施污水收集处理设施改造和城镇污水资源化利用行动，到 2030 年全国城市平均再生水利用率达到 30％。加快推进城市供气管道和设施更新改造。推进城市绿色照明，加强城市照明规划、设计、建设运营全过程管理，控制过度亮化和光污染，到 2030 年 LED 等高效节能灯具使用占比超过 80％，30％以上城市建成照明数字化系统。开展城市园林绿化提升行动，完善城市公园体系，推进中心城区、老城区绿道网络建设，加强立体绿化，提高乡土和本地适生植物应用比例，到 2030 年城市建成区绿地率达到 38.9％，城市建成区拥有绿道长度超过 1 公里/万人。

（九）**优化城市建设用能结构。**推进建筑太阳能光伏一体化建设，到 2025 年新建公共机构建筑、新建厂房屋顶光伏覆盖率力争达到 50％。推动既有公共建筑屋顶加装太阳能光伏系统。加快智能光伏应用推广。在太阳能资源较丰富地区及有稳定热水需求的建筑中，积极推广太阳能光热建筑应用。因地制宜推进地热能、生物质能应用，推广空气源等各类电动热泵技术。到 2025 年城镇建筑可再生能源替代率达到 8％。引导建筑供暖、生活热水、炊事等向电气化发展，到 2030 年建筑用电占建筑能耗比例超过 65％。推动开展新建公共建筑全面电气化，到 2030 年电气化比例达到 20％。推广热泵热水器、高效电炉灶等替代燃气产品，推动高效直流电器与设备应用。推动智能微电网、"光储直柔"、蓄冷蓄热、负荷灵活调节、虚拟电厂等技术应用，优先消纳可再生能源电力，主动参与电力需求侧响应。探索建筑用电设备智能群控技术，在满足用电需求前提下，合理调配用电负荷，实现电力少增容、不增容。根据既有能源基础设施和经济承受能力，因地制宜探索氢燃料电池分布式热电联供。推动建筑热源端低碳化，综合利用热电联产余热、工业余热、核电余热，根据各地实际情况应用尽用。充分发挥城市热电供热能力，提高城市热电生物质耦合能力。引导寒冷地区达到超低能耗的建筑不再采用市政集中供暖。

（十）**推进绿色低碳建造。**大力发展装配式建筑，推广钢结构住宅，到 2030 年装配式建筑占当年城镇新建建筑的比例达到 40％。推广智能建造，到 2030 年培育 100 个智能建造产业基地，打造一批建筑产业互联网平台，形成一系列建筑机器人标志性产品。推广建筑材料工厂化精准加工、精细化管理，到 2030 年施工现场建筑材料损耗率比 2020 年下降 20%。加强施工现场建筑垃圾管控，到 2030 年新建建筑施工现场建筑垃圾排放量不高于 300 吨/万平方米。积极推广节能型施工设备，监控重点设备耗能，对多台同类设备实施群控管理。优先选用获得绿色建材认证标识的建材产品，建立政府工程采购绿色建材机制，到 2030 年星级绿色建筑全面推广绿色建材。鼓励有条件的地区使用木竹建材。提高预制构件和部品部件通用性，推广标准化、少规格、多组合设计。推进建筑垃圾集中处理、分级利用，到 2030 年建筑垃圾资源化利用率达到 55%。

三、打造绿色低碳县城和乡村

（十一）**提升县城绿色低碳水平。**开展绿色低碳县城建设，构建集约节约、尺度宜人的县城格局。充分借助自然条件、顺应原有地形地貌，实现县城与自然环境融合协调。结合实际推行大分散与小区域集中相结合的基础设施分布式布局，建设绿色节约型基础设施。要因地制宜强化县城建设密度与强度管控，位于生态功能区、农产品主产区的县城建成区人口密度控制在 0.6～1 万人/平方公里，建筑总面积与建设用地比值控制在 0.6～0.8；建筑高度要与消防救援能力相匹配，新建住宅以 6 层为主，最高不超过 18 层，6 层及以下住宅建筑面积占比应不低于 70%；确需建设 18 层以上居住建筑的，应严格充分论证，并确保消防应急、市政配套设施等建设到位；推行"窄马路、密路网、小街区"，县城内部道路红线宽度不超过 40 米，广场集中硬地面积不超过 2 公顷，步行道网络应连续通畅。

（十二）**营造自然紧凑乡村格局。**合理布局乡村建设，保护乡村生态环境，减少资源能源消耗。开展绿色低碳村庄建设，提升乡村生态和环境质量。农房和村庄建设选址要安全可靠，顺应地形地貌，保护山水林田湖草沙生态脉络。鼓励新建农房向基础设施完善、自然条件优越、公共服务设施齐全、景观环境优美的村庄聚集，农房群落自然、紧凑、有序。

（十三）**推进绿色低碳农房建设。**提升农房绿色低碳设计建造水平，提高农房能效水平，到 2030 年建成一批绿色农房，鼓励建设星级绿色农房和零碳农房。按照结构安全、功能完善、节能降碳等要求，制定和完善农房建设相关标准。引导新建农房执行《农村居住建筑节能设计标准》等相关标准，完善农房节能措施，因地制宜推广太阳能暖房等可再生能源利用方式。推广使用高能效照明、灶具等设施设备。鼓励就地取材和利用乡土材料，推广使用绿色建材，鼓励选用装配式钢结构、木结构等建造方式。大力推进北方地区农村清洁取暖。在北方地区冬季清洁取暖项目中积极推进农房节能改造，提高常住房间舒适性，改造后实现整体能效提升 30％以上。

（十四）推进生活垃圾污水治理低碳化。推进农村污水处理，合理确定排放标准，推动农村生活污水就近就地资源化利用。因地制宜，推广小型化、生态化、分散化的污水处理工艺，推行微动力、低能耗、低成本的运行方式。推动农村生活垃圾分类处理，倡导农村生活垃圾资源化利用，从源头减少农村生活垃圾产生量。

（十五）推广应用可再生能源。推进太阳能、地热能、空气热能、生物质能等可再生能源在乡村供气、供暖、供电等方面的应用。大力推动农房屋顶、院落空地、农业设施加装太阳能光伏系统。推动乡村进一步提高电气化水平，鼓励炊事、供暖、照明、交通、热水等用能电气化。充分利用太阳能光热系统提供生活热水，鼓励使用太阳能灶等设备。

四、强化保障措施

（十六）建立完善法律法规和标准计量体系。推动完善城乡建设领域碳达峰相关法律法规，建立健全碳排放管理制度，明确责任主体。建立完善节能降碳标准计量体系，制定完善绿色建筑、零碳建筑、绿色建造等标准。鼓励具备条件的地区制定高于国家标准的地方工程建设强制性标准和推荐性标准。各地根据碳排放控制目标要求和产业结构情况，合理确定城乡建设领域碳排放控制目标。建立城市、县城、社区、行政村、住宅开发项目绿色低碳指标体系。完善省市公共建筑节能监管平台，推动能源消费数据共享，加强建筑领域计量器具配备和管理。加强城市、县城、乡村等常住人口调查与分析。

（十七）构建绿色低碳转型发展模式。以绿色低碳为目标，构建纵向到底、横向到边、共建共治共享发展模式，健全政府主导、群团带动、社会参与机制。建立健全"一年一体检、五年一评估"的城市体检评估制度。建立乡村建设评价机制。利用建筑信息模型（BIM）技术和城市信息模型（CIM）平台等，推动数字建筑、数字孪生城市建设，加快城乡建设数字化转型。大力发展节能服务产业，推广合同能源管理，探索节能咨询、诊断、设计、融资、改造、托管等"一站式"综合服务模式。

（十八）建立产学研一体化机制。组织开展基础研究、关键核心技术攻关、工程示范和产业化应用，推动科技研发、成果转化、产业培育协同发展。整合优化行业产学研科技资源，推动高水平创新团队和创新平台建设，加强创新型领军企业培育。鼓励支持领军企业联合高校、科研院所、产业园区、金融机构等力量，组建产业技术创新联盟等多种形式的创新联合体。鼓励高校增设碳达峰碳中和相关课程，加强人才队伍建设。

（十九）**完善金融财政支持政策。**完善支持城乡建设领域碳达峰的相关财政政策，落实税收优惠政策。完善绿色建筑和绿色建材政府采购需求标准，在政府采购领域推广绿色建筑和绿色建材应用。强化绿色金融支持，鼓励银行业金融机构在风险可控和商业自主原则下，创新信贷产品和服务支持城乡建设领域节能降碳。鼓励开发商投保全装修住宅质量保险，强化保险支持，发挥绿色保险产品的风险保障作用。合理开放城镇基础设施投资、建设和运营市场，应用特许经营、政府购买服务等手段吸引社会资本投入。完善差别电价、分时电价和居民阶梯电价政策，加快推进供热计量和按供热量收费。

五、加强组织实施

（二十）**加强组织领导。**在碳达峰碳中和工作领导小组领导下，住房和城乡建设部、国家发展改革委等部门加强协作，形成合力。各地区各有关部门要加强协调，科学制定城乡建设领域碳达峰实施细化方案，明确任务目标，制定责任清单。

（二十一）**强化任务落实。**各地区各有关部门要明确责任，将各项任务落实落细，及时总结好经验好做法，扎实推进相关工作。各省（区、市）住房和城乡建设、发展改革部门于每年 11 月底前将当年贯彻落实情况报住房和城乡建设部、国家发展改革委。

（二十二）**加大培训宣传。**将碳达峰碳中和作为城乡建设领域干部培训重要内容，提高绿色低碳发展能力。通过业务培训、比赛竞赛、经验交流等多种方式，提高规划、设计、施工、运行相关单位和企业人才业务水平。加大对优秀项目、典型案例的宣传力度，配合开展好"全民节能行动""节能宣传周"等活动。编写绿色生活宣传手册，积极倡导绿色低碳生活方式，动员社会各方力量参与降碳行动，形成社会各界支持、群众积极参与的浓厚氛围。开展减排自愿承诺，引导公众自觉履行节能减排责任。

附录4 住房和城乡建设部办公厅 国家发展改革委 办公厅 国家疾病预防控制局综合司关于加强 城市供水安全保障工作的通知

（建办城〔2022〕41号）

各省、自治区住房和城乡建设厅、发展改革委、疾控主管部门，直辖市住房和城乡建设（管）委（城市管理局）、水务局、发展改革委、疾控主管部门，海南省水务厅，新疆生产建设兵团住房和城乡建设局、发展改革委、疾控主管部门：

城市供水是重要的民生工程，事关人民群众身体健康和社会稳定。为进一步提升城市供水安全保障水平，现将有关事项通知如下。

一、总体要求

坚持以人民为中心的发展思想，全面、系统加强城市供水工作，推动城市供水高质量发展，持续增强供水安全保障能力，满足人民群众日益增长的美好生活需要。自2023年4月1日起，城市供水全面执行《生活饮用水卫生标准》GB 5749—2022；到2025年，建立较为完善的城市供水全流程保障体系和基本健全的城市供水应急体系。

二、推进供水设施改造

（一）升级改造水厂工艺。

各地要组织城市供水企业对照《生活饮用水卫生标准》GB 5749—2022要求，开展水厂净水工艺和出水水质达标能力复核。需要改造的，要按照国家和行业工程建设标准、卫生规范要求有序实施升级改造。要重点关注感官指标、消毒副产物指标、新增指标、限值加严指标以及水源水质潜在风险指标，当水源水质不能稳定达标或存在臭和味等不在水源水质标准内但会影响供水达标的物质时，应协调相关部门调整水源或根据需要增加预处理或深度处理工艺。

（二）加强供水管网建设与改造。

新建供水管网要严格按照有关标准和规范规划建设，采用先进适用、质量可靠、符合卫生规范的供水管材和施工工艺，严禁使用国家已明令禁止使用的水泥管道、石棉管道、无防腐内衬的灰口铸铁管道等，确保建设质量。编制本地区供水管道老化更新改造方案，对影响供水水质、妨害供水安全、漏损严重的劣质管材管道，运行年限满30年、存在安全隐患的其他管道，应结合燃气等老旧地下管线改造、城市更新、老旧小区改造、二次供水设施改造和"一户一表"改造等，加快更新改造。实施公共供水管网漏损治理，持续降低供水管网漏损率。进一步提升供水管网管理水平，通过分区计量、压力调控、优化调度、智能化管理等措施，实现供水管网系统的安全、低耗、节能运行，满足用户的水量、水压、水质要求。

（三）推进居民加压调蓄设施统筹管理。

各地要全面排查居民小区供水加压调蓄设施，摸清设施供水规模、供水方式、水质保障水平、服务人口、养护主体等基本情况，建立信息动态更新机制。鼓励新建居民住宅的加压调蓄设施同步建设消毒剂余量、浊度等水质指标监测设施，统筹布局建设消毒设施。既有加压调蓄设施不符合卫生和工程建设标准规范的，应加快实施更新改造，并落实防淹、防断电等措施。探索在建筑小区、楼宇的进水管道上安装可连接供水车等外部加压设备的应急供水接口。进一步理顺居民供水加压调蓄设施管理机制，鼓励依法依规移交给供水企业实行专业运行维护。由供水企业负责运行管理的加压调蓄设施，其运行维护、修理更新等费用计入供水价格，并继续执行居民生活用电价格。暂不具备移交条件的，城市供水、疾病预防控制主管部门应依法指导和监督产权单位或物业管理单位等按规定规范开展设施的运行维护。

三、提高供水检测与应急能力

（四）加强供水水质检测。

各地疾病预防控制主管部门要按照《生活饮用水卫生监督管理办法》制定并组织实施本地生活饮用水卫生监督监测工作方案，加大督查检查力度，依法查处违法行为；加强水质卫生监测，有效监测城区集中式供水、二次供水的卫生管理情况及供水水质情况，开展供水卫生安全风险评估，及时发现隐患，防范卫生安全风险。城市供水主管部门要按照《城市供水水质管理规定》，加强城市供水水质监测能力建设，建立健全城市供水水质监督检查制度，组织开展对出厂水、管网水、二次供水重点水质指标全覆盖检查。做好国家随机监督抽查任务与地方日常监督工作的衔接。城市供水企业应按照不低于《城镇供水与污水处理化验室技术规范》CJJ/T 182规定的Ⅲ级要求科学配置供水化验室检测能力，当处理规模大于10万立方米/日时，应提高化验室等级。城市供水企业和加压调蓄设施管理单位要建立健全水质检测制度，按照《城市给水工程项目规范》GB 55026、《城市供水水质标准》CJ/T 206明确的检测项目、检测频率和标准方法的要求，定期检测城市水源水、出厂水和管网末梢水的水质；进一步完善供水水质在线监测体系，合理布局监测点位，科学确定监测指标，加强在线监测设备的运行维护。

（五）加强供水应急能力建设。

各地要结合近年来城市供水面临的新形势、新问题、新挑战，完善供水应急预案，进一步明确在水源突发污染、旱涝急转等不同风险状况下的供水应急响应机制。加强供水水质监测预警，针对水源风险，研判潜在的特征污染物，督促供水企业加强相关应急净水材料、净水技术储备，完善应急净水工艺运行方案。单一水源城市供水主管部门要积极协调和配合有关部门加快应急水源或备用水源建设。国家供水应急救援基地所在省、城市应建立应急净水装备日常维护制度，落实运行维护经费，不断提高供水应急救援能力。

（六）加强供水设施安全防范。

供水企业和加压调蓄设施管理单位要全面开展安全隐患排查整治，统筹做好疫情防控和安全生产，着力提高供水设施应对突发事件和自然灾害的能力，增强供水系统韧性。取用地下水源的城市，汛期、疫情期间应对水源井的卫生状况、安全隐患定期或不定期开展排查整治，防止雨水倒灌及取水设施被淹，加强水质检测与消毒。要根据城市供水系统反恐怖防范有关要求，加强对供水设施的安全管理，对取水口、水厂、泵站等重点目标及其重点部位综合采取人防、技防、物防等安全防范措施，建立健全供水安全防范管理制度。

四、优化提升城市供水服务

（七）推进供水智能化管理水平。

各地要持续提高供水监管信息化水平，推动城市级、省级供水监管平台建设和信息共享，及时、准确掌握城市水源、供水设施、供水水质等关键信息，并为城市供水监管提供业务支撑。推进供水管道等设施普查，完善信息动态更新机制，实时更新供水设施信息底图。指导供水企业加强供水设施的智能化改造，鼓励有条件的地区结合更新改造建设智能化感知装备，建设城市供水物联网及运行调度平台，实现设施底数动态更新、运行状态实时监测、风险情景模拟预测、优化调度辅助支持等功能，不断提高供水设施运营的精细化水平。

（八）推进供水信息公开。

各地要加强对供水企事业单位信息公开的监督管理和指导，规范开展信息公开。

城市供水单位应依据《供水、供气、供热等公共企事业单位信息公开实施办法》（建城规〔2021〕4 号）、《城镇供水服务》GB/T 32063 等制定实施细则，以清单方式细化并明确列出信息内容及时限要求，并根据实际情况动态调整。持续提高供水服务效率和质量，创新服务方式，在保障供水安全的前提下因地制宜制定简捷、标准化的供水服务流程，明确服务标准和时限，优化营商环境。

五、健全保障措施

（九）落实落细责任。

各级供水、疾病预防控制主管部门要深化部门协作，加强信息共享，共同保障供水安全；城市供水主管部门要加强对城市供水的指导监督，组织开展供水规范化评估、供水水质抽样检查等工作，及时发现问题，认真整改落实；疾病预防控制主管部门要依法进一步加强饮用水卫生监督管理和监测，持续开展饮用水卫生安全监督检查，涉及饮用水卫生安全的产品应当依法取得卫生许可。落实城市人民政府供水安全主体责任，按照水污染防治法和《城市供水条例》《生活饮用水卫生监督管理办法》等要求，对城市水源保障、供水设施建设和改造、供水管理与运行机制等进行中长期统筹并制定实施计划。城市供水企业要不断完善内部管控制度，推进城市供水设施建设、改造与运行维护，保障供水系统安全、稳定运行。

（十）强化要素保障。

各地要加大投入力度，加快推进供水基础设施建设，支持、督促供水企业统筹整合相关渠道资金，保障供水管网建设、改造、运行维护资金。要加大对水厂运行、水质检测、管网运维、企业运营管理等人员的培训力度，提升从业人员专业能力。各地价格主管部门要根据《城镇供水价格管理办法》《城镇供水定价成本监审办法》等有关要求，合理制定并动态调整供水价格。综合考虑当地经济社会发展水平和用户承受能力等因素，价格调整不到位导致供水企业难以达到准许收入的，当地人民政府应当予以相应补偿。

住房和城乡建设部办公厅

国家发展改革委办公厅

国家疾病预防控制局综合司

2022 年 8 月 30 日

附录 5　国家发展改革委　住房城乡建设部　生态环境部
关于印发〈污泥无害化处理和资源化
利用实施方案〉的通知

（发改环资〔2022〕1453 号）

污泥无害化处理和资源化利用实施方案

实施污泥无害化处理，推进资源化利用，是深入打好污染防治攻坚战，实现减污降碳协同增效，建设美丽中国的重要举措。党的十八大以来，我国城镇生活污水收集处理取得显著成效，污泥无害化处理能力明显增强，但仍然存在"重水轻泥"问题，污泥处理设施建设总体滞后，无害化处理和资源化利用水平不高，甚至出现污泥违规处置和非法转移等违法行为。为深入贯彻习近平生态文明思想，认真落实经国务院同意的《关于推进污水资源化利用的指导意见》，提高污泥无害化处理和资源化利用水平，制定本方案。

一、总体要求

（一）基本原则

统筹兼顾、因地制宜。满足近远期需求，兼顾应急处理，尽力而为、量力而行，合理规划设施布局，补齐能力缺口。根据本地实际情况，合理选择处理路径和技术路线。

稳定可靠、绿色低碳。秉承"绿色、循环、低碳、生态"理念，强化源头污染控制，在安全、环保和经济的前提下，积极回收利用污泥中的能源和资源，实现减污降碳协同增效。

政府主导，市场运作。加大政府投入，强化政策引导，严格监督问责，更好发挥政府作用。完善价格机制，拓宽投融资渠道，创新商业模式，发挥市场配置资源的决定性作用。

（二）主要目标

到 2025 年，全国新增污泥（含水率 80％的湿污泥）无害化处置设施规模不少于

2万吨/日，城市污泥无害化处置率达到90％以上，地级及以上城市达到95％以上，基本形成设施完备、运行安全、绿色低碳、监管有效的污泥无害化资源化处理体系。污泥土地利用方式得到有效推广。京津冀、长江经济带、东部地区城市和县城，黄河干流沿线城市污泥填埋比例明显降低。县城和建制镇污泥无害化处理和资源化利用水平显著提升。

二、优化处理结构

（三）规范污泥处理方式。根据本地污泥来源、产量和泥质，综合考虑各地自然地理条件、用地条件、环境承载能力和经济发展水平等实际情况，因地制宜合理选择污泥处理路径和技术路线。鼓励采用厌氧消化、好氧发酵、干化焚烧、土地利用、建材利用等多元化组合方式处理污泥。除焚烧处理方式外，严禁将不符合泥质控制指标要求的工业污泥与城镇污水处理厂污泥混合处理。

（四）积极推广污泥土地利用。鼓励将城镇生活污水处理厂产生的污泥经厌氧消化或好氧发酵处理后，作为肥料或土壤改良剂，用于国土绿化、园林建设、废弃矿场以及非农用的盐碱地和沙化地。污泥作为肥料或土壤改良剂时，应严格执行相关国家、行业和地方标准。用于林地、草地、国土绿化时，应根据不同地域的土质和植物习性等，确定合理的施用范围、施用量、施用方法和施用时间。对于含有毒有害水污染物的工业废水和生活污水混合处理的污水处理厂产生的污泥，不能采用土地利用方式。

（五）合理压减污泥填埋规模。东部地区城市、中西部地区大中型城市以及其他地区有条件的城市，逐步限制污泥填埋处理，积极采用资源化利用等替代处理方案，明确时间表和路线图。暂不具备土地利用、焚烧处理和建材利用条件的地区，在污泥满足含水率小于60％的前提下，可采用卫生填埋处置。禁止未经脱水处理达标的污泥在垃圾填埋场填埋。采用污泥协同处置方式的，在满足《生活垃圾填埋场污染控制标准》的前提下，卫生填埋可作为协同处置设施故障或检修等情况时的应急处置措施。

（六）有序推进污泥焚烧处理。污泥产生量大、土地资源紧缺、人口聚集程度高、经济条件好的城市，鼓励建设污泥集中焚烧设施。含重金属和难以生化降解的有毒有害有机物的污泥，应优先采用集中或协同焚烧方式处理。污泥单独焚烧时，鼓励采用干化和焚烧联用，通过优化设计，采用高效节能设备和余热利用技术等手段，提高污泥热能利用效率。有效利用本地垃圾焚烧厂、火力发电厂、水泥窑等窑炉处理能力，协同焚烧处置污泥,同时做好相关窑炉检修、停产时的污泥处理预案和替代方案。污泥焚烧处置企业污染物排放不符合管控要求的,需开展污染治理改造,提升污染治理水平。

(七)推广能量和物质回收利用。遵循"安全环保、稳妥可靠"的要求,加大污泥能源资源回收利用。积极采用好氧发酵等堆肥工艺,回收利用污泥中氮磷等营养物质。鼓励将污泥焚烧灰渣建材化和资源化利用。推广污水源热泵技术、污泥沼气热电联产技术,实现厂区或周边区域供热供冷。推广"光伏+"模式,在厂区屋顶布置太阳能发电设施。积极推广建设能源资源高效循环利用的污水处理绿色低碳标杆厂,实现减污降碳协同增效。探索建立行业采信机制,畅通污泥资源化产品市场出路。

三、加强设施建设

(八)提升现有设施效能。建立健全污水污泥处理设施普查建档制度,摸清现有污泥处理设施的覆盖范围、处理能力和运行效果。对处理水平低、运行状况差、二次污染风险大、不符合标准要求的污泥处理设施,及时开展升级改造,改造后仍未达到标准的项目不得投入使用。污水处理设施改扩建时,如厂区空间允许,应同步建设污泥减量化、稳定化处理设施。

(九)补齐设施缺口。加快污水收集管网建设改造,提高城镇生活污水集中收集效能,解决部分污水处理厂进水生化需氧量浓度偏低的问题。因地制宜推行雨污分流改造。以市县为单元合理测算本区域中长期污泥产生量,现有能力不能满足需求的,加快补齐处理设施缺口。鼓励大中型城市适度超前建设规模化污泥集中处理设施,统筹布局建设县城与建制镇污泥处理设施,鼓励处理设施共建共享。新建污水处理设施时,应同步配建污泥减量化、稳定化处理设施,建设规模应同时满足污泥存量和增量处理需求。统筹城市有机废弃物的综合协同处理,鼓励将污泥处理设施纳入静脉产业园区。落实《城镇排水与污水处理条例》,保障污泥处理设施用地,加强宣传引导,有效消除邻避效应。

四、强化过程管理

(十)强化源头管控。新建冶金、电镀、化工、印染、原料药制造(有工业废水处理资质且出水达到国家标准的原料药制造企业除外)等工业企业排放的含重金属或难以生化降解废水以及有关工业企业排放的高盐废水,不得排入市政污水收集处理设施。工业企业污水已经进入市政污水收集处理设施的,要加强排查和评估,强化有毒有害物质的源头管控,确保污泥泥质符合国家规定的城镇污水处理厂污泥泥质控制指标要求。地方城镇排水主管部门要加强排水许可管理，规范污水处理厂运行管理。生态环境主管部门要加强排污许可管理，强化监管执法，推动排污企业达标排放。

（十一）**强化运输储存管理**。污泥运输应当采用管道、密闭车辆和密闭驳船等方式，运输过程中采用密封、防水、防渗漏和防遗撒等措施。推行污泥转运联单跟踪制度。需要设置污泥中转站和储存设施的，应充分考虑周边人群防护距离，采取恶臭污染防治措施，依法建设运行维护。严禁偷排、随意倾倒污泥，杜绝二次污染。

（十二）**强化监督管理**。鼓励各地根据实际情况对污泥产生、运输、处理进行全流程信息化管理，结合信息平台、大数据中心，做好污泥去向追溯。强化污泥处理过程数据分析，优化运行方式，实现精细化管理。城镇污水、污泥处理企业应当依法将污泥去向、用途、用量等定期向城镇排水、生态环境部门报告。污泥填埋设施运营企业应按照国家相关标准和规范，定期对污泥泥质进行检测，确保达标处理。将污泥处理和运输相关企业纳入相关领域信用管理体系。

五、完善保障措施

（十三）**压实各方责任**。各地要结合本地实际组织制定相关污泥无害化资源化利用实施方案，做好设施建设项目谋划和储备，加强设施运营和监管。城镇污水、污泥处理企业切实履行直接责任，依据国家和地方相关污染控制标准及技术规范，确保污泥依法合规处理。

（十四）**强化技术支撑**。将污泥无害化资源化处理关键技术攻关纳入生态环境领域科技创新等规划。重点突破污泥稳定化和无害化处理、资源化利用、协同处置、污水厂内减量等共性和关键技术装备，开展污泥处理和资源化利用创新技术应用。总结推广先进适用技术和实践案例。健全污泥无害化处理及资源化利用标准体系，加快制修订污泥处理相关技术标准、污泥处理产物及衍生产品标准，做好与跨行业产品标准的衔接。

（十五）**完善价费机制**。做好污水处理成本监审，污水处理费应覆盖污水处理设施正常运营和污泥处理成本并有一定盈利。完善污水处理费动态调整机制。推动建立与污泥无害化稳定化处理效果挂钩的按效付费机制。鼓励采用政府购买服务方式推动污泥无害化处理和资源化利用，确保污泥处理设施正常稳定运行。完善污泥资源化产品市场化定价机制。

（十六）**拓宽融资渠道**。各级政府建立完善多元化的资金投入保障机制。发行地方政府专项债券支持符合条件的污泥处理设施建设项目，中央预算内投资加大支持力度。对于国家鼓励发展的污泥处理技术和设备，符合条件的可按规定享受税收优惠。推动符合条件的规模化污泥集中处理设施项目发行基础设施领域不动产投资信托基金（REITs）。鼓励通过生态环境导向的开发（EOD）模式、特许经营等多种方式建立多元化投资和运营机制，引导社会资金参与污泥处理设施建设和运营。

附录 6 中国城镇供水排水协会关于增强城镇供水行业公共服务意识 强化行业自律的指导意见

（中水协〔2022〕41 号）

针对近期行业内一些不规范的经营行为，市场监管部门以滥用市场主导地位予以处罚的情况时有发生，对行业震动颇大，行业对此高度重视。为认真贯彻落实《国务院办公厅转发国家发展改革委等部门关于清理规范城镇供水供电供气供暖行业收费促进行业高质量发展意见的通知》（国办函〔2020〕129 号）等文件要求，促进行业依法合规经营，规范城镇供水行业行为，结合行业特点与实际，提出如下指导意见。

一、强化公共服务意识

城镇供水是重要的民生工程，事关人民群众身体健康和社会稳定。习近平总书记指出，"蓝天、空气、水的质量怎么样？老百姓的感受最直接"，"要从群众反映最强烈最突出最紧迫的问题着手，增强民生工作针对性、实效性、可持续性"。各城镇供水企事业单位要充分认识供水行业对于百姓正常生活、城镇经济运行和社会发展的重要保障意义，充分认识供水行业对于实现中国式现代化的重要支撑作用，坚持以人民为中心的发展思想，强化公共服务意识，从保障用户龙头水水质安全的角度出发，解放思想、开拓进取、创新发展，维护行业经营秩序，主动提升城镇饮用水安全保障水平。

二、坚决清理和尽快落实取消不合理收费

各城镇供水企事业单位应尽快落实国办函〔2020〕129 号文件要求，坚决清理取消向用户收取的各种形式不合理收费，对由城镇供水企事业单位承担的部分投资，应严格实事求是纳入企业经营成本，不得重复收取已经明确规定计入水价的所有相关费用。

（一）取消任何名目的、无收费依据的接入工程费用。

各城镇供水企事业单位应详细梳理，坚决取消用水报装工程验收接入环节可能涉及的所有费用，包括企业及所属或委托的安装工程公司向用户收取的接水费、增容费、报装费等类似名目开户费用，以及开关闸费、竣工核验费、竣工导线测量费、管线探测费、勾头费、水钻工程费、碰头费、出图费等类似名目工程费用；要与用户充分沟通，向用户公开说明有关费用的取消情况。

（二）取消向城镇规划建设用地范围内用户收取建筑区划红线外发生的任何费用。

各城镇供水企事业单位要按当地人民政府要求，将投资界面延伸至用户建筑区划红线，除法律法规和相关政策另有规定外，不得向用户收取建筑区划红线外发生的任何费用。

（三）取消水表计量装置费用。

除新建商品房、保障性住房安装水表计量装置的费用由房屋开发建设单位承担外，各城镇供水企事业单位不得向用户收取水表计量装置的安装费用。对于存量水表计量装置，城镇供水企事业单位或用户对计量装置精度、准度有疑问的，双方均可自愿委托相关机构对计量装置进行检定，按照"谁委托、谁付费"原则，检定费用由委托方支付，但计量装置经检定确有问题的，由供水企业承担检定费用，并免费为用户更换合格的计量装置。

三、严格规范收费行为

各城镇供水企事业单位应按照"谁受益、谁付费"的原则，严格规范收费行为，明确区分延伸服务收费项目和政府定价项目，确保收费项目公开透明，有据可循。对市场竞争不充分、仍具有垄断性的少数经营服务性收费，要严格按照政府定价或政府指导价收取；对实行政府定价或政府指导价的工程安装费用，要严格按照政府确定的合理利润率来收取。

（四）合规收取延伸服务费用。

各城镇供水企事业单位应主动与各相关责任主体沟通，明确设施产权分界点。对于设施产权分界点以后至用水器具前，为满足用户个性化需求所提供的延伸服务等，应明确服务项目、服务内容和收费目录清单，按规定向用户收取合理费用，实行明码标价。

（五）严格按政府定价或政府指导价收取相关费用。

各城镇供水企事业单位应抄表到户、服务到户，严格按照政府规定的水价向终端用户收取供水费用；对暂未直抄到户的终端用户，不得在水费中加收其他费用，对不具备表计条件的终端用户，应由终端用户公平分摊。

四、明确权责对等

各城镇供水企事业单位应结合当地实际，梳理"界定政府、企业、用户的权责关系"，按照"谁运营、谁负责"的原则，明确投资、建设、运营、维护等主体责任。

（六）明确建设主体责任。

对于城镇公共供水设施的建设改造，各城镇供水企事业单位应主动按规定参与技术审查以及工程竣工验收。对于共有供水设施的建设改造，明确由其责任单位房地产企业或物业管理企业对工程质量负责；业主将共有设施交由城镇公共供水单位负责改造的，各城镇供水企事业单位应严格通过招投标等方式确定设计施工单位、材料设备供应单位等，既要保证工程质量，又要坚决杜绝以强制服务、捆绑收费等形式收取不合理费用，杜绝通过限定约束妨碍市场公平竞争等滥用市场支配权的行为发生。各城镇供水企事业单位应主动向当地政府争取按规定由政府承担的部分投资或与储备土地直接相关的市政配套基础设施建设费用。

（七）明确运营维护主体责任。

各城镇供水企事业单位应主动与第三方、用户明确结算界限，以结算表所在位置为界进行权责划分，并主动向社会公开其权责界限。城镇供水企事业单位直接向终端用户收费的，应对出户水表前（城镇公共供水厂至户表间）的设施安全进行维护管理，户表后的设施由用户自行负责。未实现水表出户的，用户套内部分供水管线由用户承担管护责任，公共区域由供水单位及第三方承担。城镇供水企事业单位与第三方结算、第三方再与终端用户结算的，各城镇供水企事业单位应对其与第三方结算表前设施负责，由第三方对结算表后设施负责，第三方管理不到位所造成的用户饮水安全问题由其负责。

五、提高服务质量

各城镇供水企事业单位应"增强服务意识，提高工作效率和服务水平，向用户提供安全、便捷、稳定、价格合理的产品和服务"，应建立线上线下等多种服务渠道，便利用户缴费、报装申请等，受理用户反映的水质、水压、漏水、服务质量等诉求。

（八）确保龙头水水质达标。

各城镇供水企事业单位要按职责分工，重视从源头到龙头流程中各类设施的建设改造、运营维护，确保龙头水水质达标。对于由城镇供水企事业单位直接负责建设改造、运营维护的公共供水设施或共有设施，各城镇供水企事业单位要抓紧摸清设施资产底数、有序实施建设改造，优选优用优质管材等设备材料；要加强水质监测检测能力，重视安全冗余管理，提升突发事件应对能力，增强供水系统韧性。对于由其他市场主体负责建设改造、运营维护的设施，各城镇供水企事业单位应从维护人民安全饮水权利的角度出发，根据工程建设、日常运维等实际情况，依法向相关市场主体推荐工程设计、施工、设备、材料等单位，供其参考。

（九）落实信息公开制度。

各城镇供水企事业单位应严格按照《国务院办公厅关于印发〈公共企事业单位信息公开规定制定办法〉的通知》（国办发〔2020〕50号）《住房城乡建设部关于印发〈供水、供气、供热等公共企事业单位信息公开实施办法〉的通知》（建城规〔2021〕4号）要求，结合当地实际，制定信息公开细则，明确各类水质信息公开内容、频率、时限、格式、方式等要求；明确各类服务事项、服务标准、收费标准等内容；及时公布有关费用的取消和调整情况，保障人民群众的知情权、参与权、表达权、监督权；居民住宅加压调蓄设施运行维护单位应当定期公开水质信息。

（十）健全服务体系和制度。

各城镇供水企事业单位应建立健全服务体系和制度，制定简捷、标准化的服务办理流程，明确服务目标，规范服务流程和服务行为；应积极推进"一站式"办理和"互联网＋"服务模式，推动申请报装、维修、过户、缴费、开具发票等"一窗受理、一网通办、一站办结"，进一步压缩办理时限。有条件的地区，城镇供水企事业单位应主动推动有关服务进驻当地政务服务大厅。

（十一）加大宣传和沟通理解。

各城镇供水企事业单位应构建通畅的公众参与机制，引导人民群众走进、了解和支持城镇自来水事业发展，欢迎百姓对城镇自来水进行监督；要引导社会科学准确认识《生活饮用水卫生标准》GB 5749的具体要求，避免当前所谓"直饮水"炒作现象，推动解决与服务对象之间信息不对称问题；要积极组织专业人士对水质信息进行科普解读，及时回应社会关切，引导人民群众科学认识自来水的水质变化、科学评价自来水、科学使用自来水。

各城镇供水企事业单位要始终坚持以人民为中心的发展思想，正确认识和充分理解国家及行业发展相关政策要求，要做好与当地政府、用户及社会各相关方的沟通配合，要积极主动配合当地政府主管部门做好供水成本监审、价格调整与监管、反垄断执法等工作，加强自律，依法依规提高供水服务的效率和质量，促进城镇供水行业有序健康发展。

附录 7 《城镇水务系统碳核算与减排路径技术指南》

2022 年度，中国城镇供水排水协会组织编写了《城镇水务系统碳核算与减排路径技术指南》，于 2022 年 7 月由中国建筑工业出版社正式出版。

《城镇水务系统碳核算与减排路径技术指南》由总则、城镇水务系统及其碳排放、碳排放核算原则与程序、规划建设、运行维护、资产重置与拆除、城镇水务系统碳减排路径、数据获取与管理、结果分析与报告、附录 10 个篇章组成。该指南将城镇水务系统分为给水系统、污水系统、再生水系统和雨水系统 4 个子系统，对全生命周期不同阶段的碳排放核算方法进行了规范，明确了不同子系统的碳排放活动位点，统一了碳排放核算边界，给出了透明的碳排放因子，提出了统一的碳排放核算与报告模板。为了指导城镇水务行业碳减排，该指南从源头控制、过程优化、工艺升级、低碳能源和植物增汇 5 个方面，提出了城镇水务系统碳减排的方向、路径和策略。

具体内容，略。